DE RE METALLICA

GEORGIUS AGRICOLA

GEORGIUS AGRICOLA

DE RE METALLICA

DE LA MINERIA Y LOS METALES

Con doscientas noventa y cuatro ilustraciones del siglo XVI

Traducción de

CARMEN ANDREU PEON

Profesora de la Universidad Complutense de Madrid

Edición revisada por

JUAN CARLOS PAREDES

Catedrático de la Escuela Superior de Ingenieros de Minas de Madrid

VALLADOLID
2022

Editorial MAXTOR
Fray Luis de León, 20
47002 Valladolid (España)
+34 983 090 110
pedidos@maxtor.es
www.maxtor.es

I.S.B.N. 978-84-9001-744-9
depósito legal: DL VA 590-2022

GEORGII AGRICOLAE

DE RE METALLICA LIBRI XII. QVIbus Officia, Instrumenta, Machinæ, ac omnia denique ad Metallicam spectantia, non modo luculentissimè describuntur, sed & per effigies, suis locis insertas, adiunctis Latinis, Germanicisque appellationibus ita ob oculos ponuntur, ut clarius tradi non possint.

EIVSDEM

DE ANIMANTIBVS SVBTERRANEIS Liber, ab Autore recognitus: cum Indicibus diuersis, quicquid in opere tractatum est, pulchrè demonstrantibus.

FRO BEN

BASILEAE M. D. LVI.

Cum Priuilegio Imperatoris in annos V.
& Galliarum Regis ad Sexennium.

INDICE

LIBRO CUARTO

DE LOS CAMPOS DE EXPLOTACION MINERA Y DE LOS CARGOS DE LA ADMINISTRACION DE LAS MINAS

LIBRO QUINTO

DE LA EXPLOTACION DE YACIMIENTOS Y EXTRACCION DE MINERALES, Y DE LA MEDICION DE LOS TERMINOS DE LA MINA POR EL GEOMETRA

LIBRO SEXTO

DE LAS HERRAMIENTAS, APARATOS Y MAQUINAS

LIBRO SEPTIMO

DE LOS METODOS DE PROBAR LOS MINERALES

LIBRO OCTAVO

DE LA PREPARACION DEL MINERAL ANTES DE LA FUNDICION

LIBRO NOVENO

DE LOS HORNOS DE FUNDICION Y LOS PROCEDIMIENTOS DE OBTENCION DEL METAL

LIBRO DECIMO

DE LA SEPARACION DE LOS METALES NOBLES Y DE LA PURIFICACION O REFINADO Y LAMINACION DE LA PLATA

LIBRO UNDECIMO

DE LA SEPARACION DE LA PLATA DEL COBRE Y DEL HIERRO

LIBRO DUODECIMO

DE LOS JUGOS SOLIDIFICADOS DE LOS QUE SE CONDENSAN LAS SALES Y DE LA FABRICACION DEL VIDRIO

NOTA A LA PRIMERA EDICION

Georgius Agricola, forma latina de su nombre alemán, Georg Bauer, nació en Glauchau (Sajonia) en 1494. Estudiante de la Universidad de Leipzig, profesor de latín y griego en la escuela de Zwickau, y luego en su Universidad, en 1524 viaja a Italia para estudiar Filosofía, Medicina y Ciencias naturales. Así, nacido en el umbral del Renacimiento, reúne todos los presupuestos y franquea todas las puertas para ser desde su juventud un humanista.

De vuelta en Alemania, es nombrado médico de una ciudad de Baviera, Joachimsthal, a la que se refiere varias veces en De re metallica, *centro de la región minera y metalúrgica más importante de la época, y con incansable curiosidad visita las minas y las fundiciones y anota minuciosamente cuanto ve, comenzando así, sin duda, su obra más extensa y ambiciosa,* De re metallica.

Trasladado en 1533 a Chemnitz, en Sajonia, sigue simultaneando la lectura de los clásicos, el ejercicio de la Medicina y el estudio de la minería y los metales, y durante años trabaja en la redacción de De re metallica *y encarga los dibujos y planchas de los grabados que la ilustran. Desde 1546 es, además, por nombramiento del Duque Mauricio de Sajonia, Burgomaestre de Chemnitz, y sigue en el cargo durante cuatro mandatos, con breves intervalos, en los que desempeña otras funciones públicas hasta su muerte, en 1555. Todo esto en medio de la gran tormenta y angustia de la Reforma protestante en Sajonia, manteniéndose fiel a la religión de sus mayores en una ciudad en la que la mayoría ha abrazado el protestantismo y conservando el respeto y el aprecio de sus príncipes y conciudadanos.*

De re metallica *es el tratado clásico por todos los conceptos de todos los aspectos de la minería, la prospección, la apertura de pozos y socavones, los cálculos de los geómetras, los hornos de ensayo y de fundición. En cada página, la meticulosidad, la autenticidad y la integridad con que se trata cada tema vuelven a recordar la formación clásica y el carácter moral de su autor. Durante casi trescientos años ha sido el tratado no superado de todas las técnicas mineras, el resumen de todos los métodos de extracción y fundición y el único tratado de química aplicada, de geología y de técnica industrial.*

Los problemas de traducir una obra de tanta envergadura se multiplican porque Agricola extrae al latín toda su capacidad para llegar a los últimos detalles sin dejar de mostrar la relación de unos a otros. El latín de Agricola es humanista, sin corrupciones medievales, y las diferencias con el latín clásico son las de los autores y sus épocas distintas. Pero los problemas de la traducción son de vocabulario. Al servirse del latín para escribir su obra, Agricola hace frente a sus propios problemas de vocabulario y los resuelve acuñando palabras y expresiones nuevas para herramientas, máquinas, monedas y medidas... La traducción de todos estos términos, que ascienden a varios cientos, se hace sin la autoridad de un diccionario. Otra dificultad en la traducción puramente lexicográfica es que a veces es imposible dar un sentido unívoco a términos que usa con la confianza que le dan unos moldes mentales generalmente admitidos en su época, pero que hoy no conservan su validez. Por ejemplo, al hablar de los depósitos, la nomenclatura moderna está tan impregnada de las nociones actuales sobre su origen y naturaleza como la de Agricola de sus propios puntos de vista. Así, de un modo muy general, las venas profundas *serían depósitos de fisura, y las* dilatadas y acumuladas *corresponderían a estratificaciones, pero en la interpretación iríamos definitivamente más allá de la intención del autor. La geología actual es tan reciente que el problema realmente es hallar términos en el gran depósito de las lenguas clásicas; es nuestro caso, los términos están buscados por un eminente conocedor de esas lenguas. Conservándolos, el lector de la traducción tiene la oportunidad de apreciar el sentido y los conocimientos del autor y de sentir la oportunidad con que recurre a la formación de palabras que necesita; así, cuando llama* intervena *a lo que los geólogos llaman hoy* juntas.

Otras veces, en cambio, la utilización del término más cercano es precisamente la que resulta vedada por las connotaciones que lleva consigo; por ejemplo, Agricola usa strata *describiendo las capas minerales superpuestas; evidentemente, vuelve a hacer referencia a su noción de los depósitos* dilatados *o* extendidos, *mientras que* estratos *implica otros supuestos.*

Así, son los cambios semánticos los que reclaman mayor sentido de las lenguas con las que se trabaja, y en el cambio del sentido de las palabras parece que ha quedado escrita la historia de la cultura.

C. A. P.

NOTA A LA SEGUNDA EDICION

Veinte años después de publicarse, por UNION EXPLOSIVOS RIO TINTO, S. A., la primera edición de «DE RE METALLICA», con motivo del 500 Aniversario de la introducción de la imprenta en España y del I Año Internacional del Libro, un importante acontecimiento en el mundo de la Minería (la celebración, en Madrid, el próximo mes de mayo del XV Congreso Mundial de Minería) justifica la publicación de esta segunda edición, como aportación de nuestra Sociedad, a tal evento.

UNION ESPAÑOLA DE EXPLOSIVOS, S. A., como continuadora de un nombre y de la actividad más significativa de la anterior UNION EXPLOSIVOS RIO TINTO, S. A., ha sido siempre una Empresa con vocación minera. La primitiva UNION ESPAÑOLA DE EXPLOSIVOS, constituida en un remoto mayo de 1896, nació para estructurar y ordenar a un conjunto de empresas dedicadas a la fabricación de un nuevo explosivo (la Dinamita) de reciente invención, cuyo destino principal, por no decir único, era la Minería.

Desde entonces, UNION ESPAÑOLA DE EXPLOSIVOS, S. A. se asocia, indisolublemente, al sector minero en una vinculación cada vez más estrecha, como consecuencia de su progresiva presencia en la propia actividad minera; primero, en la Sierra de Cartagena y, más tarde, en la Cuenca Potásica de Cataluña, vocación que encuentra su máxima expresión en el año 1970, cuando la primitiva UNION ESPAÑOLA DE EXPLOSIVOS se fusiona con la ya centenaria COMPAÑIA ESPAÑOLA DE MINAS DE RIO TINTO, dando lugar a una nueva Empresa, UNION EXPLOSIVOS RIO TINTO, S. A., precedente inmediato de nuestra Sociedad.

Desde esta vocación y con esta perspectiva, UNION ESPAÑOLA DE EXPLOSIVOS, de manera entrañable, desea asociarse, al Congreso Mundial de Minería, cuyo rotundo éxito anticipamos con la publicación, por segunda vez en español, de un clásico en la Minería, «DE RE METALLICA».

Madrid, enero de 1992.

UNION ESPAÑOLA DE EXPLOSIVOS, S. A.

A los Ilustrísimos y Poderosísimos Señores Duques de Sajonia; Landgraves de Turingia, Margraves de Meissen, Altezas Imperiales de Sajonia, Burgraves de Altenberg y Magdeburg, Condes de Brena, Señores de Pleissnerland; a MAURICIO, *Gran Mariscal y Elector del Sacro Imperio Romano, y a su hermano* AUGUSTO.

GEORGIUS AGRICOLA S. D.

SERENÍSIMOS señores: He contemplado a menudo las industrias de los metales en su conjunto, como contemplaba Moderato Columela las artes de la agricultura, como si estuviera contemplando la unidad del cuerpo humano, y cuando me había representado las varias partes del conjunto como otros tantos miembros del cuerpo, me espantaba pensar que podía morir antes de conocerlas todas, y mucho más antes de hacer que cobraran vida inmortal escribiendo acerca de ellas. Este tratado muestra por sí la anchura y la longitud del tema y la cantidad y la importancia de las ciencias de las que necesita, el que trate acerca de los metales, al menos algún pequeño conocimiento. En verdad el tema es muy extenso y muy difícil de tratar, ninguna de sus partes se halla debidamente completa en los autores griegos y latinos de los que nos han llegado las obras, y siendo esta industria una de las más antiguas, más necesarias y más provechosas a la humanidad, he pensado que no debía dejar de tratarlo por negligencia. Sin duda ninguna industria es más antigua que la agricultura, pero la de los metales no lo es menos; son, en realidad, por lo menos iguales y de la misma edad, porque no ha habido mortal que roturara jamás un campo sin herramientas. En verdad, en todos los trabajos de la agricultura, como en los de todas las demás artes e industrias, se utilizan herramientas hechas de metales o que no pueden hacerse sin utilizar los metales; los metales son de la más primordial necesidad para el hombre. Cuando una industria es tan pobre que no necesita metales, no puede tener importancia, porque sin herramientas no se hace nada. Más aún, de todas las formas de adquirir riqueza, por medios buenos y honestos, ninguna es tan ventajosa como la minería de los metales, porque, aunque los campos bien labrados, por no mencionar otros negocios, producen la riqueza de las cosechas, los productos que se obtienen de las minas son más valiosos; de hecho, una mina frecuentemente es más beneficiosa que muchos campos. De aquí que sepamos por la historia de las diferentes edades que en todas ellas muchos hombres se han enriquecido gracias a las minas, y las fortunas de muchos reyes han crecido por ellas. Pero no trataré más ahora de esto, porque lo he tratado ya en parte en otra obra titulada *De veteribus et novis metallis,* donde refuto los cargos que contra los metales y contra la minería se han hecho. Ahora bien, aunque el arte de cultivar la tierra, al que estoy de acuerdo en otorgar el mismo rango que al arte de la minería, parece dividido en muchas ramas, con todo no lo está en tantas como este arte de la minería ni puedo enseñar los principios de éste con la facilidad con que Columela enseñó los de aquél. Tenía él a su disposición muchos autores a los que podía seguir; de hecho, se encuentra una relación de más de cincuenta autores griegos en Marcos Varrón, y el mismo Columela menciona más de diez latinos. Yo cuento sólo un autor al que puedo seguir: Plinio Segundo, y éste expone sólo muy contados métodos de extracción de minerales y de obtención de los metales. Lejos de haber sido tratado el tema entero por un solo autor, incluso cuando alguno ocasionalmente ha escrito algo sobre uno u otro de sus aspectos, ni siquiera ese aspecto único ha sido tratado de un modo completo. Además, hasta estos autores son muy pocos, ya que de los griegos sólo Estrato de Lampsacos, sucesor de Teofrasto, escribió un libro sobre este tema, *De machinis metallicis;* excepto, quizá, un trabajo del poeta Filón, una pequeña parte del cual trataba de alguna manera de la minería. Parece que Ferecrato introdujo en su comedia del mismo título mineros esclavos o condenados a trabajar en las minas. De los latinos, Plinio, como ya he dicho, ha descrito algunos métodos de trabajo. Debo también incluir entre las fuentes a los escritores modernos, sean los que fueren, porque nadie debería dejar de ser justamente condenado si olvida reconocer debidamente los nombres de aquellos cuyas obras ha usado, aunque sea muy poco.

En nuestra lengua se han escrito dos libros, uno sobre experimentación de los minerales y los metales, algo confuso y de autor desconocido; otro sobre las venas, sobre las que también se dice que escribió Pandulfo Anglo, aunque la obra alemana fue escrita por Calbo de Freiberg, conocido autor; pero ni la una ni la otra llevan a buen fin la tarea que se proponen. Vannucci Biringuccio, de Siena, un verdadero sabio versado en muchos campos del saber, ha escrito recientemente en su italiano vernáculo sobre la fundición, separación y aleación de los metales. Se refiere brevemente a los métodos de fundición de algunos minerales y explica más extensamente los métodos de preparación de algunas sustancias líquidas o jugos; leyendo sus instrucciones he refrescado en mi memoria cosas que había visto en Italia con mis propios ojos, pero muchos temas que yo trato o no los toca en absoluto o los trata sólo ligeramente. Me regaló este libro Francisco Badoario, patricio veneciano y hombre de gran sabiduría y reputación, que me lo había prometido el año anterior en Marienberg, siendo embajador de Venecia ante el Rey D. Fernando. Aparte de los libros mencionados, no conozco nada escrito sobre la industria de los metales. En conjunto, incluso si se conservara el libro de Estrato, de todas las fuentes mencionadas no podría extraerse ni la mitad del cuerpo completo de la ciencia de la minería.

A la vista de los pocos autores que han escrito acerca de las artes de los metales, se me aparece como más extraño todavía el que sean tantos los alquimistas que han alzado la voz pretendiendo saber componer metales artificialmente y arrogándose el poder de cambiar uno en otro. Hermolao Barbaro, persona de categoría y situación y distinguida en muchas ramas del saber, menciona en sus escritos los nombres de muchos de ellos, y yo podría añadir muchos más, pero me referiré sólo a los más famosos, porque quiero limitarme a unos pocos. Así, Oszano, que ha escrito sobre χνμεντικά; Hermes, Chanes, Zósimo de Alejandría y Teosebia, su hermana; Olimpidoro, también de Alejandría; Agazodemón, Demócrito, no Demócrito de Abdera, sino otro Demócrito menos conocido; Oro Crisoricrito, Pebicio, Comerio, Juan, Apuleyo, Petasio, Pelagio, Africano, Teófilo, Stefano al César Heráclito, Heliodoro a Teodosio, Geber, Callido, Racaidibo, Veradiano, Rodiano, Canides, Merlin, Raimundo Lulio, Arnoldo de Villanova y Agustín Panteo, de Venecia; y tres mujeres: Cleopatra, la virgen Tafnucia y María la judía. Todos estos alquimistas emplean expresiones oscuras; sólo Juan Aurelio de Rímini usa un lenguaje poético. Hay muchos otros libros de alquimia, pero todos son de difícil estudio, porque los que escriben de estas cosas usan nombres extraños, que no son los propios de los metales, y algunos usan unas veces un nombre y otras otro, inventados por ellos mismos, refiriéndose a la misma cosa y aunque ésta no cambie. Estos maestros enseñan a sus discípulos que los metales básicos se rompen al fundirse. Enseñan también los métodos para reducirlos a sus partes más simples y cómo separar de ellos las partes superfluas, y cómo aportando, en cambio, lo que se requiere, pueden transformarse en metales preciosos —es decir, oro y plata—, y todo esto lo llevan a cabo en un crisol.

Si pueden o no pueden hacerlo en realidad, no lo sé. Viendo cómo tantos autores nos aseguran con toda solemnidad que lo han conseguido, parece que deberíamos prestarles fe; pero viendo también que no hay testimonio de que ninguno de ellos se haya hecho jamás rico, ni de que se enriquezca ninguno en nuestros días, aunque tantos pueblos de todas partes del mundo han tenido y tienen alquimistas y aunque todos ellos trabajan con ahínco día y noche por apilar oro y plata, yo diría que hay que dudar de sus afirmaciones. Y aunque puede ser que hayan descuidado los autores el transmitirnos los nombres de los maestros que adquirieron grandes riquezas antiguamente en este quehacer, lo que está verdaderamente claro es que sus discípulos, o no entendieron sus reglas o, si las entienden, no las practican; porque si las comprenden, tantos discípulos como ha habido y hay habrían llenado ya ciudades enteras de oro y plata. Hasta sus libros proclaman su vanidad, porque escriben en ellos los nombres de Platón y Aristóteles y otros filósofos para que las altisonantes citas impongan reverencia a los hombres más simples y parezcan ciencia verdadera. Hay otra clase de alquimistas que no cambian la sustancia de los metales, sino que los pintan de oro y plata para que parezca que son lo que no son, y cuando por medio del fuego se les quita esa falsa apariencia como un ropaje extraño, vuelven a su propio ser. Estos alquimistas, como engañan a las gentes, no sólo son odiados con gran saña, sino que sus fraudes se castigan con pena de muerte. Otro engaño no menor, que también se castiga con pena capital, es el de una tercera clase de alquimistas, que colocan en un crisol un pedacito de oro o plata escondido en un carbón, y mezclando en el mismo flujos que tienen el poder de consumirse, pretenden que han obtenido oro del oropimente o plata del estaño y otras sustancias parecidas. Pero del arte de la alquimia, si es que es un arte, trataré en otro lugar; volvamos ahora al arte de la minería.

Ya que ningún autor ha escrito de este arte en toda su extensión y ya que las naciones y los pueblos extranjeros no entienden nuestra lengua, y si la entendieran podrían aprender sólo una pequeña parte del arte gracias a los autores que tenemos, he escrito estos doce libros *De re metallica*. De ellos, el primero contiene los argumentos que pueden utilizarse contra este arte y contra los metales y las minas y lo que puede decirse a su favor. El segundo libro describe al minero y se extiende en una disertación sobre la localización de las venas. El tercer libro trata de las venas, fibras y comisuras de las rocas. El cuarto libro explica el método de trazar los límites de las concesiones y describe también las funciones de los oficiales en las minas. El quinto libro describe la excavación para extraer el mineral y el arte del geómetra. El sexto libro describe las herramientas y las máquinas del minero. El séptimo libro trata del aquilatamiento del mineral. El octavo libro establece las reglas para la tostadura, trituración y lave del mineral. El noveno libro explica los métodos de fundición. El décimo libro instruye a los estudiosos de las artes del metal en el arte de separar la plata del oro, y el plomo del oro y de la plata. El undécimo libro muestra la manera de separar la plata del cobre. El duodécimo libro, da reglas para la fabricación de la sal, la sosa, el alumbre, el vitriolo, el azufre, el betún y el cristal.

Aunque no he acabado la tarea que había emprendido, por la enorme amplitud del tema, me he esforzado en todo caso por llevarla a cabo, le he dedicado mucho trabajo y cuidado, incluso he hecho algunos gastos en ella, porque al tratar de las venas, las herramientas, los recipientes, los lavaderos, las máquinas y los hornos, no sólo los he descrito, sino que he contratado ilustradores que los dibujaran, por miedo a que las descripciones que ofrezco con palabras puedan no ser entendidas ya por mis propios contemporáneos o causar dificultades a los que nos sucedan, lo mismo que hoy muchas veces hallamos dificultades causadas por muchos nombres que los autores de la antigüedad nos han transmitido sin ninguna explicación porque eran en su tiempo palabras familiares a todos.

He omitido todo aquello que no haya visto por mis propios ojos o no haya oído o leído de personas en las que puedo depositar confianza. No he tratado nada que no haya visto o no haya considerado cuidadosamente después de leerlo o escucharlo.

Lo mismo se entiende de todas mis instrucciones, cuando me refiero a cosas que deben hacerse o describo lo que suele hacerse o desapruebo lo que se hace. Como el arte de la minería no exige por sí especial elegancia de lenguaje, estos libros de minería, como les corresponde, no tienen un estilo refinado. Las cosas de las que trato en este arte de los metales, a veces carecen de nombre o porque son nuevas o porque, incluso siendo antiguas, el recuerdo de los nombres que las designaba se ha perdido. Por ello me he visto obligado, por lo que debe perdonárseme, a designar algunas cosas uniendo varias palabras y a llamar a otras por nombres nuevos; a esta clase pertenecen Ingestor, Discretor, Lotor y Excoctor. A otras cosas las he llamado con nombres antiguos, como Cisium, porque Nonio Marcelo escribió era éste el nombre de un carro de ruedas, pero yo lo he adoptado para una carretilla que tiene sólo una rueda; y si alguien no está de acuerdo con estos nombres, le invito a encontrar otros más apropiados para estas cosas o a descubrir la palabra empleada en las obras clásicas.

Estos libros, Serenísimos Príncipes, os son dedicados por muchos motivos, y, por encima de todos, porque los metales se han demostrado de altísima importancia para VV. AA., porque, aunque vuestros ilustres antepasados obtuvieron pingües riquezas de las rentas de sus vastos y ricos dominios y otras tantas de los impuestos que pagaban los extranjeros por portazgos y los naturales por diezmos, a pesar de todo obtuvieron aún mayores riquezas de las minas. Por las minas no pocas ciudades se han erigido eminentes; sean testigos Freiberg, Annaberg, Marienberg, Schneeberg, Geyer y Altenberg, por no citar otras. Es más, si algo sé, mayor riqueza yace aún escondida bajo la tierra en las partes montañosas de vuestros dominios que toda la riqueza visible que se ostenta sobre ellos. Dios guarde a VV. AA.

LIBRO I

Muchas personas mantienen la opinión de que la industria dedicada a la extracción de metales es un azar y que constituye una ocupación de herramientas sórdidas y al mismo tiempo es un tipo de negocio que no necesita tanta destreza y habilidad como mano de obra. Pero, por lo que a mí respecta, cuando reflexiono minuciosamente sobre sus puntos esenciales, uno a uno, me parece que no hay nada más lejos de la realidad, ya que un minero debe poseer la mayor habilidad y conocimiento para realizar su trabajo, con el fin de que pueda saber en primer lugar qué montaña o colina, qué valle o llano se puede explorar sacándole el mayor provecho, y cuál se debe dejar de explorar; además, debe conocer las venas, fibras y comisuras de las rocas. Después, debe hallarse completamente familiarizado con las muchas y muy variadas especies de tierras, jugos, gemas, piedras, mármoles, rocas, metales y mezclas. También debe poseer unos conocimientos completos acerca del método para realizar y afianzar obras debajo de la superficie del suelo. Por último, conocer los diversos sistemas para analizar las sustancias y prepararlas para derretirlas o fundirlas, y en esto también existen muchos y muy diversos métodos. Hay un método para el oro y la plata, otro para el cobre, otro para el azogue, otro para el hierro, otro para el plomo, e incluso el estaño y el bismuto se tratan de forma diferente al plomo. Aunque la evaporación de los jugos o sustancias líquidas es un arte en apariencia muy distinto de la metalurgia, no por esto se debe considerar independiente, ya que esos mismos jugos se extraen con frecuencia de la tierra sólida o proceden de ciertas clases de tierras y piedras que los mineros extraen, y además, algunas de estas mismas sustancias no se encuentran desprovistas de metales. Tampoco su tratamiento resulta sencillo, ya que existe un método para la sal común, otro para el alumbre, otro para el vitriolo, otro para el azufre y otro para el betún o asfalto.

Además existen muchas materias y ciencias que el minero no debe ignorar. En primer lugar está la filosofía, que le permite discernir la causa, origen y naturaleza de las cosas ocultas o subterráneas, ya que entonces podrá hallar las venas o filones con más facilidad y ventaja y podrá obtener resultados más abundantes de los trabajos de minería. En segundo lugar está la medicina, que le permite cuidar de sus cavadores y trabajadores, con el fin de evitar que contraigan enfermedades a las cuales los mineros son más propicios que los trabajadores dedicados a otras ocupaciones, o si contraen dichas enfermedades, hace que pueda curarlos él mismo o tratar que los médicos lo hagan. En tercer lugar la astronomía, para que pueda conocer las divisiones del cielo y, partiendo de esta base, saber la dirección que siguen las venas o filones. En cuarto lugar está la ciencia de la geometría, que le permitirá saber hasta qué profundidad se debe abrir un pozo para llegar hasta el socavón que se quiere que conduzca a él, y para trazar los límites y deslindar en esta clase de trabajos, especialmente en lo que se refiere a profundidad. En quinto lugar debe tener unos conocimientos de la ciencia aritmética tales que le permitan calcular los gastos en que se va a incurrir en la maquinaria y en los trabajos de la mina. En sexto lugar, entre sus conocimientos debe incluirse la arquitectura, con el fin de que él mismo sea capaz de construir las diversas máquinas y las obras de carpintenría y armazón necesarias debajo de la superficie del suelo, o que sea capaz de explicar a otros el método para construirlas. A continuación, debe tener conocimientos de dibujo, con el fin de que pueda diseñar los planos de su maquinaria. Y, por último, debe conocer la ley, especialmente la que se refiere a los metales, con el fin de que pueda reclamar sus propios derechos, de que sea capaz de hacerse cargo del deber de dar su opinión a otros sobre asuntos legales, de que no se introduzca en la propiedad de otro y por lo tanto se vea en dificultades y de que pueda cumplir sus obligaciones hacia los demás según las disposiciones legales.

Por lo tanto, resulta necesario para aquellos que sienten interés por los métodos, procedimiento y preceptos de la minería y de la metalurgia leer estos y otros libros de una forma estudiosa y diligente; o, de lo contrario, deberán a cada paso consultar a personas expertas en el arte de la minería, aunque llegarán a descubrir muy pocas personas que sean experimentadas y conocedoras de este compleja materia. Por regla general, hay una persona que sólo conoce a fondo de los métodos de minería, otra posee los conocimientos necesarios para el lave, otra es experta en el arte de fundir los minerales, otra posee los conocimientos necesarios para medir la tierra, otra resulta diestra en el arte de construir máquinas y, por último, existe el entendido en las disposiciones legales acerca de la minería. En cuanto a nosotros, aunque no hayamos perfeccionado todo el arte del descubrimiento y la preparación de los metales, al menos podemos servir de gran ayuda a las personas deseosas de adquirir estos conocimientos.

Pero ahora abordemos el asunto que nos hemos comprometido a tratar. Como siempre ha existido el mayor desacuerdo entre los hombres respecto a la minería y a los metales, existiendo unos que alaban esta ocupación, otros que la condenan abiertamente, yo he decidido, antes de poner por escrito todos mis conocimientos, pesar cuidadosamente los hechos a fin de discernir la verdad sobre este tema.

Por lo tanto, empezaré por la cuestión de la utilidad, la cual resulta ser doble, ya que se puede preguntar si el arte de la minería es realmente provechoso para aquellos que se dedican a él, o si es útil para toda la humanidad. Los que piensan que la minería no ofrece ventajas para los que se dedican a esta actividad aseguran, en primer lugar, que apenas uno de entre cien de los que extraen metales o cosas por el estilo obtiene beneficio, y además, que los mineros, porque confían sus riquezas seguras y bien establecidas a una fortuna dudosa y veleidosa, generalmente se engañan a sí mismos, y como resultado, se empobrecen a causa de los gastos y de las pérdidas, y al final arrastran la vida más miserable y amarga. Pero las personas que mantienen estos puntos de vista no se dan cuenta de lo diferente que es un minero experto e instruído de uno completamente ignorante y desconocedor del arte de la minería. Este último extrae el mineral sin ninguna cuidadosa discriminación, mientras que el primero lo analiza y lo prueba y cuando ha comprobado que las venas o filones son muy estrechas y duras, o demasiado anchas y blandas, deduce de esto que no se pueden trabajar sacando provecho de ellas, y por lo tanto realiza sus operaciones de minería sólo en las que ofrecen garantías de éxito. ¿De qué nos asombramos entonces al comprobar que el minero incompetente sufre pérdidas mientras que el que es competente se ve largamente recompensado con abundantes ingresos de sus operaciones de minería? Lo mismo se puede decir de los agricultores, ya que los que cultivan las tierras áridas, secas y estériles, y en ellas siembran sus semillas, no recogen una cosecha tan abundante como los que cultivan un suelo fértil y blando y en él siembran sus granos. Y como resulta que existe un número de mineros que son incompetentes en su arte mucho mayor que el número de los verdaderamente expertos, de esto se puede deducir que la minería es una ocupación provechosa para muy pocos hombres y causa de pérdidas para muchos. Por lo tanto, la mayoría de aquellos mineros que son completamente ignorantes e incompetentes en el conocimiento de los filones pierden con harta frecuencia el tiempo y el dinero. Estos suelen ser hombres que se han pasado a la minería hallándose sobrecargados de deudas grandes y pesadas, y en quiebra abandonando su negocio, o deseando cambiar de profesión y abandonando la hoz y el arado, y, por lo tanto, si en cualquier momento uno de estos hombres descubre filones ricos o abundantes, será más debido a la buena suerte que a cualquier conocimiento o experiencia por su parte. La historia nos enseña que la minería ha traído riquezas a muchos, ya que en los libros más antiguos se puede aprender que las Repúblicas prósperas, y no pocos reyes y personas particulares, han hecho fortunas con las minas y los productos de éstas. Con muchos ejemplos claros e ilustres he tratado con todo detalle este tema en el primer libro de mi trabajo titulado *De veteribus et novis metallis,* del cual resulta evidente que la minería es una ocupación muy remuneradora para aquellos que le conceden cuidados y atenciones.

Aún más, los que condenan la minería añaden que no tiene la mínima estabilidad y glorifican la agricultura desmesuradamente. Pero yo no puedo comprender cómo dicen esto completamente convencidos, ya que las minas de plata de Freiberg en Meissen permanecen todavía sin agotarse desde hace 400 años, y las minas de plomo de Goslar, desde hace 600 años. La prueba de esto se puede encontrar en los monumentos históricos. En las minas de oro y plata pertenecientes a las comunidades de Schemnitz y Cremnitz se ha estado trabajando durante 800 años y de estas últimas se dice que son los privilegios más antiguos de los habitantes de Cremnitz. Algunos dicen que el beneficio procedente de una sola mina resulta inestable, como si fuera cierto que el mismo depende, o debiera depender, de sólo una mina, y como si no hubiera muchos hombres que sufragan en común los gastos que produce la minería, o como si el que es experto en este arte no se dedicara a excavar otro filón cuando la fortuna no responde ampliamente a sus esperanzas en el primero. La mina «Nueva Estrella», en Freiberg, ha permanecido estable desde más allá de los tiempos que el hombre pueda recordar.

No es mi intención negar nada al honor que merece la agricultura, y yo siempre e inmediatamente admitiré el que los beneficios que aporta la minería son menos estables, ya que los filones con el tiempo dejan de producir metales, mientras que los campos aportan sus frutos cada año. Pero, aunque el negocio de la minería puede ser menos seguro, es mucho más beneficioso, por lo que, con toda sinceridad, lo que le falta en estabilidad lo suple en abundancia. En efecto, si se comparan los beneficios anuales de una mina de plomo con las cosechas de los mejores campos, resulta que aquéllos son tres veces más, o cuando menos el doble que estos últimos. ¿En cuánto los beneficios producidos por las minas de oro o plata sobrepasan los producidos por el cultivo de la tierra? He aquí lo que Jenofonte, sagaz e inteligentemente, escribió acerca de las minas de plata atenienses: «Hay una tierra de tal naturaleza que si se siembra en ella no produce fruto alguno, pero si se excava, puede alimentar a muchos más que si hubiera producido una cosecha.» Por lo tanto, dejemos que los agricultores posean los fructíferos campos y que cultiven las fértiles colinas para obtener sus productos; pero que ellos dejen a los mineros los valles inhóspitos y las estériles montañas para que puedan arrancarles gemas y metales con los que se pueden comprar no sólo las cosechas, sino también todas las cosas que están en venta.

Añaden aún los críticos que la minería es una profesión peligrosa, porque algunas veces los mineros mueren debido al aire pestilente que respiran, otras veces se les deshacen los pulmones, y otras perecen aplastados por masas de rocas enormes; otras veces se caen de las escalas al fondo de los pozos y se rompen los brazos, las piernas o el cuello, y añaden que no existe compensación que pueda considerarse bastante para estos graves peligros de pérdida de la vida. Confieso que estas cosas son de una gravedad extrema y, además, preñadas de terror y peligros, de tal forma que yo consideraría que no se deben extraer en absoluto los metales si todas estas cosas tuvieran que suceder con mucha frecuencia a los mineros, o si no dispusieran de medio alguno para protegerse de tales riesgos. ¿Quién no preferiría vivir antes que poseer todas las cosas, incluso los metales más preciosos? Porque el que perece no posee nada, sino que deja todo a sus herederos. Pero como semejantes cosas suceden muy raramente, y sólo cuando los trabajadores no tienen cuidado, no consiguen apartar a los mineros del ejercicio de su profesión, de la misma forma que no alejaría a un carpintero de la suya el hecho de que uno de sus compañeros hubiera actuado sin precaución y hubiera perdido la vida cayéndose de una obra muy alta. Con esto creo haber contestado a todos y cada uno de los argumentos que los críticos han querido presentar cuando aseguran que la minería es una profesión indeseable, porque implica la inversión de unos gastos con la inseguridad de los ingresos correspondientes, porque es muy tornadiza y porque resulta peligrosa para los que a ella se dedican.

Ahora puedo contestar a las críticas que dicen que la minería no resulta útil para el resto de la humanidad, porque, verdaderamente, las gemas, los metales y otros productos minerales no poseen valor alguno por sí mismos. Quieren obligarnos a que admitamos esto, en parte, por medio de argumentos y ejemplos, y en parte, por representaciones falsas y abuso de nuestra credulidad. En primer lugar, utilizan este argumento: «La tierra no oculta y quita de nuestra vista las cosas que son útiles y necesarias para la humanidad, sino que, al contrario, al igual que una madre benevolente, revela con gran abundancia sus frutos y saca a la luz del día las hierbas, vegetales, legumbres, granos, frutos y árboles. Por otro lado, esconde los minerales en las profundidades de sus entrañas; por lo tanto, no se deben buscar. Pero los extraen hombres malvados que, como dicen los poetas, son "producto de la Edad de Hierro". Ovidio censura su audacia con las siguientes palabras:

"Y no sólo se exigió a la tierra que suministrara las mieses y el necesario sustento, sino que los hombres descendieron a sus entrañas y de ellas extrajeron riquezas, estímulos para el vicio, que la tierra había ocultado y retirado a las sombras de Estigia. Entonces apareció el hierro destructivo, y el oro, más destructivo aún que el hierro, para que la guerra apareciera a continuación"».

Otro de sus argumentos es el siguiente: Los metales no ofrecen ventaja o beneficio alguno al hombre; por lo tanto, no debemos buscarlos. Ya que como el hombre está formado de cuerpo y alma, ninguno de ambos tiene necesidad de los minerales. El mejor alimento para el alma reside en la contemplación de la naturaleza, en el conocimiento de las ciencias y de las artes, en la comprensión de la virtud, y si el hombre ocupa su mente en estas cosas y si ejercita su cuerpo, estará satisfecho con el festín que le proporcionan los pensamientos más nobles y los conocimientos más sabios y no tendrá deseo alguno de otras cosas. En cuanto al cuerpo, aunque puede contentarse con los alimentos y vestidos que necesite, los frutos de la tierra y los animales de las diferentes especies le aportan una abundancia de comidas y bebidas mediante la cual puede hallarse convenientemente alimentado y fortalecido y ver su vida prolongada hasta la más avanzada edad. El lino, la lana y las pieles de muchos animales proporcionan abundancia de vestidos baratos, mientras que el más lujoso no es muy difícil de procurarse; es el tejido llamado velloso o sedeño, y está suministrado por las hojas de los árboles y los capullos del gusano de seda. De modo que el cuerpo no tiene necesidad de los metales, tan ocultos en las profundidas de la tierra, y en su mayoría, tan caros de conseguir. Se dice que esta máxima de Eurípides se ha repetido en las reuniones de hombres sabios e instruidos y, con razón, siempre estaba en los labios de Sócrates:

«Las obras de plata y púrpura se utilizan no para la vida, sino para la tragedia.»

Estas críticas también se complacen en poner de relieve las palabras de Timocreon de Rodas:

« ¡Oh invisible Plutón! , ojalá nunca hubieras aparecido sobre la faz de la tierra, o sobre el agua, o sobre los campos, sino que tuvieras que habitar el Tártaro y el Aquerón, ya que de ti surgen todas las cosas perniciosas que se apoderan de la humanidad.»

E incluso alaban estas líneas que escribió Focilides:

«El oro y la plata son perniciosos para los mortales; el oro es la causa del crimen, la plaga de la vida y la ruina de todas las cosas. ¡Ojalá no fueras un azote tan atractivo! Porque de ti surgen los robos, homicidios y guerras, los hermanos enloquecen contra los hermanos y los hijos contra los padres.»

Y también les place esta frase de Neumaquio:

«El oro y la plata no son más que polvo, son igual que las piedras esparcidas por la playa o en las orillas de los ríos.»

Pero censuran estos versos que escribió Eurípides:

«Plutón es el dios de los hombres sabios; todo lo demás es mera insensatez y charlatanería.»

Del mismo modo rechazan estas palabras de Teognis:

« ¡Oh Plutón, el dios más bello y plácido! Mientras que te tenga a ti, por muy perverso que sea, se me considerará como bueno! »

También censuran a Aristodemo, el Espartano, por estas palabras:

«El oro hace al hombre; a nadie que sea pobre se le tiene por bueno ni se le considera honrado.»

Además tachan de perniciosos estos versos de Timocles:

«El oro es el cuerpo y el alma de los mortales. El que no ha acumulado riquezas deambula como un muerto entre los vivos.»

Y por último, también censuran a Menando porque escribió:

«Epicarmo asegura que los dioses son el agua, el viento, el fuego, la tierra, el sol y las estrellas, pero yo mantengo la opinión de que los dioses que nos resultan útiles son la plata y el oro, ya que si los acumulas en tu casa puedes buscar todo lo que quieras. Todas las cosas vendrán hacia ti; la tierra, las casas, los esclavos, los trabajos de los orfebres; además de esto, los amigos, los jueces, los testigos. No tienes más que dar con liberalidad, con esto tienes a los dioses a tu servicio.»

Pero además el argumento más fuerte que esgrimen los detractores de la minería consiste en que los campos quedan devastados por las operaciones inherentes a este arte, por lo que antiguamente a los italianos se les advirtió que nadie debía excavar la tierra en busca de metales y dañar de esta manera los fértiles campos, los viñedos y olivares. También argumentan que los árboles y arbustos de los bosques y huertos se cortan, ya que se necesita una inmensa cantidad de madera para los armazones, las máquinas y el fundido de los metales. Y una vez que se han talado los bosques y huertos, se exterminan los pájaros y las bestias, muchos de los cuales proporcionan un alimento placentero y agradable para el hombre. Además, cuando se lavan los minerales, el agua que se ha utilizado en esta operación envenena las corrientes y los arroyos y riachuelos y además destruye o aleja a los peces. Por lo tanto, los habitantes, a causa de la devastación de sus campos, bosques, huertos, ríos y arroyos, tienen grandes dificultades para procurarse el sustento diario, y debido a la destrucción de la madera se ven obligados a gastos mucho más elevados para levantar construcciones. Se dice, por lo tanto, que resulta claro para todos que existen más perjuicios en la minería que beneficios puede aportar el valor de los metales que produce.

Así, para apoyar sus argumentos de una forma más enérgica quieren probar con los ejemplos que siguen que los hombres grandes o famosos se han contentado con la virtud y han aborrecido los metales. Alaban a Bias porque consideró a los metales como simples piezas del juego de la fortuna, no como su verdadera riqueza. Cuando sus enemigos habían capturado a Priene, su ciudad natal, y sus conciudadanos, cargados con cosas preciosas, habían elegido darse a la fuga, alguien le preguntó por qué no llevaba él ninguna de sus riquezas, y contestó: «Llevo todas mis posesiones conmigo.» También se dice que Sócrates, habiendo recibido dos mil dracmas que le enviaba Arístipo, un discípulo agradecido, las rechazó y se las devolvió obedeciendo el dictado de su conciencia. Y que Arístipo, siguiendo su ejemplo, llegó a despreciar el oro y a considerarlo carente de todo valor. Y en una ocasión, realizando un viaje con sus esclavos cuando éstos, cargados de oro, caminaban muy despacio, les ordenó que solamente guardaran lo que pudieran llevar sin molestia y que arrojaran lo demás. También Anacreon de Teos, un noble y anciano poeta, debido a que se había sentido inquieto durante dos noches por cinco talentos que le había dado Policrates, se los devolvió diciendo que no valían la ansiedad por la que había atravesado a causa de ellos. De modo similar, muchos príncipes famosos y sumamente poderosos han llegado a imitar a los filósofos en su desprecio y desagrado por el oro y la plata. Tenemos por ejemplo a Focio, el Ateniense, que fue nombrado general del ejército muchas veces, y que cuando Alejandro, rey de Macedonia, le envió una gran cantidad de oro como presente, la consideró una bagatela y la despreció. Y a Marco Curio, que ordenó que se les devolviera el oro a los samnitas, igual que hizo Fabricio Luscino con respecto a la plata y el cobre. Algunas Repúblicas prohibieron a sus ciudadanos el empleo del oro y de la plata mediante leyes y decretos; los lacedemonios, siguiendo los decretos de Licurgo, averiguaban quién era el que poseía algunas de estas cosas entre sus conciudadanos, y cuando alguien era convicto de este crimen, se le castigaba como indicaban la ley y la justicia. Los habitantes de una ciudad del valle del Tigris llamada Babitacia escondieron su oro, enterrándolo, para que nadie lo utilizara. Los escitas llegaron a condenar el uso del oro y de la plata para no convertirse en avaros.

Todavía se ha vilipendiado aún más a los metales; en primer lugar, las gentes desenfrenadamente injurian al oro y a la plata y los denominan pestes nefastas y mortíferas de la raza humana, añadiendo que los que poseen estos metales se encuentran en el mayor de los peligros, ya que los que no tienen nada odian a los que poseen riquezas, y así, una vez y otra, estos metales han sido causa de ruinas y destrucciones. Por ejemplo, Polimnestor, rey de Tracia, mató a Polidoro, un huésped noble, hijo de Príamo, su padre político y un buen amigo, con el fin de apoderarse de su oro. Pigmalión, también, para hacerse dueño de tesoros de plata y oro, siendo rey de Tiro, mató al marido de su hermana, un sacerdote, despreciando el parentesco y la religión. Por amor al oro, Erífila traicionó a su marido, entregándole a Filipo de Macedonia. La hija de Espurio Tarpeyo, una vez que se dejó comprar con oro, dejó entrar a los sabinos en la ciudadela de Roma. Claudio Curio vendió a su patria por oro a César el Dictador. El oro, también, fue la causa de la caída de Esculapio, el gran médico que se creía era hijo de Apolo. De modo parecido Marco Craso, a causa de su enorme ambición por el oro de los partos, fue completamente derrotado junto a su hijo y once legiones y se convirtió en el hazmerreír de sus enemigos, ya que cuando fue asesinado le introdujeron oro líquido en la boca entreabierta, diciendo: «Tú has estado sediento de oro; ahora, por lo tanto, bebe oro.»

Pero, ¿para qué voy a citar más ejemplos entresacados de la historia? Resulta casi una experiencia diaria al comprobar que, con el fin de obtener oro y plata, se derriban muchas puertas, se atraviesan muchas murallas, los viajeros desventurados se ven asaltados por hombres crueles y rapaces que han nacido para la rapiña, el sacrilegio, el asalto y el robo. Casi a diario vemos a los ladrones atrapados y colgados ante nuestros ojos, a los sacrílegos quemados vivos, las articulaciones de los salteadores rotas en la rueda del tormento, guerras que se emprenden por el mismo motivo, y que destruyen no sólo a los que las sufren, sino también a los que las llevan a cabo. Más aún, se dice que los metales preciosos fomentan toda clase de vicios, como la seducción de las mujeres, el adulterio, la falta de castidad; en una palabra, crímenes de violencia contra la persona humana. Por lo tanto, cuando los poetas representan a Júpiter transformado en una fina lluvia de oro cayendo en el regazo de Danae, quieren decir que había encontrado un medio seguro, el oro, para entrar en la torre con el fin de violar a las doncellas. Incluso la fidelidad de muchos hombres se ha visto traicionada por amor al oro y a la plata, con los cuales se han comprado las sentencias de los jueces y se han perpetrado crímenes innumerables. Con razón dijo Propertio:

> «En verdad, ésta es la Edad de Oro. El oro proporciona las mayores recompensas, por medio del oro se consigue el amor, por medio del oro se destruye la fe, con el oro se compra la justicia: la ley sigue el camino que le marca el oro, mientras que la modestia pronto seguirá el mismo curso cuando la ley haya desaparecido.»

También Difilo dice:

> «Yo creo que no hay nada más poderoso que el oro. Con él todas las cosas se transforman, todas las cosas se consiguen.»

Por tanto, los hombres más nobles y mejores han despreciado esta clase de riquezas merecidamente y con justicia, y las han considerado carentes de valor. Dice el viejo de Plauto:

> «Odio el oro. Ha obligado con frecuencia a mucha gente a realizar actos detestables.»

También en nuestro país los poetas prorrumpen en amargas invectivas contra el dinero acuñado con oro y plata. Especialmente Juvenal, que dijo:

> «Ya la majestad de la riqueza es la cosa más sagrada entre nosotros. Aún así, ¡oh pernicioso dinero!, hasta ahora no habitas en templo ni te hemos erigido un altar.»

Y en otro lugar:

> «El dinero desmoralizador introdujo las costumbres extranjeras y las riquezas voluptuosas debilitaron a nuestra raza con su lujuria llena de desgracias.»

Y hay muchísimos que, con demasiada vehemencia, alaban el

sistema de cambio utilizado antes de que se inventara el dinero y que, incluso aún hoy día, se practica entre las gentes sencillas.

A continuación elevan el grito de protesta contra otros metales, como el hierro, del que dicen que no hay nada más pernicioso en la vida del hombre, ya que se emplea en la fabricación de espadas, jabalinas, lanzas, picas y flechas, armas por medio de las cuales se hiere a los hombres, y que causan matanzas, robos y guerras. Estas cosas conmovieron de tal manera la ira de Plinio, que llegó a escribir: «El hierro no sólo se utiliza para las luchas mano a mano, sino también para dar forma a las aladas balas de las guerras, unas veces para las máquinas que los lanzan, otras para fabricar las flechas. Lo considero como el fruto más mortífero del ingenio humano, ya que para llevar la muerte con mayor rapidez a los hombres hemos dado alas al hierro y le hemos enseñado a volar.» La lanza, la flecha que parte del arco o el dardo que sale de la catapulta y de otras máquinas se pueden introducir en el cuerpo de un hombre, mientras que el hierro que forma la bala de cañón y se lanza por el aire puede destrozar los cuerpos de muchos hombres y no existe objeto de mármol o de otra piedra que, a pesar de su dureza, no se vea hecho pedazos por su choque y su fuerza. Con el hierro se consigue que las torres más altas caigan abatidas contra el suelo, esparce y destruye las murallas más fuertes. Es cierto que las ballestas que arrojan piedras, los arietes y otras antiguas máquinas de guerra utilizados para abrir brecha en las murallas de las fortalezas y derribar otros reductos defensivos tenían muy poco poder en comparación con nuestro cañón actual. Los cañones emiten sonidos y ruidos horribles, no menores que el trueno; rayos de fuego salen de ellos como relámpagos, chocando, aplastando y derribando las casas, esparciendo las llamas y avivando los fuegos como si fueran rayos de verdad. Por lo tanto, se puede decir, con mayor justicia, de los hombres de nuestra época que de los antiguos que han arrebatado los rayos de Júpiter y los han arrancado de sus manos. Más aún, parece como si esta fuerza hubiera salido de las regiones infernales a la tierra para destruir a los hombres de forma que la muerte por sí misma pueda llevarse la mayor cantidad posible de ellos de un solo golpe.

Pero como hoy día se fabrican muy pocos mosquetones de hierro y los grandes nunca se hacen a base de este material, sino a base de la mezcla de cobre y estaño, se atribuyen más maldiciones al cobre y al estaño que al hierro. Con relación a estos dos metales, también mencionan al toro de bronce de Falaris, el buey de bronce de las gentes de Pérgamo, potros de tormento con la forma de perro o caballo de hierro, esposas, grilletes, cuñas, garfios y placas candentes. Cruelmente atormentados por estos instrumentos, se obliga a los hombres a confesar crímenes y fechorías que nunca han cometido y se tortura hasta la muerte a los inocentes por medio de todos los tormentos concebibles.

También se ha dicho que el plomo es un metal pestilente y nocivo, porque por medio de plomo derretido se castiga a los hombres, según nos describe Horacio en su oda a la diosa Fortuna:

«La Cruel Necesidad va siempre delante de ti, llevando en su endurecida mano las lanzas y las cuñas, el horrible garfio y el plomo derretido.» En su propósito de fomentar el odio contra este metal, no olvidan mencionar las balas de plomo de los mosquetones y en ellas encuentran la causa de las heridas y de la muerte.

Argumentando, pues, que como la naturaleza ha escondido los metales dentro de las entrañas de la tierra, y como no son necesarios para la vida humana, han merecido ser despreciados y repudiados por los hombres más nobles y no se deben extraer, y viendo que cuando salen a la luz son causa de grandes males, deducen que la minería no es útil, sino, al contrario, perjudicial y destructiva. Existen muchos hombres buenos tan perturbados por estos males que han llegado a concebir un odio acerbo contra los metales, y que desearían de todo corazón que nunca se hubieran creado o se estén creando los metales, para que nadie los hubiera extraído jamás. Cuanto más aprecio la singular honestidad, inocencia y bondad de tales hombres, más ansioso me siento de sacar de raíz todos los errores de sus mentes y revelarles la sana opinión que consiste en que los metales son muy útiles para la humanidad.

En primer lugar, los que hablan mal de los metales y rehúsan su utilización no ven que acusan y condenan al mismo Creador, al decir que modeló en vano algunas cosas y sin motivo alguno, y le consideran creador de estos males, opinión que sin duda no corresponde a hombres piadosos y temerosos de Dios.

En segundo lugar, la tierra no esconde los metales en sus profundidades porque no desee que los hombres se dediquen a extraerlos, sino porque la previsora y sagaz naturaleza ha dispuesto un lugar para cada cosa. Crea los metales en los filones y fibras y comisuras de las rocas, como si éstas fueran recipientes y receptáculos especiales para dichos materiales. No se pueden producir y guardar los metales en los demas elementos porque en ellos faltan los materiales para su formación. Si se hubieran generado en el aire, una cosa que pasa muy raramente, no podrían hallar un lugar firme para su descanso o apayo, ya que debido a su propia forma y peso deben aposentarse sobre el suelo. Al ver, pues, que los metales tienen precisamente su morada en las entrañas de la tierra, ¿quién no ve que estos hombres llegan a sus conclusiones sin buena lógica?

Dicen: «Aunque los metales están en la tierra, cada uno de ellos en su lugar correspondiente, donde tuvo su origen, por el solo hecho de yacer encerrados y ocultos a la vista, no se les debe sacar fuera de la tierra.» Pero para refutar estos ataques tan absurdos pondré, en nombre de los metales, el ejemplo de los peces, a los que nos dedicamos a atrapar por muy ocultos y escondidos que estén en el agua, incluso en el mar. Por cierto que resulta bastante raro que el hombre, un animal terrestre, deba investigar el interior del mar antes que las entrañas de la tierra. Ya que igual que los pájaros han nacido para volar libremente por el aire, del mismo modo han nacido los peces para nadar por el agua, mientras que la naturaleza ha donado a otras criaturas la tierra para que puedan vivir en ella, y de una forma particular al hombre, para que pueda cultivarla y extraer de sus cavidades los metales y todos los demás productos minerales. Por otro lado, dirán que comemos el pescado, pero que ni el hambre ni la sed se disipan con los minerales, y que tampoco son útiles para abrigar o vestir nuestro cuerpo, lo cual constituye otro argumento al que se aferran para demostrar que no se deben extraer los metales. Pero el hombre sin los metales no puede procurarse las cosas que necesita para su alimentación y vestimenta. Aunque los productos que nos proporciona la tierra aportan la mayor abundancia de alimentos para nuestra nutrición, es decir, la de nuestros cuerpos, no hay trabajo ni labor que se pueda llevar a cabo sin la ayuda de herramientas. La misma tierra se vuelve por medio de arados y rastrillos, los tallos más duros y la parte superior de las raíces se cortan y se sacan por medio de azadones, las simientes que se siembran se rastrillan, los campos de maíz y de trigo se desyerban y se escardan; el grano ya maduro, con parte de su tallo, se corta por medio de guadañas y se derriba en el suelo, donde las espigas se trillan o se almacenan en el granero y después se golpean por medio de desgranadores y se bieldan aventándolas, hasta que, por último, se almacena el grano solo en los graneros y se saca cuando lo pide la ocasión o lo exige la necesidad. También si queremos obtener mejores frutos de los árboles y de los arbustos debemos echar mano del cultivo, de la poda y de los injertos, cosas que no se pueden efectuar sin herramientas. Lo mismo que sin recipientes no podemos guardar o mantener los líquidos como la leche, la miel, el vino o el aceite. Tampoco pueden cuidarse los seres vivos sin tener viviendas para protegerlos de las lluvias largas y continuas y de los fríos intolerables. La mayoría de los instrumentos con los que se realizan las labores campestres están hechos a base de hierro, como, por ejemplo, las rejas de los arados, las azadas, enrejados, las púas o dientes de las horquillas, los picos, rastrillos, hoces para el heno, guadañas, tijeras de poda, garfios, palas, horcas y escardillos. Los recipientes también están fabricados a base de cobre o plomo. No existen instrumentos de madera ni recipientes que no lleven algo de hierro. Las bodegas para el vino, los lagares o almazaras, los establos o cualquier otra parte de una casa de agricultores no se podría construir sin la ayuda del hierro. Si el toro, el carnero, la cabra o cualquier otro animal doméstico se llevan desde el lugar de pastoreo hasta el carnicero o matarife, o si el campesino lleva desde su casa un pollo, una gallina o un capón para ponerlo en manos del cocinero, ¿se podría cualquiera de estos animales cortar y dividir en trozos sin la ayuda de cuchillos o hachas? No necesito añadir nada acerca de las vasijas y recipientes de bronce y cobre para cocinar, ya que para estos menesteres se puede echar mano de utensilios de barro y arcilla, pero éstos a su vez no se podrían hacer sin que los modelara el alfarero por medio de herramientas, ya que no hay instrumentos que se puedan hacer solamente con madera, sin la ayuda del hierro. Además la caza, la cetrería, la pesca aportan al hombre su alimentación, pero cuando se ha conseguido atrapar la pieza, ¿no la traspasa el cazador con su venablo? Cuando está quieta o corriendo, ¿no la alcanza con una flecha? ¿O la atraviesa con una bala? ¿No mata de la misma forma el cazador de aves al urogallo o al faisán con una flecha? ¿O no descarga en su cuerpo las balas de su mosquete? No voy a hablar de los cepos y otros instrumentos con los cuales se atrapa a la becada, al pájaro carpintero y otros pájaros silvestres, por no seguir citando ejemplos de forma demasiado minuciosa. Por último, ¿no atrapa el pescador los peces en el mar, en los lagos, en los estanques y en los ríos con su anzuelo y red? Pues el anzuelo es de hierro y algunas veces vemos pesas de plomo o de hierro atadas a la red. Y la mayoría de los peces, una vez que se han pescado, se cortan y se limpian con cuchillos y hachas. Pero ya he dicho más de lo necesario acerca de la comida.

Hablaré ahora de los vestidos, que se hacen de lana, lino, plumas, pieles o cuero. En primer lugar se esquilan las ovejas, luego se carda la lana. A continuación se hila en hebras, mientras que luego la trama queda suspendida y la lanzadera, entrelazando la urdimbre, teje la lana. Y golpeándola con el rastrillo de carda, se termina el tejido sólo con hebras o con hebras y pelo. El lino, cuando se recoge, se arrastra por medio de ganchos. Luego se le introduce en agua y después se le deja secar, se la da forma de estopa golpeándolo con un mazo y se le carda, se hila en hebras o hilos y por último se le teje en forma de paño. ¿Y no tiene el artesano o tejedor del paño un instrumento de hierro? ¿Se puede hacer un telar de madera sin la ayuda del hierro? El paño o el tejido se deben cortar en trozos para el sastre. ¿Se puede hacer esto sin cuchillo o tijeras? ¿Puede el sastre coser los vestidos sin aguja? Incluso las gentes que viven al otro lado del mar no pueden cubrir sus cuerpos con vestidos de lana sin estos instrumentos. Ni los sastres en pieles pueden pasar sin ellos cuando tienen que coser juntas las pieles de cualquier clase de animal. El zapatero necesita una cuchilla para cortar el cuero, otra para rasparlo y un punzón o lezna para perforarlo, antes de poder hacer los zapatos. Así todos los vestidos que cubren el cuerpo o se tejen o se cosen. También las casas que protegen al mismo cuerpo de las lluvias, del viento, del frío y del calor, ¿no se construyen con hachas, sierras y barrenas o taladros?

Pero, ¿para qué añadir más? Si extraemos los metales para ponerlos al servicio del hombre, todas las artes para proteger y mantener la salud y sostener más cuidadosamente el curso de la vida tienen que emplearlos. Si no hubiera metales, el hombre pasaría una existencia miserable y horrible en medio de bestias salvajes; volvería a comer bellotas, frutos y bayas silvestres. Se alimentaría de hierbas y raíces que pudiera arrancar sólo con sus uñas. Excavaría cuevas donde descansar por la noche y por el día andaría errante por los bosques y los llanos igual que las bestias, y teniendo en cuenta que este estado o condición no corresponde a la humanidad, con sus espléndidas y gloriosas dotes naturales, ¿habrá alguien que sea tan estúpido y obstinado para no comprender que los metales son necesarios para procurarse el alimento y el vestido que tienden a preservar la vida humana?

Además, como los mineros excavan casi exclusivamente en las montañas, que de otra forma serían improductivas, o en valles oscuros, no producen el más ligero daño a los campos de cultivo. Por otro lado, cuando los bosques y las ciénagas se hayan cortado o secado, se puede en ellos sembrar grano, una vez que se hayan extraído las raíces de los árboles y arbustos. Estos nuevos campos de cultivo pronto producirán nuevas cosechas, con las que se puedan reparar las pérdidas que los habitantes de la región hayan sufrido por los gastos crecientes en madera. Aún más, con los metales que se fundan de los minerales se pueden comprar en otra parte innumerables pájaros, animales y peces comestibles y traerlos a estas regiones montañosas.

Hablaré ahora de los ejemplos que antes mencioné. Bias de Priene, cuando su patria fue conquistada, no sacó de la ciudad ninguna de sus pertenencias. Un hombre tan fuerte, con una reputación tan grande, no tenía necesidad alguna de sentir miedo del enemigo, pero en verdad no se puede decir de él precisamente que no lo sintiera, pues decidió huir apresuradamente; el que arrojara o abandonara sus bienes no me parece a mí una gran hazaña, porque había perdido su casa, su hacienda e incluso su patria, es decir, sus cosas más preciosas. No, de ninguna manera; sólo me convencería de que Bias sintiera de verdad desprecio y desdén por la posesión de riquezas el que, antes de que hubieran capturado su patria, las hubiera distribuido liberalmente entre sus parientes y amigos o las hubiera donado a los pobres, ya que esto sí lo habría podido hacer libremente y sin traba alguna. Mientras que su conducta, aunque los griegos la admiran mucho, se diría dictada por miedo al enemigo. Sócrates, realmente, no despreciaba el oro, sino que no quiso aceptar dinero a cambio de su enseñanza. En cuanto a Arístipo de Cirene, si hubiera recogido y ahorrado el oro que ordenó tirar a sus esclavos, habría podido después comprar las cosas necesarias para vivir y no habría tenido, a causa de su pobreza, que adular al tirano Dionisio, ni le habría éste jamás llamado el «perro del rey». Por esta razón, Horacio, para vilipendiar a Estabero por su amor a las riquezas, dice con razón:

> «No se parece éste al griego Arístipo, que ordenó a sus esclavos arrojar el oro en Libia porque iban demasiado despacio, por el peso de los fardos que llevaban; pero, ¿cuál de los dos es el más insensato?»

Insensato, en efecto, es el que aprecia más las riquezas que la virtud. Insensato también es aquel que las rechaza y las considera sin valor alguno, en lugar de utilizarlas con discernimiento. En cuanto al oro que Arístipo, en otra ocasión, arrojó al mar, en esta ocasión sí que lo hizo por una razón prudente y sabia, ya que al saber que se había embarcado en un barco pirata y temiendo por su vida, contó todo su oro y luego, por voluntad propia, lo arrojó al mar, y se lamentó como si lo hubiera hecho sin querer. Pero más tarde, cuando ya hubo escapado del peligro, dijo: «Es preferible que se haya perdido este oro a que hubiera perecido yo a causa de él.» Concedamos que algunos filósofos, como Anacreon de Teos, despreciaran el oro y la plata. Anaxágoras de Clatomene también dio sus rebaños de ovejas y se convirtió en pastor. Crates, el Tebano, cansado porque sus haciendas y sus otras riquezas le causaban preocupaciones y se sentía distraído en las contemplaciones de su mente, se deshizo de una propiedad valorada en diez talentos y cogiendo su manto y un zurrón, dedicó, lleno de pobreza, todos sus esfuerzos y pensamientos a la filosofía. ¿Es acaso cierto, porque estos filósofos despreciaran el oro, que los demás despreciaran la riqueza? ¿Dejaron de cultivar las tierras y rehusaron el vivir en sus casas? Al contrario, es cierto que hubo muchos que, siendo muy ricos, se hicieron famosos conociendo y respetando las leyes divinas y humanas, como Aristóteles, Cicerón, Séneca. En cuanto Focio, el que no creyera honrado aceptar el oro que Alejandro le había enviado, se debe a que si lo hubiera aceptado y utilizado, tanto él como el rey se habrían acarreado el odio y la aversión de todos los atenienses, aunque más tarde estos mismos fueran tan desagradecidos hacia un hombre tan excelente que le obligaron a beber la cicuta. Nada hubiera sido menos digno para Marco Curio y Fabricio Luscino que aceptar el oro de sus enemigos, quienes esperaban que por este medio ambos dirigentes se corromperían y se harían odiosos a los romanos, ya que su propósito era causar disensiones internas y destruir por completo a la República. Sin embargo, Licurgo debió haber dado instrucciones a los espartanos en cuanto al empleo del oro y la plata, en lugar de abolir cosas que en sí mismas son buenas. En cuanto a los babitacenses, ¿quién no ve que eran envidiosos y no tenían sentido? Ya que podrían haber comprado con su oro cosas que necesitaban, o habérselo dado a los pueblos vecinos para atraerlos por medio de presentes y favores. Por último, al condenar los escitas el uso del oro y de la plata no se liberaron de su avaricia, porque quien no disfrute de estos dos metales y posea otras formas de fortuna y propiedad también puede ser un avaro.

A continuación replicaré a los ataques lanzados contra los productos de las minas. En primer lugar llaman al oro y la plata el azote de la humanidad porque son la causa de la destrucción y la ruina de quienes los poseen. Pero si vemos así las cosas, ¿no se le puede llamar a cualquier cosa que tengamos el azote de la especie humana, sea un caballo, un vestido o cualquier otra cosa? Ya que cuando alguien va montado a caballo, o viaja bien vestido, da ocasión a que intentando robarle, le maten. ¿Tenemos que no montar a caballo, sino viajar a pie, porque en una ocasión un ladrón cometió un asesinato con el fin de robar un caballo? ¿O debemos no poseer vestidos porque un vagabundo armado de una espada ha tomado la vida de un viajero para robarle sus vestiduras? La

selo de repente con toda violencia; o cuando ata las manos de la víctima a la espalda y tira de ellas con una soga hacia arriba y luego la deja caer de repente; o de otra forma, colgándole de una viga con una piedra pesada atada a los pies, o partiéndole las articulaciones.

Ejemplos que nos enseñan que no se puede condenar a los metales, sino a nuestros propios vicios, como la ira, la crueldad, la discordia, la pasión por el poder, la avaricia y la lujuria.

A continuación surge la cuestión de si debemos contar a los metales entre el número de las cosas útiles o clasificarlos entre las malas. Los peripatéticos consideraban la riqueza como una cosa buena y simplemente hablaban de las cosas externas como si nada tuvieran que ver con el alma y con el cuerpo. Bien, dejemos que la riqueza sea externa, tal como ellos dicen; se pueden considerar muchas cosas buenas, si está en manos de uno el utilizarlas bien o mal. Los hombres rectos las utilizan bien y para ellos resultan ser una cosa buena. Los malvados las emplean mal y para ellos resultan perjudiciales. Dice Sócrates que igual que el vino queda influenciado por el barril que lo contiene, de la misma forma se ve influenciado el carácter de las riquezas por el de su poseedor. Los estoicos que solían argüir con sutileza y agudeza, aunque no colocaron a la riqueza en la categoría de las cosas buenas, tampoco la contaron entre las malas, sino que la colocaron en esa clase que ellos denominaron indiferente, ya que para ellos sólo la virtud es buena y sólo el vicio es malo. Todo lo demás es indiferente; para los estoicos es indiferente tener buena salud o estar gravemente enfermo, ser apuesto o deforme. Dicho en una sentencia:

«Hayas vivido bajo el sol en la riqueza, o hayas sido pobre y despreciado entre los hombres, no importa.»

Por mi parte, no veo ninguna razón para que una cosa que por sí misma resulta útil no se deba clasificar entre las cosas buenas. Pese a todo, los metales han sido creados por la naturaza y aportan al hombre diversas cosas necesarias para la raza humana, por no hablar de su empleo como adornos, que se mezcla tan maravillosamente con su utilidad. Por lo tanto, no es razonable el degradarlos del puesto que tienen entre las cosas buenas. Realmente, si se hace uso de ellas, ¿puede contárselas entre las cosas malas? Porque, ¿de qué cosa buena no podemos hacer igualmente un uso bueno o malo? Permítaseme presentar ejemplor de cosas que denominamos buenas.

El vino es, con mucho, la mejor de las bebidas; si se bebe con moderación, ayuda a la digestión de los alimentos, contribuye a producir sangre y promueve los jugos en todas las partes del cuerpo. Resulta útil no sólo para nutrir el cuerpo, sino también la mente, porque dispersa nuestros más oscuros y tristes pensamientos, nos libera de muchos cuidados y ansiedades y restaura nuestra confianza. Pero si se bebe en exceso daña, perjudica y postra al cuerpo en la enfermedad. Un hombre borracho no guarda ningún secreto, desvaría, dice insensateces y comete muchos actos delictivos e infames. Sobre este tema, Zeognis escribió una máxima muy inteligente que se puede traducir así:

«El vino es perjudicial si se bebe con avaricia, pero saludable si se bebe con moderación.»

Pero me estoy demorando demasiado sobre asuntos fuera del tema. Debo pasar a los dones del cuerpo y del alma, entre los que se me ocurre citar la fuerza, la belleza y la inteligencia. Si un hombre, confiado en su fuerza, trabaja para mantenerse él y su familia de manera honrada y respetable, utiliza este don correctamente, pero si gana la vida robando y matando, lo ha utilizado malignamente. De la misma forma, si una mujer muy hermosa está ansiosa por agradar a su marido solamente, utiliza su belleza limpiamente, pero si vive desenfrenadamente y es una víctima de sus pasiones, malgasta su belleza. Igualmente, un joven que se dedica a aprender y al cultivo de las artes liberales utiliza bien su inteligencia, pero el que disimula, finge, miente, engaña, tima mediante el fraude y la falta de honradez, utiliza muy mal su capacidad. Ahora bien, el hombre que, porque ve que se abusa de estas cualidades, niega que el vino, la fuerza, la belleza o la inteligencia sean cosas buenas, es injusto y blasfema contra Dios Todopoderoso, Creador del universo; y el que retira los metales de la categoría de sus bendiciones actúa injustamente y blasfema contra El. Son, pues, muy ciertas las palabras de los poetas griegos que escribieron como Píndaro:

> «Brilla el dinero gracias a la virtud; aporta los medios con los que puedes obrar bien en cualquier circunstancia que el destino te tenga reservada.»

Y Saffo:

> «Sin el amor a la virtud el oro es un huésped peligroso y perjudicial, pero asociado con ella se convierte en la fuente y la cumbre del bien.»

Y Calímaco:

> «Las riquezas no engrandecen a los hombres sin virtud, y las virtudes no engrandecen a los hombres si no poseen nada.»

Y Antífano:

> «Entonces, por los dioses, ¿por qué es necesario que un

hombre se enriquezca? ¿Por qué desea poseer mucho dinero a menos que sea para ayudar a sus amigos y sembrar la semilla de una cosecha de gratitud, la más hermosa de las diosas?»

Habiendo de esta forma refutado y contestado a los argumentos y razonamientos de los adversarios, resumamos las ventajas que aportan los metales. En primer lugar resultan útiles para el médico, porque suministran generosamente los ingredientes para hacer las medicinas, por medio de las cuales se curan las heridas y las úlceras, e incluso las plagas; así que, si no existieran otras razones por las que explorar las profundidades de la tierra, deberíamos, en nombre de la medicina, excavar las minas. También son últiles los metales para los pintores, porque producen ciertos pigmentos que cuando se unen con la paleta del pintor son menos perjudicados que otros por la humedad. Además, la minería resulta valiosa para los arquitectos, porque descubre el mármol, que no solamente resulta apropiado para construir grandes edificios, sino para adornarlos. También es muy provechosa para aquellos cuya ambición les empuja hacia la inmortalidad por medio de la fama y la gloria, porque los minerales aportan los metales con los que se hacen las monedas, las estatuas y los otros monumentos, que, casi tanto como los relatos literarios, otorgan al hombre, en un sentido, la inmortalidad. Los metales son útiles para los comerciantes, ya que por muchísimas razones, según he indicado anteriormente, el empleo del dinero, que está hecho de metales, es mucho más conveniente para la humanidad que el viejo sistema consistente en cambiar los bienes directamente. En resumen, ¿para quien no resultan útiles los metales? En verdad, incluso las obras de arte, su genio, su belleza, su elaboración, su utilidad, han sido realizadas por el artista utilizando los metales: el oro, la plata, el cobre, el plomo y el hierro. ¿Cuántos son los artistas que hubieran creado belleza y perfección sin utilizar los metales? Incluso si no se utilizaran las herramientas de hierro o cobre, no podríamos hacer útiles de madera y piedra sin la ayuda de los metales. De estos ejemplos resultan evidentes las ventajas y beneficios que se derivan de los metales. ¿Quién, pues, no comprende cuán sumamente útiles, no, más bien cuán necesarios son los metales para la raza humana? En una palabra, el hombre no podría prescindir de la industria de la minería, ni la Providencia de Dios ha querido que así sucediera.

Se ha llegado a poner en tela de juicio si el trabajar en los metales resulta un empleo honrado para las personas respetables o si, por el contrario, es denigrante y deshonroso. Nosotros contamos esta ocupación entre las profesiones más honradas, porque un arte o una industria cuya profesión no resulta, sin duda alguna, impía, ni ofensiva, ni mala, la estimamos honrada. El que ésta es la naturaleza de la profesión de la minería, en cuanto que promueve la riqueza por métodos honrados y buenos, lo vamos a probar a continuación, y por lo tanto, con toda justicia, la podremos clasificar entre los empleos honrosos. En primer lugar, la ocupación del minero, que creo se me debe permitir comparar con otros métodos de adquirir grandes riquezas, es tan noble como la del agricultor, porque de la misma manera que éste, al sembrar sus semillas en sus campos, no perjudica a nadie, por muy provechosa que la siembra le resulte, el minero, al excavar en busca de sus metales, aunque sacara montañas de oro y plata, no por ello perjudicaría a ningún ser viviente. Realmente, estos dos medios de aumentar la riqueza son a la par, y en el más alto grado, tan nobles como honrosos. Sin embargo, el botín del soldado es, con harta frecuencia, impío y deshonroso, porque en la furia de la lucha se apodera de todo lo sagrado y lo profano. El rey más justo se puede ver obligado a declarar la guerra al tirano más cruel, pero en el transcurso de ésta los impíos no pierden sus riquezas y posesiones, sino arrastrando a la misma desgracia a los inocentes y pobres, viejos, mujeres, muchachas y huérfanos. Pero el minero tiene la posibilidad de acumular grandes riquezas en muy poco tiempo sin echar mano de violencias, fraude o malicia alguna. Por lo que el viejo adagio que dice «Todo rico es depravado, o heredero de la depravación» no siempre resulta cierto. Algunos, sin embargo, censuran y atacan a los mineros diciendo que ellos y sus hijos caerán irremediablemente en la penuria en poco tiempo, porque han acumulado riquezas por medios impropios. Según ellos, no hay nada más cierto que lo dicho por el poeta Naevio:

«Las ganancias mal adquiridas, de mala forma se pierden.»

He aquí lo que llaman métodos malos e injustos mediante los cuales dicen que se obtienen las riquezas procedentes de la minería: Cuando en una mina se presenta la perspectiva de obtener metales, el gobernante o el magistrado arroja de su posesión a los herederos legales, o un vecino astuto e inteligente presenta quizá un pleito contra los antiguos dueños con el fin de robarles parte de su propiedad. O el superintendente de la mina impone a los propietarios una contribución tan fuerte en acciones o participaciones que, si no pueden o no quieren pagarla, pierden sus derechos de posesión; mientras que el superintendente, en contra de toda justicia, se apodera de todo lo que han perdido. O, por último, el capataz de la mina puede ocultar la vena o filón emplasteciendo con arcilla la parte en que más abunde el metal, o cubriéndola con tierra, piedras o encamación, con la esperanza de que, pasados los años, los propietarios, creyendo que la mina está agotada, la abandonen y él pueda excavarla y guardarse para sí el resto del mineral. Incluso llegan a decir que la escoria de los mineros vive por completo gracias al fraude, el engaño y la mentira. Y para no hablar sino de aquellos engaños que se practican en el arte de comprar y vender, dicen que o anuncian las minas con alabanzas falsas e imaginarias hacia sus filones, para que puedan venderse las acciones o participaciones de las minas a una mitad más de lo que valen, o, por el contrario, las estiman muy por bajo, para luego poder comprarlas baratas. Al exponer y sacar a la luz tales fraudes suponen que terminan por completo la buena reputación de los mineros. Ahora bien, toda riqueza, ya se haya adquirido por medios buenos o malos, está expuesta a perderse por un cambio del destino. Se corrompe y se disipa por la falta y el descuido del propietario, se pierde por la pereza y la negligencia, o se malgasta y despilfarra en lujos, o se consume y queda exhausta con regalos y presentes, o se disipa y se tira con el juego:

«Como si el dinero brotara de nuevo de un cofre exhausto y se pudiera coger siempre de un montón inagotable.»

No es de extrañar, por lo tanto, que los mineros no siempre tengan en la mente el consejo del rey Agatocles: «Se debe reverenciar la inesperada fortuna», pues por no seguirlo caen en la penuria, y particularmente cuando no se contentan con una riqueza moderada, no es raro que gasten en nuevas minas todo lo que han ganado en otras. Pero ningún gobernante o magistrado justo se dedica a quitar a los poseedores legales sus posesiones; quizá lo haga un tirano, que pueda cruelmente no sólo arebatar a sus súbditos los bienes adquiridos, sino incluso privarles de la vida. Y, sin embargo, siempre que he investigado las quejas y reclamaciones de las que se oye hablar más, he comprobado que los propietarios a los que se infama tenían grandísimas razones para arrojar a los hombres de las minas, mientras que los que abusaron de los propietarios no tenían razón para quejarse. Tomemos el caso de aquellos que no habiendo pagado sus contribuciones han perdido su derecho de posesión, o el de aquellos que han sido arrojados por el magistrado de la mina que pertenecía a otro: porque algunos, beneficiando filones pequeños que salen de venas mayores y más ricas en metal, están deseosos de invadir la propiedad del vecino. Por tanto, el magistrado que los juzga acusados de un delito, los expulsa de la mina. Estos, con mucha frecuencia, esparcen rumores infamantes del magistrado entre la plebe. O tomemos otro caso: cuando, como sucede con frecuencia, surge una disputa entre vecinos, los árbitros nombrados por el magistrados la arreglan o los jueces investigan y emiten su fallo. Una vez dado el fallo, como cada una de las partes ha consentido en someterse a él, ninguna puede quejarse de que se haya cometido una injusticia, y cuando se ha juzgado la controversia, como la decisión del jurado se realiza de acuerdo con las leyes referentes a la minería, una de las partes no quedará perjudicada, sino ambas de acuerdo con la ley. No trato de reaccionar enérgicamente contra el que dice que un superintendente de minas puede alguna vez imponer una contribución muy grande a los propietarios de las minas. No, y también admitiré que un capataz puede encamar o tapar por medio de cualquier estructura un filón rico en metales. Pero, ¿sirve la maldad de uno o dos para tachar a los demás de malvados y fraudulentos por muy honrados y decentes que sean? ¿Existe en toda la república un organismo más virtuoso y decente que el Senado? Sin embargo, se han descubierto especulaciones de algunos senadores y se les ha castigado. ¿Y por esta razón puede una casa tan honorable perder su buen nombre y su buena fama? El superintendente no puede exaccionar contribuciones de los propietarios sin contar con el consentimiento y la aprobación del Maestro de Minas o de los diputados; por tanto, un engaño de tal clase resultaría imposible. Si a los capataces se les juzga y resultan convictos de fraude, se les castiga; y si resultan convictos de robo, se les cuelga. También existe la queja de que algunos compradores y vendedores de participaciones de las minas se dedican al fraude. Yo lo admito, pero ¿pueden engañar a alguien que no sea un estúpido, un descuidado o un inexperto en los asuntos de la minería? En realidad, un hombre sabio y prudente, experto en su arte o negocio, si duda de la veracidad y sinceridad de un vendedor o comprador, va inmediatamente a la mina para examinarla por sí mismo y ver el filón que tanto se le ha alabado o menospreciado, y entonces puede decidir si compra o vende las acciones o no. Pero la gente añade que aunque uno tan inteligente siempre puede hallarse alerta contra el fraude, también hay hombres sencillos y crédulos a los que puede engañar. Sin embargo, con harta frecuencia vemos que alguno, tratando de engañar y llevar a otro por su camino, llega a engañarse a sí mismo y se convierte en el hazmerreír de todos; y muchas veces, tanto el defraudador como su víctima son ajenos por completo a los asuntos de la minería. Si, por ejemplo, posteriormente se comprueba que un filón resulta abundante en mineral, en contra de la idea que tenía el presunto timador, entonces el que iba a ser engañado obtiene un buen beneficio, mientras que el que intentó engañar sale a la postre perdiendo. No obstante todo esto, los mineros mismos muy raramente venden o compran participaciones o acciones, sino que por regla general tienen vendedores o corredores jurados que compran o venden a los precios que se les ha ordenado dar o aceptar. Habiendo visto, por lo tanto, que los magistrados solventan las disputas basándose en las leyes, que los hombres honrados no engañan a nadie y que uno que no sea honrado no puede engañar con facilidad, o si lo hace no lo puede hacer con inmunidad, las críticas de los que pretenden menospreciar la honradez de los mineros no tiene ni fuerza ni peso.

En consecuencia, la ocupación del minero no resulta objetable a nadie, porque, ¿quién, a menos que por naturaleza sea malevolente y envidioso, mirará con aversión a un hombre que se gana sus riquezas como si le cayeran del cielo? O ¿quién odiará o un hombre que para aumentar su fortuna usa un método libre de todo reproche? Si un banquero exige un interés excesivo, incurre en el odio de los demás hombres. Si pide un tipo de interés legal y moderado, de manera que no resulte odioso y perjudicial, no empobrecerá a los demás, pero no podrá hacerse muy rico con su negocio. Además, las ganancias procedentes de la minería no son sórdidas, porque ¿cómo puede ser esto cierto, viendo que proceden de una naturaleza tan grande, abundante e inocente? Los beneficios de un comerciante son rastreros cuando vende una mercancía falsa y en malas condiciones, o pone un precio muy alto a los artículos que él ha comprado por un precio mucho más bajo; por esta misma razón se puede sentir la misma antipatía hacia el comerciante que hacia el usurero, al menos si no se tiene en cuenta el riesgo que corren cuando no aseguran su mercancía. En fin, los que hablan de una forma injuriosa de la minería, regateándole méritos, dicen que en los tiempos antiguos los hombres convictos de crímenes y de delitos eran sentenciados a las minas y a trabajar en ellas como esclavos. Pero hoy día los mineros reciben su paga y se les emplea igual que a cualquier otro trabajador de otro oficio.

En verdad, si la minería es una ocupación deshonrosa e indigna de un caballero porque antiguamente los esclavos trabajan en las minas, entonces tampoco la agricultura puede ser un empleo honrado, porque antiguamente también los esclavos cultivaban los campos e incluso, hoy día, siguen haciéndolo entre los turcos; ni tampoco la arquitectura puede considerarse honrada, porque se ha comprobado que ha habido esclavos muy expertos en este arte; ni mucho menos la medicina, porque no pocos esclavos han sido médicos; ni ningún otro oficio digno de mención, porque los hombres capturados por la fuerza de las armas han trabajado en ellos. Sin embargo, la agricultura, la medicina y la arquitectura no por ello dejan de contarse entre las profesiones honradas y dignas; por tanto, no debe excluirse tampoco a la minería de entre ellas. Pero supongamos que estamos de acuerdo en que los mineros llevan una ocupación sórdida. Llamamos mineros no solamente a los excavadores y otros trabajadores, sino también a los expertos en el arte de la minería y a los que invierten su dinero en las minas. Entre ellos podemos contar reyes, príncipes y repúblicas, y de estas últimas, a sus ciudadanos más preclaros. Y por último, podemos incluir entre los mineros al noble Tucídides, el historiador, a quien los atenienses encargaron la dirección de las minas de Tasos. Y tampoco es contra su decoro el que los mismos propietarios de las mismas trabajen en ellas con sus propias manos en la maquinaria o en el mineral, especialmente si ellos mismos han contribuido a abrir la mina. Lo mismo que no resulta indigno para los grandes hombres el cultivar su propia tierra. De lo contrario, el Senado Romano no habría nombrado dictador a Quintio Cincinato precisamente cuando se hallaba trabajando en los campos, ni habría llamado al Senado a los hombres más insignes del Estado sacándoles de sus villas en el campo. Y en nuestros días, el Emperador Maximiliano no habría concedido el título de conde a Conrado, el cual era tan pobre cuando trabajaba en las minas de Schneeberg, que le apodaban «el pobre», pero no muchos años después adquirió grandes riquezas en las minas de Fürst, ciudad de la región de Lorena, y tomó su nuevo nombre de «Afortunado». Ni tampoco habría el Rey Ladislao dado entrada en la Asamblea de los Barones a Turcio, ciudadano de Cracovia, que se hizo rico en las minas, en la parte del reino de Hungría que antiguamente se llamaba la Dacia. Ni aun el trabajador de las minas es un ser vil y abyecto, porque se adiestra por el trabajo y la vigilancia durante el día y la noche, ofrece gran resistencia cuando lo exige la ocasión y fácilmente soporta las fatigas y los mismos deberes que un soldado, acostumbrado a estar muchas horas de vigilancia durante la noche; sabe soldar herramientas, abrir zanjas, excavar túneles, construir máquinas y cargar pesos. Por lo que los expertos en asuntos militares prefieren a los mineros antes que a los trabajadores procedentes de la ciudad, e incluso antes que a los campesinos.

Pero, para terminar con esta discusión, siendo las principales vocaciones las de banquero, soldado, comerciante, agricultor y minero, puedo decir que como la usura resulta odiosa, y el botín capturado con crueldad, si se quitan sus bienes a los inocentes, es maldito de Dios y de los hombres, y como la vocación del minero excede en honradez a la del comerciante que vende por lucro, y aunque no es menos noble es decididamente más provechosa que la agricultura, ¿quién dejará de reconocer que la minería es una vocación revestida de una dignidad particular? Por seguro, aunque es sólo uno de los diez métodos más importantes y excelentes de adquirir riquezas de una manera honrada, un hombre activo y cuidadoso puede llegar a ser rico más fácilmente que de ninguna otra forma dedicándose a la minería.

FIN DEL LIBRO I

LIBRO II

He tratado en el libro I, con bastante extensión, de las cualidades que debe reunir el minero, de los argumentos que emplean los que están a favor o en contra de la minería y la industria de los metales y de los que se dedican a ellas. Quiero dar ahora más referencias acerca de los mineros.

Es indispensable, en primer lugar, que sean hombres temerosos de Dios, que entiendan los asuntos de los que voy a tratar y que presten atención cuidadosa a cumplir cada uno su deber con eficiencia y diligentemente. Es una ley de la Providencia que los que saben lo que tienen que hacer y atienden a hacerlo bien encuentren, en casi todas sus empresas, propicia a la fortuna; y al contrario, la adversidad sale al paso de los indolentes y los descuidados en su trabajo. Nadie puede, sin un esfuerzo serio y continuado o sin verdadero trabajo, entender y recordar las distintas partes de las artes de los metales que hay que aplicar en la minería. El que pueda pagar los gastos, empleará a los hombres que necesite y los enviará a los distintos trabajos. Así, antiguamente, Sosias de Tracia envió a las minas de plata mil esclavos, por los que pagó a Nicias, el ateniense, hijo de Nicerato. Pero el que no puede pagar el trabajo de otros elige, entre las distintas artes de minería, la que puede, más fácil y eficazmente, practicar él solo. De estas clases de minería, las dos más importantes son el abrir calicatas de prospección y el lavar arenas de los ríos, porque en las arenas se encuentran a menudo pepitas de oro, piedras negras de las que se funde el estaño e incluso algunas veces gemas; y abriendo pozos, a veces bajo las raíces de la hierba aparece un filón metálico. Así, si por habilidad o por suerte llegan a sus manos arenas auríferas o un filón productivo, el minero podrá establecer la base de su explotación sin gastos previos y desde la nada levantar una fortuna. Si, por el contrario, las arenas lavadas o las calicatas y trincheras de prospección abiertas no confirman sus esperanzas, puede desistir sin perder nada.

Cuando alguien, en su esfuerzo por acrecentar su fortuna, hace frente él solo a los gastos de una mina, es extraordinariamente importante su presencia entre los trabajadores y que vigile personalmente cómo se cumplen sus órdenes. Debe, por tanto, o vivir en el mismo coto, donde puedan siempre verlo los trabajadores y esté continuamente al cuidado de que nadie descuide sus obligaciones, o al menos vivir cerca para poder inspeccionarlo todo frecuentemente. Debe además, en este caso, mandar recado a los operarios anunciándoles su visita incluso más veces de las que se proponga ir en realidad, y así, ya porque realmente vaya o ya porque lo anuncien, los operarios no dejarán de atender sus obligaciones diligentemente. Cuando inspeccione la mina debe alabar a los más trabajadores y darles algunas veces gratificaciones para que ellos y los demás aumenten su celo por el trabajo. Debe, por otro lado, reprender a los perezosos y despedir alguno, tomando en su lugar otro más diligente. Realmente el dueño de una mina debe permanecer en ella día y noche muchas veces, y, por supuesto, la mina no es el sitio adecuado para un perezoso o un aficionado al lujo; es importante que el minero que quiera ver aumentada su fortuna baje a la mina a menudo y pase algún tiempo estudiando la naturaleza del filón y las vetas, y observando y considerando los métodos de trabajo dentro y fuera de la mina. Ni es esto todo lo que ha de hacer, porque a veces deberá realizar él mismo el trabajo, y no perderá por ello nada, sino que alentará a sus hombres con su propia diligencia y les adiestrará con su ejemplo; porque sólo la mina en que, no ya el capataz, sino el mismo dueño es capaz de enseñar cómo se hacen las cosas puede considerarse en buenas manos. Según Jenofonte, un bárbaro respondió con razón al Rey de los persas que «el ojo del amo engorda al caballo», porque realmente en todo la vigilancia del dueño es de la mayor importancia.

Cuando son varios los que se reparten los gastos necesarios para explotar una mina, es conveniente y útil elegir entre ellos mismos un encargado y un capataz. Porque ya que los hombres miran normalmente por sus propios intereses, pero descuidan los ajenos, en este caso no podrán cuidar lo suyo más que cuidando también lo de los otros, ni abandonar lo de los demás sin detrimento de lo suyo propio. Pero si nadie de entre los dueños quiere o puede hacerse cargo de estos oficios, será interés de todos ponerlos en manos de los hombres más capaces. Antiguamente eran cargos que recaían en el Secretario de los Metales, porque los dueños de las minas eran los reyes, como Príamo, dueño de las minas de oro de Abydos, o como Midas, que poseyó las de las montañas de Bermio, o Giges, o Aliates o Creso, dueño de las minas que estaban junto a una ciudad abandonada entre Atarnea y Pérgamo; o también a veces las minas pertenecieron a una República, como, por ejemplo, las minas de plata de España, que pertenecieron a Cartago, y otras veces a grandes e ilustres familias, como en el caso de las minas atenienses del monte Laurio.

Cuando el propietario de minas no conoce el arte de la minería, lo aconsejable es que parta con otros los gastos de explotación, no de una, sino de varias minas. Cuando una persona hace frente a los gastos de toda una mina durante mucho tiempo, si la fortuna le concede una vena o filón abundante, llega a ser muy rica; si, por el contrario, la mina resulta pobre o estéril, llegará a perder todo lo que haya invertido en ella. Pero el que, de acuerdo con otros, ha colocado su dinero en varias minas de una región conocida por su abundancia de metales, raramente lo pierde, porque la fortuna generalmente responde a nuestras esperanzas, o a alguna de ellas. Así, cuando de doce pozos en los que haya invertido su dinero, junto con otros, uno rinda metal abundante, no sólo recuperará el dinero que haya invertido, sino que obtendrá además un beneficio; y si tres o cuatro o más pozos, en los que invirtió dinero, son ricos, hará un negocio sano y provechoso. En sentido parecido se pronunció Jenofonte cuando aconsejó a los atenienses que querían buscar nuevas minas de plata sin sufrir pérdidas. «Existen—dijo—diez tribus de atenienses; si el Estado asigna un número igual de esclavos a cada una y todas participan, a partes iguales, en todas las prospecciones, el provecho que resulte, si se encuentra un filón de plata, será compartido por todos. Y si dos, tres o cuatro o incluso la mitad de las tribus encuentran filones explotables, sus trabajos serán todavía más remuneradores; y no es probable que el trabajo de todas las tribus sea un fracaso.» Aunque este consejo de Jenofonte está lleno de prudencia, no puede aplicarse más que en Estados libres y ricos, porque los pueblos que obedecen a la autoridad de reyes y príncipes, o los sometidos por tiranos, no pueden incurrir en tales gastos sin permiso; y los que no son ricos tampoco pueden hacerlo por falta de recursos. Además, hoy los Estados no tienen esclavos a los que puedan obligar a trabajar en beneficio de los ciudadanos, pero sí pueden, los que ostentan la autoridad, administrar los fondos del erario para explotar minas, en nombre del Estado, como lo haría un particular con su dinero.

Algunos prefieren comprar títulos o participaciones de minas ya en explotación a ocuparse personalmente en hacer prospecciones en busca de nuevos filones; éstos emplean un medio más fácil y menos incierto de aumentar sus riquezas. Aunque las esperanzas que hayan puesto en los títulos de esta o aquella mina se frustren, los compradores de acciones mineras no deben abandonar el resto de las minas, retirándose, porque pueden recobrar con creces todo lo perdido gracias a las de otra mina. No deben tampoco comprar sólo acciones de precio muy alto, de minas que estén ya dando grandes beneficios, ni deben comprar demasiadas de minas próximas donde todavía no se haya encontrado metal, para que si la fortuna no es propicia con ellas, no perder todo, hasta el punto de no poder hacer frente a nuevos gastos y no poder comprar más acciones con las que reponerse de las pérdidas. Esta ruina puede caer sobre los que quieren enriquecerse de prisa, gracias a las minas, y en vez de eso se empobrecen más que antes. Debe, pues, haber en la compra de acciones, como en todo, un límite a las ambiciones y al riesgo, que el minero tiene que fijarse a sí mismo, para que no le ciegue la codicia de una riqueza desmedida y pierda lo que tiene. Un propietario prudente debe, además, antes de comprar las acciones, ir a la mina y examinar cuidadosamente la naturaleza del filón, porque es muy importante que tome precauciones para que no le engañen vendedores de acciones fraudulentas. Los inversores en acciones pueden, quizá, no llegar a ser tan ricos, pero en cambio pueden estar más seguros de ganar que los que buscan minas y las benefician por su cuenta y riesgo, porque son más cautos al confiar en la fortuna. Tampoco se debe desconfiar de ella absolutamente, como hacen algunos que, en el momento en que las acciones de una mina suben de valor, las venden, con lo que pocas veces obtienen ganancias sino muy moderadas. Hay mineros que vuelven a lavar el mineral de los terrenos de minas ya agotadas y abandonadas y los arrastres de las galerías de desagüe, hay otros que vuelven a fundir las escorias, y tanto unos como otros obtienen buenos beneficios de su trabajo.

Antes de empezar la explotación de una mina, el minero debe considerar siete cosas: la situación, las condiciones, el agua, los caminos, el clima, el derecho de propiedad y los vecinos. Hay cuatro clases de situaciones: montaña, colina, valle y llanura; las dos primeras son más ventajosas porque en ellas se pueden abrir fácilmente socavones de desagüe, pues el agua crea muchas dificultades en los trabajos de la mina, cuando no los hace completamente impracticables. Las otras dos situaciones, el valle y la llanura, son peores, sobre todo porque no se pueden abrir socavones. En todo caso un buen minero toma en consideración cualquier clase de situación y busca indicios donde un torrente o alguna otra causa hayan movido la capa superior del suelo o la hayan arrastrado; pero no empieza a hacer prospecciones sino donde la situación general del terreno sea favorable y prometa rendir beneficios, ya que puede ser muy variada, lo mismo en terreno montañoso que en otro terreno.

Las montañas, en efecto, difieren mucho entre sí: unas se levantan aisladas en la llanura, mientras que otras se encuentran en terreno ondulado y en regiones elevadas, y en fin, otras parecen concentraciones de montañas, unas sobre otras. El minero conocedor de su arte no elige ni las montañas que se eleven aisladas en la llanura ni las que coronan las grandes alturas de las regiones montañosas, excepto que por casualidad aparezca claramente ante sus ojos una vena aflorando en una de esas montañas, porque aunque no quiero repetir lo que he dicho más de una vez, tampoco quiero dejar de enfatizar que se puede dar la excepción en cuanto a las situaciones que no deben, en principio, seleccionarse. No todas las regiones son igualmente montañosas; algunas tienen sólo una montaña, otras dos o tres o sólo unas pocas. En algunos sitios se extienden llanuras entre una montaña y otra; en otros, las montañas se unen o las separan sólo estrechos valles. El minero no debe considerar montañas aisladas o separadas por amplios valles, sino las unidas en cadena, unas con otras. Por otra parte, hoy montañas de tamaños muy diversos: algunas son altísimas, otras de altura mediana y otras, en fin, pueden considerarse más como colinas que como verdaderas montañas; el minero se ocupará rara vez de las muy grandes o las muy pequeñas, y la mayor parte de las veces de las de tamaño medio. Las montañas, además, tienen formas muy distintas; en algunas laderas se levantan poco a poco, mientras en otras caen como precipicios; en algunas, una ladera es de pendiente suave y la otra abrupta; unas tienen perfiles duros, otras redondeados, y otras, formas muy diferentes. El minero puede elegir cualquier montaña excepto los precipicios, y aun en éstos trabajará si tienen venas metálicas visibles a simple vista. Hay tanta diversidad de colinas como de montañas propiamente dichas, pero no suelen elegirse para hacer prospecciones en ellas, excepto las situadas en distritos montañosos, e incluso éstas pocas veces. No es extraño, sin embargo, que la colina de la isla de Lemnos se excavara porque es toda ella de esa tierra amarilla rojiza que explotan los habitantes de la isla como la valiosa arcilla tan útil en medicina. De la misma manera se excavan otras colinas si se descubre a simple vista yeso o alguna tierra rara, pero en realidad no se hacen prospecciones en las colinas.

Existen también muchas clases de valles y llanuras. Hay valles cerrados por los lados, pero con la cabecera y la salida abiertas; otros tienen una salida abierta, pero están rodeados de montañas por todos los demás sitios, y estas dos clases son llamadas valles, con toda propiedad. Hay otra clase de sitios cerrados por montañas por todas partes; éstos se llaman «convalles» o circos. Algunos valles tienen desnivel y otros no; unos son anchos y otros estrechos; unos largos, otros cortos; hay valles que tienen la misma altura que la llanura vecina y otros que son incluso más bajos que el campo llano de los alrededores. No interesan al minero los valles rodeados por montañas por todas partes, ni los abiertos, excepto que haya un campo abierto más bajo cerca, o excepto que una vena metálica que baje de la montaña se extienda por el valle. Las llanuras difieren entre sí por estar situadas a diferente nivel, bajas o altas, y por ser niveladas o inclinadas suavemente. No debe nunca hacer prospecciones el minero en llanuras bajas ni en las perfectamente niveladas, excepto que sea una nava en las montañas, y pocas veces debe hacerlas en ninguna clase de llanura.

Respecto a otras condiciones de la localización, no se debe abrir una mina sin considerar si el sitio está bien poblado de árboles o carece de ellos. Si hay árboles, el que se dedique a la minería tiene allí la ventaja, aparte de las otras requeridas, de la abundancia en el suministro de madera para entibaciones, máquinas, edificios, hornos de fundición y demás necesidades. Si no hay madera cerca, no se debe abrir una mina, excepto que haya un río por el que pueda traerse. Ahora bien, donde quiera que haya una esperanza de encontrar oro nativo o gemas sí debe abrirse la mina, incluso si no hay madera cerca, porque las piedras preciosas sólo necesitan pulirse y el oro purificarse. En estas condiciones, en las regiones cálidas se obtiene oro en sitios secos y arenosos donde no crece ni siquiera maleza, mucho menos bosques.

La condición siguiente a considerar en la localización de la mina es si se cuenta con agua corriente, o si no hay agua, excepto algún torrente alimentado por las lluvias de las montañas. El emplazamiento dotado por la naturaleza con un río o un arroyo tiene muchas ventajas y aplicaciones, porque no faltará el agua que se podrá utilizar para lavar el mineral, se llevará a los hornos donde se funden los metales e incluso, si lo permite la estructura del terreno, se canalizará para hacer que mueva las máquinas, incluso las colocadas bajo tierra. Y al revés, el suministrar agua por medios artificiales a las minas en sitios donde la naturaleza le ha vedado el acceso, o transportar el mineral hasta donde haya una corriente, aumenta los gastos en proporción a la distancia que separe las minas del agua.

El minero tiene que considerar también si los caminos que unen las minas con los centros de la región son buenos o malos, cortos o largos. Porque cerca de la mina a menudo no habrá ningún producto del campo y tendrán que importarse los alimentos de los trabajadores y de toda la población de la mina, de modo que los caminos largos o malos serán causa de gastos que redundarán en el precio de los alimentos. Ello resulta en perjuicio no tanto de los trabajadores como de los dueños de la mina, porque a causa de la carestía de los mercados los trabajadores no se contentarán con los salarios ordinarios, porque no podrían vivir, y pedirán jornales más altos, y si los dueños no se los conceden, buscarán trabajo en otro sitio. Aunque las cuencas mineras suelen ser saludables porque corresponden a sitios altos, de suelo de la mejor calidad y expuestos a los vientos, a veces, sin embargo, resultan insalubres, como he escrito en otro libro titulado *De natura eorum quae effluunt ex terra.* Un minero prudente no inicia trabajos en sitios que, aunque sean muy productivos, den signos inequívocos de pestilencia. Porque el hombre que trabaja en una región malsana puede acostarse vivo y sano y amanecer muerto.

Debe además el minero averiguar cuidadosamente todo lo relativo al gobierno del Estado: si tiene un príncipe bueno o un tirano, porque el tirano esclaviza a sus súbditos con la fuerza de su autoridad y les despoja de sus bienes en provecho propio, pero el señor justo gobierna de acuerdo con la justicia y con la ley y sirve al bien común. El minero no debe comenzar operaciones de minería en un Estado oprimido por la tiranía, sino que debe considerar despacio si existe cerca otro Estado apropiado para la minería y decidirse por él, si el que lo gobierna es benevolente y justo. Si no lo es, la minería se haría insegura por la hostilidad de sus ataques, en uno de los cuales todo el oro o la plata o los otros productos minerales, laboriosamente beneficiados a mucho costo, serían arrebatados a los propietarios de la mina, mientras los atemorizados trabajadores huirían lo más aprisa posible para librarse del peligro. En estos casos no sólo la fortuna de los dueños de la mina, sino sus propias vidas corren peligro, por lo que no debe nadie dedicarse a la minería en sitios semejantes.

Al descubrirse un filón en una localidad acuden generalmente varios mineros, porque el que descubre el primero no puede acotar toda la cuenca para él; de este modo, generalmente se establece, al comenzarse la explotación, población nueva en la vecindad. El Maestro de Minas hace las concesiones, da a uno la parte superior y a otro la inferior de una vena; a otros, venas que cruzan a la primera, y a otros otras venas. Si el que empezó primero los trabajos ve que su mina es rica, no considerará ventajoso abandonarla porque los que se establezcan cerca sean indeseables, sino que guardará y defenderá sus derechos con las armas y con la ley. Cuando el Maestro de Minas ha señalado límites a las concesiones de cada propietario, es deber de un buen minero mantenerse dentro de sus límites y al mismo tiempo oponerse a las intrusiones de sus vecinos, ejerciendo sus derechos. Pero basta con esto acerca de los propietarios colindantes y de los convecinos.

El minero ha de tratar de obtener una mina que no sea de difícil acceso, en una pendiente que no sea abrupta de una región montañosa, saludable, con bosques que suministren madera y cerca de un río o de otra corriente de agua donde pueda lavar los materiales que extraiga de la mina y pueda establecer la fundición. Esta es la situación ideal; cuanto más se aproxime a ésta cualquier otra situación, mejor será, y cuanto más se aleje, será peor.

Trataré ahora de los minerales que se benefician sin hacer excavaciones, porque las aguas los arrastran de las venas. Se dividen en dos clases: minerales —y sus fragmentos— y jugos. Cuando hay manantiales cerca de la parte superior de los yacimientos o criaderos de estas materias, el minero debe explorar si hay metales o gemas mezclados con las arenas o si las aguas están cargadas de jugos. En caso de que haya metales o piedras preciosas, lavará no sólo las arenas del manantial, sino también las de los arroyos que nazcan de él e incluso las del río en el que desemboquen aguas abajo. Si el manantial es de agua con algún jugo mineral, éste debe también beneficiarse; cuanto más lejos fluya el agua de su origen, más agua no mineral se mezclará con ella y más diluidos estarán los jugos que contenga y, por tanto, la fuerza del agua. Si no recibe ningún agua de otra clase, o apenas ninguna, no sólo los ríos, sino incluso los lagos a los que fluya conservan la misma naturaleza que el manantial y sirven los mismos propósitos; así es el lago que llaman los hebreos el mar Muerto, que está lleno de fluidos bituminosos. Pero debo referirme primero a los placeres.

Los arroyos pueden desembocar en el mar, en un lago, en un pantano, en un río o en otra corriente; pero la arena de las orillas del mar raramente se lava, porque aunque el agua de los manantiales que van al mar lleve algún metal o gemas, raramente podrán recobrarse, ya que se dispersan en la inmensa cantidad de agua, se mezclan con mucha más arena y se esparcen muy lejos en distintas direcciones o se hunden en las profundidades del mar. Por la misma razón las arenas de un lago también raramente pueden lavarse con beneficio, aunque los arroyos al bajar de la montaña desemboquen en él. Las partículas metálicas y las gemas que arrastran los arroyos pocas veces van a parar a pantanos que suelen estar en sitios llanos y abiertos. Por tanto, el minero atiende en primer lugar a lavar las arenas del manantial, luego las del arroyo que nace de él, y en último término las de los ríos. Tampoco merece la pena lavar las arenas de grandes ríos que discurren por las llanuras, lejos de las montañas. Donde varios arroyos metalíferos se unen a un río es donde son mayores las esperanzas de que el lavado de las arenas sea productivo. Pero el minero no deja de lavar ni siquiera la arena de los mismos torrentes que aprovecha para el lave del mineral extraído de una mina.

Las aguas de los manantiales saben a los distintos jugos que contienen, y en esto difieren mucho unas de otras. Hay seis sabores que se distinguen y observan especialmente: el sabor salado, que indica que se podrá obtener sal por evaporación; el sabor especial del nitro, que indica sales alcalinas; el alumbroso del alumbre, el vitriólico y el del azufre; y en cuanto al jugo bituminoso o asfáltico, el mismo color del agua muestra la existencia de betún al minero que la evapora. El agua del mar es como la de los manantiales salinos y se puede hacer que entre en estanques de poco fondo, de donde la evapora el calor del sol, convirtiéndola en sal; de la misma manera, el agua de algunos lagos salados se convierte en sal cuando se dispone de modo que la evapore el calor del sol. Porque el hombre diligente e industrioso lo observa y aprovecha todo, contribuyendo así a la riqueza y el bienestar común.

La fuerza del mar condensa el betún líquido que brota dentro de sus aguas, desde manantiales escondidos, y lo convierte en ámbar y azabache, como he escrito en los libros «De subterraneorum ortu et causis». El mar arroja ambas sustancias a la playa cuando soplan determinados vientos; de aquí que la busca del ámbar requiera conocimientos, como la del coral.

También los que lavan las arenas o evaporan las aguas de los manantiales deben considerar la naturaleza de la localidad, sus caminos, su salubridad, su gobierno y sus habitantes, a fin de que no surjan dificultades en el curso del aprovechamiento del manantial que hagan al negocio ruinoso o que sus bienes y sus mismas vidas corran peligro. Pero ya he dicho bastante de esto por ahora.

El minero, después de haber seleccionado de entre muchos sitios el más adaptado por la naturaleza para la prospección, ha de prestar mucha atención y dedicar mucho trabajo a descubrir las venas o filones. Puede suceder que afloren, despojadas de su cubierta por algún agente, y estén, por tanto, expuestas a la vista, o que se encuentren profundamente escondidas y encerradas y aparezcan sólo después de una porfiada búsqueda; éste es el caso más frecuente, los afloramientos son más raros, pero debemos explicar ambos. Más de una fuerza puede dejar las venas al descubierto sin que tome parte en ello la industria o las herramientas del hombre; puede ser un torrente que arrastre la tierra de la superficie, como sucedió en el caso de las minas de plata de Freiberg, acerca de las que ya he escrito en el libro primero de mi obra: «De veteribus et novis metallis», o pueden quedar expuestas por la fuerza del viento, cuando desarraiga y derriba los árboles, o porque se rompan las peñas, o por lluvias abundantes y continuas que deshacen el suelo de las montañas, o por un terremoto, o un rayo, o la nieve, o la violencia del viento: «De esta naturaleza son las rocas que los vientos hacen rodar de las montañas, ayudados por la devastación del tiempo.» O puede descubrir una vena el arado, como dice Justino en su historia cuando cuenta que en Galicia los arados descubrían pepitas de oro, o puede descubrirse por un fuego en los bosques, como, según Diodoro Siculo, sucedió con las minas de plata de España, y en relación con lo cual se puede también citar a Posidonio cuando dice: «La tierra, conmocionada por el fuego que consume los bosques, echa de sí nuevas riquezas, como venas de oro y plata.» Y a Lucrecio, que se refiere al mismo fenómeno más explícitamente con las siguientes palabras: «El cobre, el oro y el hierro se descubrieron al mismo tiempo que la valiosa plata y el pesado plomo, cuando ardieron en inmenso fuego grandes bosques que cubrían las montañas, o por la descarga del rayo del cielo, o por otra causa, o porque los hombres se hacían la guerra y procuraban que los fuegos de los bosques llevaran el terror al campo enemigo, o porque, atraídos por la buena calidad del suelo, querían aclarar campos para los cultivos y los pastos del ganado, o también para acabar con las fieras y enriquecerse con la caza, porque cazar con trampas y con fuegos es más antiguo que cercar los bosques y cazar con perros. Cualquiera que fuera la causa cuando el ardor de las llamas devastó los bosques con horrendo restallar de sus mismas raíces y calcinó la tierra, correrían las venas hirviendo y se vería afluir hacia los hoyos del terreno arroyos de plata y oro, y también de cobre o de plomo.» Si bien aquí el poeta cree, no tanto, que las venas aflorarían a causa del fuego, sino más bien que éste dio origen a la minería. En fin, cualquier fuerza natural puede, por acaso, descubrir una vena, porque un caballo, si se ha de creer esta leyenda, descubrió los yacimientos de plomo de Goslar con un golpe de su casco. De medios como éstos se vale la fortuna para descubrirnos venas o yacimientos.

Pero también se pueden descubrir los filones por la industria y la habilidad del minero, en primer lugar, observando las aguas de los manantiales, porque el agua mana de dentro de la tierra; en segundo lugar, examinando los fragmentos de los filones que los torrentes arrancan de la tierra. Aunque después de mucho tiempo algunos de éstos vuelven a enterrarse, la forma redondeada de los cantos y el que estén sueltos y desprendidos significa que están lejos de su origen, porque el torrente los ha pulido y redondeado, arrastrándolos un gran trayecto; pero *si tienen todavía aristas o si no están desprendidos, están cerca* de las venas. Debe también considerarse la clase de suelo, pues de ella se deduce si las venas están enterradas a mayor o menor profundidad; según el estado del suelo, las venas afloran en calvas más o menos separadas, y los mineros suelen llamar a estos afloramientos crestones.

Se buscan también las venas observando la escarcha, que blanquea toda la yerba, excepto la que crece sobre las venas, porque éstas emiten una exhalación seca y templada que impide que se hiele el rocío, por lo que la yerba aparece algo húmeda, pero no blanquecina. Esto se observa en todos los sitios cuando brota la yerba, hacia los meses de abril y mayo, o cuando se siega la última cosecha de ella, que se llama tardía, en septiembre. Así, pues, donde la yerba muestra una humedad que no se hiela, hay una vena debajo; de la misma manera, cuando la exhalación de la tierra es más cálida el suelo produce sólo plantas pequeñas y de color pálido. Y, por último, hay árboles cuyas hojas tienen en primavera un tinte grisáceo o azulado, sobre todo en las ramas más altas, que se ennegrecen o toman otro color poco natural, mientras las puntas se ahorquillan o se parten. Estos fenómenos se deben a las exhalaciones calientes y secas, que no perdonan tampoco a las raíces, sino que al agostarlas enferman los árboles, de donde también que el viento los derribe más fácilmente. Verdaderamente, las venas emiten esta clase de exhalación, por tanto, en sitios poblados de árboles, donde una fila de ellos pierda la lozanía fuera de tiempo y ennegrezca o tenga poco color, y si sopla el viento violentamente, caiga alguno derribado por él, bajo la tierra que ocupan hay una vena o filón. Del mismo modo, a lo largo del curso que sigue la vena bajo tierra, se ven en la superficie cierta clase de hierbas o de hongos distintos de los de las tierras vecinas, y a veces incluso de las más cercanas. Por estos signos de la naturaleza se descubre la existencia de filones bajo el suelo.

Hay muchas opiniones y discusiones entre los mineros acerca de la vara de zahorí, porque dicen algunos que es de grandísima utilidad para descubrir filones, y otros lo niegan. Los que manipulan y usan la vara comienzan por cortar una vara ahorquillada de avellano, pues consideran que ésta es la madera más propiada para descubrir con su ayuda las venas, especialmente si el avellano del que se corta ha crecido también sobre un filón. Otros usan diferente madera para cada clase de metal cuando tratan de descubrir sus yacimientos, y así emplean varas de avellano para la plata; de fresno, para el cobre; de pinotea, para el plomo y el estaño, y varas de acero o de hierro, para el oro. Todos asen los extremos de la horquilla en que acaba la vara con ambas manos, cerrando los puños con los dedos hacia arriba, es decir, cogiendo la vara cerca de donde se separan las dos ramas. Llevándolas así, se pasean de arriba a abajo o de un lado a otro, al azar a través de las montañas. Se dice que en el momento en que ponen los pies sobre una vena la vara se vuelve y se tuerce, y así, por su movimiento, se descubre la vena. Si el que la lleva se mueve y deja de pisar el suelo que cubre la vena, la vara vuelve a su inmovilidad.

Dicen que el poder de las venas causa el movimiento de la vara, y que a veces es tan fuerte que las ramas de los árboles cercanos se vuelven también hacia el yacimiento. Por otro lado, los que creen que la vara de zahorí no tiene nada que decir a los hombres serios y veraces, niegan que se mueve a impulsos del metal, porque las varas no se mueven en manos de cualquiera, sino sólo, dicen, en manos de los que usan sortilegios y artimañas. Niegan, además, que tengan las venas fuerza para atraer hacia ellas las ramas de los árboles cercanos y dicen que sólo las exhalaciones de calor y sequedad causan estas contorsiones. Los que están a favor del uso de la vara, replican a estas objeciones: Cuando un minero o una persona cualquiera sostiene la vara en sus manos y no se mueve por la fuerza de la vena, esto se debe a alguna peculiaridad del individuo que frena el poder de los metales e impide que se manifieste, puesto que el poder de la vena para mover y orientar la vara puede ser parecido al del imán, que atrae el hierro hacia sí, esa peculiaridad del individuo que debilita o deshace la fuerza de la vena puede ser parecida a la propiedad que tiene el ajo de debilitar y contrapesar la fuerza del imán. Porque, efectivamente, un imán frotado con jugo de ajo no atrae el hierro, ni tampoco puede el imán atraer el hierro recubierto de herrumbre. Además, en cuanto al manejo de la vara, advierten que no se debe hacer con los dedos sobre ella una presión demasiado ligera ni demasiado fuerte, porque si se sostiene ligeramente, dicen que se caerá antes de que la fuerza de la vena la mueve, y si al contrario, la fuerza de las manos contrarrestará la de los metales, haciendo que no se mueva. En conclusión, consideran que se necesitan cinco cosas para que la vara sirva su propósito: la primera, el tamaño, porque la fuerza de las venas no podrá mover una vara demasiado grande; en segundo lugar, la forma, que debe ser ahorquillada o no podrá volverla la vena; en tercer lugar, tiene que concurrir la fuerza de la vena, que es el poder que hace que la vara se vuelva; en cuarto, la manipulación de la vara, y en quinto lugar, que no existan impedimentos especiales. Los que abogan por la vara de zahorí, sintetizan, pues, así sus conclusiones: si la

A: Vara de zahorí.—B: Calicata de prospección

vara no se mueve en manos de todo el mundo se debe a falta de habilidad para manejarla o a algún impedimento peculiar de la persona que se opone y resiste al poder de las venas; los que usan la vara de zahorí no son necesariamente aficionados a las ciencias ocultas, sino simplemente saben manejarla y están libres de impedimentos; puede, por tanto, la vara ser útil a hombres buenos y serios para descubrir yacimientos. Y en cuanto a que se vuelvan también las ramas de los árboles, no añaden nada, pero están de acuerdo con los que creen que es así.

Ya que este asunto sigue siendo materia de disputa y causa de muchas disensiones entre los mineros, creo que debe examinarse en sus propias premisas. Los brujos, que usan de diversos anillos, espejos y cristales, buscan yacimientos también con una vara adivinatoria en forma ahorquillada, pero la forma no importa en realidad; puede ser derecha o no, porque lo esencial no es la vara, sino los conjuros, que yo no debo ni quiero repetir aquí. En la antigüedad, por medio de la vara adivinatoria, no sólo se procuraban las cosas necesarias para la vida y las de puro lujo y placer, sino que eran también capaces de alterar las formas de los cuerpos gracias a ella, como cuando los magos cambiaron los bastones de los egipcios en serpientes, como nos cuentan los libros del pueblo judío, y como, según Homero, Minerva, con una vara mágica, cambió al anciano Ulises repentinamente en joven y después le volvió otra vez a su edad, y como Circe convirtió en animales a los compañeros de Ulises, aunque les devolvió luego su forma humana, y gracias a su vara, llamada Caduceo, durmió Mercurio a los centinelas y despertó a los que dormían. Parece, por tanto, que la vara adivinatoria ha llegado a los mineros desde su impuro origen de entre los magos. Cuando los hombres honrados abominaron de los conjuros y los rechazaron, la vara permaneció entre gente sencilla y sin dobleces, como los mineros, que en la búsqueda de venas con ellas conservan algunos vestigios de lo que fue su uso en la antigüedad.

Pero ya que real y verdaderamente las varas de los mineros se mueven, aunque no usan generalmente de sortilegios, unos creen que es debido al poder de los metales; otros, que depende de la manipulación de la vara, y otros, en fin, que de ambas cosas. Realmente, los cuerpos dotados con poder de atracción de las cosas no hacen que éstas se muevan en círculos, sino que directamente las atraen hacia sí; por ejemplo, el imán no hace dar vueltas al hierro, sino que lo atrae, y el ámbar, frotado hasta que está templado, no hace que se vuelvan las pajas en varias direcciones, sino que las atrae. Si el poder de las venas fuera de una naturaleza semejante al del imán o el ámbar, la vara no giraría sino una sola vez en semicírculo y señalaría directamente hacia la vena, y excepto que la mano que la sostiene se empeñase en resistir y contradecir a la fuerza de la vena, la vara señalaría hacia el suelo; pero puesto que éste no es el caso, hay que concluir que es la manipulación la causa de los movimientos de la vara. Es de notar que estos astutos manipuladores no usan una vara recta, sino la ahorquillada que hemos descrito, cortada de un avellano o de otro arbusto también flexible, de modo que si se sostiene en las manos del modo que ellos lo hacen, fácilmente dibuja círculos si lo quiere el que la tenga en las manos. Tampoco es extraño que no se mueva en las manos de los que no están acostumbrados a ella porque la sostienen muy apretadamente o la dejan muy suelta. En todo caso estas prácticas mantienen su prestigio entre los mineros en general, que creen que se pueden descubrir filones gracias a las varas de zahorí, porque usándolas a veces descubren alguno, pero suele suceder más a menudo que pierden el tiempo y el trabajo, y aunque descubran un filón no se cansan menos excavando zanjas inútiles que los mineros que hacen prospecciones sin vara. Por tanto, el minero, que debe ser hombre serio y honrado, no debe usar la vara de zahorí, porque si está acostumbrado a las señas de la naturaleza, entiende que un palo ahorquillado no es señal de ninguna clase, sino que, como he dicho antes, hay señales que puede ver por sí mismo, sin ayuda de un palo. De modo que si la naturaleza o la suerte le muestran un lugar adecuado para la minería debe explorarlo, y si no aparece a simple vista ninguna vena, debe excavar muchas zanjas hasta descubrir una.

Las venas dilatadas pocas veces se encuentran mediante prospecciones; más bien aparecen gracias a alguna fuerza natural o se descubren excavando un pozo o abriendo un socavón para la explotación de una vena profunda.

Al descubrirse una vena, se le suele dar un nombre, y del mismo modo al abrirse un pozo o una galería. Son nombres o de sus descubridores, como, en Annaberg, la vena *Carbonera,* porque la descubrió un carbonero; o de sus dueños, como la *Geyer,* en Joachimstal, porque parte de la cuenca perteneció a los Geyer; o de sus minerales, como la *Plomiza,* de plomo; o la *Bismutera,* en Schneeberg, de bismuto; o por alguna otra circunstancia, como los aluviones del torrente cercano, por los que fueron descubiertas las minas de Joachimstal. Más a menudo, los que la descubren la bautizan con nombres de personas, como *Emperador de Alemania, Apolo;* o nombres de animales, como *León* u *Oso, Cabra* o *Vaca;* o de cosas inanimadas, como «*Arca de Plata*», o «*Pesebre del Buey*» o «*Posada del Glotón*»; o, finalmente, por una promesa, se les pone a veces un nombre religioso. En la antigüedad también se seguía esta costumbre y daban nombres a las venas, los pozos y los socavones, así leemos en Plinio:

«Es maravilloso que los pozos que comenzó a explotar Aníbal en España estén todavía en producción, con nombres que se derivan de los de sus descubridores. Uno de ellos, llamado aún hoy *Baebelo,* suministraba a Aníbal trescientas libras (de plata) al día.»

FIN DEL LIBRO II

LIBRO III

HASTA aquí he ofrecido muchos informes sobre los mineros, he estudiado dónde se deben abrir pozos, dónde lavar las menas, dónde evaporar las aguas; he descrito además la manera de hallar las venas o filones. De todas estas cosas me he ocupado en el libro segundo; trataré ahora, en el libro tercero, de las venas, las fibras o vetas y las comisuras de las rocas. La palabra vena se usa algunas veces para indicar grietas en el terreno; en otros lugares la he usado para designar el mineral que se echa en los canales para escarmenar. El sentido que doy aquí a estos términos es distinto; trato de designar por vena o filón ahora la sustancia mineral que la tierra guarda oculta en sus entrañas.

Trataré primero de las venas, que en profundidad, anchura y longitud difieren mucho unas de otras. Llamo a las que descienden de la superficie de la tierra hacia sus profundidades, precisamente por ese carácter, *venas profundas.* Las que, a diferencia de las venas profundas, ni ascienden hacia la superficie de la tierra ni descienden, sino que yacen bajo tierra y se extienden en amplias capas, reciben la designación de *venas dilatadas.* Hay otra clase de yacimientos, que ocupan un volumen considerable en anchura y en profundidad; por tanto, me refiero generalmente a los de esta clase como *venas acumuladas,* porque son una acumulación de mineral de una clase determinada, como he explicado en el libro titulado *De subterraneorum ortu et causis.* Sucede a veces, aunque es infrecuente y raro, que varias venas acumuladas distintas se hallan en un mismo sitio cada una de una o varias brazas de profundidad y de cuatro o cinco de anchura y separadas una de otra dos o tres o más brazas. Cuando se inicia la excavación de estas venas, al principio parecen de forma de lenteja, luego se ensanchan y, por último, resultan ser varias venas acumuladas.

El espacio entre dos venas se llama *intervena* o junta; esta separación, si es entre venas dilatadas, se halla toda por igual bajo la superficie de la tierra. Si separa venas profundas, aparece claramente en la superficie por un extremo y el resto se hunde bajo tierra.

Las venas profundas difieren mucho entre sí en cuanto a su tamaño; algunas son de una braza de anchura; otras, de dos codos o de uno; otras, en fin, miden un pie, y algunas, sólo medio pie; a todas éstas llaman nuestros mineros venas anchas. Por otro lado, hay venas de sólo una cuarta; otras, de tres dedos o incluso dos, y éstas se suelen llamar estrechas. En Cremnitz, por ejemplo, hay una vena que mide en un sitio quince brazas de

A y C: Ladera de la montaña.—B: Vena profunda

A y D: Ladera de la montaña.—B y C: Vena dilatada

A, B, C y D: Ladera de la montaña.—E, F, G, H, I y J: Vena acumulada

anchura; en otros, dieciocho, y en otro, veinte. De la verdad de este aserto dan testimonio los mineros de Cremnitz.

Las venas dilatadas difieren en profundidad o espesor; algunas son de una braza; otras, de dos o incluso más; algunas son sólo de una cuarta; otras, de tres dedos; algunas de dos y aun de uno, y éstas se llaman delgadas.

Las venas profundas difieren, además, en cuanto a su dirección: algunas se dirigen de Este a Oeste; otras, en cambio, de Oeste a Este. Algunas, de Sur a Norte; otras, por el contrario, de Norte a Sur.

Las comisuras o grietas poco profundas de las rocas nos indican la dirección de la vena. Por ejemplo, si las comisuras de la roca van hacia el Oeste, conforme profundizan en el terreno, se dice que la vena corre de Este a Oeste; si hacia el Este, se dice que la vena corre de Oeste a Este. De manera similar se determinan a partir de las comisuras de la roca si la vena corre hacia el Norte o hacia el Sur.

Ahora bien, los mineros dividen cada cuadrante de la tierra en seis partes, y así hacen de la tierra veinticuatro partes o direcciones, que se agrupan en dos hemisferios cada uno de doce direcciones. El instrumento que indica estas direcciones se construye de esta manera. Primero se graba un círculo; después, a intervalos iguales desde la línea que lo parte en dos mitades, se trazan doce rectas, que los griegos llaman διάμετροι, y los latinos, dimetientes, que, pasando por un punto central llamado por los griegos Κέντρον, dividen el círculo en veinticuatro partes, todas de un mismo tamaño. Luego se inscriben dentro del círculo otros tres concéntricos; en el mayor de ellos se graban las líneas, que lo dividen en veinticuatro partes iguales; el espacio entre este círculo y el primero lleva dos veces los número del I al XII, sobre las líneas llamadas diámetros, mientras que la parte interior del círculo más pequeño se vacía para hacer sitio a una aguja magnética. La aguja se coloca exactamente sobre aquella de las doce líneas llamadas diámetros que tiene el número XII inscrito en ambos extremos.

Cuando la aguja, gobernada por el imán, apunta directamente de Norte a Sur, el número XII que queda a su cola, que tiene forma ahorquillada, señala el Norte; el número XII al que apunta la aguja indica el Sur. El signo VI derecho indica el Este, y el VI invertido, el Oeste. Además, entre cada dos puntos cardinales hay siempre otros cinco puntos que no son tan importantes. De éstos, los dos primeros se llaman direcciones anteriores; los dos últimos, posteriores, y la quinta, que se encuentra entre la primera y la última, se parte, y una mitad se atribuye a un punto cardinal y otra al otro. Por ejemplo, entre el número XII del Norte y el número VI del Este, están los puntos numerados I, II, III, IV, V, de los cuales el I y el II están en la dirección Norte hacia el Este, y el IV y el V, en la dirección Este hacia el Norte, y del III, se asigna la mitad al Norte y la mitad al Este.

El que desea saber la dirección de una vena bajo tierra, coloca sobre ella el instrumento que acabamos de describir, y la aguja, cuando queda en reposo, indica la dirección de la vena. Esto es, si la vena y, por tanto, la aguja se dirigen de VI a VI, corre de Este a Oeste o de Oeste a Este; que sea el uno o el otro de estos casos se ve claramente por las comisuras de las rocas. Si la vena tiene la dirección de la línea que está entre el V y el VI, hacia la dirección opuesta, corre, desde entre las divisiones quinta y sexta, de Este a Oeste, o de entre las mismas direcciones de Oeste a Este, y nuevamente por las comisuras de las rocas se verá claramente si se trata de lo uno o lo otro. De modo similar se determinan las otras direcciones.

Los mineros reconocen, pues, tantos rumbos como cuentan

A: Vena profunda.—B: Intervena.—C: Otra vena profunda

A y B: Venas dilatadas.—C: Intervena.—D y E: Otras venas dilatadas

tral de estos cinco; sigue *Vulturnus* y, por último, *Euronotus,* el más próximo al *Auster,* el viento del Sur. Los nombres de todos éstos son griegos, excepto el de *Vulturnus,* pero los que no distinguen los vientos con tanta precisión dicen que éste es el mismo al que llamaban los griegos Euro. Entre el *Auster,* viento del Sur, y el *Favonius,* viento del Oeste, está primero *Altanus,* a la derecha de *Auster,* tras este *Libonotus;* después, *Africus,* que es el del centro de estos cinco; después, *Subvesperus;* después, *Argestes,* a la izquierda de *Favonius,* viento del Oeste. Todos estos, excepto *Libonotus* y *Argestes,* tienen nombres latinos, pero *Africus* recibió también de los griegos el nombre de Aura. De igual modo, entre *Favonius,* viento del Oeste, y *Septentrio,* viento del Norte, están: primero, a la derecha de *Favonius, Etesiae;* después, *Circius;* después, *Caurus,* que está en el medio de estos cinco; después, *Corus,* y, por último, *Thrascias,* a la izquierda de *Septentrio,* viento del Norte. Los nombres de todos éstos, excepto el de *Caurus,* son de origen griego, y los que no distinguen los vientos, según un plan tan preciso, dicen que el viento que los griegos llaman Coro y los

SUR

NORTE

A, B y C: Vena.—D, E y F: Comisuras de las rocas

SUR

NORTE

A, B y C: Vena.—D, E y F: Comisuras de las rocas

A, B y C: Vena.—D, E y F: Comisuras de las rocas

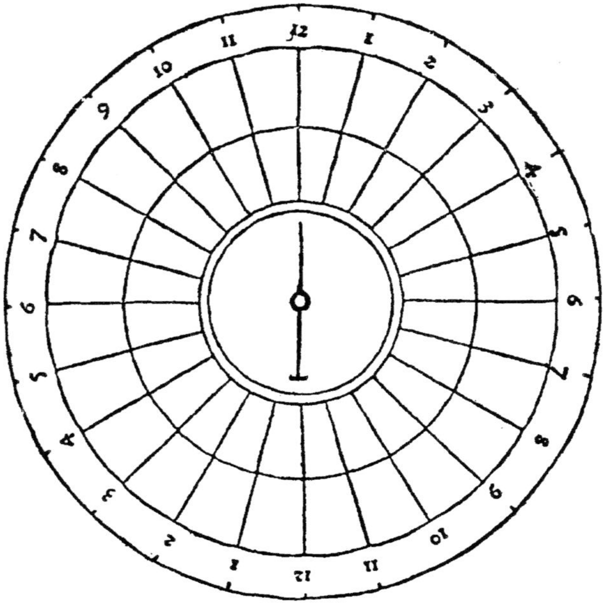

latinos Caurus es el mismo. Entre *Septentrio,* viento del Norte, y *Subsolanus,* viento del Este, el primero a la derecha de *Septentrio* es *Gallicus;* después, *Supernas;* después, *Aquilo,* que está en el medio de estos cinco. Después, *Boreas* y, por último, *Carbas,* a la izquierda de *Subsolamus,* viento del Este. De nuevo en este punto, los que no consideran tan gran número de vientos y afirman que no hay sino doce o catorce en total, afirman que el viento que llamaban los griegos Boreas y los latinos *Aquilo* es el mismo. Para nuestro propósito, no sólo es útil aceptar este gran número de vientos, sino incluso duplicarlo, como hacen los marineros alemanes. Consideran siempre que entre cada dos hay uno en el centro compuesto por ambos. Por este procedimiento podemos también denominar las direcciones intermedias por medio de los nombres de los vientos. Por ejemplo, si una vena corre del VI Este al VI Oeste, se dice que va de *Subsolanus* a *Favonius;* pero de una que vaya de entre V y VI hasta entre V y VI se dirá que procede de entre *Carbas* y *Subsolanus* o entre *Argeste* y *Favonius.* Las demás direcciones y sus intermedias se designarán de modo análogo. El minero, teniendo en cuenta las propiedades naturales del imán, por las que la aguja apunta al Sur, debe hacer que en el instrumento descrito el Este quede a la izquierda y el Oeste a la derecha.

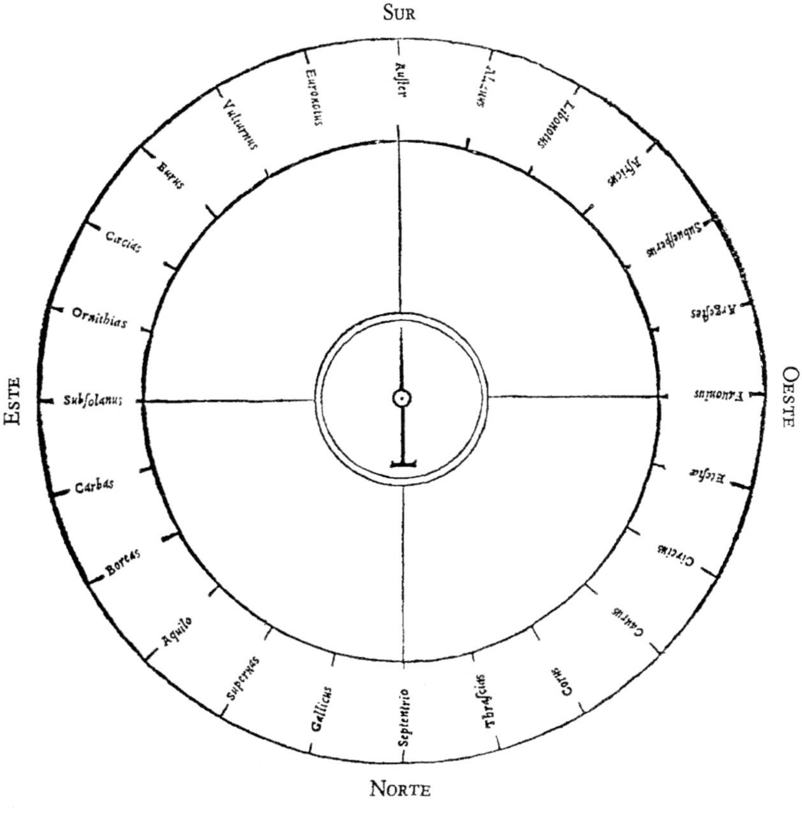

Lo mismo que las venas profundas, las venas dilatadas varían en sus direcciones, y podemos deducir de las comisuras de las rocas en qué dirección se extiende bajo tierra. Porque, si se inclinan hacia el Oeste al hundirse, se deduce que la vena va de Este a Oeste; si, por el contrario, se inclinan hacia el Oeste, se deduce que la vena va de Oeste a Este. Del mismo modo, por las comisuras o grietas superficiales de las rocas podemos determinar las venas que corren de Sur a Norte o en sentido contrario, y lo mismo en cuanto a las direcciones subordinadas y sus intermedias.

Otro punto también relativo a la dirección de una vena profunda es que algunas van rectas de un cuadrante de la tierra hacia el cuadrante opuesto, mientras otras describen una curva, en

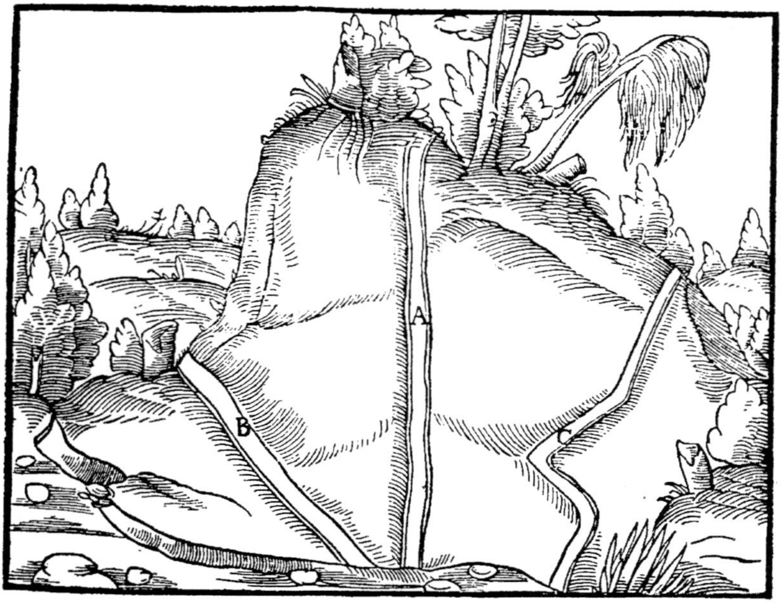
A
B
C

A
B
C

A
D
B
C
E

A
C
B
D

A: Llanura ondulada.—B: Vena profunda

A: Vena principal.—B: Vena transversal.—C: Vena oblicua

Algunas venas corren rectas a través de mesetas o colinas o llanuras.

Otro aspecto en el que las venas profundas difieren no poco entre sí es en la manera en que se cruzan, puesto que una puede cruzarse con otra transversalmente o cruzarla perpendicularmente, como cortándola en dos.

Si una vena que corta el paso a otra principal oblicuamente es la más dura de las dos, entra en ella por completo, como entraría una cuña de roble o de hierro clavada con herramientas en madera blanda; si es más blanda, la vena principal empuja

A: Vena principal.—B: Vena oblicua.—C: Parte de la vena oblicua arrastrada.— D: Parte arrastrada contra su misma dirección

a esta más blanda consigo por una distancia de tres pies o quizá una o dos o varias brazas, o bien la echa contra su misma dirección, aunque esto acontece muy pocas veces. Pero el que la vena que corta a la principal es la misma a ambos lados se demuestra porque a ambos lados tienen el mismo carácter la roca encajante y la del suelo.

Algunas veces las venas profundas se unen y de dos o más crestones se forma una, o de dos que no afloran se hace una si

A y B: Dos venas descienden inclinadas y echándose una hacia la otra.—C: Unión de ambas venas.—D: Perfil de una vena que desciende verticalmente.—E: Vena inclinada que se echa hacia la anterior.—F: Unión de ambas

no están lejos una de la otra, y yendo ambas en la misma dirección se unen cuando han ganado profundidad.

Esta unión de venas, sin embargo, a veces vuelve a deshacerse de esta manera: la vena que se hallaba a la derecha se convierte en la de la izquierda, y la que estaba a la izquierda, en cambio, queda a la derecha.

A: Vena dividida o partida en dos.—C: Las mismas volviendo a unirse

Además, una vena puede partirse y quedar dividida en dos por alguna roca dura de forma de pico o promontorio o vetas más duras, en roca blanda, pueden partir la vena y hacer dos o más. Estas a veces vuelven a juntarse y otras veces quedan divididas.

Si una vena va separándose o uniéndose a otra, puede determinarse sólo por las comisuras de las rocas. Por ejemplo, si una vena principal corre de Este a Oeste, las comisuras de la roca se hacen más profundas también en el sentido de Este o Oeste y la vena confluente que se une a esa principal, tanto si viene del Sur como si viene del Norte, tendrá las comisuras o estrías de las rocas trazadas hacia la misma dirección que la suya propia al venir a confluir con la principal, y no en la dirección de las comisuras señaladas en la roca de la vena principal; se llama vena

A y C: Vena dilatada que cruza una vena profunda.—B: Vena profunda.—D y E: Vena dilatada que se une con una vena profunda.—F: Vena profunda.—G: Vena dilatada.—H e I: Partes en que se divide.—K: Vena profunda que parte a la vena dilatada

principal a la más ancha, y confluente, a la más estrecha. Ahora bien, si la vena principal se parte, las comisuras de la roca encajante seguirán teniendo la misma dirección que mostraban antes de partirse la vena principal.

Con esto basta acerca de las venas profundas y sus uniones y divisiones. Vengamos a las venas dilatadas. Una vena dilatada puede atravesarse en una vena profunda, o unirse con ella, o resultar cortada por una vena profunda y quedar dividida en dos partes.

Una vena profunda tiene origen y terminación, cabeza y cola o caudal. De donde parte su impulso se llama su origen, donde acaba su terminación o final. La cabeza es la parte que emerge sobre la superficie, el caudal o la cola la parte que se esconde en la tierra. Pero los mineros no tienen que buscar el origen de una vena, como buscaban en la antigüedad los faraones de Egipto las fuentes del Nilo; para su propósito basta descubrir una parte cualquiera de la vena y reconocer su dirección, pues pocas veces pueden hallarse el origen o la terminación. La dirección en que

A: Origen.—B: Final.—C: Cabeza.—D: Cola o caudal de una vena o filón

A: Origen.—B: Final.—C y D: Lados

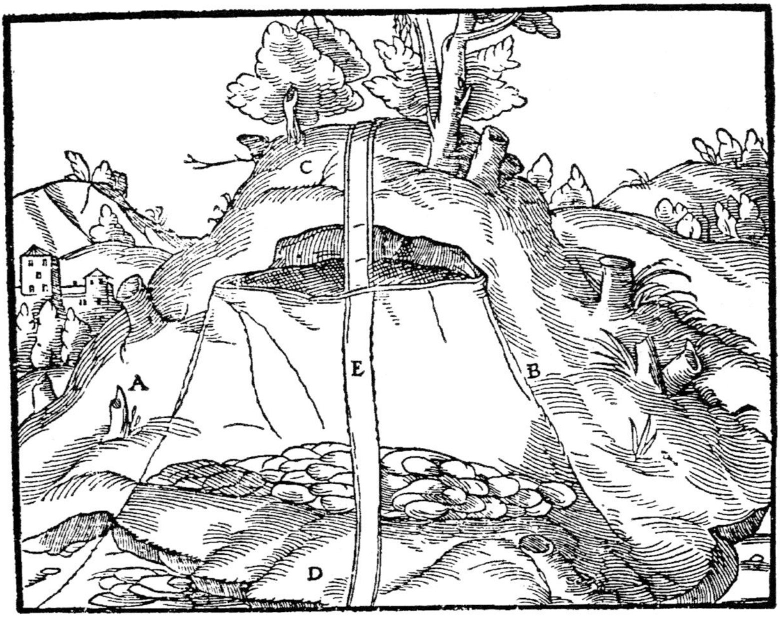

A: Origen.—B: Final.—C: Cabeza.—D: Cola o caudal.—E: Vena o filón transversal

la cabeza de la vena aflora, o la dirección en la que se tiende su cola o caudal, serán las de su muro y su techo. La vena yace sobre la roca del muro y el techo la encaja. Así, al descender por un pozo, la parte hacia la que miramos es el muro y asiento de la vena; la parte a la que damos la espalda es el techo o roca encajante. También, para decirlo de otra manera, la cabeza o crestón se orienta de acuerdo con el muro y el caudal con el techo, pues si el suelo yace hacia el sur, la vena muestra su crestón sobre la superficie hacia el sur; y el techo, como siempre está frente al muro, mirará hacia el norte. Por tanto, la vena echará su caudal hacia el norte si es una vena profunda inclinada. Del mismo modo se puede hacer la determinación tratándose del este y el oeste y de las otras direcciones subordinadas y de sus intermedias. Una vena profunda que se hunde hacia el seno de la tierra puede ser vertical, inclinada o plegada; el muro de una vena inclinada se distingue fácilmente del techo o roca de caja, pero no así el de una vena vertical; igualmente el muro de una vena plegada se vuelve y queda en el lugar del techo, y al contrario, éste queda convertido en muro, aunque muchas de estas venas plegadas siguen luego como venas verticales o inclinadas.

Una vena acumulada tiene origen y fin, cabeza y cola o cau-

A y B: Venas o filones.—C: Fibra o veta transversal.—D: Fibra o veta oblicua.— E: Veta confluente.—F: Veta dilatada

A: Vena.—B: Veta superficial de la roca encajante.—C: Veta superficial de la roca del suelo

dal, igual que una vena profunda. Por otro lado, una vena acumulada y también una vena dilatada muchas veces resultan cortadas por una vena profunda que las atraviesa.

Las vetas o fibras, que son venas pequeñas, se clasifican en: vetas transversales, vetas oblicuas, vetas confluentes, vetas dilatadas y vetas superficiales. Las vetas transversales atraviesan la vena, las oblicuas la cruzan oblicuamente, los confluentes se unen a la vena, las vetas dilatadas son como las venas dilatadas; pero tanto la veta o fibra dilatada como la profunda suelen encontrarse dentro de una vena o filón. La veta superficial no penetra como las otras, sino que se encuentra sobre la vena, como entre la superficie y la roca del techo o del muro, por lo que se llaman también vetas al aire.

A: Comisuras o grietas superficiales que se ahondan o se orientan hacia el Oeste.— B: Comisuras de orientación opuesta a la anterior

En todo lo que se refiere a dirección, uniones y divisiones, las vetas no se diferencian realmente de las venas sino en ser menores.

Por último, las comisuras o grietas superficiales, que son como las vetas más pequeñas, se dibujan en la roca y aparecen a veces muy frecuentes y en otros casos muy espaciadas.

A: Vena sólida.—B: Veta sólida.—C: Vena con cavidades.—D: Veta con cavidades.—E: Vena estéril o improductiva.—F: Veta de la misma clase

Cualquiera que sea la dirección de la que fluye la vena, el origen de las comisuras siempre se orienta hacia esa misma dirección.

La dirección hacia la que señalan las cabezas de las comisuras de la roca es siempre la dirección de la que fluye la vena. Pero aunque generalmente se orientan de un punto del compás exactamente al opuesto, como por ejemplo del Este al Oeste, si las desvían vetas duras puede suceder que las mismas comisuras o grietas que corrían de Este a Oeste se vuelvan, por el contrario, de Oeste a Este, y la dirección de las rocas parezca así la inversa. En este caso la dirección de las venas se deducirá no de la dirección de las comisuras que aparezcan excepcionalmente, sino de las que vuelvan a aparecer de un modo más constante.

Tanto las venas como las fibras o vetas pueden ser sólidas o con cristales o sin minerales o permeables al agua. Las venas sólidas contienen muy poco aire y nada de agua. Las venas con cristales raramente contienen agua, pero a menudo aire. Las que no tienen minerales, a menudo tienen agua. Las venas y vetas sólidas están formadas a menudo por materiales duros, a veces por materiales blandos y a veces son de mediana dureza.

Pero volviendo a las venas. Muchos mineros consideran que las mejores son las que corren de la VI o VII dirección del Este a la VI o VII del Oeste, atravesando una ladera montañosa que descienda hacia el Norte, cuya roca de caja esté al Sur y su muro al Norte y cuyo origen o cabeza se levante hacia el Norte, como he dicho antes, de acuerdo con la roca del suelo; y por último, que esté encajada en rocas cuyas comisuras tengan el origen hacia el Este. Las siguientes en calidad son aquellas que, por el contrario, se extiendan desde la dirección VI o VII del Oeste hacia la VI o VII del Este, también por la falda de una montaña que igualmente descienda hacia el Norte, cuyo origen esté hacia el Norte, y por último mostrando las comisuras de las rocas con el origen hacia el Oeste. En tercer lugar recomiendan las venas que se extienden del Norte XII al Sur XII por la falda de una montaña orientada hacia el Sur cuyo techo esté en el Oeste y su suelo en el Este, cuya cabecera se levante hacia el Este y en la que las comisuras de las rocas tengan su origen hacia el Sur o el Oeste. Porque dicen que estas venas, aunque muestren partículas brillantes de metal puro adheridas a las piedras, o aunque se encuentre en ellas algún metal, no merecen la pena y que los mineros que se empeñan en trabajarlas, con la esperanza de hallar una cantidad considerable de metal, pierden el tiempo y el trabajo. Dicen que en las venas o filones de esta orientación los rayos del sol arrancan la sustancia metálica y se obtiene muy poco beneficio de ellas. Pero en esto la experiencia de los mineros y sus juicios no siempre están de acuerdo, porque en la práctica, las venas que corren de Este a Oeste, por la falda de una montaña orientada hacia el Sur, y cuyo origen se encuentra también hacia el Sur, no son menos ricas en metales que aquellas a las que los mineros, por costumbre, clasifican como óptimas. Como se ha probado en los últimos años en la mina de San Lorenzo, en Abertham, que llaman «Don Divino» porque se ha extraído de ella gran cantidad de plata nativa; y últimamente en una mina en Annaberg, conocida por el nombre de «Legión Celestial», que ha demostrado con su enorme producción de plata que las venas que van de Norte a Sur con el origen al Oeste no son menos ricas en metal que aquellas cuyo origen se levanta hacia el Este.

Puede además refutarse que el calor del sol extraiga la sustancia metálica de las venas, porque aunque el sol saca vapores de la superficie de la tierra, sus rayos no penetran en las profundidades, y así, el aire de un túnel, cubierto por roca sólida, a sólo una profundidad de dos brazas está ya frío en verano, porque la tierra frena y contrarresta la fuerza del sol. Los habitantes de regiones muy calurosas han observado esto y se acuestan durante el centro del día en cuevas que les protegen de los rayos del sol. Por tanto, es poco verosímil que el sol extraiga de la tierra las sustancias metálicas. En realidad ni siquiera puede secar la humedad de muchos sitios, donde suelen hallarse filones, si la tierra está protegida y sombreada por árboles. Es más, algunos mineros de entre las diferentes clases de filones metalíferos escogen los que he descrito como mejores, y otros, al contrario, los descalifican y rechazan las minas de cobre que tengan esa orientación, de modo que, en conjunto, no hay razones para preferir una orientación a otra. Porque, ¿por qué razón no extraería el sol el cobre de las minas de cobre, si extrajera la plata de las minas de plata y el oro de las de oro?

Otros mineros, entre ellos Calbus, clasifican también los ríos y los arroyos auríferos. Un río o un arroyo, dicen, es más productivo de granos de oro fino cuando viene del Este y fluye hacia el Oeste y cuando lava el suelo al pie de montañas situadas al norte del río y tiene llanuras hacia el Sur y hacia el Oeste. En segundo lugar, prefieren un río o arroyo que corra en sentido opuesto, de Oeste a Este, y que tenga montañas al Norte y llanuras al Sur y al Este. En tercer lugar, el río o arroyo que fluya de Norte a Sur y lave la base de montaña situada al Este. Pero dicen que el río o arroyo que fluya en dirección contraria, es decir, de Sur a Norte, y lave la base de montañas situadas al Oeste es el menos productivo de oro. Por último, de los arroyos y ríos que fluyen del sol Levante al Poniente o que fluyen del Norte hacia el Sur, prefieren el que más se aproxime a los más apreciados, y dicen que son más productivos de oro cuanto más se apartan de los que consideran no productivos. Estas son las opiniones que tienen de los ríos y arroyos; ahora bien, puesto que el oro no se engendra en ellos, como hemos mantenido contra Alberto en el tratado *De subterreneorum ortu et causis,* libro V, sino que arrancado de las venas y vetas que lava el agua subterránea se va depositando en las arenas de los torrentes y cursos de agua, en cualquier dirección que fluyan los ríos o las aguas es razonable esperar que tengan oro, a lo cual no se opone la experiencia. No negamos, sin embargo, que el oro pueda criarse en venas y vetas bajo el lecho de los ríos o arroyos, lo mismo que en los otros yacimientos.

FIN DEL LIBRO III

LIBRO IV

En el tercer libro he tratado de las distintas clases de venas o filones y fibras o vetas y sus diferencias. En este cuarto libro trataré de los campos de explotación minera y del procedimiento de acotarlos, y después, de los empleados de las minas.

El minero, si la vena que ha descubierto le interesa, va en primer lugar al Maestro de Minas a solicitar que se registre su derecho a explotarla, porque la función específica de este empleado y su oficio es la adjudicación de las minas. Y así, al primero que ha descubierto el filón el Maestro de Minas le hace la primera concesión, llamada principal o de cabeza, y a los demás las restantes concesiones, por el orden en que vayan haciendo las denuncias. El tamaño de una concesión o campo de explotación se mide por brazas, que entre los mineros son de seis pies cada una. De hecho, una braza es la medida de los brazos y manos de un hombre abiertos y medidos cruzando también el pecho, pero distintos pueblos les han asignado distintas equivalencias. Así, entre los griegos, que llamaban a esta medida ὀργυιά, tenía seis pies, y entre los romanos, cinco. La braza de los mineros ha llegado a los pueblos germanos de acuerdo con el modo griego de hacer las equivalencias. El pie que usan los mineros se aproxima mucho al que usaban los griegos, porque es mayor, pero sólo tres cuartos de dedo; pero, como el pie que usaban los romanos, se divide en doce dedos.

Ahora bien, las brazas cuadradas equivalen a superficies de una, dos, tres o más «áreas», y un «área» mide siete brazas por cada lado. Los campos de explotación mineros son casi siempre o cuadrados o rectangulares; en los cuadrados, los cuatro lados tienen la misma medida, es decir, que el número de brazas de uno y otro lado multiplicado por sí mismo da la superficie del campo en brazas cuadradas. Así, si un «área» mide siete brazas por cada lado, este número multiplicado por sí mismo muestra que un «área» equivale a cuarenta y nueve brazas cuadradas.

Los lados de un campo o coto rectangular son iguales dos a dos; por tanto, si el número de brazas de uno de los lados largos se multiplica por el número de brazas de uno de los lados cortos, el producto de la multiplicación es el número de brazas cuadradas del campo rectangular. Por ejemplo, una «doble área» mide catorce brazas de largo y siete de ancho, y multiplicando un lado por otro se obtienen noventa y ocho brazas cuadradas.

Como los campos de explotación o concesiones varían de forma según las diferentes modalidades de las venas, es necesario entrar en más detalles acerca de las dimensiones y forma de medir los campos. Si se trata de una vena profunda, el primer campo de explotación o concesión de cabeza mide tres «áreas dobles», teniendo, por tanto, cuarenta y dos brazas de largo y siete de ancho, que dan un producto de doscientas noventa y cuatro brazas cuadradas. Estas son las que concede el Maestro de Minas en una primera concesión. La extensión de cualquier otra concesión es de dos «áreas dobles», a un lado o a otro de la primera concesión y cualquiera que sea su número de orden después de ella, sea la siguiente, la segunda, la tercera o cualquier otra. Una concesión medirá, por tanto, veintiocho brazas de largo y siete de ancho, que dan un producto de ciento noventa y seis brazas cuadradas, extensión de una concesión; estas son las medidas que concede el Maestro de Minas y que limitan el derecho del propietario o de la compañía a explotar la vena.

Llamamos primera concesión o concesión de cabeza al campo que se denuncia y se comienza a explotar primero, porque las demás explotaciones dependen de ésta, como el sistema de los nervios depende de la cabeza. El Maestro de Minas toma sus medidas a partir de ella, y la razón por la que se concede mayor extensión a la concesión de cabeza que a las siguientes es para dar un premio merecido a quien encontró el filón primero y para que sirva de estímulo a otros en la búsqueda de nuevas venas.

Como un campo de explotación o una serie de ellos llega a menudo hasta una corriente de agua, un río o un arroyo, si la medida del último coto o concesión no puede completarse se llama a lo que queda un resto. Si alcanza a medir una «doble área», el Maestro de Minas concede el derecho de explotarlo a quien lo denuncia primero, pero si mide sólo un «área» o poco más, la divide entre los campos o concesiones más próximos a ambos lados.

La costumbre ha establecido entre los mineros que el primer campo de explotación al otro lado de una corriente de agua de donde ya se explotaba la misma vena se considere primera concesión, y se llama la concesión de enfrente, y las demás concesiones que sigan a ésta son campos de medidas ordinarias. Al principio, cada concesión de cabeza medía tres «áreas dobles» y una más, es decir, tenía cuarenta y nueve brazas de largo y siete de ancho, medidas que multiplicadas una por otra dan trescientas cuarenta y tres brazas cuadradas, que es la extensión de una concesión de cabeza antigua.

Todas las demás concesiones antiguas medían un «área», es decir, siete brazos de largo y otras siete de ancho, y eran, por tan-

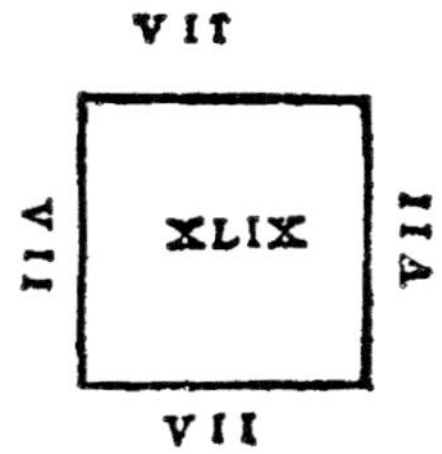

Concesión cuadrada o «área»

to, cuadradas. En memoria de lo cual los mineros llaman todavía hoy a la acotación de los campos de explotación de venas profundas «cuadratura».

El método que se usaba para trazar los límites de una explotación era éste:

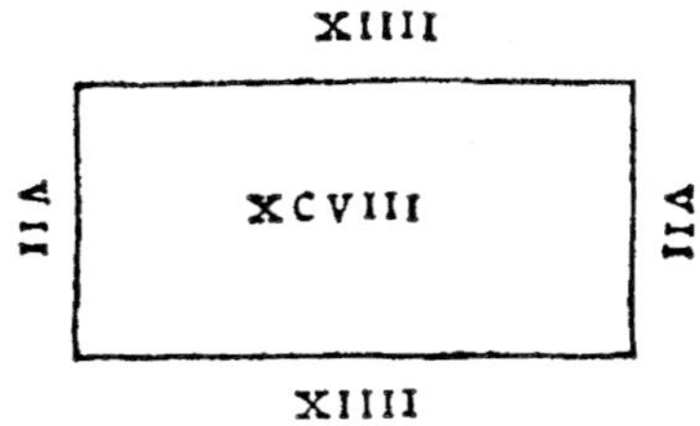

Concesión rectangular o «área» doble

Cuando un minero encontraba metal, enviaba aviso al Maestro de Minas y al recaudador; el Maestro de Minas o se trasladaba personalmente desde la ciudad al campo o enviaba ayudantes que fueran hombres honrados, y dos por lo menos, para hacer una inspección de la vena. Después de lo cual, si les parecía bastante importante, volvían al Maestro de Minas y éste, en un día señalado previamente, acudía y se dirigía al que había denun-

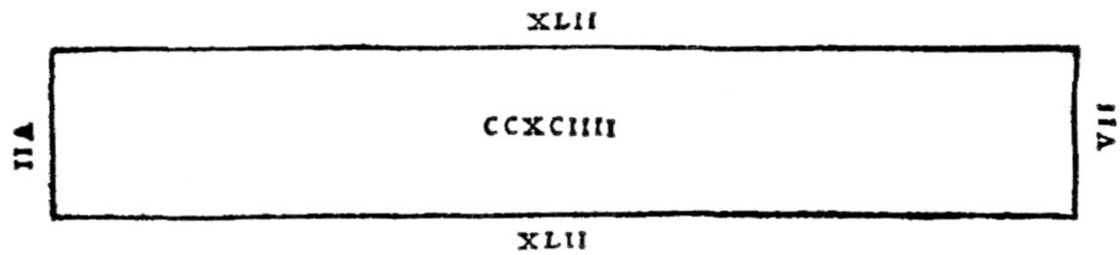

Concesión de cabeza, o primera concesión

ciado la mina con estas palabras: «¿Dónde está la mina que has encontrado?» Entonces el que había encontrado la mina señalaba con el dedo su pozo y el Maestro de Minas le ordenaba acercarse a la cabria, y una vez allí, llevarse dos dedos de la mano derecha a la cabeza y jurar con esta fórmula en voz alta: «Juro por Dios y por todos los Santos y pongo a todos por testigo que este es mi pozo, y que si no es mío no vuelvan a servirme ni la cabeza ni las manos.»

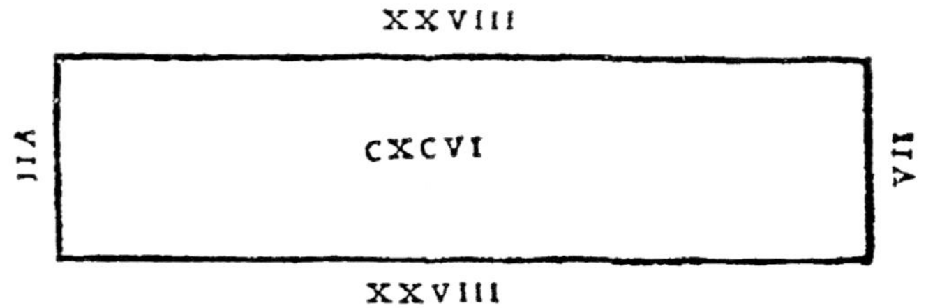

Concesión rectangular de dos «áreas» dobles

Tras esto, el Maestro de Minas medía el campo, empezando desde el centro de la cabria, y acotaba la concesión principal, primero tres «áreas dobles y media» para el descubridor, y luego medía también una para el Rey o el Príncipe, otra para su consorte, otra para el Caballerizo mayor, una cuarta para el Sumiller, una quinta para el Chamberlán y una sexta para sí. Tras lo cual, del otro lado de la cabria volvía a medir las mismas proporciones. Así obtenía el descubridor la cabeza de la concesión, es decir, siete «áreas», y el Rey o el Príncipe del Estado, su consorte, los altos dignatarios y el mismo Maestro de Minas, dos «áreas» cada uno o dos cotos antiguos. Esta es la razón de que se encuentren en Freiberg en Meissen tantos pozos y tantas galerías, la mayor parte destruidas por el tiempo, todas en una sola vena.

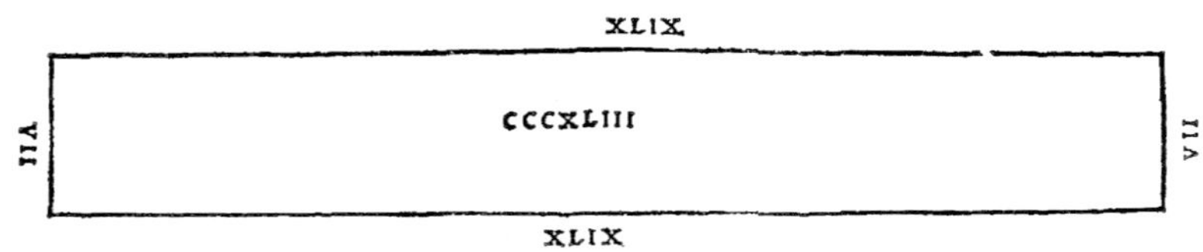

Antigua concesión de cabeza

Por otra parte, si el Maestro de Minas había ya acotado campos de explotación hacia un lado del pozo, para que los beneficiara otro descubridor, duplicaba las partes de los dignatarios mencionados por el lado no acotado, para que obtuvieran por este lado las «áreas» que no podía concederles por el otro. Pero si ya había trazado límites de otras concesiones, procedía a medir sólo sobre la parte de la vena que quedaba libre, y así a veces alguna de las personalidades mencionadas no obtenía concesión. Hoy, aunque la antigua costumbre sigue respetándose, el procedimiento de adjudicar los derechos ha cambiado. Como he dicho ya, la primera concesión mide tres «áreas dobles» y las concesiones siguientes dos «áreas», y hoy el Maestro de Minas concede una de cada una de éstas al que hace la primera denuncia, mientras que el Rey o el Príncipe, como todos los metales pagan ya impuestos, se contenta con el impuesto, que suele ser una décima parte.

La anchura de cada campo de explotación, tanto de los antiguos como de los actuales, se extiende la mitad hacia el suelo o muro de la vena, la otra mitad del lado de la roca encajante; si la vena desciende verticalmente, penetrando en la tierra, los límites se consideran también verticales, pero si la vena se inclina, los límites se inclinarán igualmente. El propietario tiene siempre el derecho a la explotación en toda la anchura del campo concedido, por mucho que la vena descienda en profundidad.

Además, el Maestro de Minas, si se le dirige la oportuna solicitud, concede al propietario o a la compañía que hace la primera denuncia no sólo la concesión de cabeza y otro campo más, sino la concesión de cabeza y la concesión adyacente o incluso las dos siguientes. Todo esto en cuanto a la forma de las concesiones y sus dimensiones en el caso de las venas profundas.

Pasemos ahora a las venas dilatadas. Los límites de las extensiones a explotar de estos yacimientos no se miden siempre por el mismo método. Así, en algunos sitios el Maestro de Minas los traza de forma parecida a las concesiones sobre vendas profundas, en cuyo caso la primera concesión se compone de tres «áreas dobles» y la extensión de las siguientes es de dos «áreas», como ya he explicado detalladamente. En todo caso, el Maestro de Minas mide las concesiones, no sólo delante y detrás a los extremos de la primera concesión, como acostumbra a hacer cuando se trata de acotar un campo de explotación sobre una vena profunda, sino también a ambos lados. Este es el modo de acotar las concesiones cuando un torrente ha dejado al descubierto una vena dilatada en un valle, de modo que aflora en la falda de la montaña o la colina o en la llanura. En cualquier otra situación el Maestro de Minas duplica la anchura de la primera concesión que se hace de catorce brazas, mientras que la anchura de las otras concesiones sigue siendo de siete brazas, pero la longitud no se limita. En algunos sitios la primera concesión consta de tres «áreas dobles», dadas por una anchura de catorce brazas y una longitud de veintiuna.

Del mismo modo, las demás concesiones se componen de dos «áreas» en cuadro, es decir, de catorce brazas de ancho por otras tantas de largo.

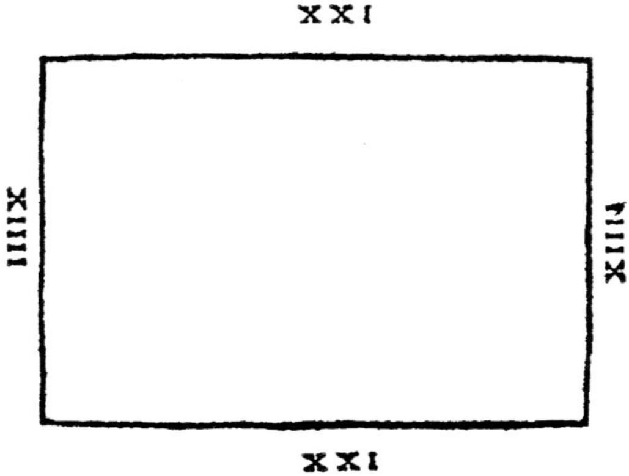

Concesión de cabeza

En otros sitios, tanto la concesión primera como las demás miden cuarenta y dos brazas de ancho por otras tantas de largo.

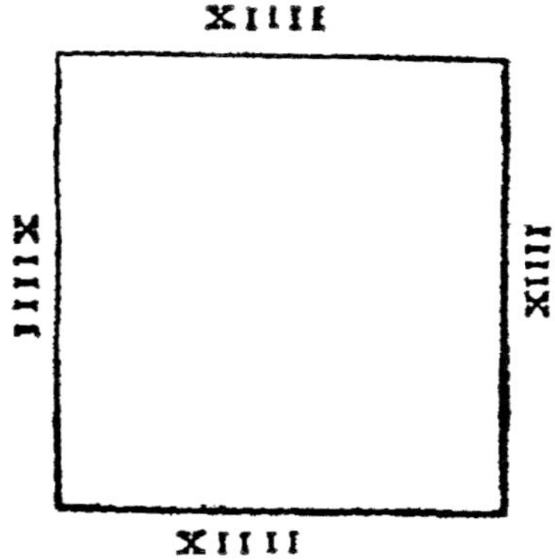

Concesión que sigue a la de cabeza

En otros, en fin, el Maestro de Minas concede al dueño o a la Compañía toda una comarca definida por ríos o pequeños valles que la limitan. Ahora bien, los límites de una concesión de esta clase, sea cual sea su forma, descienden verticalmente bajo la superficie de la tierra, de modo que el propietario tiene derecho sobre la parte de cualquier vena dilatada que se encuentre bajo el primer yacimiento, igual que el dueño de una concesión sobre una vena profunda tiene derecho a beneficiar cualquier otra vena profunda dentro de los límites de su concesión, porque lo mismo que donde se descubre una vena profunda puede hallarse otra no lejos de la primera, donde se encuentra una vena dilatada suele aparecer otro yacimiento debajo.

Por último, en los campos de explotación de venas acumuladas las divisiones que traza el Maestro de Minas son de varias formas. En algunos sitios la primera concesión se compone de seis

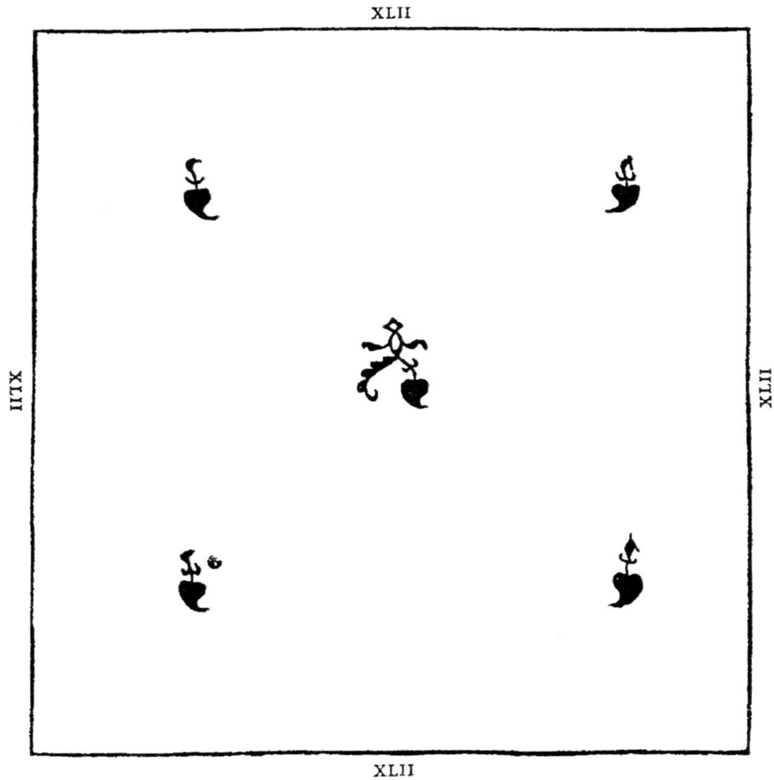

«áreas» cuadradas, de modo que tengan catorce brazas de ancho por veintiuna de largo, y las otras concesiones miden dos «áreas dobles» cuadradas, es decir, catorce brazas de ancho por catorce de largo. En algunos sitios la primera concesión se compone de tres «áreas», con una anchura de siete brazas y una longitud de veintiuna, cuyo producto es igual a ciento cuarenta y siete brazas cuadradas.

Las demás concesiones miden un «área doble». En algunos sitios a la primera concesión se le da un «área doble» cuadrada y las demás miden sólo un «área» cuadrada. Por último, en otros sitios, el propietario o la compañía reciben la concesión de derechos sobre una comarca entera con límites determinados por algún pequeño río, un valle o algún otro accidente del terreno. Por otra parte, los límites de todas las concesiones sobre venas acumuladas, como en el caso de las venas dilatadas, descienden verticalmente hacia la profundidad de la tierra, y así cada concesión tiene límites fijos, de modo que se prevengan disputas de límites entre propietarios de minas vecinas.

Las señales usadas por los mineros para marcar los límites eran antiguamente simples mojones de piedra, y de los cierres se derivó su nombre, pues aún hoy los campos cerrados se llaman cotos. Hoy, además de los mojones, los cierres constan de una fila de postes de roble o de pino reforzados con anillas de hierro en la parte superior para que no se astillen y para que los límites aparezcan más claros. También por este método con mojones o con postes se limitaban antiguamente los campos de cultivo, como sabemos no sólo por el libro *De limitibus agrorum,* sino incluso por el testimonio de viejas canciones y poemas. Y con esto basta acerca del tamaño de las concesiones según las distintas clases de venas.

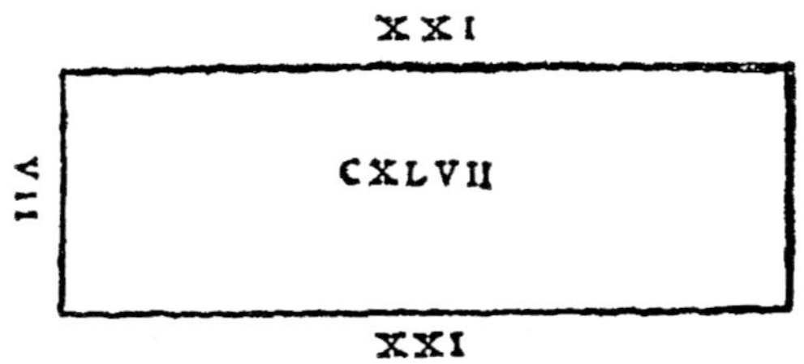

Otra concesión de cabeza

En cuanto a las galerías de desagüe, son de dos clases: unas no tienen ningún derecho de propiedad y otras tienen un derecho limitado. Cuando un minero no puede explotar una vena en un sitio determinado por encontrar mucha agua, construye un dique abierto de tres pies de altura, que comienza en la pendiente y va hasta el sitio donde se encuentra la vena. El agua se echa a un lado, contenida por el dique, y el sitio queda seco y apto para la excavación. Pero si no queda del todo seco a pesar del dique abierto o si el pozo que empiece a excavar después de construir el dique abierto sigue sufriendo los efectos del agua, el minero va al Maestro de Minas y solicita derecho a una galería de desagüe. Obtenido el permiso, construye la galería de modo que drene el agua y que el sitio o el pozo queden secos y aptos para seguir excavando. Si la distancia desde la superficie hasta lo más hondo de esta clase de galería no llega a siete brazas, el dueño no tiene ningún derecho excepto éste: que los propietarios de las minas en cuyas concesiones encuentre el dueño de la galería oro o plata tendrán que pagarle lo que haya gastado en la construcción de la galería al atravesar sus concesiones.

A una altura o profundidad de tres brazas y media por encima y por debajo de la boca de la galería no se permite a nadie empezar otra, la razón es que esta clase de galería puede cambiarse fácilmente en la otra que ostenta ya derecho y que comienza cuando la galería drena los campos de explotación hasta una profundidad de siete brazas o de diez, según las costumbres que, por su antigüedad, adquieran fuerza de ley en cada sitio. En este caso, esta segunda clase de galería tiene los siguientes derechos: en primer lugar, cualquier metal que encuentren el propietario o la compañía que la hayan construido, atravesando cualquier campo de explotación, pertenece por completo al propietario de la galería hasta una altura o profundidad de una braza y cuarto. No hace muchos años, el propietario de una galería de esta clase era dueño de todo el metal que un minero de pie en el suelo de la misma pudiera tocar con una barra de medida acostumbrada; pero hoy se prescribe una altura y anchura determinadas para la propiedad del dueño de la galería para que a su vez los dueños de las concesiones no resulten perjudicados si el largo de la barra se va haciendo mayor que el normal.

Además, cualquier explotación de metales que aproveche el drenaje o la ventilación de una galería o coladero está obligada al pago de una tasa proporcional, que suele ser una novena parte, al dueño de la galería. Si hay varias galerías o coladeros de esta clase en un campo de explotación y todos ayudan a drenar o ventilar los pozos, del metal extraído de por encima del nivel inferior de la primera galería se da un noveno al dueño de esa galería; del extraído de por encima del nivel inferior de cada galería se da un noveno en cada caso al propietario de la galería que sigue en profundidad. Pero aunque la galería más baja no alcance a drenar el fondo de la mina ni le suministre ventilación, del metal extraído de por encima del fondo de la galería se da un noveno al propietario de esa galería. Además, ninguna galería priva a otro del derecho a una novena parte, excepto en el caso de una más baja que otra, desde el fondo de la cual al fondo de la que está por encima haya sólo de siete a diez brazas, según lo que haya sido decretado por el Rey o el Príncipe. Además, de todo el dinero que el propietario de una galería haya gastado en la construcción de la misma al atravesar una concesión, el propietario de ésta paga la cuarta parte. Si no lo hace no le es permitido usarla para drenar su pozo.

Finalmente, respecto a las venas que sean descubiertas por el que construye la galería y que no hayan sido todavía denunciadas, si el propietario de la galería lo solicita, el Maestro de Minas le otorga derechos como de primera concesión, o una primera concesión y la concesión siguiente. Por una antigua costumbre, convertida en derecho, cualquier galería puede prolongarse ilimitadamente en cualquier dirección. Además, en nuestros días el que comienza una galería, si lo solicita, recibe no sólo los derechos inherentes a la galería, sino una primera concesión, y a veces también la concesión siguiente. En tiempos pasados, el propietario de una galería recibía solamente la tierra que pudiera alcanzar una flecha lanzada con el arco, y se le concedía también aprovechar los pastos de esa tierra para el ganado. En el caso de que los pozos de varias explotaciones de una vena estuvieran inundados e inútiles por el agua, la costumbre antigua era que el Maestro de Minas concediese derechos de explotación de una gran extensión al que excavara una galería de desagüe; cuando la galería llegaba hasta los pozos inundados, si al construirla se habían hallado muestras de metal, solía el constructor volver al Maestro de Minas y pedirle que señalara la extensión de sus derechos. Entonces el Maestro de Minas, con algunos ciudadanos haciendo el papel que desempeñan hoy los jurados, solía trasladarse al sitio y proceder a acotar una gran concesión de siete dobles «áreas», es decir, de noventa y ocho brazas de largo y siete de ancho, que dan una extensión de seiscientas ochenta y seis brazas cuadradas.

Pero todas estas costumbres antiguas han ido cambiando y hoy se emplea el método nuevo.

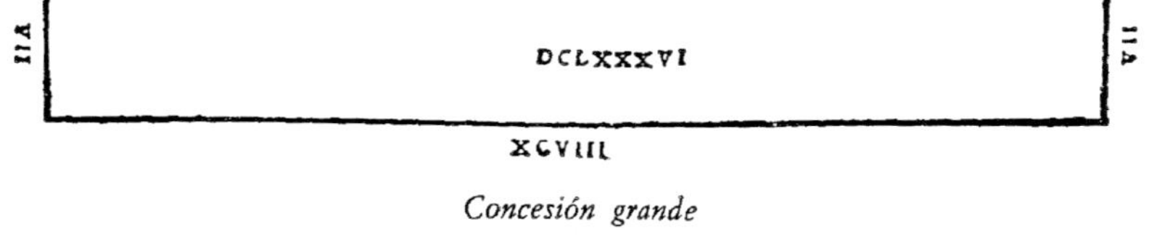

Concesión grande

He hablado hasta aquí de las galerías de drenaje; hablaré ahora de la partición de derechos de propiedad en los pozos y en los socavones. Un propietario puede tener y explotar una, dos, tres o más concesiones, o también uno o más socavones distintos, con tal que se conforme a derecho según los decretos y leyes que rigen la minería y las órdenes del Maestro de Minas. Puesto que él solo provee a los gastos de la mina, si se extraen metales él solo beneficia el producto. Pero cuando son necesarios gastos grandes y frecuentes en las minas, aquel al que el Maestro de Minas otorga el derecho a una explotación suele admitir a otros a repartir ese derecho con él y se unen formando una compañía, de modo que cada uno pone una parte del gasto y todos se reparten las ganancias o las pérdidas.

Pero el título de la mina o del socavón sigue indiviso, aunque para el reparto de los gastos y ganancias es como si cada mina o el socavón estuviera dividido en partes.

Esta división se lleva a cabo de varias maneras. Una mina puede dividirse en dos mitades, es decir, en dos partes iguales, en cuyo caso ambos propietarios gastan en ella la misma cantidad y obtienen los mismos beneficios, porque cada uno es dueño de una mitad. Otras veces se divide en cuatro partes, en cuyo caso los cuatro dueños pueden poseer, cada uno, una cuarta parte, o bien puede haber dos dueños, de modo que uno posea tres cuartos y el otro sólo un cuarto; o tres dueños, de modo que el primero posea dos cuartos y el segundo y el tercero un cuarto cada uno.

Puede dividirse en ocho partes, en cuyo caso puede haber ocho dueños, de modo que cada uno tenga una octava parte, o pueden ser dos los propietarios, de modo que uno tenga cinco sextos y un veinticuatroavo y el otro un octavo; y otras veces son tres los propietarios, de los que uno tiene tres cuartos y el segundo y el tercero cada uno un octavo; o puede dividirse de modo que un dueño tenga siete doceavos y un veinticuatroavo, el segundo un cuarto y el tercero un octavo; o de modo que el primero tenga la mitad, el segundo un tercio y un veinticuatroavo y el tercero un octavo; o de modo que el primero tenga la mitad y el segundo y el tercero una cuarta parte cada uno; o teniendo el primero y el segundo dueños un tercio y un veinticuatroavo cada uno y el tercero un cuarto; y del mismo modo pueden ajustarse las divisiones en todas las otras proporciones. La distinta manera de hacerse las particiones es consecuencia de las distintas proporciones en la partición en la propiedad; a veces una mina se divide en dieciséis partes, cada una de las cuales es un un veinticuatroavo y un cuarenta y ochoavo, o puede dividirse en treinta y dos partes y cada una de ellas es un cuarenta y ochoavo y la mitad de un setenta y dosavo y un doscientos ochenta y ochoavo; o en sesenta y dos partes de las que cada una es un setenta y dosavo y un quinientos setenta y seisavo, o en fin, en ciento veintiocho partes, correspondiendo a cada una la mitad de un setenta y dosavo y la mitad de un quinientos setenta y seisavo.

Ahora bien, una mina de hierro o queda de un único dueño o se divide en dos, o en cuatro y rara vez en más partes, según la calidad de los filones. Pero una mina de plomo, de bismuto o de estaño, y lo mismo una mina de cobre e incluso de mercurio, se dividen en ocho partes o en dieciséis o treinta y dos, y más raramente en sesenta y cuatro. El número de las divisiones de las minas de plata de Freiberg en Meissen no fue mucho mayor al principio, pero en tiempos que recordaban nuestros padres, los mineros habían dividido una mina de plata y también el socavón de Schneeberg, para empezar, en ciento veintiocho partes, de las que ciento veintiséis eran de particulares, una del Estado y una de la Iglesia; y en Joachimsthal, sólo ciento veintisiete partes de los pozos y socavones son de propiedad particular, cuatro son de varios dueños, y el Estado y la Iglesia tienen también una parte cada uno. En algunos sitios se ha añadido últimamente una parte para los pobres o los más necesitados de la población, elevándose la división a ciento veintinueve partes. Sólo los propietarios particulares pagan contribución. El que tiene una parte, e incluso hasta cuatro partes, como las que he dicho, no paga contribuciones, pero suministra gratuitamente a los propietarios de las minas madera de sus montes para entibos, maquinaria, para la construcción y para los hornos de fundición; tampoco las partes del Estado y la Iglesia y la parte de los pobres pagan contribuciones, pero los beneficios que obtienen se emplean en construir o reparar obras públicas, y los de la Iglesia en ayudar a los más necesitados. Todavía más, en nuestro Estado la ciento veintiochoava parte ha empezado a dividirse en dos, cuatro y ocho partes, o incluso en tres, seis y doce y en partes más pequeñas todavía. Esto sucede cuando dos minas se unen en una sola, porque en este caso el que poseía una mitad queda convertido en dueño de sólo una cuarta parte, el que poseía un cuarto pasa a tener un octavo, el que poseía un tercio a tener un sexto y el que poseía un sexto a tener un doceavo. Nuestros conciudadanos llaman a una mina un *symposium,* o banquete a escote, o ronda de bebida, y al dinero que suscribe cada propietario, *symbolum* o participaciones. Porque igual que los que asisten a un banquete (symposium) pagan sus partes (symbola), así los que se proponen conseguir grandes beneficios de las minas tienen que tomar parte o participar en los gastos.

El administrador de la mina fija la cantidad con la que cada propietario contribuye anualmente, o en la mayor parte de los sitios cada tres meses, y con la misma frecuencia rinde una cuenta de los ingresos y los gastos. En Freiberg en Meissen la costumbre antigua era que el administrador cobrara la contribución de los propietarios cada semana y cada semana también distribuyera entre ellos los beneficios, pero esto ha cambiado tanto que hace casi quince años ambas, la contribución y la distribución, se hacen cuatro veces al año. El gasto es mayor o menor según el número de hombres que trabajan en la mina o en el socavón, y los que tienen más participaciones pagan más. Cuatro veces al año los propietarios contribuyen a los gastos y cuatro veces al año se distribuyen entre sí los beneficios de la mina; éstos a veces son grandes y otras veces pequeños, según haya sido mayor o menor la cantidad de oro o plata o de otros metales beneficiada.

De la mina de «San Jorge», en Schneeberg, extrajeron los mineros tanta plata en un trimestre que el propietario de cada veintiochava parte recibió un lingote que valía mil cien florines renanos. De la mina de Annaberg conocida con el nombre de «Cueva Sagrada» recibieron una renta de ochocientas toneladas de plata; de la mina de Joachimsthal que se llama «La Estrella», trescientas monedas; del primer pozo de Abertham, que se llama «San Lorenzo», doscientas veinticinco monedas. Y cuantas más participaciones en cada una tuviera un propietario, más beneficios recibía.

Pasaré a explicar ahora cómo se pierden y se obtienen los derechos en un pozo, un socavón o una participación. Hace tiempo, si alguien podía probar con testigos que los propietarios habían dejado de enviar mineros durante tres jornadas seguidas, el Maestro de Minas les privaba de su derecho a la mina y lo transfería al que había hecho la denuncia si lo quería. Pero aunque los mineros respetan esta costumbre todavía, los propietarios de participaciones o acciones mineras que están al corriente en su contribución a los gastos no pierden sus derechos en esa mina, si ese es su deseo.

Hace tiempo también, si el agua que no se hubiera achicado del pozo de una mina se colaba por alguna vena al pozo de otra más profunda e impedía el trabajo en ésta, los propietarios de la mina perjudicada iban al Maestro de Minas y se quejaban, valorando las pérdidas, y éste enviaba a los pozos a dos jurados. Si los jurados estimaban que la reclamación era justa, se transfería a los propietarios de la mina perjudicada el derecho sobre la mina que causaba el perjuicio. Pero esta costumbre en algunos sitios se ha cambiado: ahora, si el Maestro de Minas encuentra que el estado de cosas descrito, dos pozos de los que uno perjudica al otro, resulta probado, ordena a los propietarios del pozo que causa el perjuicio que paguen parte de los gastos de los perjudicados; si no lo hacen, entonces les priva de su derecho de propiedad a la mina; pero si los propietarios atienden a desaguar los pozos, conservan su derecho sobre éstos.

También hace tiempo se obtenía el derecho de propiedad de cualquier socavón: primero, si se desaguaba su fondo y se limpiaba el barro y arena para que el agua fluyera sin obstáculos y se restauraban las salidas obstruidas; segundo, si se hacían pozos o chimeneas que llevaran ventilación a los mineros y se reconquistaban los que se hubieran hundido; y finalmente, si se empleaban tres mineros con trabajo fijo en la continuación del socavón. La principal razón por la que se perdía el título de propiedad de un socavón era por no emplear a ningún hombre en él durante ocho días consecutivos; por lo tanto, cuando uno podía probar con testigos que los propietarios de un socavón lo descuidaban, llevaba la denuncia al Maestro de Minas, el cual salía de la ciudad, iba al socavón, inspeccionaba los desagües y chimeneas y todo lo demás y si encontraba que la denuncia era cierta, hacía jurar al testigo que diría la verdad y le preguntaba: «¿De quién es este socavón?», a lo que el testigo respondía: «Del Rey» o «Del Príncipe». Tras de lo cual el Maestro de Minas concedía el derecho al socavón al que lo había denunciado. Así era de estricta la regla por la que se perdían antes los derechos de propiedad sobre un socavón; pero esta severidad se ha mitigado ya mucho. Los propietarios no pierden sin más sus derechos sobre un socavón por no haber limpiado los desagües y restaurado las chimeneas y los ventiladores deteriorados, sino que el Maestro de Minas ordena al administrador de la mina que haga las restauraciones necesarias, y si no obedece, las autoridades multan a los propietarios. Por otra parte, basta que esté un hombre sólo empleado en la continuación del socavón. Es más, si el propietario de un socavón, llegado a un punto, marca sobre las rocas el límite alcanzado y detiene allí la construcción del socavón, puede obtener derecho de propiedad sobre él hasta donde ha llegado, con tal de que conserve los drenajes y las chimenas de ventilación en buen uso. Ahora bien, cualquier otro propietario puede continuar el socavón desde el punto en que el primero lo detuvo, con tal de que pague al dueño del primer tramo, cada tres meses, la cantidad que fije el Maestro de Minas.

Falta por exponer lo referente a las acciones o participaciones en la propiedad de las minas y socavones. Hace tiempo, si alguien traspasaba sus títulos a otro y éste pagaba su contribución a los gastos de la mina una primera vez, el que había cedido los títulos quedaba ya obligado a mantener el trato; esta costumbre tiene hoy fuerza de ley. En el caso de que el dador negara que se hubiera pagado contribución a los gastos y el comprador declarase poder probar con testigos que sí había pagado a los demás propietarios, si se celebraba una causa, la declaración de los propietarios hacía fe aun contra el juramento del vendedor. Hoy, el que reciba participaciones de propiedad puede probar que ha pagado su contribución a los gastos con el recibo que el administrador de la mina extiende a cada propietario cuando paga; si el que ha comprado la participación no ha contribuido todavía a los gastos de la mina, el que la ha vendido o cedido no está obligado a mantener el trato.

Antes, como he dicho más arriba, los condueños contribuían semanalmente a los gastos, pero ahora estas contribuciones se hacen cuatro veces al año. Hoy, si durante un mes nadie toma providencias contra el vendedor de unas acciones para que pague su contribución a los gastos, se pierde el derecho a exigirle que pague. Pero una vez que el encargado de la oficina ha dado ya entrada en el registro a una cesión o venta de participaciones, ningún propietario pierde el derecho a esas participaciones excepto que no pague la contribución a los gastos que solicite de él el administrador de la mina. En tiempos pasados, si al pedírselo el administrador un propietario, o su agente, no pagaban, se daba cuenta al Maestro de Minas, que ordenaba al propietario o a su agente que atendieran al pago; si después de esto no pagaban en tres semanas, el Maestro de Minas transfería la propiedad de sus acciones o participaciones al primero que las solicitara. Hoy esta costumbre apenas ha cambiado, porque si los propietarios se retrasan en el pago por espacio de un mes, después de haberlo reclamado el administrador de la mina, en un día determinado se proclaman sus nombres y se les borra de la lista de propietarios en presencia del Maestro de Minas, los jurados, el encargado de la oficina y el de las participaciones o acciones, y todas sus acciones se registran como prescritas. Si, sin embargo, el tercero o a lo más el cuarto día pagan las contribuciones al administrador de la mina o del socavón y entregan lo que deban por las participaciones al encargado de ellas, éste retira sus títulos de la lista de los prescritos, pero no vuelven a su posición previa hasta que lo consientan los condueños. A este respecto, la costumbre que se observa ahora difiere de la practicada antiguamente, porque hoy si los dueños de más de la mitad de las acciones de la mina consienten en restaurar en sus derechos a los que habían sido castigados, los demás están obligados a consentir tanto si lo desean como si no. Antes los proscritos no volvían a gozar de sus derechos hasta que tal restauración no fuera sancionada por los propietarios de más de cien acciones.

El procedimiento, en causas relacionadas con las acciones mineras, era hace tiempo el siguiente: el que incoaba una causa y recurría a los tribunales contra otro por cuestión de participaciones en las minas, hacía un cargo formal contra el acusado ante el Maestro de Minas. La acusación tenía lugar o en casa del Maestro de Minas o en algún lugar público, o en la misma mina, una vez al día durante tres días seguidos si las acciones eran de una mina vieja y tres veces al día durante ocho días si eran de una primera concesión. Si no podía darse con el dueño de los títulos en los sitios referidos, la acusación era válida y tenía efecto con tal de ser hecha en casa del Maestro de Minas. Sin embargo, al hacerse la acusación por tercera vez se solía llevar un notario al que el Maestro de Minas preguntaba: «¿He ganado ya las costas?», y respondía el notario: «Sí, las habéis ganado», tras de lo cual el Maestro de Minas daba los derechos de propiedad de las acciones causa del litigio al que había hecho la acusación, y éste a su vez pagaba al Maestro de Minas lo que señalaba la costumbre. Después de esto, si el despojado de sus acciones era vecino de la ciudad, se enviaba a uno de los propietarios de la mina a enterarle de los hechos, pero si vivía fuera se proclamaban en un sitio público o en la mina, abiertamente y en voz alta para que lo oyera gran número de mineros. Hoy se establece un plazo para el que debe responder de deudas de participaciones o de dinero, y si se le puede hallar se le envía a un agente oficial para informarle de la acusación de palabra, y si está ausente se le comunica por carta. No se quita el derecho a sus participaciones a nadie con menos de mes y medio de plazo. Basta con lo dicho hasta aquí sobre estos temas.

Ahora, antes de tratar de los métodos de explotación, hablaré de las funciones del Prefecto de Minas, el Maestro de Minas, los jurados, el escribiente de la oficina, el encargado de las participaciones, el administrador del pozo o socavón y los obreros.

El Prefecto de Minas, nombrado por el Rey o el Príncipe como ministro suyo, recibe obediencia y acatamiento de todos, aun de los extranjeros y de los que tengan más edad y rango. Gobierna y regula a su discreción, ordenando lo que es útil y ventajoso a las minas o prohibiendo lo contrario. Puede levantar penas o castigar a los delincuentes, solventar las querellas cuando el Maestro de Minas no haya podido, y si no puede tampoco él lograr una conciliación, permitir a los que disputan sobre algún punto que procedan a litigar ante los tribunales. Incluso dicta decretos, sentencia como magistrado o suspende derechos y fija la paga de todos los que ostentan un puesto o desempeñan un oficio en las minas. Se halla presente personalmente en el acto en que los administradores de las minas rinden sus cuentas trimestrales de gastos y ganancias, y generalmente representa al Rey o al Príncipe y recibe los honores correspondientes. De esta manera enviaron los atenienses a Tucídides, el famoso historiador, a las minas de Tasos.

Después de la autoridad del Prefecto de Minas está la del Maestro de Minas, que ostenta jurisdicción sobre todos los relacionados con las minas, excepto unos pocos que son el Recaudador de impuestos, el Tesorero, el que refina la plata, el acuñador y los monederos. A los que cometan fraudes, negligencias o torpezas puede arrojarlos a la cárcel o negarles el ascenso o multarles; de estas multas, parte se entrega a las autoridades. Cuando los propietarios de minas tienen una disputa de límites, el Maestro de Minas la arbitra, y si no puede solucionarla solo, la sentencia junto con los jurados; esta sentencia, sin embargo, puede apelarse ante el Prefecto de Minas. Las órdenes del Maestro de Minas se escriben en un libro y se colocan copias en lugares públicos. Es también de su incumbencia hacer las concesiones de las minas a los que las denuncian y confirmarlas; debe también medir los campos de explotación y fijar sus límites; asimismo vigilar que los trabajos de las minas no se hagan con riesgos indebidos. Para el cumplimiento de estos deberes tiene días señalados. Los miércoles, en presencia de los jurados, confirma los derechos sobre las minas que haya concedido, interviene en las disputas de límites y dicta sentencias. Los lunes, martes, jueves y viernes recorre a caballo las minas y en alguna de ellas echa pie a tierra y explica lo que debe hacerse o examina los límites sobre los que se levanten disputas. Los sábados, todos los administradores de minas y capataces le dan cuenta del dinero que han gastado en cada mina durante la semana, y el encargado de la oficina transcribe las cuentas en el registro de gastos. Antiguamente había un Maestro de Minas en todo el Estado y éste nombraba a los jueces y ejercía jurisdicción e inspección sobre todos ellos, porque cada mina tenía su propio juez; pero hoy cada localidad tiene un Maestro de Minas en el puesto que antes se llamaba de juez y sólo ha cambiado el nombre. Al antiguo Maestro de Minas que ejercía en Freiberg en Meissen se llevaban todas las disputas, por donde todavía hoy el Maestro de Minas de Freiberg es el que pronuncia sentencia cuando apelan a él mineros de distintas partes acerca de sus querellas. El antiguo Maestro de Minas podía juzgar de cualquier pleito en cualquier mina, mientras que el juez sólo podía juzgar lo ocurrido en su distrito, como hace actualmente el Maestro de Minas.

Cada Maestro de Minas tiene un encargado de la oficina que extiende una cédula concediendo al que lo ha solicitado los derechos a explotar una mina, y en la que consta: el día y la hora en que se hace la concesión, el nombre del que hizo la solicitud el sitio de la mina. Este mismo empleado fija a la entrada de la mina, cada tres meses, a la hora convenida, una hoja de papel en la que manifiesta la cantidad que hay que pagar al administrador de la mina. Estos avisos los prepara de acuerdo con la oficina de cada mina y también de común acuerdo toma las cuentas de gastos que traen los capataces de las distintas minas.

Paso ahora a tratar de los jurados, que son hombres experimentados en asuntos mineros y de buena reputación. Su número varía de acuerdo con el de las minas; así, si hay diez minas habrá cinco parejas de jurados, como los decemviros romanos. Tantas divisiones tendrá el cuerpo de jurados cuantas se hayan hecho de las minas; cada día de trabajo una pareja de jurados visita alguna de las minas cuya administración está sometida a su inspección; los jurados se organizan de modo que generalmente visitan todas las minas cada catorce días. Inspeccionan y consideran todo con detalle y deliberan y consultan con el capataz de la mina lo relativo a los trabajos de extracción, maquinaria, suministro de madera y todo lo demás. También de acuerdo con el capataz fijan el precio por braza de mineral picado, modificándolo de vez en cuando según la clase de roca más o menos dura que se esté picando; pero si los picadores encuentran una roca de dureza que no se había previsto, teniendo por ello más dificultades y retrasándose en su trabajo, los jurados les conceden algo más de lo estipulado, mientras que si encuentran menos dureza de la prevista, por razón del agua, y resulta el trabajo más fácil y rápido, les deducen algo del precio. Si los jurados descubren negligencia o fraude por parte de algún capataz o minero, en primer lugar le amonestan y le recuerdan sus deberes y obligaciones, y si no se hace más diligente o más honrado, se lleva el asunto al Maestro de Minas, quien con el derecho que le da su autoridad le despide de su puesto o su oficio, o si ha cometido un acto criminal lo envía a prisión. En fin, siendo los jurados consejeros y asesores del Maestro de Minas, sin su presencia no ratifica éste ninguna concesión, ni mide los campos de explotación, ni fija sus límites, ni solventa disputas sobre los límites, ni dicta sentencias, ni asiste a ninguna rendición de cuentas de gastos y beneficios.

El escribiente de la oficina registra las minas en sus libros, las minas nuevas en un libro y las minas antiguas, que han vuelto a abrirse, en otro. Esto lo hace así: primero escribe el nombre de la persona que solicita el derecho a explotar la mina, después el día y la hora en que hace la solicitud, después el pozo y la localidad en que está situado, las condiciones en que se hace la concesión y por último el día en que la ratifica el Maestro de Minas. Al que obtiene la concesión se le da un documento que refleja también todos estos datos. Después de hecha la ratificación por el Maestro de Minas, el escribiente de la oficina da entrada en otro libro a los nombres de los propietarios de cada mina que hayan visto sus derechos ratificados. En otro, a los permisos de faltar al trabajo concedidos por el Maestro de Minas a cualquier empleado y la razón del permiso. En otro lleva cuenta del dinero que una mina paga a otra por drenarle agua o suministrarle maquinaria, y en otro escribe las decisiones del Maestro de Minas y de los jurados y las disputas arbitradas por ellos. De todo esto hace las anotaciones en los libros los miércoles; si ese día es fiesta, las hace el jueves. Todos los sábados anota en otro libro los gastos totales de la semana según los datos de los capataces de cada mina; en cuanto a los gastos trimestrales totales, les da entrada en otro libro especial, esto en la fecha que le convenga. Lleva también en otro libro la lista de propietarios cuyos derechos se han declarado prescritos. En fin, para que nadie pueda acusarle de falsificación, todos estos libros los guarda en un arca con dos cerraduras, cuyas llaves quedan una en su poder y otra en poder del Maestro de Minas.

El encargado de las participaciones da entrada en un libro a los nombres de los propietarios de cada mina, tomándolos de la relación que le da el que denunció la mina, y a su tiempo va reemplazando los nombres de los que ceden sus títulos por los nombres de los que las adquieren. A veces sucede que hay veinte o más propietarios de una sola acción o participación. Sin embargo, a menos que se halle presente el vendedor o que envíe una carta con su sello, o mejor todavía con el sello del alcalde de la ciudad donde viva, no se reemplaza ningún nombre por otro; el encargado de las participaciones tiene que ser muy cuidadoso porque la ley le obliga a restaurar los derechos del último propietario si comete algún error. En todo caso, en cada transmisión tiene que escribir un documento que da fe de ella.

Cuatro veces al año, cuando se rinden las cuentas trimestrales, da los nombres de los nuevos propietarios al administrador de cada mina para que éste sepa a quién debe dirigir la petición de contribuición a los gastos y entre quiénes tiene que distribuir los beneficios. El administrador de la mina le paga por este servicio una tasa fijada de antemano.

Hablaré ahora de los deberes del administrador de la mina. En el caso de los propietarios de una mina que no esté en producción, el administrador anuncia a los propietarios las cantidades con que deben contribuir a los gastos en un documento que se fija en la puerta del Ayuntamiento; el Maestro de Minas y los jurados intervienen en la tasación de las cantidades que se piden. Si alguien no paga en el plazo de un mes, el administrador borra su nombre de la lista de propietarios y hace de sus acciones propiedad común de los demás propietarios, y así, cuando el administrador de la mina da cuenta de que uno no ha pagado su parte, el encargado de la oficina y el de las acciones también toman nota de su nombre en los libros correspondientes. De esas cantidades el administrador aplica parte al pago de los capataces y de los mineros y deja otra parte para comprar, al precio más bajo, el material necesario para la mina, como herramientas de hierro, clavos, leña, planchas, cubos, cuerdas y aceite. Pero en el caso de una mina de la que se esté extrayendo metal, el tesorero entrega al administrador de la mina semanalmente el dinero necesario para pagar a los obreros y para comprar los útiles de la mina. También el administrador de la mina, en presencia de los capataces, el sábado de cada semana da cuenta de sus gastos al Maestro de Minas y a los jurados y da cuenta de sus ingresos, tanto si es dinero de los propietarios como si es del tesorero. Lo mismo hace de los gastos trimestrales ante estos mismos y ante el Prefecto de Minas, cuatro veces al año, el día que se le señale; porque lo mismo que hay cuatro estaciones del año, primavera, verano, otoño e invierno, así hay cuatro veces al año rendición de cuentas de gastos y beneficios. Al empezar el primer mes de cada estación se rinde cuenta de lo que el administrador ha gastado en los últimos meses. Luego, de los beneficios que ha obtenido de la mina en el mismo período. Por ejemplo, la cuenta que se rinde al comenzar la primavera es la de todos los gastos y beneficios del invierno, según les dio entrada el encargado de la oficina en sus libros cada semana. Si el administrador ha empleado el dinero de los propietarios provechosamente y ha tenido buena cuenta de él, recibe los elegios de todos por su diligencia y honestidad; si por ignorancia en su cometido se han causado pérdidas, generalmente pierde el empleo. Si por su descuido y negligencia culpable han sufrido los propietarios pérdidas, el Maestro de Minas le obliga a satisfacerlas, y en fin, si se le halla culpable de robo o defraudación, se le castiga con multa, con prisión o con la pena de muerte. Es también de la incumbencia del administrador procurar que el capataz de la mina esté en su puesto a la entrada de la mina o en el pozo, que procure que se pique el mineral de modo provechoso, que haga los necesarios entibes, máquinas y drenajes. El administrador también hace las deducciones de las pagas a los mineros que el capataz haya señalado como negligentes. Además, si la mina es rica, el administrador tiene que ver que su almacén de mineral quede bien cerrado los días en que no se trabaja; y si se trata de una vena rica en oro o en plata, ocuparse de que los mineros lleven el mineral extraído del pozo o del socavón a un arcón o un cuarto fuerte junto a la casa del capataz, para no dar ocasión de robar a los que no sean honrados. Esta misma obligación le incumbe también al capataz, pero la siguiente es únicamente del administrador. Cuando se lleva al horno el mineral, el administrador tiene que estar presente y vigilar que se haga con cuidado y con el mayor provecho. Cuando se obtiene oro o plata en el horno de refino, tiene que tomar nota del peso en sus libros y llevar el metal al tesorero, que asimismo hace la anotación en sus libros, y a continuación el administrador lo lleva al refinador. Al devolverlo éste de nuevo, ambos, el administrador y el tesorero, anotan en sus libros el pedido. ¿Por qué otra vez? Porque tiene que cuidar de los bienes de los amos de la mina como si fueran suyos propios. Las leyes que regulan la minería permiten a un administrador estar al cargo de más de una mina, pero en el caso de minas de oro o de plata sólo puede estar al cargo de dos. Ahora bien, si varias minas en una misma cuenca empiezan a producir oro o plata, puede seguir al cargo de ellas hasta que el Maestro de Minas le releve. Por último, el administrador, el Maestro de Minas y dos jurados, de acuerdo con los propietarios, son los que fijan la remuneración de los mineros. Y basta con esto sobre las obligaciones del administrador.

Dejo, pues, al administrador y paso a tratar del que está al mando de los obreros de la mina al que llamamos capataz, aunque algunos le llaman vigilante. El es quien distribuye el trabajo entre los hombres y vigila para que cada uno de ellos cumpla sus obligaciones fiel y diligentemente. Puede despacharlos por incompetencia o negligencia y colocar a otros en su puesto, si los dos jurados y el administrador lo aprueban. Debe ser competente carpintero para poder entibar los pozos, colocar mampostas y hacer entibaciones capaces de soportar una montaña agujereada, porque si los techos de roca de las venas no reciben el apropiado soporte se desprenden de la masa de la montaña y entierran a los mineros, destruyendo su obra. Tiene que ser capaz de hacer y mantener los desagües de los socavones de modo que el agua de las venas, las vetas y las comisuras de las rocas se reúna en ellos y pueda echarse fuera. Sobre todo debe ser capaz de reconocer las venas y vetas para abrir los pozos en el lugar más indicado, y debe saber distinguir una clase del material extraído de otra y enseñar a sus subordinados a escarmenar o separar los materiales correctamente. Debe también conocer bien todos los métodos de lavar el mineral, para enseñar a los trabajadores cómo se lava la arena o la tierra metalífera. El capataz suministra a los mineros las herramientas a la hora de entrar a trabajar en la mina y la cantidad de aceite que necesitan para la lámpara, les enseña a picar y procura que trabajen con fidelidad. Cuando acaban el turno, les recoge el aceite que les haya sobrado. Teniendo en cuenta la cantidad y la importancia de sus tareas y responsabilidades, un capataz puede estar al cargo de sólo una mina, o por mejor decir, a veces hay dos o tres capataces en una misma mina.

Ya que he hablado de los turnos, explicaré brevemente cómo tienen lugar. Las veinticuatro horas del día y la noche se dividen en tres turnos, cada uno de siete horas. Las tres horas sobrantes son las inmediatas a cada turno y forman el intervalo durante el cual los hombres salen de la mina y los que les siguen entran en ella. El primer turno empieza a las cuatro de la mañana y dura hasta las once; el segundo empieza a las doce y se termina a las siete; estos dos son turnos de día, el de mañana y el de tarde. El tercero es el turno de noche y empieza a las ocho de la tarde y termina a las tres de la mañana. El Maestro de Minas no permite que se imponga este tercer turno a los hombres si no es por necesidad. En ese caso necesario, o porque estén sacando agua de los pozos o mineral de la mina, mantienen su vigilia con las lámparas encendidas, y para evitar el sueño por lo tardío de la hora y por la fatiga, hacen más ligero el largo y arduo trabajo cantando, y esto de modo no del todo torpe ni desagradable. En algunos sitios no se consiente a un minero que haga dos turnos seguidos, porque sucede a menudo o que se queda dormido en la mina, rendido por el trabajo, o que empieza tarde un turno y se va antes del otro. En otros sitios se les permite hacer dos turnos, porque no pueden vivir con lo que ganan en uno, especialmente en épocas de carestía de los alimentos. El Maestro de Minas no prohíbe los turnos extraordinarios a los que ha prohibido dos ordinarios. A la hora de entrar al trabajo, el sonido de una esquila grande, que los extranjeros llaman «campana», avisa a los mineros, y a su voz se les ve correr y afanarse por las calles y hacia las minas. Del mismo modo, también el sonido de la campana avisa al capataz que acaba de terminar un turno; por tanto, al oírla golpea la madera del pozo para dar la señal de salida. Inmediatamente los mineros más próximos repiten la señal golpeando con sus martillos las rocas y hacen llegar el aviso a los que están más lejos. Por otra parte, las lámparas les indican cuándo se va acabando el turno, porque el aceite, casi consumido, hace que se vayan extinguiendo. Los mineros no trabajan los sábados, sino que en ellos hacen las compras de las cosas necesarias; tampoco normalmente trabajan los domingos o los días festivos, sino que esos días dedican las horas al culto. Pero cuando es necesario, ni descansan ni hacen ninguna otra cosa sino trabajar; así, a veces una inundación les obliga a trabajar; otras veces, una amenaza de hundimiento, y otras, otras cosas, y en ocasiones semejantes no se considera profanación trabajar en días de fiesta. Por otra parte, todos los trabajadores de las minas son fuertes y acostumbrados a manejar herramientas desde la cuna.

Las principales clases de trabajadores son los picadores, los ramperos, los que atienden los ventiladores, los que acarrean el mineral, los que hacen la selección de minerales, el lavado y la fundición, de cuyas obligaciones hablaré en los siguientes libros en sus lugares correspondientes. Por ahora baste añadir este único dato: si el capataz acusa de negligencia a un trabajador, el Maestro de Minas, o incluso el mismo capataz, junto con el administrador, le despiden de su trabajo el sábado, o le quitan parte de su paga, o si se trata de un fraude le envían a la cárcel. Pero los propietarios de cotos en los que hay fundición y el capataz de la fundición se ocupan de sus propios obreros. En cuanto al gobierno y deberes de los mineros, he dicho ya bastante aquí; los explicaré más completamente en otra obra titulada *De jure et legibus metallicis*.

FIN DEL LIBRO IV

LIBRO V

He explicado en el libro anterior los límites que tienen las concesiones sobre cada clase de yacimientos y los deberes de los empleados de minas. De modo parecido explicaré en este libro los principios de la minería, la manera de abrir pozos y galerías y el arte de la agrimensura en las minas. Primero, pues, trataré lo que corresponde al primero de estos títulos, ya que tanto el tema como el método requieren este orden. Y así describiré para empezar la apertura de pozos, socavones y galerías sobre las venas profundas; expondré después las indicaciones que dan en los canales los materiales buscados y las rocas; hablaré después de las herramientas con que se rompen las rocas y las venas y se hacen las excavaciones; el método por el que el fuego rompe las venas más duras, y más adelante trataré de las máquinas para extraer el agua de los pozos y para meter aire en los más profundos y en las galerías más largas, porque estorba a la minería tanto que entre el agua como que falte el aire; por último describiré las dos clases de pozos y su construcción y la de los socavones y los métodos de beneficiar las venas dilatadas, las acumuladas y las vetas.

Cuando un minero descubre una vena profunda y comienza a excavar un pozo, pone sobre su boca una cabria y construye un cobertizo para que no entre la lluvia y para que los hombres que manipulan la cabria no sufran sus rigores y los del frío. Estos hombres colocan en el cobertizo también sus carretillas y los mineros sus herramientas y demás utensilios. Cerca del cobertizo se construye otra casa para el capataz y los otros trabajadores y para almacenar el mineral que se extrae. Aunque algunos construyen sólo una casa, la mayor parte de los mineros deliberadamente hacen dos aparte. O por lo menos dos habitaciones separadas por una pared para que los niños y los animales domésticos no corran el riesgo de caerse al pozo, como ha sucedido a veces.

El pozo se hace generalmente de dos brazas de largo por dos tercios de braza de ancho y de trece brazas de profundidad; pero para confluir con un socavón que haya sido ya excavado, en una ladera se puede construir un pozo de sólo ocho brazas o de hasta catorce brazas más o menos. El pozo puede excavarse vertical o inclinado, según sea vertical o inclinada la vena que sigan los mineros excavándola. Un socavón es una zanja subterránea que penetra en el sentido de su longitud en la tierra, que es casi dos veces más alta que ancha y lo bastante ancha para que los mineros pasen por ella y transporten sus cargas. Es generalmente de una braza y cuarto de altura, mientras que su anchura es de unos tres pies y tres cuartos. Generalmente se necesitan dos mineros para excavarla, uno de los cuales pica la parte alta y otro la parte baja y de los que uno va más adelante y el otro le sigue de cerca. Cada uno de ellos trabaja sentado en una tabla que se fija sólidamente en la roca encajante o en la del suelo del socavón, y si la vena no es muy dura, en una plancha de forma de cuña metida en la misma vena. Se construyen más pozos inclinados que verticales, y algunos, tanto de los inclinados como de los verticales, van a dar a socavones, mientras que otros conectan con ellos. Algunos pozos llegan a la altura requerida cuando el socavón que ha de conectar con ellos no ha sido todavía perforado o no ha llegado todavía lo bastante lejos para encontrarse con el pozo. Es una ventaja que un pozo conecte con un socavón, porque los mineros pueden llevar adelante el trabajo acometido más fácilmente, pero si el pozo no es muy hondo se suelen hacer galerías hacia uno y otro lado. Desde ellas, el propietario o el capataz examinan las venas o vetas que se unen con la principal o la cruzan o la dividen oblicuamente; pero mi intento es ahora tratar principalmente de las venas profundas, y sobre todo de las que contienen metales.

Las excavaciones de esta clase se llamaban entre los griegos criptas, porque, aunque extendiéndose y alargándose a la manera de los socavones, quedan completamente escondidas bajo tierra. Difieren de un socavón en que no tienen en toda su longitud ninguna salida o luz, mientras que el socavón tiene una boca por la que entra la luz del día.

He hablado de pozos, socavones y galerías. Hablaré ahora de las indicaciones que dan en los canales los materiales extraídos y las rocas. Estas indicaciones, como muchas otras cosas que explicaré, son idénticas, ya se trate de venas profundas, venas dilatadas o venas acumuladas.

Cuando una veta menor se une a una vena principal y hace que ésta crezca, se debe excavar un pozo en la intersección. Cuando la veta se encuentra con la vena principal en dirección oblicua, si descienden verticalmente hacia la profundidad de la tierra, se debe excavar un segundo pozo hacia el punto donde la veta interfiere con la vena principal, pero si no descienden verticalmente se debe situar el pozo dos o tres brazas más allá de modo que encuentre la vena después de la intersección. En las intersecciones es donde se tiene más probabilidades de encontrar el mineral por el que se hace la prospección, o si ya se ha encontrado es donde se suele encontrar en mayor cantidad. Asimismo, si hay varias vetas que descienden hacia la profundidad, el minero, para llegar al punto de contacto de unas con otras, debe ex-

Tres pozos verticales de los que el primero, A, no llega al socavón; el segundo, B, llega al socavón; el tercero, C, no llega todavía al socavón. D: Socavón

cavar el pozo en medio de ellas o bien calcular el punto de unión a partir de la situación de la más importante.

Tres pozos inclinados, de los que A no llega todavía al socavón; B llega al socavón; al tercero, C, no llega todavía el socavón

Ya que una vena inclinada yace a menudo cerca de otra vertical, es aconsejable abrir un pozo en el punto en que una veta

A: Pozo.—B, C: Galería.—D: Otro pozo.—E: Socavón.—F: Boca del socavón

o una vena afluente las corte a ambas, o donde se halle una vena dilatada o veta dilatada, porque en tales sitios se suelen encontrar minerales metálicos. Del mismo modo se tienen las mayores probabilidades de encontrar metal en el punto en que una vena inclinada se une a una vertical; esta es la razón por la que los mineros cruzan la roca encajante y el muro de la vena principal con aberturas a un lado y otro buscando alguna vena que vaya a unirse a la principal algunas brazas más abajo. Más aún, si no encuentran una veta o una vena que vaya a unirse a la principal de modo que puedan seguirla en sus trabajos, continúan buscando en la roca sólida de la caja o el suelo de la vena, haciendo galerías a un lado y a otro; estas aberturas se llaman κρυπται, tanto si se emprenden desde un socavón como desde un pozo. Los mineros conciben esperanzas cuando una vena corta a la principal. Si la vena que se une a la principal oblicuamente no aparece ya, más allá de la confluencia, es aconsejable buscar por el lado hacia el que se inclinaba la vena oblicua, ya fuera hacia la derecha o hacia la izquierda, para poder estar seguros de que la vena principal la absorbió; si después de hacer aberturas de unas seis brazas a un lado y a otro en la dirección hacia la que se inclinaba no se encuentra la vena afluente, se debe excavar al otro lado de la vena principal antes de poder asegurar que la confluencia fue una unión definitiva. Los propietarios de una vena principal a menudo pueden excavar con no menos beneficio el sitio donde la vena que cruza la suya vuelve a aparecer, que el lugar mismo de la confluencia. Los propietarios de la vena que cruza a la principal recobran su derecho cuando ésta aparece otra vez exenta después del cruce, aunque en el cruce mismo en cierta manera lo pierden.

La mayoría de los mineros consideran favorable la vena o veta que se une a la principal viniendo del Norte y, por el contrario, les parece poco propicia la que viene del Sur, y dicen que ésta perjudica a la vena principal, mientras que la otra la mejora. Pero yo creo que los mineros no deben desaprovechar ninguna. Como he dicho en el libro III, la experiencia no ofrece confirmación a los que mantienen esas opiniones sobre la orientación de las venas, de modo que también ahora podría ofrecer ejemplos de cada una de las orientaciones de vetas rechazadas comúnmente por los mineros y que han demostrado ser excelentes, pero sé que esto sería de poco o ningún beneficio para la posteridad.

Si los mineros no encuentran vetas o venas en la roca encajante ni en el muro de la vena principal, y si no encuentran mucho mineral, no merece la pena abrir otro pozo. Ni tampoco debe hacerse otro pozo si la vena se divide en dos o tres partes, excepto que la apariencia de la roca muestre que se vuelven a unir poco después. Es una mala señal para una veta rica en mineral el que empiece a doblarse y volverse hacia un lado o el otro, porque a menos que vuelva a enderezarse en su dirección primitiva, vertical o inclinada, deja de producir metal; e incluso si vuelve a su sentido y se endereza otra vez, a menudo continúa improductiva. Los crestones con ricas muestras metalíferas sobre la superficie desengañan a menudo a los mineros porque no tienen metal cuando se excavan. Por último, las comisuras o grietas superficiales de sentidos encontrados se consideran como malos auspicios.

Los mineros extraen toda la vena sólida cuando ven que es de buena calidad; extraen también todo el material de las menos sólidas, especialmente si los huecos muestran claramente que han contenido metal, o si son pocos y pequeños. Pero no extraen el material de venas improductivas, a través de las cuales pasa el agua, si no ven en ellas partículas metálicas; alguna vez, sin embargo, extraen mineral sin muestras de metal, si está libre de agua, buscando piedras duras no metálicas, o una sustancia blanda y negra que parece lana de escoria. Pican vetas metalíferas y a veces para buscar la vena principal pican vetas que no tienen metal, pero están en la roca encajante o en el muro de la vena principal. Este es, pues, en líneas generales, el modo de enfrentarse con las vetas y las venas.

Consideremos ahora cuáles son los materiales metálicos que encontramos en los canales según las diversas clases de venas, ya sea de un modo coherente y continuo, ya disperso y salpicado, a veces en forma muy ostentosa y apreciable, a veces en venillas y vetas que se ramifican como afluentes de un río, aunque muy cortos, pues no se trata de muestras grandes y continuas. Si encontramos una cantidad pequeña de metal, hemos hallado un indicio; pero si es una cantidad grande no es ya un indicio, sino precisamente lo que buscábamos en la prospección. Tan pronto como un minero a la búsqueda de minas descubre metal nativo o minerales o metales ricos en metal, o gran cantidad de material, aunque no tan rico, comienza un pozo en el lugar del hallazgo, y si al excavarlo ve mineral mejor o más abundante hacia un lado, inclina el pozo en esa dirección.

El oro, la plata, el cobre y el mercurio se encuentran a menudo en estado nativo; menos a menudo el hierro y el bismuto, y casi nunca el estaño y el plomo. Pero el mineral de estaño no se diferencia mucho del estaño puro y blanco que se extrae de él, y la galena, de la que se obtiene el plomo, se diferencia poco del metal en sí.

Clasifiquemos ahora los minerales de oro. En primer lugar, después del oro nativo, están los «crudos» verde-amarillento, amarillo, morado, negro o rojo por fuera y dorado por dentro. Estos son los minerales más ricos, porque en ellos el oro excede en peso a la piedra o tierra. Vienen después todos los minerales de oro de los que cada cien libras contienen más de tres onzas de oro; porque aunque sólo se halla en la tierra o piedra que los forma una proporción pequeña de oro, su valor equivale o sobrepasa al de otro metal. Los demás minerales auríferos se consideran pobres porque la piedra o la tierra sobrepasa con mucho el peso del oro. Una vena con más alta proporción de plata que de oro es pocas veces rica. La tierra muy seca o muy húmeda no suele abundar en oro, pero en tierra seca se encuentra más a menudo una proporción mayor de oro, especialmente si tiene el aspecto de haber sido fundida en un horno y si tiene escamas parecidas a las de la mica. Los jugos solidificados, azurita, malaquita, crisocola, oropimente y rejalgar, también contienen frecuentemente oro. Y el oro nativo o los «crudos» de oro se encuentran a veces en cantidades grandes y a veces en cantidades pequeñas en el cuarzo, las pizarras, el mármol y también en piedras que se funden fácilmente en el fuego de segundo grado y que a veces son tan porosas que parecen totalmente deshechas. Por último, se encuentra el oro en las piritas, aunque raramente en grandes cantidades.

En cuanto a los minerales de plata, dejando aparte la plata nativa, se clasifican como ricos aquellos de los que de cien libras se obtienen más de tres libras de plata. Son de esta calidad los minerales de plata pura, ya sean de color gris, de color rojo o blanco, negro, gris, o morado, o amarillo, o color de hígado o cualquier otro. A veces, el cuarzo, las pizarras o el mármol llegan a esta calidad si llevan mucho mineral de plata o plata pura adherida. Pero se considera de mala calidad el mineral de plata que lleve tres libras o menos de plata pura en cien libras. El mineral de plata lleva a menudo más de esa proporción de metal, porque la naturaleza otorga en cantidad lo que restringe en calidad; el mineral rico en plata se encuentra mezclado con toda clase de tierras y de piedras, excepto las varias clases de mineral de plata pura ya citadas, pero se encuentra mezclado especialmente con piritas, calamina, galena, estibio y otros.

En cuanto a otra clase de metales, aunque se encuentran algunos minerales ricos en ellos, excepto que la vena sea realmente rica en mineral, es muy raro que merezca la pena excavar minas para extraerlos. Los indios y algunas otras razas hacen pequeñas excavaciones buscando gemas en venas que profundizan bajo la tierra, pero más a menudo las encuentran por su claridad, o mejor por su brillo, los que excavan en busca de metales. Cuando se ven en la superficie crestones de piedra de mármol se explotan siguiendo la vena, como la piedra de construcción cuando se encuentra una cantera. Pero las gemas o piedras semipreciosas y raras, aunque a veces pueden hallarse en venas propias, se hallan más a menudo en minas o canteras; por ejemplo, la piedra imán, en las minas de hierro, el corindón en minas de plata, la piedra judía, las «ruedecillas» y otras parecidas en las canteras, donde los propietarios ordenan a los obreros que las recojan de las grietas. Tampoco desdeña el minero las «tierras raras», ya se encuentren en minas de oro, de plata o de otro mineral, ni las dejan de explotar los que las encuentran en las canteras o en las venas que están explotando; estas tierras se conocen generalmente por su sabor. Ni dejan, por último, los mineros de prestar atención a los jugos solidificados que se encuentran en venas metalíferas, de donde se extraen y recogen. Pero no diré ahora más de estos temas porque los he tratado más ampliamente en los libros *De natura fossilium.*

Volveré, en cambio, a tratar de los indicios. Si encontramos una tierra parecida al légamo, que tenga partículas de un metal cualquiera nativo o de mineral metálico, estamos ante los mejores indicios posibles para un minero, porque el material metálico, del que se desprendieron las partículas, necesariamente debe hallarse cerca. Pero si encontramos la misma clase de tierra, desprovista absolutamente de toda partícula metálica, pero grasa y de colores blanco, verde, azul y otros parecidos, tampoco deberemos abandonar la obra que hallamos comenzado. Hay otros indicios en las venas y en las vetas que ya he descrito, y en las rocas se encuentran señales a las que me referiré un poco más abajo. Si un minero encuentra tierras secas con metal nativo o en minerales ha hallado un buen indicio; si encuentra tierras rojas o negras o «tierras raras», aunque no encuentre mineral, los auspicios no son malos. El rejalgar o la azurita, el verdemontaña o el oropimente cuando aparecen son buenos indicios. Asimismo, cuando las fuerzas subterráneas han expelido metal hacia la superficie, hay que profundizar la excavación que se haya comenzado, porque los indicios son de que las partículas de metal se han desprendido de la masa principal como un fragmento del cuerpo del que formaba parte. De la misma manera las escamas delgadas de metal adheridas a las rocas se tienen como buena señal. También, si varias venas, compuestas en parte de cuarzo, en parte de tierra arcillosa o seca, descienden todas hacia la profundidad de la tierra, junto con sus vetas, hay en ello una buena esperanza de que se hallará metal, y aun si no vuelven a aparecer vetas o si se encuentra poca cantidad de metal, no debe abandonarse la excavación hasta que claramente no se encuentre nada. El cuarzo oscuro, o negro, o de color cuerno, o de hígado, suele ser una buena señal; el blanco a veces es buena señal y a veces no significa nada, pero el espato de cal en una vena profunda, si desaparece poco más abajo, no es un buen signo, porque no pertenecía a la vena, sino a alguna veta. Las piedras que se funden fácilmente al fuego, sobre todo si son translúcidas, son indicaciones de mediana calidad; es decir, que si se dan con otras señales buenas añaden seguridad, pero si no hay otras buenas señales no significan apenas nada. Lo mismo debemos juzgar de la presencia de gemas. Las venas que tienen color cuerno o mármol en la roca encajante o en la del muro, pero en medio tienen tierra arcillosa, dan alguna esperanza, y también las que tienen la roca color hierro oxidado y en medio tierra grasa y pegajosa, y lo mismo las que tienen en la roca de la caja o del muro la clase de tierra que llamamos «tierra de soldado» y en medio tierra negra o tierra como quemada. La indicación específica del oro es el oropimente; de la plata, el bismuto y el estibio; del cobre, el verdemontaña, la «melantería», el auricalco y el vitriolo; del estaño, las grandes piedras de color muy negro, de las que se obtiene, y un material parecido a la almártaga; del hierro, el óxido de hierro. El oro y el cobre juntos, por la crisocola y la azurita; la plata y el plomo, por el plomo. Ahora bien, aunque los mineros llaman, con razón, al bismuto «tejado de la plata», y aunque las piritas de cobre suelen preceder al vitriolo y la «melantería», el oro y la plata tienen sus propios minerales y señales, como el oropimente y el estibio.

Del mismo modo que algunos de los materiales que se encuentran en la vena dan indicios favorables a los mineros, también las rocas a través de las cuales siguen su curso pueden dar buenos o malos indicios. Así, la arena, cuando aparece en una mina, es una buena indicación. Las pizarras de color azul y negro y las calizas del color que sean son una buena señal en una vena de plata. Hay otra roca distinta que es también un buen indicio: es la que tiene incrustadas las piedrecitas negras de las que se obtiene el estaño, especialmente cuando toda la masa de piedra entre las venas es de esta clase. A menudo esta clase de roca, atravesada, además, por vetas de calidad, contiene en sus pliegues los canales de venas metalíferas; si una vena de éstas desciende verticalmente hacia la profundidad, el beneficiarla corresponde a la mina en la que se descubrió; si se inclina se beneficiará también desde las minas vecinas. En consecuencia, el minero que no desconozca por completo la geometría puede calcular desde el interior de las otras minas la profundidad a la que una vena rica en metal abrirá sus caminos a través de la roca para desembocar en su propia mina. Y por ahora basta sobre estos temas.

Trataré ahora de las maneras de trabajar, que son varias y complejas, porque a veces se trata de mineral blando y a veces de mineral compacto, o duro, o durísimo. Del mismo modo, a veces, la roca es blanda y frágil, y a veces, compacta, o dura, o durísima. Llamo blando al mineral compuesto de tierra y de jugos solidificados; compacto, al que se compone de minerales metálicos y materias moderadamente duras, como son la mayor parte de las que se funden fácilmente en un fuego de primero o segundo grado, como el plomo y otras análogas. Llamo duro al mineral en el que se combinan con los que ya he dicho cuarzos o piedras que se funden en fuego de tercer grado, o piritas, o cadmio, o mármol duro. Y llamo durísimo al mineral formado sólo, es decir, en toda la masa de la vena, por estas piedras duras y sus compuestos. Las rocas encajantes y del suelo de la vena son compactas cuando son rocas con pocas vetas o incluso pocas comisuras. Duras, cuando tienen poquísimas, y durísimas, cuando no tienen ninguna. Cuando no hay ni la más pequeña grieta, la roca no tiene ningún agua en absoluto, y el agua ablanda la piedra. Pero incluso la roca dura no suele serlo tanto como el mineral que hemos llamado duro.

El mineral blando se trabaja con el pico solo. Cuando todavía no se ha hallado metal, los picadores no hacen distinción entre la roca y la vena, pero una vez que se ha hallado trabajan con mucho más cuidado. Rompen primero la roca del techo y las paredes de la vena, separándolas de ésta; después, con el pico, van separando el mineral de la vena del suelo de roca para que no quede nada de metal en el suelo, y lo van poniendo en un recipiente. La vena dura la separan de la roca de las paredes por medio de golpes de martillo sobre la herramienta número uno de las que describiré, y de todas las cuales daré los nombres, y con la misma herramienta van separando la roca dura de las paredes. Lo más frecuente es que arranquen primero la roca de las paredes y a veces también excavan la del suelo, y cuando la roca del suelo necesita útiles de hierro, la de las paredes suele tener que romperse con ayuda del fuego. En cuanto a las venas duras, que se extraen con útiles de hierro, y las rocas duras y durísimas, suelen usar los mineros las herramientas que describiré en cuarto lugar, que tienen también su nombre apropiado, como veremos, y si no tienen a mano una de éstas, usan dos o tres de las primeras juntas. Y en cuanto a las venas metálicas durísimas, que en cierto modo resisten al hierro, si los propietarios de las minas vecinas lo consienten, se emplea el fuego. Pero si no están de acuerdo y niegan su conformidad, se pica la roca de la pared o la del suelo, si es menos dura, y por donde esté resquebrajada la vena se clava una de las herramientas de que he hablado en una de las grietas; luego, en cada fractura que se produzca, se colocan cuatro hierros delgados, y para que estén más firmes, si es necesario, otras tantas planchas de hierro, de dos en dos, en cada una de las grietas, y entre éstas se van metiendo otras planchas más delgadas, golpeándolas y encajándolas con golpes de martillo, y mientras se hace así, el metal de la vena resuena con un sonido agudo, y en el momento en que comienza a desgajarse de la roca se oye cómo se desgarra. Cuando esto se percibe claramente, los mineros escapan corriendo; luego se oye un gran estrépito al romperse la vena y desprenderse de la roca, derrumbándose.

Recuñando por este procedimiento, se desprenden de la vena masas de mineral de unas cien libras de peso, aproximadamente. Cuando se arranca, por cualquier método, vena metálica durísima, quedan porciones de ella de forma cónica, que sólo difícilmente pueden recuperarse luego. Estos nudos o partes más duras que quedan sin desprender, si no tienen mucho metal o si no se pueden ablandar por el fuego, se dejan, rodeándolos para continuar, pasando por la derecha o por la izquierda porque no pueden picarse con herramientas excepto a un costo demasiado elevado. Mientras los mineros prosiguen su trabajo, la profundidad de la tierra resuena muchas veces con su canto grave y acompasado con el que acompañan y alientan un oficio lleno de los mayores y más graves riesgos.

Como ya he dicho, el fuego ablanda las rocas más duras, pero el método de aplicarlo no es fácil. Cuando no puede arrancarse la vena de la roca que la encaja por la dureza del material o por otra dificultad, si la galería o el socavón son bajos, se coloca un haz de madera seca contra la pared de la roca y se le prende fuego; si la galería o el socavón son altos, se necesitan dos haces, uno sobre otro, y se dejan arder hasta que se consumen. La fuerza del fuego normalmente no reblandece una porción grande de mineral, sino sólo la superficie. Cuando la roca encajante y la del muro de la vena pueden trabajarse con los utensilios de hierro, pero la vena en sí es demasiado dura para emplearlos, se extrae la roca que rodea la vena; si la operación se hace al final de la galería o túnel, según sea en la parte alta o baja, se rompe luego la vena con fuego, con métodos distintos de aplicación. Si el hueco es grande, se amontonan en él todos los leños que quepan, pero si es pequeño, se meten sólo unos pocos. El fuego mayor separa la vena de la roca; el menor desprende menor proporción de vena, porque el fuego en este segundo caso está semiahogado en la estrechez del hueco excavado para él. Por otra

A: Madera ardiendo.—B: Haz de leña colocado como un abanico.—C: Socavón

parte, si lo excavado es en la parte baja, se coloca sólo una pila o haz de madera; si es en la parte alta, se usan dos haces, uno sobre otro, y prendiendo el de abajo, arden, y el calor que el tiro del aire lleva hacia la parte alta de la vena la separa de la roca, que por muy dura que sea a veces se reblandece tanto que se rompe ya muy fácilmente. Con la aplicación de estos métodos, que había aprendido de los mineros españoles, Aníbal, el general cartaginés, venció la dureza de los Alpes usando fuego y vinagre.

Incluso si la vena es muy ancha, como suelen serlo las de mineral de estaño, los mineros agrandan las grietas pequeñas y meten en ellas madera seca; bajo estas cuñas colocan en el suelo palos en haces más anchos por abajo, como abanicos invertidos, de forma que arden fácilmente y prenden la madera clavada en la roca, que arde a su vez.

Mientras las venas y rocas recalentadas despiden vapores fétidos y mientras los pozos y socavones emiten humos, los mineros no descienden a la mina, pues el olor que desprende podría enfermarlos e incluso matarlos, como explicaré con mayor detenimiento cuando trate de los males que afectan a los mineros. El Maestro de Minas, para evitar el peligro de que se asfixien los hombres, no concede permiso para ablandar venas ni rocas con fuego en pozos ni socavones en que los vapores venenosos o el humo pueda pasar a minas vecinas por venas o vetas permeables. En cuanto a la porción de vena o la parte de la superficie de la roca que el fuego consigue separar de la restante masa, si es de la parte alta, los mineros la extraen con palancas; si todavía ofrece cierta resistencia, la van rompiendo con palancas más pequeñas; si está en la parte inferior, la rompen con la ayuda de martillos. Una vez desprendida la roca, se derrumba, y si todavía se sostiene, la desprenden con los picos. La roca y tierra, por un lado, y el metal y mineral, por otro, se colocan en cubos separadamente y se extraen al aire libre o al socavón más próximo. Si el pozo no es profundo, se suben los cubos con una máquina que mueven los hombres, y si es más profundo, con máquinas movidas por caballos.

Sucede a menudo que el agua inunda la mina o el aire viciado la llena; los mineros prestan, por tanto, mucha atención a estos riesgos, casi tanta como a la excavación en sí, o al menos así deberían hacerlo. El agua de las venas y las vetas, y especialmente de las que no se están trabajando, debe ser drenada por las galerías y los socavones. El aire estancado de los socavones y los pozos tiene que renovarse; en un pozo profundo y aislado, es decir, que no llegue a un socavón ni esté conectado por una galería con otro pozo, el aire se estanca; lo mismo ocurre en un socavón si penetra mucho en la entraña de la tierra y no se ha hecho un poco o chimenea lo bastante profundo para encontrarse con él; en ninguno de los dos casos se renueva el aire, porque no puede circular. En estas condiciones el aire se hace muy denso, casi como una neblina, y desprende olor a moho, como en una cripta o en otra cámara subterránea que no se hubiera ventilado en muchos años. Esto hace que los mineros no puedan trabajar en semejantes sitios, aunque la mina estuviera llena de plata o de oro, y si lo hacen, como no pueden respirar libremente, se ven atacados de dolores de cabeza; esto sucede más aún si trabaja un grupo grande de hombres con sus lámparas, que en estos sitios apenas dan una luz muy débil, porque el aire viciado por lámparas y hombres hace los vapores cada vez más densos.

Cuando en un pozo hay una cantidad pequeña de agua, se saca con máquinas de diferentes clases movidas por hombres. Si hay tanta agua que impide gravemente el llevar adelante el trabajo, se excava otro pozo a una braza de distancia del primero, y así en uno de ellos se continúa el trabajo sin impedimento, porque se vacía gracias al otro, para lo que basta hacer este segundo más profundo que el nivel del agua en el primero, y luego, con máquinas movidas por hombres o por caballos, se extrae el agua del fondo o caldera del segundo pozo y se echa fuera de la caseta de la cabria o se saca por el túnel más próximo. Pero cuando el agua de todas las minas vecinas confluye hacia el pozo más profundo, de modo que no es sólo la de la vena en la que está ese pozo excavado, sino también la de otras venas, se hace necesario construir un sumidero grande para captar toda el agua; del sumidero se extrae el agua con máquinas de tubos o canjilones, acerca de las cuales hablaré más detenidamente en el libro siguiente. El agua que baja a los pozos de las venas y vetas y las demás ranuras de las piedras se saca, por tanto, con los necesarios desagües.

El aire se mete hasta el fondo de los pozos más profundos y hasta el fin de las galerías y socavones más largos gracias a las poderosas máquinas de ventilación, de las que hablaré también en el libro siguiente, que tratará asimismo de estas máquinas de ventilación. El viento entra espontáneamente desde el exterior a las cuevas, y cuando tienen más de una boca sale también espontáneamente. Esto, sin embargo, ocurre de distintas maneras, pues en primavera y en verano entra en los pozos más profundos, atraviesa los socavones y las galerías y sale por pozos menos profundos, y también en esas estaciones entra por el socavón más bajo y por los coladeros que lo crucen vuelve hacia socavones menos profundos y sale por ellos; pero en otoño e invierno, en cambio, entra por los socavones y los pozos menos profundos y sale por los más hondos. Este cambio de la dirección de las corrientes de aire ocurre en las regiones templadas al principio de la primavera y final del otoño, pero en regiones más frías al final de la primavera y principio del otoño. Ahora bien, en cada cambio, antes de que tome el aire de un modo regular su nuevo curso, durante unas dos semanas, sufre variaciones frecuentes, soplando a veces hacia una galería o socavón superiores y otras hacia las inferiores. Pero con esto basta de este tema; continuemos con los otros a tratar.

Hay dos clases de pozos, una ya descrita, de la que suele haber varios en cada mina, sobre todo si la mina tiene su socavón propio y es de mineral de calidad. Porque cuando el primer socavón se conecta con el primer pozo, se suelen excavar dos pozos más, o si el agua impide profundizar en éstos, a veces se hacen tres, de modo que uno haga de sumidero y se pueda continuar el trabajo en los otros. Lo mismo se hace tras el segundo socavón y el tercero, o incluso el cuarto, si se emprenden tantos en la ladera de la montaña. El pozo de la otra clase es muy profundo; a veces hasta de sesenta, ochenta o cien brazas. Esta clase de pozo se excava verticalmente hacia la profundidad de la tierra y la roca y los minerales metalíferos se extraen con la ayuda de una cuerda; a éstos llaman los mineros pozos verticales.

Sobre estos pozos se construyen máquinas para la extracción del agua; cuando están sobre el nivel del suelo, suelen ser movidas por caballos; las que están en los socavones suelen moverse por la fuerza del agua. Estos pozos se excavan cuando hay venas ricas de metal.

Ahora bien, los pozos de una u otra clase se revisten de varias maneras. Si la vena es dura y lo son también la roca encajante y la del muro de la vena, el pozo no requiere mucho revestimento, pero se colocan maderos a intervalos; un extremo de cada uno de éstos se acopla en un corte de la roca encajante, y el otro, en la roca del muro. A éstos se fijan otros menores a lo largo de la roca, y éstos se revisten de ademas. El revestimiento de las paredes del pozo hace que los fragmentos de roca que puedan desprenderse por haber quedado sueltos no caigan por el pozo, atemorizando, hiriendo o derribando a algún minero o cualquier otro trabajador de los que continuamente usan las escalas pasando de una parte de la mina a otra. Por el mismo motivo, se reviste la separación entre las escalas y el paso de la cuerda de subir materiales, porque evitan que los fragmentos que caen de los cubos o cestos que se suben por la cuerda caigan sobre las escalas, y además hacen que el arduo ascender y descender por ellas parezca menos difícil y sea de hecho menos peligroso.

Si la vena es blanda y la roca que la encaja y que está debajo es débil, se necesita una estructura más completa; para

A: Tablones de muros.—B: Traviesas de separación.—C: Postes maestros.— D: Tablas de revestimiento

conseguirla, las entibaciones se colocan una junto a otra sin dejar hueco, uniéndolas en planchas rectangulares. Esto se hace de dos maneras diferentes: o se colocan los extremos cuadrados de las entibaciones que van de la roca encajante a la del suelo en agujeros cuadrados hechos en las maderas que van en el sentido de la roca, o se cortan las planchas rectangulares de modo que encaje el extremo superior de una sobre el inferior de otra y se colocan una sobre otra. El considerable peso de estos entibos así unidos se sostiene por vigas fuertes, colocadas a intervalos que se hincan profundamente en huecos hechos a propósito en la roca encajante y la del suelo. Para que los entibos así unidos permanezcan fijos se meten, entre la roca y la obra de madera, cuñas de madera y ramas de árboles y el espacio que aún quede vacío se rellena de tierra, de modo que el pozo resulte cuadrado y el hueco relleno con el encamado.

Cuando un pozo muy profundo, vertical o inclinado está así revestido y con encamación, como a veces la madera no es buena y existe la amenaza de un derrumbamiento, para darle mayor firmeza a la obra se colocan tres o cuatro pares de mampostas fuertes o por lo menos un par en el lado de la roca encajante y otro en la del suelo en los cuatro ángulos. Para que se mantengan firmes y a su vez sirvan de seguridad y firmeza a toda la obra, se colocan tablones de uno a otro, y para que éstos a su vez queden más seguros se fijan con escopladuras hechas en las mampostas. Además, y cualquiera que sea el procedimiento de entibado del pozo, encima de los tablones van las tablas de revestimiento. Si un pozo vertical es muy profundo, se fijan planchas en la entibación del lado de la escala para que los hombres al subir o bajar puedan descansar sentados o apoyados en ellas. Para prevenir el peligro de que las piedras que ya se han extraído y sacado de la profundidad del pozo vuelvan a caer, sobre los ramperos que trabajan al fondo, un poco por encima del fondo del pozo, se colocan maderos, sin pulir y uno junto a otro, sujetos a los entibos de modo que cubran el hueco del pozo, excepto el de la escala; en este techo se deja un agujero central para que los cubos llenos de mineral se puedan subir desde el fondo del pozo a la superficie con las máquinas y volver al fondo una vez vacíos, y así los ramperos y los otros trabajadores, como quedan bajo este techo, están perfectamente a salvo en el fondo.

En los pozos que se hacen siguiendo una vena, se abren dos y a veces tres o más socavones, siempre uno sobre otro. Si la vena es sólida y dura y las rocas del muro y del techo también, el socavón no necesita soportes, excepto precisamente a la entrada, porque en ese punto no hay todavía roca sólida, sino suelo superficial y suelto. Si la vena es blanda y la roca encajante y la del suelo también, el socavón requerirá un entibado fuerte y frecuente que se provee del siguiente modo: Primero se erigen dos mampostas, encuadradas fijándolas en el suelo del socavón, donde se hace un hoyo para recibirlas; las mampostas son de grueso medio y lo bastante altas para que su parte superior, que es de sección cuadrada, llegue casi a tocar el techo; luego se coloca sobre ellas como dintel una viga pequeña que se encaja con escopladuras en las cabezas de las mampostas. Al pie de éstas se embuten otras tablas, cuyos extremos, igualmente escuadrados, también se reciben en escopladuras en las mampostas. A cada intervalo de braza y media se erige uno de estos marcos, que los mineros llaman «puertas» porque abren un tramo de socavón cada uno y que cuando es necesario se usan para fijar hojas de puertas de modo que puedan cerrarse.

A: Mampostas.—B: Dinteles.—C: Umbrales.—D: Puertas.—E: Revestimientos.— F: Desagües

Sobre las vigas de los dinteles y en el sentido del socavón se coloca madera en tablas o troncos, y lo mismo a lo largo de las paredes, desde cada marco de puerta al siguiente, para impedir derrumbamientos que, aunque sean parciales, pueden impedir el paso y causar víctimas. Más aún, para que los marcos de las puertas estén más firmes, se hace encamación entre ellos y las paredes del socavón. Por último, si se saca mineral o tierra en carretillas, se ponen tablones unidos a lo largo del suelo del socavón, sobre los umbrales de las puertas, y si se extrae el material en vagonas se fijan sobre los umbrales dos maderos de tres cuartos de pie de grueso y de ancho, uno junto a otro, a lo largo del socavón. La unión de ambos suele estar desgastada porque por ella, como por una vía, se empuja el pasador de hierro del fondo de la vagona, que, gracias a ir así encajado, no se desvía a un lado ni a otro. Por debajo de los umbrales discurre el agua por sus desagües. Los mineros entiban las galerías igual que los socavones, pero sin las traviesas de las umbrales ni los desagües, porque ni se transporta el mineral que se extrae a mucha distancia, ni tiene que sacarse el agua mucho trayecto. Si la vena es metálica, como lo es a veces, a una altura de varias brazas sobre la parte alta de un socavón, e incluso de una galería ya abierta, se abre un nuevo hueco por encima, y esto una vez y otra, mientras se siga hallando metal. La entibación de estas aberturas se hace del siguiente modo: se hace encamación con ramaje y ademas delgados uno junto a otro, de la roca encajante a la del muro, para que soporte el peso bien, la encamación suele ser de un pie y medio de espesor. Después de la extracción del mineral, cuando se sigue trabajando por otro sitio, la roca que se va extrayendo, especialmente si no puede sacarse a la superficie sino con dificultad, se echa en el encame, y así los ramperos ahorran sus herramientas y los dueños de la mina la mitad de sus gastos. Este, pues, en líneas generales, es el método por el que se lleva a cabo todo lo relacionado con la entibación de pozos, socavones y galerías.

Todo lo que he escrito hasta aquí es, en parte, propio de las venas profundas y, en parte, común a toda suerte de venas; de lo que sigue, parte es aplicable, sobre todo, a las venas dilatadas y parte a las venas acumuladas. Pero primero diré cómo deben beneficiarse las venas dilatadas. Donde las aguas de un torrente o un río han arrastrado la tierra, en la ladera de una montaña o una colina, descubriendo una vena dilatada, debe abrirse un socavón, primero largo y estrecho y después más ancho, pues deberá extraerse casi toda la vena desde el socavón; cuando el socavón sea bastante largo, debe hacerse un pozo o chimenea en la montaña o en la colina para ventilar el socavón, y también porque a veces puede sacarse por él el mineral más fácilmente que todo a lo largo del socavón. Incluso se abren pozos para alcanzar sitios a los que todavía no ha alcanzado el socavón, cuando se conjetura que la vena se extiende hasta allí. En este proceso, una vez atravesadas las capas superiores, al profundizar el pozo se atraviesan rocas a veces de una misma clase y color, a veces de la misma clase pero de diferentes colores y a veces de distintas clases y colores. La profundidad de las rocas, tanto de cada capa como del conjunto, es muy variable; a veces, en total alcanzan veinte brazas de profundidad, otras veces más de cincuenta; en cuanto a cada capa, en algunos sitios es de medio pie de espesor, en otros de uno, dos o más pies; en otros de una, dos, tres o más brazas. Por ejemplo, en los campos de minas que se extienden al pie de los montes Harz hay capas de muchos colores distintos sobre una vena dilatada de cobre. Debajo de la tierra vegetal aparece una capa rojiza de un tono sombrío y de una profundidad de veinte, treinta o treinta y cinco brazas. Hay después otra capa, también roja, pero más clara, que tiene una profundidad de dos brazas. Por debajo hay otra de arcilla gris de casi una braza de espesor que aunque no contiene ningún metal se considera como vena; sigue después una tercera capa cenicienta, casi de tres brazas de espesor. Por debajo de ésta, una vena de cinco brazas, de cenizas mezcladas con roca del mismo color. Unido a ésta, y por debajo, se extiende un cuarto manto de color oscuro y de un pie de profundidad. Bajo éste viene la quinta capa, de color pálido amarillento, de dos pies, y por debajo la sexta, otra vez oscura, de grano grueso y de tres pies de espesor. La séptima capa es también oscura, incluso más oscura que la anterior, y de dos pies de espesor. Esta da lugar a la octava, cenicienta, de grano grueso y de un pie de profundidad. Esta y las otras parecidas se distinguen por las vetas que se funden fácilmente en fuego de segundo grado. Por debajo hay otra capa cenicienta, de poco peso, y que ocupa cinco pies. A continuación otra más ligera y cenicienta de un pie de espesor; por debajo, la undécima capa, que es oscura y muy parecida a la séptima, y de dos pies. Bajo ésta, la duodécima, blanda y blanquecina, también de dos pies, que descansa sobre la decimotercera, gris y de un pie, que a su vez descansa sobre la decimocuarta, negruzca y de medio pie. Sigue a ésta otra capa, negra también, de medio pie, a la que sigue a su vez la decimosexta, más negra y también de medio pie. Por debajo de ésta, y por último, está el mineral de cobre, negro y esquistoso, en el que brillan a veces escamas de piritas doradas en hojas o láminas muy delgadas, que, como he dicho en otro sitio, a menudo ostentan formas de seres vivos.

Un yacimiento de esta clase, una vena dilatada, se beneficia a lo ancho y a lo largo, penetrándolo por un socavón bajo, y si la clase de trabajo y el sitio lo permiten, excavando también un pozo para descubrir si hay otro yacimiento bajo el primero, porque a veces debajo del primero hay no ya uno, sino dos, tres o más yacimientos parecidos, y éstos se benefician también desde los lados y desde arriba.

Generalmente, los picadores en una vena dilatada trabajan echados. Para evitar destrozarse la ropa y para protegerse el hombro izquierdo se atan al cuerpo una especie de cunas o artesas de madera. Por esta razón, para usar su herramienta tienen que ladear la cabeza hacia la izquierda y a menudo tienen el cuello siempre torcido. Esta clase de venas también se separa a veces, y donde vuelve a unirse se encuentra generalmente mineral más rico y de mejor calidad; lo mismo pasa donde las vetas, de las que no se halla totalmente desprovisto un yacimiento de esta clase, se unen a él, o lo cortan, o cruzándolo, lo tocan oblicuamente. Para evitar que una montaña o una colina que haya sido así minada se hunda, sucumbiendo a su propio peso, o bien se dejan pilares y huecos naturales, en los que descansa el peso como en cimientos, o se entiba. Además los materiales que se arrancan y que no contienen metal se vuelven a echar al interior, rellenando de este modo parte de los huecos.

En cuanto a las venas acumuladas, se benefician de modo, hasta cierto punto, distinto, porque cuando aparece metal de una de ellas a flor de tierra, en primer lugar se abre un pozo; después, si merece la pena, se hacen otros alrededor del primero y se abren socavones en la ladera de la montaña. Si un torrente o un manantial ha desprendido trozos de metal de una vena de esta clase, se abre primero un socavón para buscar el mineral metálico en el interior de la montaña o la colina; luego, cuando se ha hallado, se abre el pozo sobre el socavón. Puesto que toda la montaña, o más aún toda la colina, si se trata de una colina, quedará minada, porque será toda ella del mismo mineral, es necesario dejar pilares o huecos naturales o bien entibar. Pero a veces, si la vena es muy dura, se trabaja con fuego y los pilares más frágiles se rompen, o arden las entibaciones, y la montaña se hunde sobre sus propias entrañas y se traga las cabrias y las construcciones. Por tanto, sobre una vena acumulada es aconsejable hacer pozos que no vayan a hundirse de esta forma y por los que puedan extraerse los materiales que se excavan, no sólo mientras los pilares o la entibación resista, sino incluso si llegan a fallar o son destruidos por el fuego. Si el mineral es de la clase que ha de romperse por el fuego, habrán de abrirse nuevos pozos y chimeneas para que pueda salir el humo. En los puntos donde interfieren las vetas se suele obtener mineral más rico; estas vetas, en el caso de las minas de estaño, a veces tienen piedras negras del tamaño de una nuez. Si un yacimiento de esta clase se encuentra en una llanura, lo que no es infrecuente en el caso del hierro, se abren muchos pozos, porque no pueden hacerse muy profundos, y se lleva a cabo todo el trabajo por ellos, ya que no pueden hacerse socavones en una llanura.

Quedan por tratar las vetas de oro nativo que se hallan cerca de ríos o arroyos o en los pantanos. Si después de quitar la tierra vegetal se encuentran muchas vetas de tierra como calcinada, como la que se ve a veces en los barrizales, hay cierta esperanza de que se pueda obtener oro de ellas, especialmente si se unen varias vetas. Pero debe hacerse el pozo sobre el punto exacto de la confluencia y buscarse el mineral, aunque el pozo no puede ser muy profundo.

Termino con esto una parte de este libro y vengo a la otra en la que trataré del arte del geómetra. Los geómetras miden el volumen de la montaña para que los propietarios puedan trazar sus planes de trabajo y para que los trabajadores de una mina no penetren en lo que pertenece a otra. El geómetra mide la distancia no excavada todavía que separa la boca de un socavón y el fondo del pozo o chimenea que se ha de abrir para ventilarlo, o entre la boca del pozo y el final del socavón que se encontrará con el fondo, o entre ambos, aunque el socavón no llegue al fondo del pozo ni el pozo al final del socavón, es decir, aunque falte todavía prolongar ambos. En otros casos tiene que fijar los límites de los campos de explotación que el Maestro de Minas fijó sobre la superficie del terreno, bajo ésta, entre los socavones y las chimeneas.

Todo el método del geómetra se funda en la semejanza de triángulos. Se deben hallar las medidas de un triángulo pequeño y a partir de ellas calcular las de otro mayor. En estas condiciones hay que tener un cuidado muy especial al tomar las medidas, porque un pequeño error por descuido en el triángulo pequeño produce en la medición final grandes errores. Los triángulos que hay que medir son de muchas formas, ya que los pozos son muy diferentes; ni se excavan todos por el mismo procedimiento, ni las laderas de las montañas descienden según una inclinación invariable. Si el pozo es vertical, tendremos un triángulo con un ángulo recto, que los griegos llaman ortogonal, y éste, según sea la pendiente de la montaña, tendrá dos lados iguales, o los tres distintos. Los griegos llamaron al primero isósceles y al segundo escaleno. Un triángulo rectángulo no puede tener tres lados iguales. Si el pozo se inclina excavando la misma vena a la que se dirige el socavón, formarán también un ángulo recto, y también según la pendiente de la ladera de la montaña el triángulo tendrá dos lados iguales o los tres distintos. Pero si el pozo es inclinado, según una vena, y el socavón se excava hacia otra vena, aparece un triángulo que tiene un ángulo obtuso o tres agudos. Al primero llaman los griegos ambligonio y al segundo oxigonio. El triángulo que tiene un ángulo obtuso no puede tener tres lados iguales, pero según la inclinación de la montaña tendrá dos lados iguales o los tres distintos. El triángulo de tres ángulos agudos según la inclinación de la ladera tendrá tres lados iguales, triángulo al que llaman equilátero, o dos iguales, o los tres diferentes.

El geómetra, como he dicho, emplea su arte cuando los dueños de las minas desean saber cuántas brazas habrá que excavar hasta llegar al punto deseado; cuando se está abriendo un socavón hacia el fondo de un pozo y todavía no se alcanza, o cuando el pozo o chimenea no ha llegado al final de un socavón ya abierto, o cuando ni el socavón ni el pozo han llegado al punto en el que se deben unir. Es importante que los mineros sepan cuántas brazas faltan desde el socavón a la chimenea o desde el pozo al socavón, para calcular los gastos, y para que los propietarios de una mina de la que se está extrayendo metal puedan apresurar la excavación del pozo para conseguirlo antes de que el socavón llegue, y los propietarios del socavón lo beneficien según los derechos que puedan tener a él; y lo mismo para los propietarios del socavón es importante apresurar la excavación de éste para llegar al metal al que pueden tener algún derecho.

El geómetra, en primer lugar, si no puede servirse de las vigas del cobertizo de la cabria, planta un par de postes ahorquillados a los lados del pozo de modo que pueda tender una viga de uno a otro. A continuación, desde el poste baja al pozo una cuerda con un peso atado a ella para mantenerla tensa. Tiende luego otra cuerda desde el extremo superior de la primera hasta la boca del túnel, por la pendiente de la montaña, y fija allí su extremo a tierra. Luego de la misma viga de la que colgó la primera cuerda deja caer otra tercera cuerda, también aplomada y de modo que corte a la segunda, es decir, la que desciende oblicua. Entonces, comenzando por el punto en que la tercera cuerda corta a la segunda, que es la que desciende oblicuamente a la boca del túnel, mide la segunda hacia arriba, hasta donde se une con el extremo de la primera en la viga, y anota la medida como la del primer lado del triángulo pequeño. Luego desde el mismo punto donde la tercera cuerda corta a la segunda mide la recta que va hasta el punto de la primera cuerda, que está al mismo nivel; con esta recta forma el triángulo menor y anota la medida de este segundo lado, igual que la del primero. Después, desde el ángulo formado por la primera cuerda y el segundo lado del triángulo pequeño mide hacia arriba, hasta el extremo de la primera cuerda, y anota también este tercer lado del triángulo menor. El tercer lado del triángulo menor, si el pozo es vertical o inclinado, pero sobre la misma vena a la que se dirige el socavón, tendrá necesariamente la misma longitud que la tercera cuerda por encima del punto en el que corta a la segunda; y así, tantas veces como quepa el primer lado del triángulo menor en la longitud de la cuerda que desciende oblicuamente, tantas cabrá el segundo lado del triángulo menor en la distancia de la boca del socavón al punto en el que el socavón se unirá al pozo; y del mismo modo, el tercer lado del triángulo menor cabrá igual número de veces en la distancia de la boca del pozo al punto en que éste encontrará al socavón.

Si hay un bancal en la pendiente de la montaña, el medidor lo mide primero con una vara, luego pone postes ahorquillados en los bordes del bancal y aplica el método de los triángulos a las dos partes de la ladera así cortada, y luego, a la longitud del socavón, determinada por los triángulos, añade el número de brazas de la anchura del bancal.

Para hacer claro y más explícito este sistema de medir, procederé a explicar cada clase de triángulo por separado. Cuando un pozo es vertical o inclinado, pero sobre la misma vena a la que se dirige el socavón, se forma, como ya he dicho, un triángulo rectángulo. Así, pues, si el triángulo menor tiene dos lados iguales, que en el orden que usan los medidores serán los lados segundo y tercero, también los lados segundo y tercero del triángulo mayor serán iguales; es decir, serán iguales las distancias de la boca del socavón al fondo del pozo, y de la boca del pozo al final del socavón. Por ejemplo, si el primer lado del triángulo menor mide siete pies, y el segundo y el tercero cinco pies, y la longitud de la cuerda del triángulo mayor es ciento una veces siete pies, es decir, ciento diecisiete brazas y cinco pies, la distancia de la superficie a la vena donde se hallarán el socavón y el pozo, o sea la longitud total del socavón y la profundidad total del pozo, será de quinientos pies, que es igual a ochenta y tres brazas y dos pies. Por supuesto, ésta es la medida total, de la que hay que deducir lo que ya se haya excavado para saber lo que falta por excavar. Cualquiera puede así valiéndose de las proporciones, trazar el triángulo mayor y el menor, como he explicado, con la ayuda de los dos postes y la viga tendida sobre ellos. Cuando el pozo es vertical, el triángulo tiene un lado absolutamente a plomo; cuando es inclinado y va sobre la vena a la que se dirige el socavón, el triángulo tiene dos lados inclinados respecto a la vertical y la línea de nivel. Por tanto, si se ha abierto un socavón en la ladera de la montaña de sesenta brazas, faltarán por excavar veintitrés brazas y dos pies, porque cinco pies del segundo lado del triángulo mayor, que son la medida del correspondiente lado del triángulo menor, no deben añadirse. Si el pozo señala el centro de una primera concesión, un socavón de sesenta brazas de longitud llegará al límite de la concesión cuando se prolongue dos brazas y dos pies más; pero si el pozo es el centro de una concesión normal, se alcanzará el límite de ésta sólo cuando se prolongue nueve brazas y dos pies más. Como el socavón se construye con una inclinación de una braza por cada cien brazas de longitud o como, en todo caso, tiene que tener inclinación para ir hacia la vena, se quita una braza de la profundidad calculada para el pozo y se añade una a la longitud calculada para el socavón. O proporcionalmente, ya que un socavón de cincuenta brazas de largo se levantará media braza de nivel, se quitará media braza de la profundidad del pozo y se añadirá a la largura del socavón. Del mismo modo, si un socavón tiene cien o cincuenta brazas, menos o más, la misma proporción de una braza por cada cien se quitará de la profundidad del pozo y se añadirá a la longitud del socavón. Por esta razón, en el caso mencionado debe añadirse a la distancia que se ha de prolongar el socavón, media braza y algo más, de modo que faltarían veintitrés brazas, cinco pies, tres cuartas y un dedo y medio y un quinto de dedo; esto, si se calcula hasta la más pequeña proporción, y los medidores no dejan de hacerlo sino por alguna razón especial. Del mismo modo, si el pozo tiene setenta brazas de profundidad, para que llegue al final del socavón debe profundizarse todavía trece brazas y dos pies, o más exactamente, doce brazas y media, un pie, dos dedos y cuatro quintos de la mitad de un dedo. En este ejemplo deben deducirse cinco pies, porque son la medida del tercer lado del triángulo menor, que está sobre la boca del pozo, y deben deducirse también media braza, dos cuartas, un dedo y medio y la quinta parte de medio dedo. Pero si el socavón ha llegado ya debajo del pozo, para alcanzar el techo del socavón hay que profundizar el pozo once brazas, dos pies y medio, una cuarta, dos dedos y cuatro quintos de medio dedo.

Si resulta un triángulo menor de tres lados distintos, los lados del triángulo mayor serán también distintos, es decir, si el primer lado del triángulo menor tiene ocho pies, el segundo seis pies y el tercero cinco pies, y la cuerda del triángulo mayor —para dar un ejemplo no demasiado diferente del anterior— mide ciento una veces ocho pies, esto es, ciento treinta y cuatro brazas y cuatro pies, la distancia desde la boca del socavón al fondo del pozo será de seiscientos pies de longitud, es decir, cien brazas. La distancia de la abertura del pozo al final del socavón será de quinientos pies, que equivalen a ochenta y tres brazas y dos pies. Y así, si el socavón tiene ochenta y cinco de largo, la prolongación que habrá que excavar hasta el fondo del pozo será de quince brazas. Y al llegar a este punto hay que hacer también las correcciones de medidas, restando a la profundidad del pozo y añadiendo a la longitud del socavón; a cuánto asciendan éstas concretamente no lo añado, pues cualquiera con un conocimiento sucinto de aritmética puede calcularlo. Si el pozo tiene sesenta y siete brazas de profundidad, para que alcance al fondo del socavón deberá profundizarse dieciséis brazas y dos pies.

El geómetra emplea este mismo método si el pozo y el socavón corresponden a la explotación de la vena, tanto si la vena es vertical como si inclinada, y también si el pozo está en la vena principal y el socavón en una vena transversal que descienda verticalmente a la profundidad de la tierra; en este último caso, la excavación ha de hacerse donde la vena transversal corte a la principal. Si la vena principal desciende inclinada y la transversal verticalmente, se obtiene un triángulo menor con un ángulo obtuso o con tres ángulos agudos. Si tiene un ángulo obtuso y los dos lados, segundo y tercero, son iguales, los lados segundo y tercero del triángulo mayor serán también iguales, de modo que si el primer lado del triánglo menor es de nueve pies y el segundo y el tercero de cinco pies, el primer lado del triángulo mayor será de ciento una veces nueve pies, que equivalen a ciento cincuenta y una brazas y media, y cada uno de los otros lados del triángulo mayor será de quinientos pies, que equivalen a ochenta y tres brazas y dos pies. Cuando el pozo es inclinado, normalmente no es muy profundo; pero suele haber más de un pozo, todos inclinados y uno tras otro. Por tanto, si un socavón mide

A: Postes ahorquillados.—B: Viga de soporte.—C: Pozo.—D: Primera cuerda.—E: Plomo de la primera cuerda.—F: Segunda cuerda.—G: Extremo de ésta fijo a tierra.—H: Extremo superior de la primera cuerda.—I: Boca del socavón.—K: Tercera cuerda.—L: Plomo de la tercera cuerda.—M: Primer lado del triángulo menor.—N: Segundo lado del triángulo menor.—O: Tercer lado del triángulo menor.—P: Triángulo menor

setenta y siete brazas, llegará al centro del fondo de un pozo cuando se haya prolongado seis brazas y dos pies. Pero si todos los pozos así inclinados tienen setenta y seis brazas de profundidad, para que el último llegue al fondo del socavón habrá que profundizar siete brazas y dos pies más.

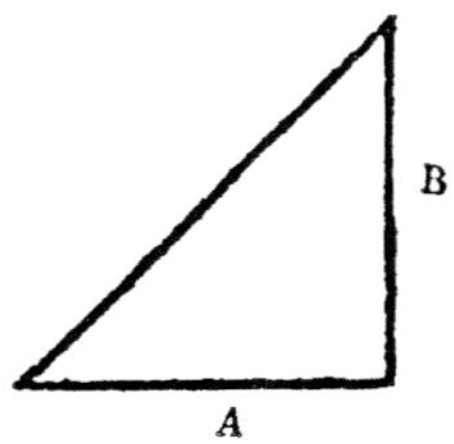

Triángulo con un ángulo recto y dos lados iguales

Si se tiene un triángulo menor con un ángulo obtuso y tres lados desiguales, el triángulo mayor tendrá también el segundo y tercer lados desiguales. Por ejemplo, si el primer lado del triángulo menor es de seis pies, el segundo de tres y el tercero de cuatro, y si la cuerda que mide el lado del triángulo mayor tiene ciento una veces seis pies, es decir, ciento una brazas, la distancia entre la boca del socavón y el fondo del último pozo será cien veces tres pies, es decir, cincuenta brazas; pero la profundidad del primer pozo hasta el suelo del socavón será cien veces cuatro pies, es decir, sesenta y seis brazas y cuatro pies. Por tanto, si un socavón tiene cuarenta y cuatro brazas de largo, la distancia que falta por excavar es seis brazas. Si los pozos tienen cincuenta y ocho brazas de profundidad, el último llegará al final del socavón cuando se haya profundizado ocho brazas y cuatro pies.

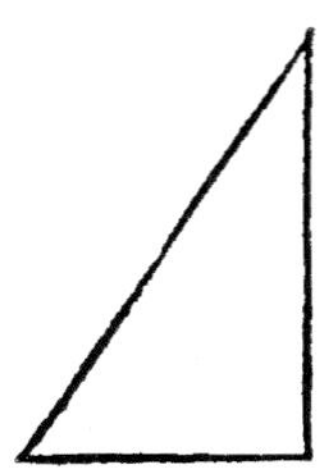

Triángulo con un ángulo recto y tres lados desiguales

Si se tiene un triángulo menor con tres ángulos agudos y tres lados iguales, serán iguales el segundo y tercer lados del triángulo menor, y semejantemente serán también iguales el segundo y tercer lados del triángulo mayor. Así, si cada lado del triángulo menor es de seis pies y la cuerda que mide el lado del triángulo mayor tiene ciento una veces seis pies, es decir, ciento una brazas, las dos distancias a excavar serán de cien brazas. Si el socavón tiene noventa brazas, alcanzará el centro del fondo del último pozo cuando se prolongue diez brazas. Si los pozos tienen noventa y cinco brazas de profundidad, el último alcanzará el fondo del socavón cuando se profundice cinco brazas.

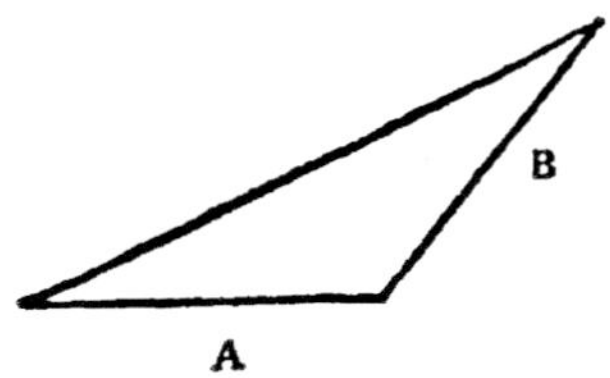

Triángulo con un ángulo obtuso y dos lados iguales

Si se obtiene un triángulo de tres ángulos agudos y sólo dos lados iguales, si son el primero y el tercero, el segundo y el tercero serán distintos; por tanto, las distancias a excavar no serán iguales. Por ejemplo, si el primer lado del triángulo menor es de seis pies, el segundo de cuatro pies y el tercero de seis pies, y la medida de la cuerda para este lado del triángulo mayor es de ciento una veces seis pies, es decir, ciento una brazas, en este caso la distancia de la boca del socavón al fondo del último pozo será de sesenta y seis brazas y cuatro pies. Pero la distancia de la boca del primer pozo al fondo del socavón es cien brazas; por tanto, si el socavón tiene sesenta brazas, faltan por excavar seis brazas y cuatro pies. Si el pozo tiene noventa y siete brazas de profundidad, el último alcanzará el fondo del socavón cuando se haya profundizado tres brazas más.

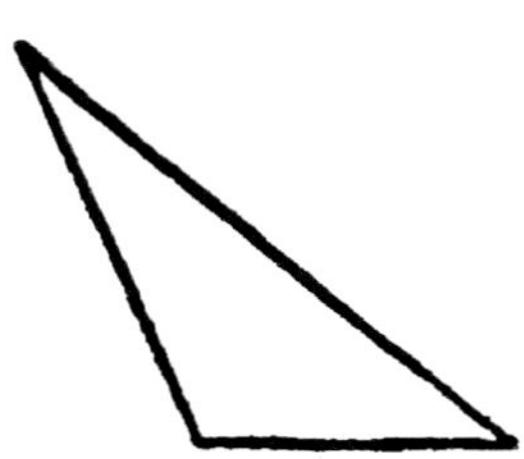

Triángulo con un ángulo obtuso y tres lados desiguales

Si se obtiene un triángulo menor de tres ángulos agudos y tres lados desiguales, de nuevo las distancias a excavar no serán iguales. Por ejemplo, si el primer lado del triángulo menor tiene siete pies, el segundo lado cuatro y el tercero seis, y la medida de la cuerda para el lado del triángulo mayor es ciento una veces siete pies, es decir, ciento diecisiete brazas y cuatro pies, la distancia entre la boca del socavón y el fondo del último pozo será de cuatrocientos pies, es decir, sesenta y seis brazas, y la profundidad desde la boca del primer pozo al fondo del socavón, de cien brazas. Por tanto, si el socavón tiene cincuenta brazas, llegará al centro del fondo del último pozo cuando se prolongue diecisiete brazas y cuatro pies. Pero si los pozos tienen noventa y dos brazas de profundidad, el último pozo alcanzará el fondo del socavón cuando se haya profundizado ocho brazas más.

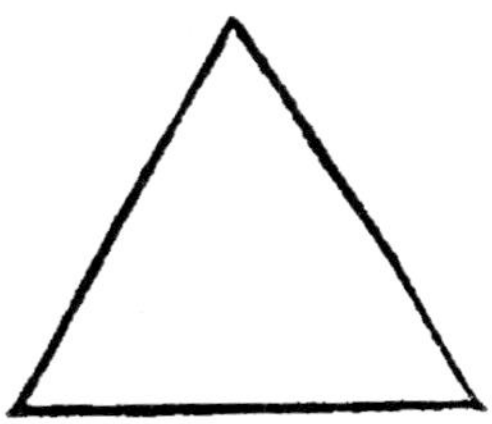

Triángulo de tres ángulos agudos, equilátero

Este es el método del geómetra para medir la montaña, si la vena principal desciende inclinada o la transversal verticalmente. Pero si ambas son inclinadas, el geómetra utiliza el mismo método o bien mide la inclinación de la montaña y la inclinación del pozo. Luego si una vena transversal en la que se excava un socavón no corta a la vena principal en el punto donde la alcanza

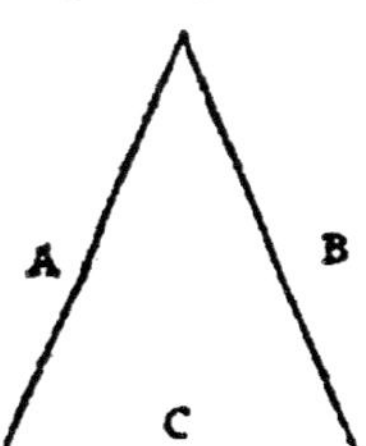

Triángulo de tres ángulos agudos, isósceles

el pozo, será necesario, para comenzar las mediciones, partir del pozo que corresponda al punto en que se encuentran las venas. Si no existe pozo en ese punto, debe medirse la distancia por la superficie de la tierra desde un pozo a otro, o la que se extiende entre el pozo y el punto de la superficie que corrsponde al sitio donde se cortan las venas.

Triángulo de tres ángulos agudos, escaleno

Algunos geómetras, aunque usan las tres cuerdas, sólo dan la longitud del socavón por el método descrito y determinan la profundidad del pozo por otro método extendiendo en un claro de la montaña o en el valle o en un campo llano las cuerdas y volviendo a medirlas. Otros no emplean este método al medir la profundidad del pozo y la longitud del socavón, sino que usan sólo dos cuerdas, un hemiciclo graduado y una vara de media braza de longitud. Suspenden una cuerda en el interior del pozo, atándola a la viga que cruza su embocadura, y la aploman para tensarla, igual que en el método anterior. Desde el extremo superior de esta cuerda tienden la segunda por la ladera de la montaña hasta la boca del socavón, donde la fijan en el suelo. Al extremo superior de esta segunda cuerda aplican la cara del hemiciclo. El hemiciclo consiste en un semicírculo cuyo borde exterior está recubierto de cera; por el interior de este borde hay seis líneas semicirculares concéntricas con él. Desde el borde, cruzando la primera línea semicircular y llegando hasta la segunda, salen líneas rectas convergentes todas hacia el centro del hemiciclo. Otras líneas convergentes llegan hasta la cuarta línea semicircular. Las primeras marcan las mitades de los espacios que limitan éstas. Todas las líneas que van desde el margen de cera hasta el cuarto semicírculo, tanto si pasan de éste como si no, son los grados que corresponden a los espacios menores marcados en la vara. Las que pasan del cuarto semicírculo corresponden a los espacios mayores, y las que siguen hacia el centro marcán la mitad de esos espacios. Las líneas que van del quinto al sexto semicírculo muestran lo mismo, y tampoco añade nada la línea de la mitad del hemiciclo, que pasa del sexto semicírculo y llega a la mitad de la base. Cuando el hemiciclo se aproxima a la cuerda, si su aguja indica la sexta línea recta, que va del segundo al tercer semicírculo, el geómetra cuenta seis líneas de las que separan los espacios menores de la vara, y si la longitud de esta medida de la vara se deduce de la segunda cuerda tantas veces cuantas la cuerda mida media braza, el resto de la cuerda muestra la distancia que habrá que excavar de socavón para llegar bajo el pozo. Pero si el geómetra ve que la aguja llega hasta

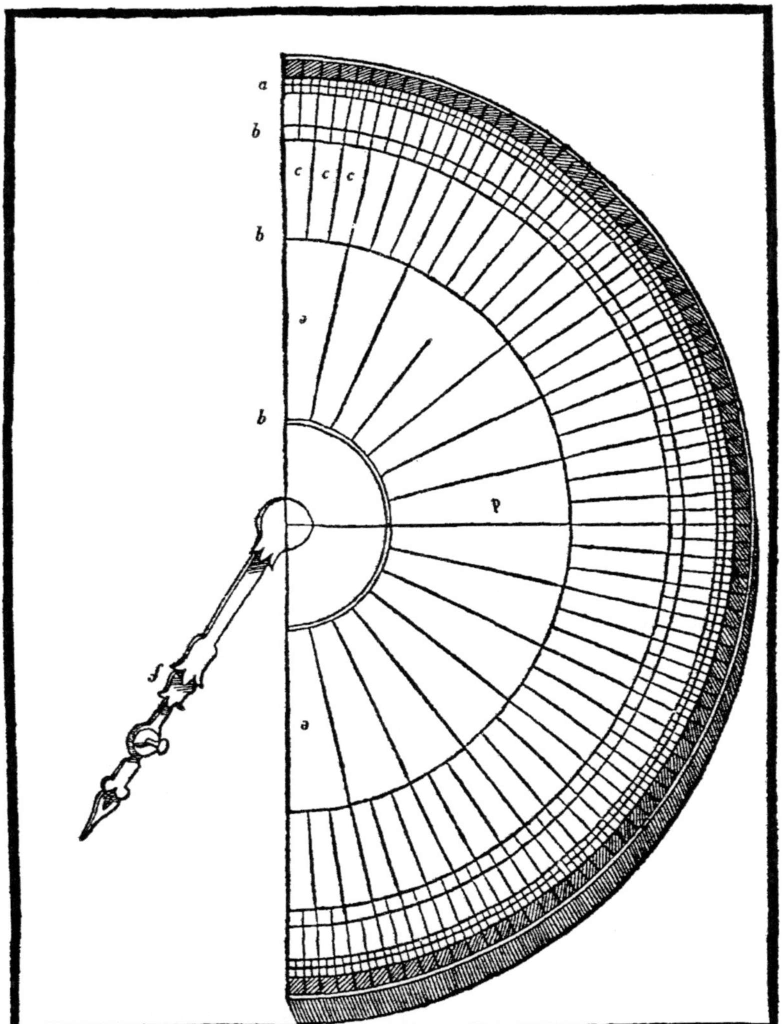

A: Margen encerado del hemiciclo.—B: Líneas semicirculares.—C: Líneas rectas. D: Línea media.—E: Línea de la base.—F: Aguja

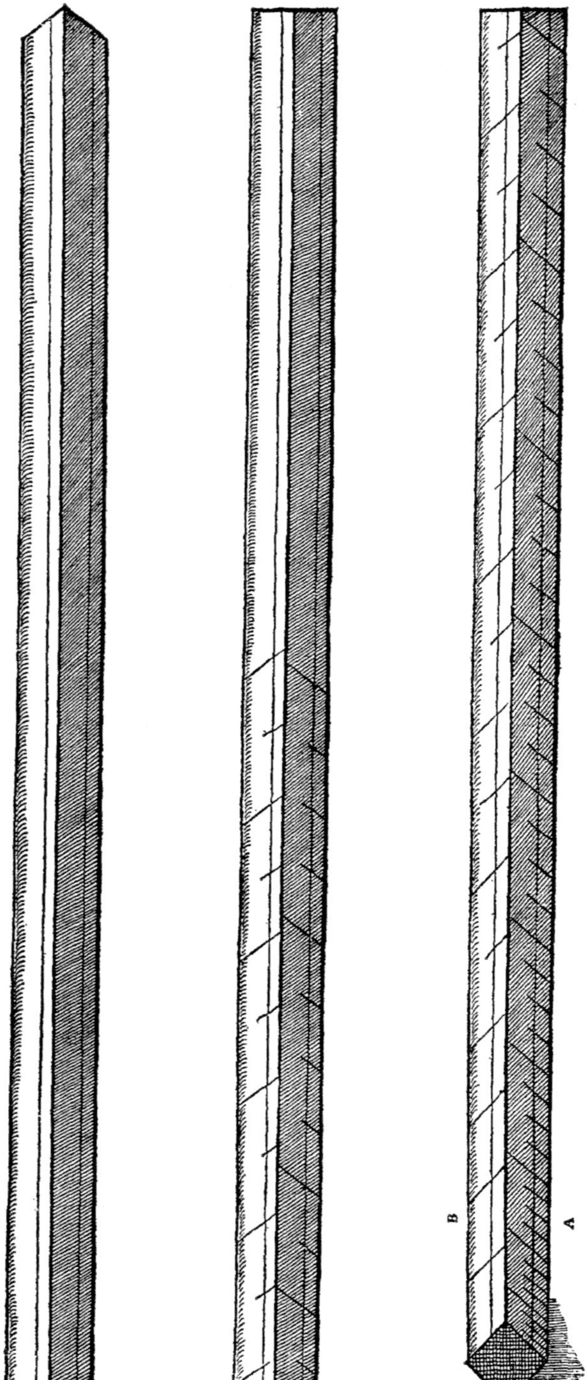

A: Líneas de la vara que separan los espacios menores.—B: Líneas que separan los espacios mayores

la sexta línea entre las líneas semicirculares cuarta y quinta, cuenta seis líneas de las que separan los espacios mayores en la vara, deduce la longitud total de la segunda cuerda tantas veces como brazas enteras tenga la cuerda y luego, del mismo modo, el resto de la cuerda muestra la distancia que debe tener el túnel para llegar bajo el pozo. Estos medidores, igual que los anteriores, hacen uso, en primer lugar, de cuerda de cabria o de canasta. Pero miden éstas con otras especiales hechas de corteza de tilo, que no se deforman en absoluto, mientras que las primeras se distienden mucho. En el campo del agrimensor, la primera cuerda, que representa la pendiente de la montaña, se tiende en diagonal; la segunda, que representa la longitud del socavón que se ha de excavar para llegar al pozo, se tiende recta y de forma que un extremo toque el extremo inferior de la primera cuerda; luego se tiende también la tercera recta, y de modo

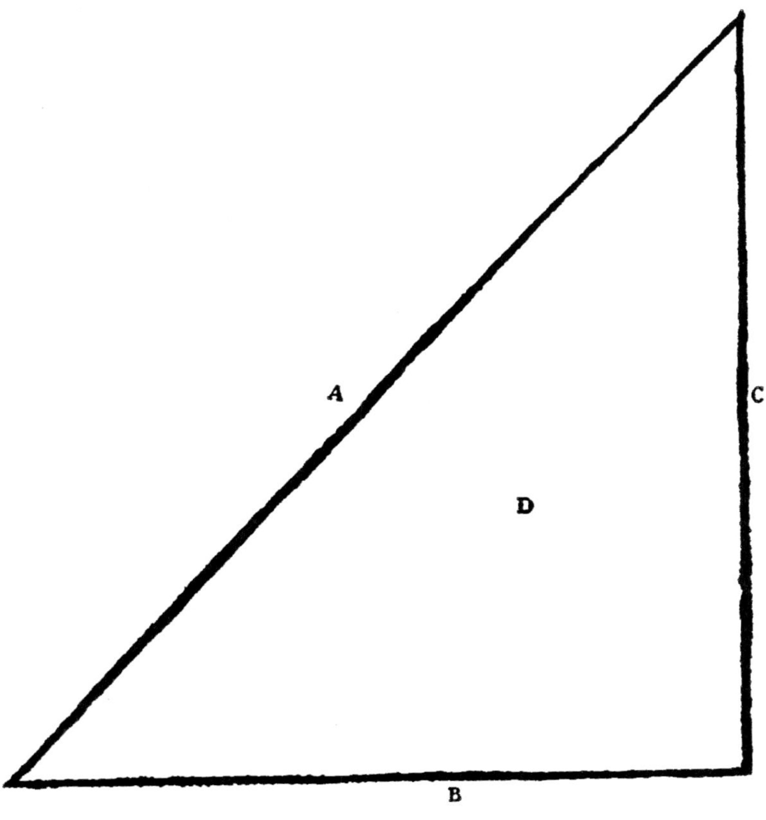

Cuerdas extendidas: A: Primera cuerda.—B: Segunda cuerda.—C: Tercera cuerda.—D: Triángulo

que su extremo superior toque el extremo superior de la primera cuerda, y su extremo inferior, el otro extremo de la segunda cuerda; se forma así un triángulo entre las tres. La tercera cuerda se mide con un instrumento para determinar su ángulo con la que representa la perpendicular, y la longitud de esta cuerda da la profundidad del pozo.

Algunos geómetras, para hacer más cierto su sistema de medir la profundidad del pozo, tienden cinco cuerdas: la primera, en diagonal; dos más, es decir, la segunda y la tercera, para la longitud del socavón, y dos para la profundidad del pozo, formando así un cuadrilátero dividido en dos triángulos iguales y obteniéndose los resultados con mayor exactitud.

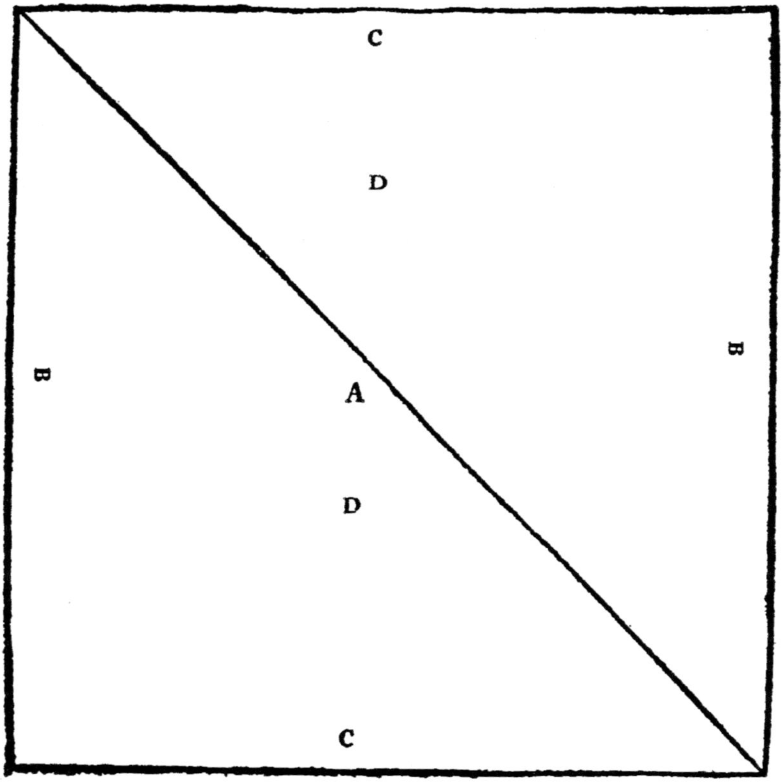

Cuerdas extendidas: A: Primera.—B: Segunda.—B: Tercera.—C: Cuarta.—C: Quinta.—D: Cuadrilátero

Estos sistemas de medir la profundidad del pozo y la longitud del socavón son correctos cuando la vena y, por tanto, el pozo o pozos descienden verticalmente al socavón o inclinados, pero en una línea recta no interrumpida. Lo mismo cuando el socavón va derecho hacia el fondo del pozo. Pero cuando uno o el otro llevan cursos tortuosos, doblándose en una y otra dirección, no hay minero que sepa, sin calcularlo, en qué medida se han desviado. Si se han excavado ya totalmente el socavón y el pozo, o al menos uno, podremos calcular más fácilmente la longitud del uno o la profundidad del otro, y así, la localización de un socavón debajo de un pozo recién empezado se determina por el método que voy a describir. En primer lugar, se fija un trípode en la boca del socavón y otro en la boca del pozo que se haya comenzado o en el sitio donde se vaya a comenzar. El trípode consiste en tres estacas hincadas en tierra, una tabla rectangular pequeña sobre ellas y un compás o brújula sobre la tabla. Desde el trípode se deja caer una plomada, que irá perpendicularmente a tierra, y cerca de la cual se clava en tierra otra estaca, a la que se ata la cuerda que se tiende recta por dentro del socavón, hasta donde pueda llegar sin tropezar con la roca de sus paredes. A continuación, de la cuerda que pende del trípode se hace partir una tercera cuerda que suba recta por la pendiente de la montaña hasta la estaca del trípode superior, donde se ata. Para que la medida de la profundidad del pozo sea más exacta, la cuerda debe comenzar en el mismo punto del trípode inferior donde comenzaba la segunda cuerda, la que se hace penetrar en el socavón. Después de llevar a cabo todo lo dicho correctamente, el medidor, cuando la cuerda que se ha introducido en el socavón está a punto de tener que doblarse porque se doblan las paredes del mismo, coloca una plancha en el suelo del túnel, y sobre la plancha, el *orbis,* un instrumento distinto del que he explicado, aunque también tiene márgenes de cera. Gracias a ambos, a una regla y una escuadra, el medidor determina si las cuerdas llegan derechas al final del socavón o si se tuercen. Ambos instrumentos se dividen en partes, pero el compás en veinticuatro y el *orbis* en dieciséis, porque primero se divide en cuatro partes principales y luego cada una de éstas vuelve a dividirse en cuatro. Ambos tienen círculos de cera, pero el compás tiene siete y el *orbis* sólo cinco. En estos círculos de cera hace el geómetra sus marcas, ya use el uno o el otro, y por las sucesivas marcas anota cualquier cambio en la dirección de la cuerda. El *orbis* tiene una abertura desde su borde exterior hasta el centro, en cuya abertura fija un gancho, al que ata la segunda cuerda y, atornillándolo a la plancha, lo fija de modo que no se mueva. Cuida que la segunda cuerda o las que ate sucesivamente al gancho no se suelten con una pieza grande de hierro, que las fija. Si se trata del compás, como no tiene abertura, meramente lo coloca junto al soporte de las cuerdas. Para que el instrumento no se incline hacia delante o hacia atrás y no se desajusten las medidas, pone sobre él un nivel, cuya aguja, cuando está efectivamente nivelado, señalará cero.

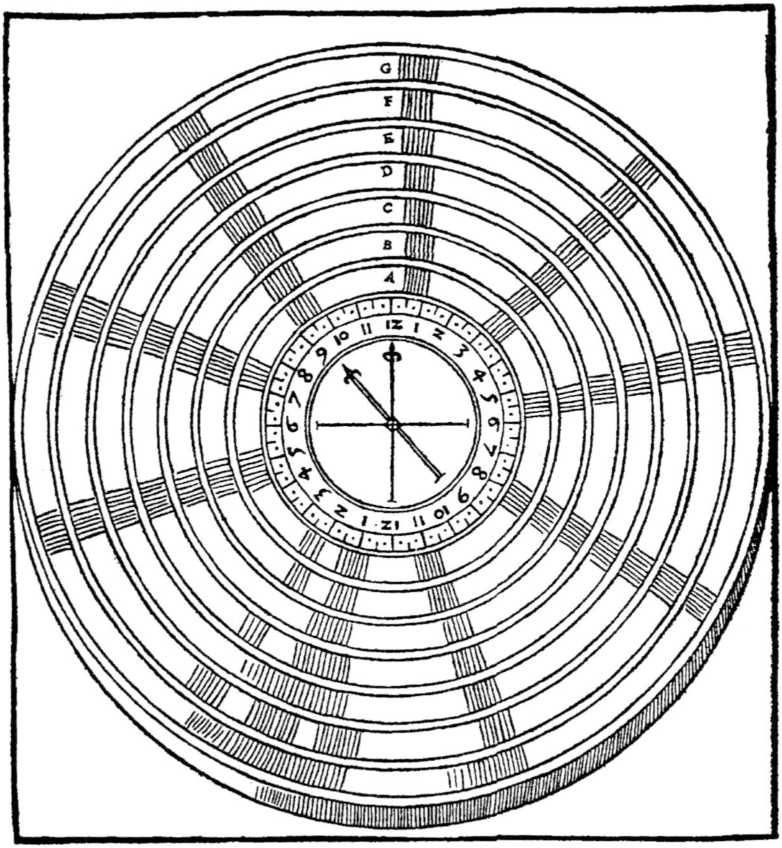

Compás. A, B, C, D, E, F, G: los siete círculos encerados

Una vez comprobados cuidadosamente los grados de cada ángulo del socavón y medidas todas las distancias, traza el mismo recorrido en el campo del geómetra al aire libre, y no menos cuidadosamente observa cada ángulo y vuelve a medirlo. A cada ángulo, como lo requiere su cálculo y su arte, añade una cuerda recta como una línea; luego tiende una cuerda al ángulo adecuado para representar la pendiente de la montaña, de modo que su extremo inferior llegue al extremo de la cuerda anterior; por

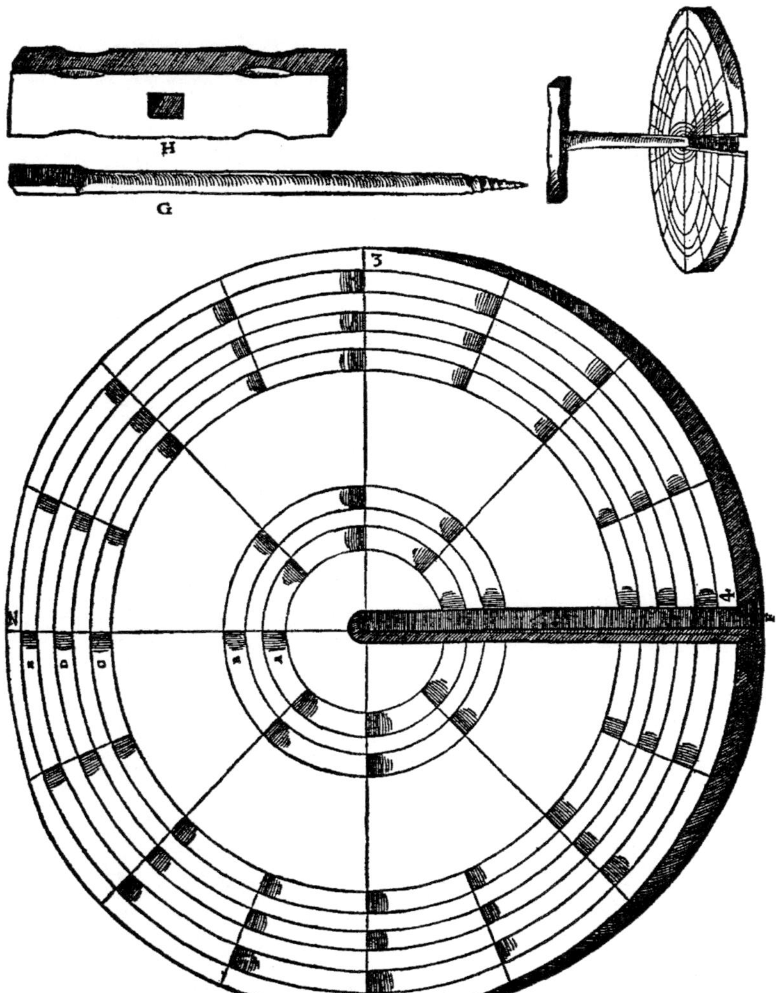

A, B, C, D, E: los cinco círculos encerados del orbis.—*F: Abertura.*—*G: Tornillo.*
H: Pieza de hierro

último, tiende la tercera cuerda, también recta y en un ángulo tal que su extremo superior llegue al extremo superior de la segunda y el extremo inferior al final de la primera. La longitud

A: Nivel de plomada.—B: Aguja.—C: Nivel y aguja

de esta tercera cuerda es la medida de la profundidad del pozo, como dije antes, y al mismo tiempo señala el punto del socavón al que llegara el pozo.

Si un pozo o varios llegan al socavón por otras galerías y pozos intermedios, el medidor mide en menos tiempo la profundidad del pozo que habrá que excavarse, comenzando por la salida exterior más próxima que si empezara por la boca del túnel. En primer lugar, mide sobre la superficie la distancia que separa el pozo ya abierto del que se piensaa abrir. Mide después la inclinación del pozo o pozos y la longitud de la galería o galerías que forman la conexión del pozo con el socavón; en último lugar, mide la longitud del socavón, y cuando ha obtenido todas estas medidas con cuidado, determina la profundidad del pozo y el punto del socavón donde se encontrarán. Algunas veces resulta necesario excavar un pozo vertical muy profundo, en un sitio donde exista ya un pozo inclinado, para poder subir y bajar material con la ayuda de máquinas. Las máquinas que se colocan en la superficie suelen ser movidas por caballos; las que van dentro de la mina, por caballos o por la fuerza del agua. Y así, si es necesario abrir un pozo, el medidor comienza por fijar un gancho de hierro en la parte superior del pozo viejo; desde este gancho deja caer una cuerda hasta la primera desviación, donde fija otro hierro, y vuelve a tender la cuerda hasta la segunda desviación, y repite esto una y otra vez hasta que la cuerda llega al fondo del pozo. Luego aplica el hemiciclo a cada ángulo y marca en el margen encerado las medidas de acuerdo con lo que indica la aguja y numera cada medición; mide los tramos de cuerda con una cuerda de corteza de tilo. Después, ya fuera de la mina, transfiere las anotaciones del hemiciclo al *orbis,* que también tiene un margen encerado. Por último, extiende las cuerdas en el campo del geómetra, mide los ángulos, como se requiere para el sistema de mediciones por triángulos, y determina qué partes de la roca encajante y de la roca del suelo hay que cortar para que el pozo descienda vertical. Cuando se requiere al medidor para que muestre a los dueños de una mina el punto de un socavón o una galería donde comenzar un pozo hacia arriba, para terminarlo más pronto, comienza sus mediciones por el final de la galería o el socavón, es decir, pasado el punto donde estará el fondo del pozo cuando se abra. Cuando ha medida el tramo de galería o socavón hasta el primer pozo que conecte con una galería superior, mide la inclinación del pozo con el hemiciclo o el *orbis.* Sigue midiendo la galería superior y el pozo o coladero que conecte con ella. Por último, tiende las cuerdas en el campo de agrimensura—la última de modo que se una a la primera—y las mide. Por estas medidas se conoce desde qué punto de la galería o socavón debe comenzarse la obra y cuántas brazas habrá que excavar para que el pozo llegue a la superficie.

He hablado de la primera razón por la que se hacen mediciones; hablaré ahora de otro motivo. Cuando hay una vena próxima a otra y los propietarios son diferentes y uno ha obtenido recientemente sus derechos, al abrir un socavón o una galería o profundizar un pozo puede usurpar los derechos de su vecino o parecer que los usurpa, pasando los límites de sus respectivas concesiones, por cuyo motivo muy a menudo se piden rectificaciones o se siguen procesos. El geómetra puede apaciguar la disputa por sí mismo o prestar a los jueces evidencia para que dicten sentencia de modo que no penetre un minero en los límites de otro. En primer lugar, se mide la mina de cada una de las partes con cuerdas de cesto y con cuerdas de corteza de tilo, y por medio del *orbis* o el compás se anotan las direcciones en que se extiende cada tramo. Luego se tienden las cuerdas en el campo del geómetra y, empezando por el punto de la concesión más antigua que está en posesión de sus dueños hacia la otra, se tiende una cuerda en línea recta por la sexta división del compás, es decir, en ángulo recto a la vena, y a través ya de la roca encajante ya de la del suelo, y se asigna a cada propietario lo que le pertenece. Pero si dos socavones distintos excavan los extremos de una misma vena desde direcciones opuestas, el geómetra considera, en primer lugar, el socavón o galería inferior y, después, el superior y juzga cuánto nivel han ganado cada uno poco a poco. En cada extremo pone hombres fuertes que tengan en sus manos la cuerda y la tensen firmemente; a cada lado, el geómetra sujeta la cuerda con una vara de media braza y sostiene la vara con cuñas, tantas como crea necesarias. Algunos, además, atan cuerdas a la vara para hacerla más resistente.

Luego suspende un plomada del centro de la cuerda para poder hacer cálculos más exactos a ambos lados y saber si un socavón ha ganado más nivel que otro o una galería más que otra. Mide después la inclinación de los pozos a ambos lados para poder calcular la posición de ambos extremos y así determinar fácilmente cuántas brazas tiene el espacio que falta por excavar. El nivel de un socavón, como ya he dicho, debe elevarse una braza por cada cien de longitud.

En los Alpes, los medidores, cuando quieren calcular socavones que atraviesan las más altas montañas, usan también una vara de media braza, pero compuesta de tres partes que se encajan una en otra, de modo que puede hacerse más corta. Usan una cuerda de corteza de tilo, que lleva etiquetas marcando el número de las brazas que mide. Usan también un instrumento

Otro nivel de plomada

especial que tiene una aguja, pero en lugar del círculo cubierto de cera llevan un plano, en el que inscriben las mediciones que obtienen con el instrumento. Este, además de la aguja imantada, consta de una lengüeta, y la cuerda que pasa por los tres agujeros de esta pieza, y que los medidores sujetan a su vara, señala la dirección respecto de la aguja, y así van anotando el número de brazas en una u otra dirección. La lengüeta muestra también si la cuerda se inclina hacia delante o hacia atrás. Esta pieza no cuelga como una plomada, sino que va sobre el instrumento de modo que pivota sobre él. Con este instrumento miden los socavones para saber cuántas brazas han ganado sobre su nivel inicial, a cuántas brazas se encuentra el más bajo de otro superior, cuántas brazas faltan por perforar entre los mineros que desde

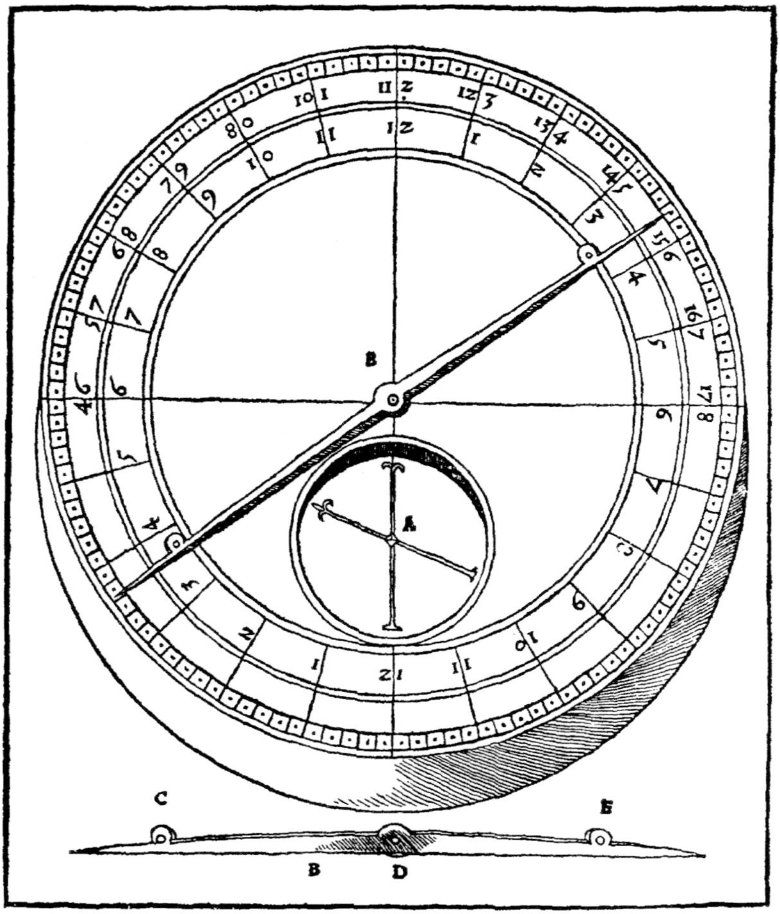

A: Aguja imantada.—B: Lengüeta.—C, D, E: Ojos de la lengüeta

lados opuestos trabajan en la misma vena, o en vetas entrecruzadas, o en dos venas confluentes.

Pero vuelvo a nuestros mineros. Si el medidor quiere fijar los límites de una concesión dentro de la mina y marcarlos con una señal en la roca, lo mismo que el Maestro de Minas los marcó en la superficie, en primer lugar, midiendo con los métodos que he explicado, fija qué partes de socavones o galerías se encuentran bajo los límites del campo de explotación, teniendo las cuerdas a lo largo de las galerías hasta un punto que a su juicio esté más allá de los límites de la concesión. Luego, tras reproducir el tendido de las cuerdas en el campo de agrimensura, comienza en un punto que señala el límite del campo en la cuerda que representa la superficie y tiende otra cuerda desde ese punto en la dirección de la sexta división del compás, es decir, en ángulo recto. Entonces, quitando la parte de la cuerda inferior que quede más allá del punto donde la cuerda en ángulo recto llega a la inferior, quedará señalado el punto de ésta donde se debe trazar la marca en la roca del socavón o galería. La marca se hace en presencia de dos jurados, el administrador y el capataz de cada mina. Pues, igual que el maestro de minas, en presencia de estos mismos testigos, coloca los mojones que señalan los límites en la superficie, el geómetra hace el signo que señala el límite en la roca subterránea, que por esta razón se llama roca limítrofe. Si hace la señal del límite de un campo de explotación en el que acaba de comenzar a excavarse un pozo sobre una vena, en primer lugar mide la inclinación del pozo por medio del compás o por otro método, y con la ayuda de las cuerdas; después, mide todas las galerías hasta aquella en cuya roca ha de hacerse la señal limítrofe y mide cada ángulo de esas mismas galerías; luego, tendiendo las cuerdas en el campo de agrimensura, igual que antes, tiende una cuerda perpendicular, como dije, y señala la roca limítrofe. Pero si la marca limítrofe tiene que señalarse en una galería que se halle por debajo de la primera, el medidor comienza por la marca hecha en la primera galería, anota los ángulos uno a uno, toma las medidas y en la galería inferior tiende una cuerda hasta más allá del sitio en el que a su juicio habrá que hacer la marca, y luego, como ya he dicho, tiende las cuerdas en el campo del geómetra. Si una vena tiene distinta dirección en la galería inferior que en la superior, en la que se hecho la primera señal limítrofe, incluso en ese caso, la marca de la galería inferior debe hacerse en la roca que esté verticalmente debajo de la primera. Porque si no se guarda la vertical en la señalización de los límites, alguna parte de una mina está siendo transferida a los propietarios de otra. Es más, si llega a suceder que la marca inferior corresponde exactamente a un ángulo, el medidor, comenzando en ese ángulo, mide una braza hacia el frente y otra hacia atrás, y de estos tres puntos forma la base de un triángulo y, dividiéndolo por la mitad con una cuerda, hace la marca limítrofe.

Por último, los geómetras, a veces, para dar mayor seguridad, vuelven a hallar los límites de los campos de explotación en sitios donde hay muchas marcas limítrofes antiguas. Para ello, empezando en una estaca clavada en la superficie, miden, en primer lugar, la distancia a la mina más próxima; después, un pozo tras otro; luego fijan un poste en el campo de agrimensura y, comenzando en él, tienden las mismas cuerdas del mismo modo y las miden, y vuelven a clavar una estaca en el suelo, señalando dónde terminaron sus medidas. Miden luego las minas por debajo de la superficie, partiendo de donde terminaron de medir por encima todos los pozos y galerías que puedan. Luego vuelven al campo de agrimensura y, comenzando por su segunda estaca, reproducen sus medidas, y lo hacen hasta llegar al punto en el que la señal limítrofe debe marcarse en la roca. Por último, comenzando por la estaca que clavaron primero, tienden una cuerda en línea recta a la segunda estaca, y ésta señala la longitud de la galería más profunda, porque el punto donde corte a la cuerda que la represente es donde la marca limítrofe debe ser tallada en la roca.

FIN DEL LIBRO V

LIBRO VI

He escrito sobre la excavación de filones, y la entibación de pozos, socavones, galerías y otras excavaciones, así como del arte de su medición. Ahora y ante todo, hablaré de las herramientas o útiles de hierro con los que se rompen vetas y rocas, después de las cubas en las que se echan los terrones de tierra, roca, metal y otros materiales excavados, con objeto de que se puedan extraer, transportar y sacar. También hablaré de los recipientes y purgas o desagües para el agua, continuando con las diferentes clases de máquinas, y finalmente, de las enfermedades de los mineros. Y mientras se describen con minuciosidad estas materias, se explicarán muchos métodos de trabajo.

Hay ciertos últiles de hierro que los mineros designan con nombres que ellos mismos les aplican, y, además de las citadas herramientas, hay cuñas, chapas de hierro, bloques de hierro, martillos, palancas de pie de cabra, picas, picos, azadas y palas. De aquellas que he llamado útiles de hierro, hay cuatro variedades que son diferentes unas de otras en longitud o grosor, pero no en la forma, ya que el extremo superior de todas ellas es ancho y cuadrado, de forma que pueda ser golpeado por el martillo. El extremo inferior es puntiagudo, para que pueda partir o rajar las rocas duras y las vetas con su punta. Todas ellas tienen ojos, excepto la cuarta. La primera, que se usa a diario entre los mineros, tiene tres cuartos de pie de largo, un dedo y medio de ancho y un dedo de grueso. La segunda es de la misma anchura que la primera y del mismo grosor, pero tiene un pie y medio de largo, y se usa para hacer pedazos las vetas más duras, en forma tal que se resquebrajen fácilmente. La tercera es de la misma longitud que la segunda, pero es menos ancha y menos gruesa; con ésta se excavan los fondos de aquellas chimeneas que acumulan agua lentamente. La cuarta es cerca de tres palmos y un dedo de larga, dos dedos de gruesa, y en el extremo superior tiene tres dedos de ancha, en el medio tiene un palmo de ancho y en el extremo inferior es puntiaguda, como las otras; con ésta cortan las vetas más duras. El ojo de la primera herramienta está un palmo distante del extremo superior, y siete dedos distante en la segunda y tercera; cada una se ensancha alrededor del ojo a ambos lados, y dentro de él ajustan un mango de madera, el cual sostienen con una mano, mientras golpean la herramienta de hierro con un martillo, después de colocarla contra la roca. Estas herramientas están hechas mayores o más pequeñas, según sea necesario. Los forjadores, en cuanto les es posible, afilan de nuevo toda la que se queda sin filo.

Una cuña tiene generalmente tres cuartas y dos dedos de medida en longitud y seis dedos de ancho; en el extremo superior, para una anchura de una cuarta, tiene tres dedos de grosor, y más allá de este punto se hace más fina por grados, hasta que, finalmente, es completamente aguda.

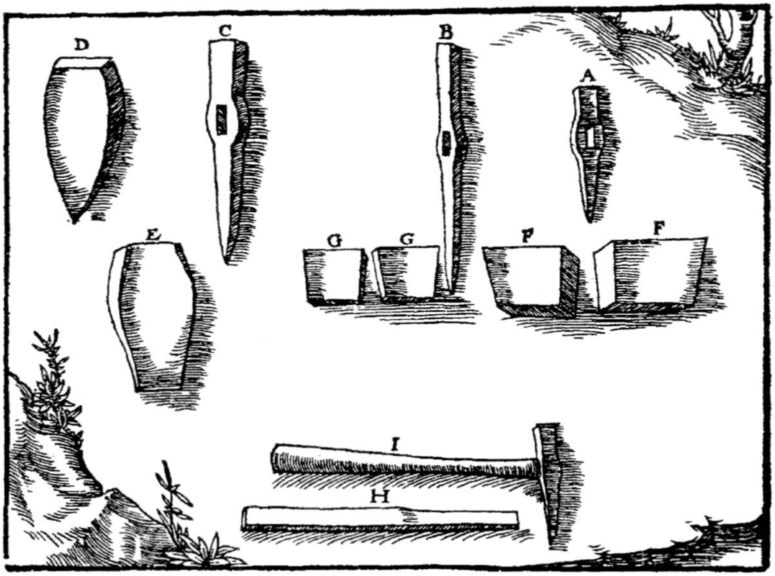

A: Primer útil de hierro.—B: Segundo.—C: Tercero.—D: Cuarto.—E: Cuña.—F: Bloque de hierro.—G: Placa de hierro.—H: Mango de madera.—I: Mango inserto en la primera herramienta

El bloque de hierro tiene seis dedos de longitud y anchura; en el extremo superior tiene dos dedos de ancho, y en el fondo un dedo y medio. La placa de hierro tiene la misma longitud y anchura que el bloque de hierro, pero es más delgada. Todas estas herramientas, conforme he explicado en el último libro, se uesan cuando se cortan las clases de vetas más duras. Las cuñas, los bloques y las placas se hacen asimismo mayores o más pequeñas.

Los martillos son de dos clases: los más pequeños, los mineros los sostienen en una mano, y los mayores los sostienen con ambas manos. Los primeros, debido a su tamaño y uso, son de tres clases. Con el más pequeño, esto es, con el más ligero, golpean la segunda herramienta; con el intermedio, la herramienta primera, y con el mayor, la herramienta tercera; éste es de dos dedos de ancho y grueso. De la clase mayor de martillos existen dos clases; con los más pequeños golpean la herramienta cuarta, con los mayores impulsan las cuñas dentro de las grietas o fisuras; los primeros tienen tres y los últimos cinco dedos de ancho y grueso, por un pie de largo. Todos se ensanchan en el medio, donde tienen un ojo para el mango, pero en la mayor parte de los casos los mangos son ligeros, con objeto de que los obreros puedan ser capaces de golpear martillazos más poderosos con el peso total del martillo, que de esta forma se concentra.

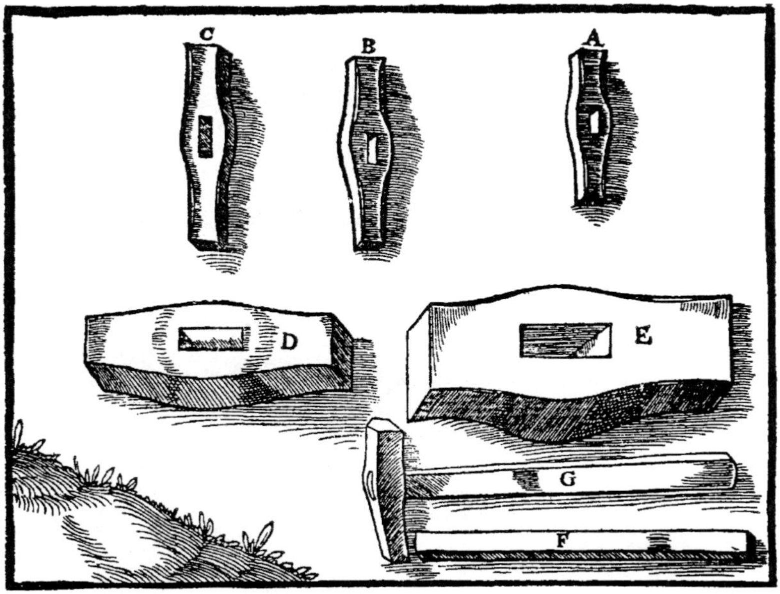

A: El menor de los martillos pequeños.—B: El intermedio.—C: El mayor.—D: Clase pequeña del martillo mayor.—E: Clase grande.—F: Mango de madera.—G: Mango fijo en el martillo más pequeño

Las palancas de pie de cabra, hechas de hierro, son asimismo de dos clases, y ambas son puntiagudas en uno de los extremos. Una es redondeada, y con ésta se abren paso al pozo lleno de agua, cuando un socavón lo alcanza; la otra es plana, y con ella hacen caer en los tajos de arranque, sobre el suelo, las rocas que se han reblandecido por efecto del fuego, y que no se pueden desalojar con la pica. Una pica de minero, como la de un marinero, es una varilla larga, que tiene una cabeza de hierro.

El pico de los mineros difiere del pico de un campesino en que el último es ancho en la parte inferior y agudo, pero el primero es puntiagudo. Se usan para excavar mineral no duro, tal como tierra. Asimismo una azada y una pala no son diferentes en modo alguno de los artículos comunes, sirviendo el primero para remover la tierra y la arena, y el otro para lanzarla dentro de los recipientes.

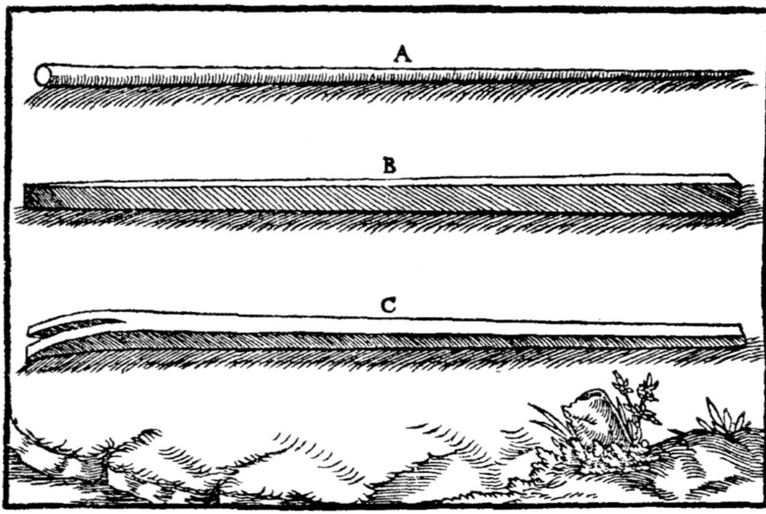

A: Palanca de pie de cabra redonda.—B: Palanca de pie de cabra plana.—C: Pica

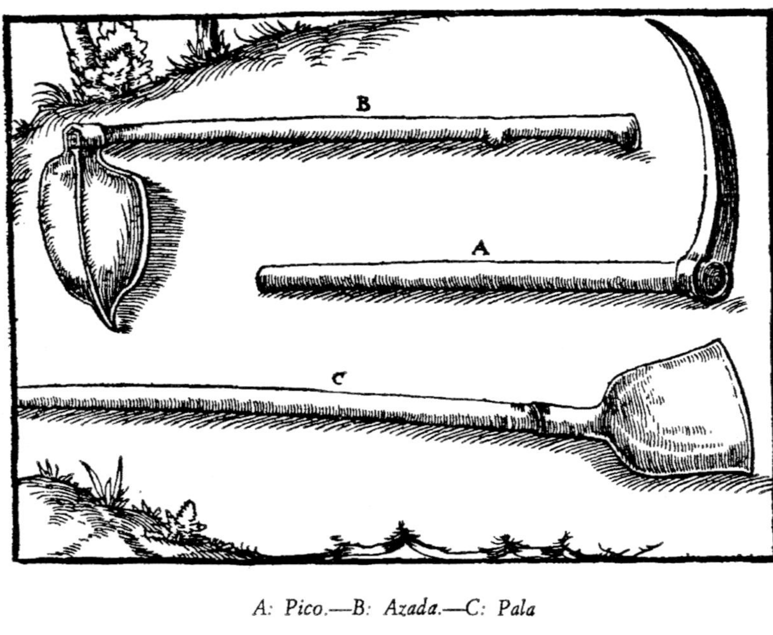

A: Pico.—B: Azada.—C: Pala

A continuación, la tierra, las rocas, el mineral de cualquier clase y otros materiales excavados con el pico o cortados con las herramientas se sacan fuera del pozo utilizando cubas o canastas, o cubas de cuero; se extraen de los socavones en carretillas o vagonas abiertas.

Las cubas son de dos clases, que difieren en tamaño, pero no en el material ni en la forma. Las más pequeñas en su mayoría contienen solamente alrededor de un metreta; la mayor es generalmente capaz de transportar un sexto de congio; ninguna es de capacidad fija, sino que con frecuencia varían. Todas están hechas de duelas, rodeadas con flejes, uno de los cuales une la parte superior y otro el fondo. Los flejes están hechos algunas veces de avellano y roble, pero éstos se rompen fácilmente al chocar contra el pozo, mientras que los que están hechos con hierro son más resistentes y duraderos. En las cubas mayores, las duelas son más gruesas y anchas, como también lo son los flejes, y con objeto de que las cubas puedan ser más firmes y fuertes, tienen ocho flejes de hierro, algo anchos, cuatro de los cuales van desde el fleje superior hacia abajo, y los otros cuatro desde el collarín inferior hacia arriba, encontrándose los unos a los otros. El fondo de cada cuba, tanto interior como exteriormente, está provisto con dos o tres flejes de hierro, que van desde un lado del collarín inferior hasta el otro, pero los flejes que están en el exterior están fijos transversalmente. Cada cuba tiene dos astiles de hierro que se proyectan por encima del borde, y tiene también un asa de hierro semicircular, cuyos extremos inferiores están fijos directamente dentro de los astiles, de forma que la cuba se puede manejar fácilmente. Toda clase de cuba es más profunda que ancha, y más ancha en la parte superior, con objeto de que el material que se excava pueda verterse en su interior con más facilidad, facilitando también la salida de la cuba cuando ésta se vacía. Las cubas más pequeñas las llenan muchachos fuertes, y las mayores las llenan hombres, en el fondo del pozo, con azadas, a pala o con las manos; a estos hombres se les denomina paleros. Después fijan el gancho del cable de subida dentro del asa; a continuación las cubas se sacan mediante máquinas, de las que las más pequeñas, debido a su peso ligero, son movidas por hombres, y las mayores, al ser más pesadas, por caballos. Algunos, en lugar de estas cubas utilizan canastas, que contienen tanto e incluso más, ya que son más ligeras que las cubas; algunos usan sacos hechos de piel de buey, en vez de cubas, y el gancho del cable de subida se sujeta a su asa de hierro, sacándose por lo general tres de éstos llenos con material excavado al mismo tiempo, ya que se bajan tres, y tres son los que se llenan por los muchachos. Los últimos se usan generalmente en Schneeberg y los primeros en Freiberg.

A: Cuba pequeña.—B: Cuba grande.—C: Duelas.—D: Ganchos de hierro.—E: Flejes de hierro.—F: Flejes de hierro en el fondo.—G: Astiles.—H: Cubo de hierro. I: Gancho del cable de arrastre.—K: Canasta

En las minas llamamos una carretilla a un vehículo con una rueda, no con dos, como los que los caballos arrastran. Cuando se llenan con material excavado se impulsan por un obrero fuera de los socavones o tinglados. Se hacen de la forma siguiente: se escogen dos tablones de unos cinco pies de largo, uno de ancho y dos dedos de grueso; de cada uno de éstos se corta el lateral inferior en la parte frontal, en una longitud de un pie, y en la parte posterior en una longitud de dos pies, mientras que el medio se deja entero. Después, en las partes frontales se hacen orificios circulares, con objeto de que puedan dar vueltas en ellos los extremos de un eje. Las partes intermedias de los tablones se perforan por dos veces cerca del fondo, de forma que reciban las cabezas de dos pequeñas abrazaderas de soporte sobre las cuales se fijan los tablones; también tienen perforación en la mitad, para recibir las cabezas de dos extremos abatibles posteriores, mientras que unas chavetas fijas en estas cabezas refuerzan la estruc-

L: Cuba o saco de cuero

tura total. Los mangos están hechos de los extremos de los tablones largos, y dan la vuelta en los terminales hacia abajo, para que puedan cogerse firmemente con las manos. La rueda pequeña, solamente es una, ni tiene cubo de rueda ni gira aldedor del eje, sino que gira con él. Desde la pina de la rueda de madera, dos rayos de rueda transversales fijos en ella pasan a través del medio del eje, hacia la pina opuesta; el eje es cuadrado, a excepción de los terminales, que están redondeados para que puedan girar en la abertura. Un obrero arrastra esta carretilla llena de tierra y roca y la vuelve vacía. Los mineros tienen también otra carretilla de ruedas, mayor que ésta, que usan cuando lavan tierra mezclada con piedra de estaño sobre la que se ha echado agua. El extremo abatible posterior frontal de ésta es más profundo, para que la tierra que se ha echado en su interior no pueda caer fuera.

La vagona abierta tiene una capacidad dos veces y media mayor que una carretilla de ruedas; es de unos cuatro pies de largo y de dos y medio pies de ancho y profundo, y debido a que su forma es rectangular, se une con tres bandas de hierro rectangulares, teniendo, además de éstas, abrazaderas de hierro en todos los lados. Dos ejes pequeños de hierro están fijos al fondo, alrededor de sus extremos giran unos rodillos de madera a cada lado; con objeto de que los rodillos no puedan salirse fuera de los ejes fijos, hay unas pequeñas chavetas de hierro. Un pasador grande y romo, fijo al fondo de la vagona, pasa por una entalladura sobre un tablón, de forma que la vagona no abandona la pista de rodadura batida. Sosteniendo la parte posterior con sus manos, el acarreador impulsa la vagona cargada con el material excavado, volviéndola de nuevo vacía. Hay quien llama a esto un «perro», porque al moverse hace un ruido que se parece al ladrido de los perros. Esta vagona se usa cuando se llevan cargas por los socavones más largos, tanto porque se desplaza más fácilmente como porque se puede colocar en ella una carga más pesada.

A: Carretilla pequeña de una rueda.—B: Tablones laterales.—C: Extremo posterior abatible.—D: Rueda pequeña.—E: Carretilla mayor de una rueda.—F: Extremo frontal abatible

Las bateas se ahondan de un único bloque de madera; la clase más pequeña tiene por lo general dos pies de largo por uno de ancho. Cuando se han llenado con mineral, especialmente cuando se excava poco de los pozos y socavones, los hombres las llevan sobre los hombros, o bien colgando del cuello. Plinio es quien nos autoriza a decir que, entre los antiguos, todo lo que se extraía de las minas se transportaba a hombros de los obreros, pero en realidad este método de transportar cargas es molesto, ya que causa gran fatiga a gran número de personas y supone un gran empleo de mano de obra; por esta razón se ha rechazado y aban-

A: Bandas de hierro rectangulares de la vagona.—B: Tiras de hierro.—C: Eje de hierro.—D: Rodillos de madera.—E: Pequeñas chavetas de hierro.—F: Pasador de hierro romo grande.—G: La misma vagona invertida

donado en nuestros días. La longitud de la batea mayor es de tres pies, y la anchura hasta de un pie y una cuarta. En estas bateas la tierra metálica se lava con fines de prueba.

Los recipientes de agua difieren tanto en el uso que se hace de ellos como en el material del que se construyen; algunos extraen el agua de los pozos y la vierten, como los cucharones; otros recipientes, llenos de agua, son sacados por máquinas, como las cubas y bolsas; algunos están hecho de madera, como los cucharones y cubas, y otros de cuero, como las bolsas. Las cubas de agua, como las que se llenan con material seco, son de dos clases, la más pequeña y la mayor, pero éstas son desiguales a las otras cubas en la parte superior, porque en este caso son más estrechas, para que el agua no pueda salpicar al chocar contra la madera de construcción, cuando se extraen fuera de los pozos y chimeneas, especialmente los que están considerablemente inclinados. El agua se vierte dentro de estas cubas mediante cucharones, que vienen a ser cubetas o cangilones pequeños de madera, pero a diferencia de las cubas para el agua, no son estrechos en la parte superior ni están unidos con collarines de hierro, sino de avellano,

A: Batea pequeña.—B: Cuerda.—C: Batea grande

porque no hay necesidad de más. Las cubetas más pequeñas se extraen mediante máquinas movidas por hombres, mientras que las mayores por máquinas movidas por caballos.

Nuestra gente da el nombre de bolsas para el agua a aquellas pieles muy grandes, para transportar agua, que están hechas por dos o por dos y media pieles de buey. Cuando estas bolsas para el agua han soportado mucho desgaste y uso, primero se les cae el pelo y después se quedan sin brillo; después de esto, se rasgan. Si la rasgadura es pequeña, se les pone una pieza de varilla muescada suave dentro de la parte rota, y la bolsa rota se une dentro de sus incisiones, a cada lado, y se cose; pero si la rasgadura es grande, se enmienda con una pieza de cuero de buey. Las bolsas para el agua se fijan al gancho de una cadena de subida y se las sumerge en agua, extrayéndolas tan pronto como están llenas, utilizando la máquina mayor. Las hay de dos clases: una que toma el agua por sí misma; en la otra clase se echa el agua impulsándola de cierto modo mediante una pala de madera.

Cuando se ha sacado el agua de los pozos, se vacía en cubetas, o dentro de una tolva, de donde va a la cubeta. De la misma forma, el agua que fluye a lo largo de los lados de los socavones es arrastrada en desagües. Estos están compuestos por dos vigue-

A: Cubeta menor para el agua.—B: Cubeta mayor para el agua.—C: Cucharón

A: Bolsa para el agua, que se llena de agua directamente.—B: Bolsa para el agua que se llena con ayuda de una pala

tas ahuecadas, unidas firmemente para que contengan el agua que fluye a través de ellas, y están cubiertos por tablones a todo lo largo de su curso, desde la boca del socavón hasta el extremo final, para evitar que la tierra o las rocas puedan caer dentro y obstruyan el flujo del agua. Si se forma mucho cieno o barro gradualmente en los desagües, los tablones se levantan y las purgas o desagües se limpian, porque de no ser así podrían llegar a obstruirse, deteniendo el curso del agua. Con respecto a la cubeta situada sobre el suelo, que los mineros colocan debajo de las tolvas que están cerca de las casetas de los pozos, por lo general se hacen de troncos enteros que se vacían. Las tolvas están generalmente hechas de cuatro tablones, cortados por el lado inferior y unidos juntamente en forma que la parte superior de la tolva quede más ancha y la parte del fondo más estrecha.

A: Canalón.—B: Artesa

He indicado suficientemente la naturaleza de las herramientas de los mineros y sus recipientes. Ahora explicaré sus máquinas, que son de tres clases, esto es: máquinas de arrastre, máquinas de ventilación y escalas de mano. Por medio de las máquinas de arrastre, las cargas son extraídas de los pozos; las máquinas de ventilación reciben el aire a través de sus bocas y lo impulsan dentro de las chimeneas y socavones, ya que si no fuera hecho los picadores no podrían realizar su trabajo sin experimentar gran dificultad en la respiración; por medio de las escalas de manos, los mineros consiguen entrar en las minas y salir de ellas de nuevo.

Las máquinas de arrastre son de variadas y diversas formas; algunas de ellas están hechas con gran habilidad y, si no estoy equivocado, eran desconocidas a los antiguos. Se han inventado con objeto de que se pueda extraer el agua de las profundidades de la tierra a las que los socavones no alcanzan, así como el material excavado de los pozos que no están conectados a un socavón o, caso de estarlo, solamente con uno muy largo. Debido a que los pozos no tienen todos la misma profundidad, existe una gran variedad entre estas máquinas de arrastre. De aquellas mediante las cuales se extraen las cargas secas fuera de las chimeneas, cinco clases son del uso más corriente. Describiré a continuación la primera: Dos maderos un poco más largos que el pozo se colocan a su lado, uno delante y el otro en la parte posterior. Sus extremos tienen orificios a cuyo través se introducen unas estacas puntiagudas en la parte inferior, como cuñas, penetrando profundamente en la tierra, de forma que los maderos puedan permanecer fijos. Dentro de estos maderos están embutidos los extremos de dos maderos transversales, uno colocado a la derecha del pozo y el otro lo bastante lejos del extremo izquierdo para que entre él y ese extremo quede un espacio adecuado para colocar las escalas de mano. En el medio de los maderos transversales se fijan unos postes y se sujetan con chavetas de hierro. En concavidades situadas en la parte superior de estos postes hay unos casquillos gruesos de hierro que sostienen los extremos de un tambor o cilindro giratorio, del que cada uno de los extremos se proyecta más allá de la concavidad del poste, y está embutido dentro del extremo de otra pieza de madera, un pie y medio de largo, una cuarta de ancho y tres dedos de grueso; el otro extremo de estas piezas de madera tiene siete dedos de ancho, y dentro de cada una de ellas se fija un mango redondo que asimismo tiene un pie y medio de largo. Un cable de arrastre se va enrollando alrededor del tambor giratorio, sujetándose a él en la mitad. Cada extremo del cable tiene un gancho de hierro que se acopla en el balde de una cuba, y así, cuando la cabria gira, al dar vueltas el brazo de manivela, siempre se extrae una cuba cargada fuera del pozo y una vacía ya se envía de nuevo hacia abajo. Dos hombres fuertes hacen girar la cabria, teniendo cada uno una carretilla cerca, dentro de la cual descargan la cuba extraída por su lado; por lo general, con dos cubas se llena una carretilla; por consiguiente, cuando se han extraído cuatro cubas, cada hombre lleva su carretilla fuera del cobertizo y la vacía. Así sucede que si los pozos son profundos, se levanta un montículo alrededor del tinglado o cobertizo de la cabria. Si una vena no contiene metal, vierten la tierra y la roca sin separación, mientras que si la vena contiene metal, conservan estos materiales, que descargan separadamente, los trituran y lavan. Cuando han extraído cubetas de agua, vacían éstas a través de la artesa al canalón, por el que fluye hacia fuera.

A: Madero colocado en la parte frontal del pozo.—B: Madero colocado en la parte posterior del pozo.—C: Estacas puntiagudas.—D: Maderos transversales.—E: Postes o tablones gruesos.—F: Casquillos de hierro.—G: Tambor o cilindro giratorio.—H: Extremos del tambor giratorio.—I: Piezas de madera del mango.—K: Otro mango.—L: Cable de arrastre.—M: Gancho.—N: Cuba.—O: Asa de la cuba

La siguiente clase de máquinas, que los mineros emplean cuando el pozo es más profundo, difiere de la primera en que tie-

A: Tambor o cilindro giratorio.—B: Palancas rectas.—C: Braza de manivela.— D: Rayos de la rueda.—E: Llanta de la rueda

ne una rueda y brazos de manivela. Esta cabria, si la carga no se está extrayendo desde una gran profundidad, se hace girar por un hombre qu la maneja, haciendo la rueda las veces del otro hombre. Pero si la profundidad es mayor, la cabria se hace girar por tres hombres, contando la rueda como un cuarto hombre, porque, una vez que se ha puesto en movimiento, las rápidas revoluciones de la rueda ayudan y se puede hacer girar con mayor facilidad. Algunas veces se cuelgan masas de plomo de esta rueda, o se sujetan a los rayos, con objeto de que cuando gira les dé gravedad su peso y aumenten el movimiento; algunas personas, por la misma causa, sujetan al cilindro giratorio dos, tres o cuatro varillas de hierro y cargan sus extremos con pedazos de plomo. La rueda de cabria difiere de la de carro, siendo distinta también de la que gira mediante energía hidráulica, porque le faltan los cangilones de la rueda hidráulica y le falta el cubo de la rueda de carro. En vez del cubo de rueda tiene un cilindro giratorio grue-

A: Eje vertical.—B: Bloque.—C: Viga del techo.—D: Rueda.—E: Tambor dentado.—F: Eje horizontal.—G: Tambor formado de peldaños.—H: Cable de arrastre.—I: Barra.—K: Postes verticales.—L: Listones de la rueda

so, en el que se embuten los extremos inferiores de los rayos, y sus extremos superiores se embuten dentro de una llanta. Cuando tres hombres hacen girar la cabria, se fijan cuatro palancas rectas a un extremo del cilindro giratorio, y al otro, el brazo de manivela corriente en las minas, que está formado por dos elementos, de los cuales el horizontal redondeado se sujeta con las manos, y el rectangular, que está formando ángulo recto respecto al horizontal, tiene embutido en su extremo inferior el mango redondo y, en el extremo superior, el extremo del cilindro giratorio. Este brazo de manivela es actuado por un hombre; las palancas, por dos, de los cuales uno tira mientras el otro impulsa; todos los trabajadores de cabria, sea cualquiera la clase de máquina que puedan hacer girar, han de ser necesariamente robustos para que puedan aguantar esta tarea tan dura.

La tercera clase de máquina resulta menos fatigosa para los obreros, mientras que levanta cargas mayores; aunque es más lenta, como todas las máquinas que tienen cilindros giratorios, alcanza mayores profundidades, llegando incluso hasta ciento ochenta o más pies. Consiste en un eje vertical con casquillos o chumaceras de hierro en sus extremos, que giran en dos casquillos de hierro, el inferior de los cuales está fijo en un bloque colocado en el suelo, y el superior, en una viga del techo. Este eje tiene en su extremo inferior una rueda hecha de gruesos tablones unidos firmemente y en su extremo superior un tambor dentado; este tambor dentado hace girar a otro tambor de muescas que está situado sobre un eje horizontal. Un cable de arrastre se enrolla alrededor de este último eje, que a su vez gira sobre casquillos de hierro colocados en las vigas. Para que no puedan caer, los dos obreros sujetan con sus manos una barra fija a dos postes verticales y después, impulsando los listones de la rueda inferior hacia atrás con sus pies, hacen girar la máquina; tan pronto como han extraído y vaciado una cuba llena de material excavado, hacen girar la máquina en dirección contraria y extraen otra.

La cuarta máquina eleva cargas dos veces y media mayores que las dos primeras máquinas. Cuando se hace, se erigen dieciséis vigas, cada una de cuarenta pies de largo, uno de grueso y uno de ancho, unidas en la parte superior con abrazaderas y ampliamente separadas en el fondo. Los extremos inferiores de todas ellas están embutidos en soportes separados, colocados de plano sobre el suelo; estos soportes tienen cinco pies de largo, un pie y medio de ancho y un pie de grueso. Cada viga está también conectada a su soporte por medio de un poste, cuyo extremo superior está embutido dentro de la viga y cuyo extremo inferior lo está dentro del soporte; estos postes tienen cuatro pies de largo, uno de grueso y uno de ancho. De esta forma se hace un área circular, cuyo diámetro es de cincuenta pies; en el medio de esta área se abre un hoyo hasta una profundidad de diez pies; está apisonado fuertemente, y con objeto de darle suficiente firmeza está reforzado con maderos pequeños contiguos, a cuyo través se clavan pasadores, de modo que, mediante los maderos, la tierra alrededor del hoyo se mantiene en forma que no puede caerse. En el fondo se coloca un soporte de tres o cuatro pies de largo y de un pie y medio de grueso y ancho; con objeto de que pueda permanecer fijo, se pone dentro de los maderos pequeños; en el medio de él hay un casquillo de hierro, en el cual gira el pivote del eje. En forma similar se embute un madero dentro de dos de las vigas grandes, en la parte superior, debajo de las abrazaderas;

A: Vigas verticales.—B: Soportes en posición horizontal sobre el suelo.—C: Postes.—D: Area.—E: Soporte asentado en el fondo del orificio.—F: Eje.—G: Dobles viguetas transversales.—H: Tambor.—I: Cables de arrastre.—K: Cuba.—L: Piezas de madera soportadas en las viguetas transversales.—M: Bloque corto de madera.—N: Cadena.—O: Barra para uncir animales.—P: Gancho de asimiento

éste tiene un soporte de hierro en el que gira el casquillo o chumacera del eje. Cada eje utilizado en minería, para hablar de ellos de una vez para siempre, tiene dos soportes de hierro, redondeados en todos los lados, uno fijo con chavetas en el centro de cada extremo. La parte de este soporte que está fija al extremo del eje es tan ancha como el propoio extremo y tiene un dedo de grueso; la que se proyecta más allá del eje es redonda, teniendo una cuarta de grueso, o más si así fuera necesario; los extremos de cada eje de minero están circundados y unidos por una banda de hierro para sostener el soporte con más seguridad. El eje de esta máquina, excepto en los extremos, es cuadrado y tiene cuarenta pies de largo y un pie y medio de grueso y ancho. Embutidos y sujetos con abrazaderas dentro del eje, por encima del extremo inferior, están los extremos de cuatro vigas inclinadas; sus extremos exteriores soportan dos vigas transversales dobles, similarmente embutidas en ellos; las vigas inclinadas tienen dieciocho pies de largo, tres cuartas de grueso y cinco de ancho. Las dos vigas transversales están fijas al eje y sostenidas juntamente por chavetas de madera, de forma que no puedan separarse, teniendo veinticuatro pies de largo. A continuación hay un tambor que está hecho de tres ruedas, de las cuales la del medio está siete pies distante de las otras dos, es decir, de la superior y de la inferior; las ruedas tienen cuatro rayos que están soportados por el mismo número de riostras inclinadas, cuyos extremos inferiores están unidos alrededor del eje por medio de una abrazadera; un extremo de cada rayo está embutido dentro del eje y el otro dentro de la llanta. Hay muescas todo alrededor de las ruedas, alcanzando desde la llanta de la rueda inferior hasta la llanta de la del medio, y de la misma forma desde la llanta de la rueda del medio hasta la llanta de la rueda superior; alrededor de estas muescas se enrollan los cables de extracción, uno de ellos entre la rueda inferior y la del medio y el otro entre la rueda del medio y la superior. La totalidad de esta construcción tiene la forma de un cono, estando cubierta por un techado único, con excepción de la parte cuadrada que está frente al pozo. Las vigas transversales, embutidas en ambos extremos, conectan una doble fila de postes verticales; todos ellos tienen dieciocho pies de largo, pero los postes tienen un pie de grueso y uno de ancho, mientras que las vigas transversales tienen tres cuartas de ancho y grueso. Hay dieciséis postes y ocho vigas transversales, y sobre las vigas transversales se colocan dos maderos de un pie de ancho y tres cuartas de grueso, ahuecados hasta una anchura de medio pie y hasta una profundidad de cinco dedos; el primero se coloca sobre las vigas

A: Tambor dentado del eje vertical.—B: Eje horizontal.—C: Tambor de muescas. D: Rueda.—E: Tambor de cubos.—F: Freno.—G: Viga oscilante.—H: Viga corta.—I: Gancho

transversales superiores, y el otro sobre las inferiores; cada uno es lo bastante largo para alcanzar casi desde el tambor del torno hasta la chimenea. Cerca del mismo tambor, cada madero tiene un rodillo de madera redondo y pequeño, de seis dedos de grueso, cuyos extremos están cubiertos con bandas de hierro y giran en anillos de hierro. Cada madero tiene también una polea de madera, que, juntamente con su eje de hierro, gira en orificios que hay en el madero. Estas poleas están ahuecadas todo alrededor, para que el cable de arrastre no pueda deslizarse fuera de ellas, y de esta forma cada cable se mantiene tirante y gira sobre su propio rodillo y sobre su propia polea. El gancho de hierro de cada cable está acoplado con el asa de la cuba. Además, con respecto a las vigas transversales dobles que están embutidas en la parte inferior del eje principal, en cada extremo de ellas está también embutida una pequeña pieza de madera que tiene cuatro pies de largo. Estas parecen colgar de las vigas transversales dobles, y un

A: Trineo con caja colocada sobre él.—B: Trineo cargado con sacos.—C: Vara.— D: Perros con albardas de sacos.—E: Sacos de piel de cerdo atados con una cuerda

bloque de madera corto está fijo a la parte inferior de ellas; sobre el bloque se sienta un obrero. Cada uno de estos bloques tiene una pieza de hierro que sostiene una cadena, y ésta, a su vez, una vara de carro. De esta forma hay posibilidad de que dos caballos tiren de este torno o cabrestante, una vez en un sentido y otra en el otro; vuelta a vuelta, se saca una cuba fuera del pozo, llena, y otra se envía hacia abajo vacía; si realmente es muy profundo, cuatro caballos tiran del torno o cabrestante. Cuando se ha extraído una cuba, tanto si está llena con materiales secos como húmedos, se ha de vaciar, y un obrero inserta un gancho de asimiento y la invierte; este gancho cuelga de una cadena hecha de tres o cuatro eslabones fijos a un madero.

La quinta máquina es parcialmente igual que el torno o cabrestante, y parcialmente como la tercera cabria de cangilones, que extrae el agua cuando gira por la fuerza de los caballos, conforme explicaré algo más tarde. Esta cabria gira por la fuerza de caballos y tiene dos ejes, es decir, uno vertical—alrededor de cuyo extremo inferior que desciende al interior de una cámara subterránea hay un tambor dentado—y uno horizontal, alrededor del cual hay un tambor hecho de muescas. Tiene, por tanto, dos tambores alrededor de su eje horizontal, similares a los de la máquina grande, pero más pequeños, porque extrae cubas desde un pozo de casi doscientos cuarenta pies de profundidad. Un tambor está hecho de una rueda, a la cual están fijos unos listones, y el otro está hecho de muescas, y cerca del último hay una rueda de dos pies de profundidad, medida por todos los lados alrededor del eje y de un pie de ancho, y contra ésta incide un freno, que sostiene el torno cuando la ocasión requiere que se pare. Esto es necesario cuando las cubas de cuero se vacían, después de haberlas extraído llenas de fragmentos de rocas o tierra o tan frecuentemente como se vacíe el agua de las cubas igualmente extraídas; esta máquina no solamente eleva cargas secas, sino también húmedas, precisamente como las otras cuatro máquinas que ya he descrito. Mediante ella también los maderos sujetos por su cadena de arrastre se colocan dentro del pozo. El freno está hecho de una pieza de madera de un pie de grueso y medio pie de largo, proyectándose desde un madero que está suspendido por una cadena desde el extremo de una viga, que oscila sobre un perno de hierro, estando éste a su vez soportado en los ganchos de un poste vertical; desde el otro extremo de la viga oscilante se suspende un madero por una cadena, y de este madero de nuevo se suspende una viga corta. Un obrero se sienta en la viga corta cuando la máquina necesita pararse y la baja; entonces introduce un tablón o madero pequeño, de forma que los dos maderos se mantengan hacia abajo y no se puedan elevar. De esta forma, el freno se levanta y, agarrando el tambor, lo oprime tan fuertemente que con frecuencia saltan chispas de él; el madero suspendido, al cual va sujeta la viga corta, tiene varios orificios, en los que se fija la cadena, de forma que pueda elevarse tanto como sea conveniente. Por encima de esta rueda hay tableros que evitan que el agua pueda gotear y humedecerlo, ya que si llega a estar húmedo el freno no actuará tan bien sobre la máquina. Cerca del otro tambor hay un pasador que tiene una cadena colgada de él, y en el último eslabón de ésta hay un gancho de hierro que tiene tres pies de largo; un anillo está fijo al fondo de la cubeta y, estando el gancho introducido en él, sostiene la cubeta vuelta, de forma que el agua se puede verter o vaciar los fragmentos de roca.

Los mineros transportan, extraen o hacen rodar hacia el pie de las montañas el mineral extraído de los pozos por estas cinco máquinas, o sacado de los socavones. En la temporada de invierno nuestros mineros colocan una caja sobre un trineo y la arrastran hacia el pie de las montañas con un caballo; y en esta estación también llenan sacos hechos de cuero y los cargan sobre perros, o colocan dos o tres de ellos sobre un pequeño trineo, que es más alto en la parte anterior y más bajo en la posterior. Sentado sobre estos sacos, no sin riesgo de su vida, el osado conductor guía el trineo a medida que se desliza hacia abajo de la montaña hasta los valles, valiéndose de un palo que lleva en la mano; cuando va deslizándose hacia abajo demasiado de prisa, se detiene valiéndose del palo, o con el mismo vuelve a la pista cuando se ha salido por su propio impulso.

En los Alpes extraen mineral durante el invierno en sacos hechos de piel de cerdo y los arrastran hacia abajo desde las montañas más altas, a las que ni caballos ni mulas ni asnos pueden trepar. Perros fuertes, que están adiestrados para llevar albardas de carga, son los que llevan estos sacos, cuando están vacíos, al interior de las montañas. Cuando están llenos con mineral, atados con correas y unidos a una cuerda, un hombre, enrollándose la cuerda alrededor del brazo o del pecho, los arrastra hacia abajo, a través de la nieve, hasta un lugar en el que los caballos, los mulos o los asnos pueden llegar, llevando albardas de carga. Allí se saca el mineral de los sacos de piel de cerdo y se pone dentro de otros sacos gruesos hechos de tela de lino de triple cruzado, y se colocan sobre las albardas de carga de las bestias, que los llevan hasta las fábricas donde el mineral se lava o funde. Si los

A: Caballos con albardas de fardos.—B: Caja larga colocada en la pendiente del risco.—C: Listones en forma de abrazaderas.—D: Carretilla.—E: Carro de dos ruedas.—F: Troncos de árboles.—G: Carreta.—H: Mineral descargado de la carreta.—I: Barras.—K: Dueño de la fábrica marcando el número de carreta en una varita.—L: Cajas en las que se echa el mineral cuando hay que medirlo

caballos, mulos o asnos son capaces de trepar a las montañas, los sacos de tejido de lino llenos con mineral se colocan sobre las albardas y los llevan hacia abajo de las montañas, por senderos estrechos por los que no pueden pasar ni carretas ni trineos, hasta los valles que hay más abajo de las partes más escarpadas de las montañas. Pero en los declives de los riscos, por los que las bestias no pueden subir, se colocan largos canalones abiertos de madera, hechos de tablones, que atraviesan unos soportes en forma de abrazadera para sostenerlos unidos juntamente; dentro de estos canalones se echa el mineral que ha sido transportado en carretillas, y cuando ya sobrepasa el nivel se recoge en sacos y las bestias lo transportan a sus lomos, o se arrastra después de haber sido cargado en trineos o carros. Cuando los conductores llevan mineral por pendientes de montañas escarpadas, usan carros de dos ruedas y arrastran detrás de ellos sobre el terreno los troncos de dos árboles, porque éstos, por su peso, aguantan los carros muy cargados, que contienen mineral en sus cajas, y van frenando su descenso, y a pesar de ello, con frecuencia se ven obligados a utilizar cadenas sujetas a las ruedas. Cuando estos hombres bajan de las montañas el mineral, si las montañas no tienen tales declives, usan carretas cuyos fondos son el doble de largos que los de los carros. Los tablones de éstos están unidos en forma tal que, cuando se descarga el mineral por los conductores, se pueden sacar y separar, ya que solamente están unidos por barras. Los conductores, empleados por los propietarios del mineral, transportan treinta o sesenta cargas de carreta, y el dueño de la fábrica va marcando con una vara el número de cargas de cada conductor. Pero alguna clase de mineral, especialmente el de estaño, después de haberse sacado de las minas, se divide en ocho partes, o en nueve, si los propietarios de la mina dan «la novena parte» a los propietarios del socavón. Esto se hace ocasionalmente midiendo con una cuba, pero más frecuentemente se ponen tablones juntos sobre un lugar donde, con la adición del terreno llano como base, se forma una caja hueca. Cada propietario proporciona lo necesario para apartar, lavar y fundir la parte que le ha correspondido.

Dentro de las cubas, extraídas por estas cinco máquinas, los muchachos o los hombres lanzan la tierra y las rocas partidas, valiéndose de palas, o bien las llenan con sus manos; de ahí les viene el nombre de paleros. Conforme he dicho, las mismas máquinas levantan no solamente cargas secas, sino también húmedas, o agua; pero antes de que explique las variadas clases de máquinas mediante las cuales los mineros han de sacar agua solamente, explicaré cómo los cuerpos pesados, tales como los ejes, cadenas de hierro, tuberías y maderos grandes deben elevarse dentro de las chimeneas verticales profundas. Se monta una cabria o torno, y en ella el tambor giratorio tiene sobre cada extremo cuatro palancas rectas; el torno está fijo en vigas verticales y alrededor de él se enrolla un cable, uno de cuyos extremos se une al tambor giratorio, y el otro a aquellos cuerpos pesados que se descienden lentamente por los obreros; y si se detienen en el descenso, en cualquier parte de la chimenea, se les eleva un poco. Cuando estos cuerpos son muy pesados, entonces detrás de este torno se monta otro exactamente igual que él, y así su resistencia combinada puede ser igual a la de la carga y ésta se puede descender lentamente. Algunas veces, y por cualquier causa, se une una polea con cuerdas a la viga del techo y la cuerda o cable desciende y asciende.

A: Cabria.—B: Palancas rectas.—C: Vigas verticales.—D: Cable.—E: Polea.— F: Maderos para entibación que se van a descender

El agua se saca con el torno o se impulsa fuera de las chimeneas o pozos. Se eleva con el torno, después de haber sido vertida en cubetas o bolsas para el agua; las bolsas para el agua se extraen generalmente mediante una máquina cuyas ruedas hidráulicas tienen cinco paletas dobles, mientras que las cubetas se extraen con las cinco máquinas ya descritas, si bien en ciertos lugares la cuarta máquina también extrae bolsas para el agua, siempre que tengan un tamaño moderado. El agua se extrae también mediante cadenas de cucharones, o se impulsa por succión, o con cabrias de cangilones y bolas. Cuando no hay sino una pequeña cantidad, se extrae en cubas o por medio de cadenas de cucharones o máquinas de succión, y cuando es mucha agua, se extrae en bolsas de cuero o mediante las cadenas citadas de cangilones y bolas.

Ante todo describiré las máquinas que extraen agua por cadenas de cangilones, y de las cuales hay tres clases. Para la primera se prepara un bastidor totalmente hecho de barras de hierro; tiene dos pies y medio de alto, asimismo dos y medio de largo y además un sexto y un cuarto de dedo de largo, un cuarto y un veinticuatroavo de un pie de ancho. En él hay tres pequeños ejes horizontales de hierro que giran en casquillos o soportes anchos de hierro, y también cuatro ruedas de hierro, de las cuales dos están muescadas, y otras dos están dentadas. Exterior al bastidor, y exterior al eje inferior, hay un volante de madera para que se pueda girar más fácilmente, y dentro del bastidor hay un pequeño tambor de ocho muescas y que tiene un sexto y un veinticuatroavo de pie de largo. Alrededor del segundo eje, que no sobresale más allá del bastidor, y que es, por consiguiente, tan sólo dos y medio pies y un doceavo y un tercio de dedo de largo, hay, sobre un lado, una pequeña rueda dentada que tiene cuarenta y ocho dientes, y en el otro lado un gran tambor, que está rodeado por doce peldaños o muescas de un cuarto de pie de largos. Alrededor de este tercer eje, que tiene una pulgada y un tercio de grueso, hay una rueda mayor dentada, que se proyecta un pie desde el eje en todas direcciones, y que está provista de setenta y dos dientes. Los dientes de cada rueda están fijos con tornillos, cuyos pasos de rosca están atornillados en pasos de rosca en la rueda, de forma que aquellos dientes que se rompen pueden ser sustituidos por otros; tanto los dientes como los peldaños son de hierro. El eje superior sobresale del bastidor, y está tan hábilmente embutido dentro del cuerpo de otro eje, que tiene el aspecto de ser uno solo; este eje continúa a través de un bastidor hecho de vigas que se soportan alrededor de la chimenea, dentro de una horquilla de hierro puesta sobre un madero de ro-

A: Bastidor de hierro.—B: Eje inferior.—C: Volante.—D: Tambor menor hecho de peldaños.—E: Segundo eje.—F: Rueda dentada menor.—G: Tambor mayor hecho de peldaños.—H: Eje superior.—I: Rueda mayor dentada.—K: Casquillos.—L: Gorrón.—M: Armazón.—M: Madero de roble.—O: Soporte del casquillo de hierro.—P: Rodillo.—Q: Tambor superior.—R: Abrazaderas.—S: Cadena.—T: Eslabones.—V: Cucharones o cangilones.—X: Brazo de la manivela.—Y: Tambor inferior o peso de compensación

ble resistente, y que gira sobre un rodillo hecho de hierro puro. Alrededor de este eje hay un tambor de la clase que tienen estas máquinas que extraen agua por el procedimiento de cangilones y bolas; este tambor tiene triples abrazaderas de hierro curvadas, a las cuales se enganchan los eslabones de una cadena de hierro, de forma tal que un gran peso no puede separarlos. Estos eslabones no son totalmente como los eslabones de otras cadenas, sino que cada uno está curvado en la parte superior a cada lado y se engancha con el próximo, con lo que presenta el aspecto de una doble cadena. En el sitio en que cada eslabón enlaza con el siguiente, y unidos a ellos con correas, hay cucharones hechos de hierro o chapas de cobre, con una capacidad de unos seis cuartillos; de esta forma, si hay cien eslabones, habrá otros tantos cucharones vertiendo agua. Cuando las chimeneas están inclinadas, las bocas de los cucharones se proyectan y están cubiertas en su parte superior, de forma que no puedan salpicar el agua, pero cuando son verticales, los cucharones no requieren estas cubiertas. Ajustando el extremo del eje pequeño inferior dentro del brazo de manivela, el hombre que trabaja con este brazo de manivela hace girar al eje y, al mismo tiempo, al tambor, cuyos peldaños hacen girar a la rueda dentada del segundo eje; mediante esta rueda se acciona la que está hecha de peldaños, que nuevamente hace girar a la rueda dentada del eje pequeño superior, y así al tambor al cual se fijan las abrazaderas.

De esta forma la cadena, juntamente con los cucharones vacíos, desciende lentamente, cerca del lateral del suelo del filón, dentro del sumidero, hasta el fondo del tambor de compensación, el cual gira sobre un pequeño eje de hierro, estando ambos extremos del mismo colocados en un casquillo grueso de hierro. La cadena se enrolla alrededor del tambor y los cucharones se llenan de agua; al extraerse la cadena cerca del lateral de la roca de caja, lleva los cucharones llenos de agua hasta encima del tambor del eje superior. De esta forma siempre están tres de los cucharones invertidos y vertiendo agua dentro de un borde, desde el cual fluye al desagüe de un socavón. Esta máquina es menos útil, porque no puede construirse sin un gran gasto, y eleva poca agua, siendo algo lenta, como también lo son las otras máquinas que tienen un gran número de tambores.

La siguiente máquina de esta clase, descrita en pocas palabras por Vitruvio, eleva más rápidamente los cucharones, conteniendo un congio; por esta causa es de más utilidad que la primera para extraer agua de los pozos, dentro de los que está continuamente fluyendo mucha agua. Esta máquina no tiene bastidor de hierro ni tambores, pero tiene alrededor de su eje una rueda de madera que gira pisándola; el eje, debido a que no tiene tambor, no es muy largo. En otros aspectos esta máquina se parece a la primera, a excepción de que difiere de ella por tener una doble cadena. Las abrazaderas deben estar fijas al eje de esta máquina, precisamente como el tambor de la otra; algunas de ellas son sencillas y otras con triples curvas, pero todas tienen cuatro púas o pinchos.

A: Rueda que gira pisando sobre ella.—B: Eje.—C: Doble cadena.—D: Eslabón de cadena doble.—E: Cucharones.—F: Abrazadera sencilla.—G: Abrazadera con triple curva

La tercera máquina, que con mucho excede a las dos descritas, se hace cuando se puede desviar una corriente a una mina; el impulso de la corriente, golpeando las paletas, hace girar la rueda hidráulica, en vez de la rueda que gira pisando sobre ella. En cuanto al eje, es como en la segunda máquina, pero el tambor, que gira alrededor del eje, de la cadena y del tambor de compensación, es como en la primera máquina. Tiene cucharones de mayor capacidad que los de la segunda máquina, pero debido a que éstos se rompen con frecuencia, los mineros usan raramente estas máquinas; prefieren sacar pequeñas cantidades de agua mediante las cinco primeras máquinas, o extraer el agua con dispositivos de succión, o, si hay mucha agua, extraerla mediante la cabria de cangilones y bolas, o bien en bolsas para agua.

Por ahora tenemos bastante sobre la primera clase de máqui-

A: Rueda cuyas paletas giran por el impulso de la corriente.—B: Eje.—C: Tambor del eje al que se fijan las abrazaderas.—D: Cadena.—E: Eslabón.—F: Cucharones. G: Tambor de compensación

nas. Ahora explicaré la otra, que es el dispositivo que extrae, por medio de pistones, el agua que ha sido elevada por succión. De éstas hay siete variedades, de las cuales, aunque difieren unas de otras en la estructura, sin embargo, proporcionan los mismos beneficios a los mineros, aunque algunas en mayor grado que otras. La primera máquina está hecha en la forma siguiente: Sobre el sumidero se coloca una plataforma, a través de la cual pasa una tubería, o dos tuberías, una de las cuales va unida a la otra; se hacen descender hasta el fondo del sumidero; están unidas con abrazaderas de hierro puntiagudas, clavadas rectas sobre ambos lados, de tal forma que las tuberías siempre permanecen fijas. El extremo inferior de la tubería está encerrado en un tronco de dos pies de profundidad; este tronco, hueco como la tubería, se sitúa en el fondo del sumidero, pero la abertura inferior del mismo está bloqueada con una pieza redonda de madera; el tronco tiene perforaciones alrededor, a cuyo través fluye el agua a su interior. Si hay una longitud de tubería, entonces en la parte superior del tronco que se ha ahuecado se encierra una caja de hierro, cobre o latón, de una cuarta de profundidad, pero sin fondo, y una válvula redondeada, tan herméticamente ajustada a ella que el agua, que se ha extraído mediante succión, no puede retroceder; pero si hay dos longitudes de tubería, la caja está encerrada en la tubería inferior, en el punto de unión. Una abertura o surtidor, en la tubería superior, alcanza al desagüe del socavón. De esta forma, el obrero, afanoso en su trabajo, permaneciendo de pie sobre los tableros de la plataforma, impulsa el pistón hacia abajo dentro de la tubería y lo extrae de nuevo. En la parte superior del vástago del pistón hay una barra de mano, y el fondo está fijo en una zapata; este es el nombre dado al cuero de cubierta, que tiene casi la forma de un cono, pues está tan cosido en el extremo inferior que queda hermético en él, donde se fija al vástago del pistón al que rodea, pero en el extremo superior, donde extrae el agua, está ampliamente abierto. En otro caso, se usa un disco de hierro de un dedo de grueso, o uno de madera de seis dedos de grueso, siendo cualquiera de ellos superior a la zapata. El disco está fijo por medio de una chaveta de hierro, que penetra a través del fondo del vástago del pistón, o bien está roscado sobre el vástago; es redondo, con su parte superior protegida por una cubierta, y tiene cinco o seis aberturas, bien redondas o bien ovaladas, que, juntas, presentan el aspecto de una estrella; el disco tiene el mismo diámetro que el interior de la tubería, de forma que puede subir y bajar dentro de la misma. Cuando el obrero hace subir el pistón, el agua que ha entrado en las aberturas del disco, cuya cubierta está entonces cerrada, asciende hasta el orificio o pequeño surtidor, a cuyo través fluye; después se abre la válvula de la caja y el agua que ha pasado al interior del tronco se extrae mediante succión y se eleva en el interior de la tubería; pero cuando el obrero impulsa hacia abajo el pistón, la válvula se cierra y permite que el disco extraiga de nuevo agua.

A: Sumidero.—B: Tuberías.—C: Plataforma.—D: Tronco.—E: Perforaciones del tronco.—F: Válvula.—G: Surtidor.—H: Vástago del pistón.—I: Barra de mano del pistón.—K: Zapata.—L: Disco con aberturas redondas.—M: Disco con aberturas ovaladas.—N: Cubierta.—O: Trabajador perforando troncos para convertirlos en tuberías.—P: Barrena de pala.—Q: Barrena más ancha

El pistón del segundo dispositivo se desplaza con más facilidad hacia arriba y hacia abajo. Cuando se hace este dispositivo, se colocan dos vigas sobre el sumidero, una cerca del lado derecho del mismo y la otra cerca del lado izquierdo. A una de las vigas se sujeta una tubería con abrazaderas de hierro; a la otra se fija o bien la rama ahorquillada de un árbol o un madera cortado en la parte superior, en forma de horquilla, y se perfora un orificio redondo a través de los dientes de la horquilla. A través del orificio redondo y ancho de un guimbalete pasa un eje de hierro, metido en forma tal en los orificios de la horquilla, que permanece fijo, y el guimbalete gira sobre este eje. En un extremo del guimbalete se sujeta el extremo superior de un vástago de pistón, utilizando una chaveta de hierro; en el otro extremo se fija también una barra transversal, en cuyos extremos hay mangos para soste-

A: Madero montado.—B: Eje.—C: Guimbalete que gira alrededor del eje.—D: Vástago del pistón.—E: Barra transversal.—F: Anillo con el que se suelen hacer las uniones de dos tuberías

nerlo con más firmeza en las manos. Así, cuando el obrero tira de la barra transversal hacia arriba, impulsa el pistón dentro de la tubería; cuando impulsa al pistón hacia abajo, de nuevo, saca el pistón fuera de la tubería; y así el pistón sube el agua que ha sido extraída en las aberturas del disco, y fluye a través del surtidor, dentro de los desagües. Esta máquina, como la siguiente, es idéntica a la primera en todo cuanto se refiere al pistón, disco, tronco, caja y válvula.

La tercera máquina es parecida a la ya descrita, pero en vez de un montante o pie derecho se montan postes con orificios en la parte superior, y en estos orificios giran los extremos de un eje. A la mitad de este eje están fijas dos barras de madera, y al extremo de una de ellas se fija el pistón y al extremo de la otra una pieza pesada de madera, pero corta, de forma que pueda pasar

A: Postes.—B: Eje.—C: Barras de madera.—D: Vástago del pistón.—E: Pieza corta de madera.—F: Desagüe.—G: Operario desviando el agua que fluye del desagüe para evitar que vaya a zanjas que se están abriendo más abajo

entre los dos postes y pueda desplazarse hacia adelante y hacia atrás. Cuando el obrero impulsa esta pieza de madera, el pistón es sacado fuera de la tubería; cuando regresa por su propio peso, el pistón es impulsado dentro. De esta forma, el agua que la tubería contiene se saca a través de las aberturas que hay en el disco y se vacía por medio del pistón, a través del surtidor, en el desagüe. Hay quien coloca una barra de mano por debajo, en vez de la pieza corta de madera. Esta bomba, como la última descrita, es menos usada entre los mineros que otras.

La cuarta no es una máquina sencilla, sino doble. Está hecha en la forma siguiente: se corta un bloque rectangular de madera de haya de cinco pies de largo, dos y medio de ancho y uno y medio de grueso, y se ahueca lo bastante para que un eje de hierro, con brazos de manivela, pueda girar en él. El eje se coloca entre las dos mitades de esta caja; la primera parte del eje, que está en contacto con la madera, es redonda, y el extremo recto forma un soporte. Después el eje se curva hacia abajo un pie, y de nuevo se curva para continuar recto, y en este punto, un vástago de pistón redondo cuelga de él; a continuación se curva hacia arriba lo mismo que se curvó hacia abajo; continúa después recto de nuevo, y después se curva hacia arriba un pie, continuando de nuevo recto, en cuyo punto se cuelga de él un segundo vástago de pistón; a continuación se curva hacia abajo la misma distancia que se curvó hacia arriba la última vez; el otro extremo del eje, que también actúa como soporte, es recto. Esta parte, que sobresale a través de la madera, está protegida por dos arandelas de hierro que tienen la forma de discos, a las cuales se unen dos arandelas de cuero de la misma forma y tamaño, con objeto de evitar que el agua que se introduce en la caja pueda chorrear.

Estos discos están alrededor del eje; uno de ellos está en el interior de la caja y el otro en el exterior. Después de esto, el extremo del eje es cuadrado y tiene dos ojos, en los que se fijan las varillas de hierro, y en sus extremos se cargan bolas de plomo, de forma que el eje pueda tener mejor tendencia a girar; este eje se puede hacer girar fácilmente cuando su extremo se ha embutido en un brazo de manivela. La parte superior de la caja es de poca profundidad, y la parte inferior más profunda; la parte superior está perforada hacia abajo por la mitad, siendo el diámetro de la abertura el mismo que el diámetro exterior de la tubería de columna; la caja inferior tiene, de lado a lado, dos aberturas también perforadas hacia abajo; éstas son para dos tuberías; el espacio de estas aberturas es, por consiguiente, dos veces

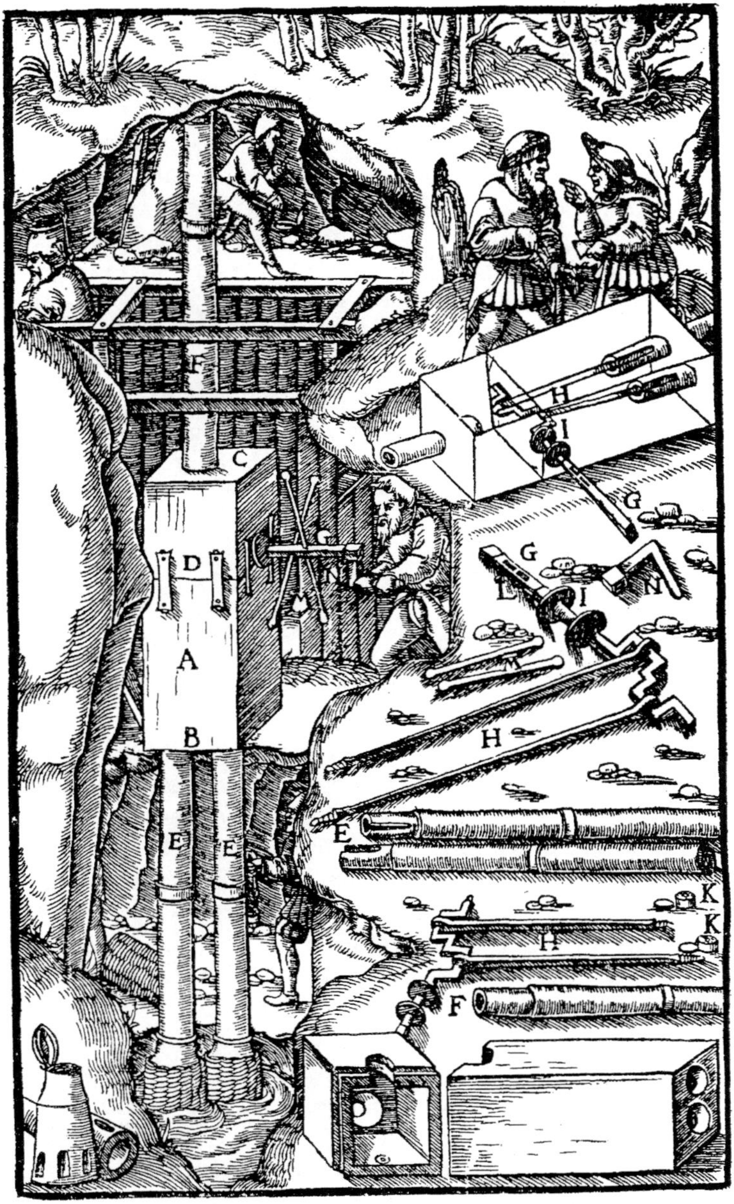

A: Caja.—B: Parte inferior de la caja.—C: Parte superior.—D: Abrazaderas.—E: Tuberías por debajo de la caja.—F: Tubería de columna fija por encima de la caja.—G: Eje de hierro.—H: Vástagos de pistón.—I: Arandelas para proteger los casquillos.—K: Cueros.—L: Ojos en el vástago del eje.—M: Barras con los extremos cargados con bolas de plomo.—N: Brazo de la manivela

mayor que el de la parte superior; esta parte inferior de la caja se coloca sobre las dos tuberías, que quedan ajustadas a su interior por sus extremos superiores; los extremos inferiores de estas tuberías penetran dentro de troncos que permanecen en el sumidero. Estos troncos tienen perforaciones a cuyo través fluye el agua en ellos. El eje de hierro se coloca en el interior de la caja, y después los dos vástagos de pistones de hierro que cuelgan de él se dejan caer a través de las dos tuberías, hasta una profundidad de un pie. Cada pistón tiene un tornillo en su extremo inferior que sostiene una placa gruesa de hierro, en forma de disco, y llena de aberturas, cubierta con un cuero, y lo mismo que la otra bomba, tiene una válvula redonda en una pequeña caja. Después, la parte superior de la caja se coloca sobre la parte inferior, ajustándose adecuadamente a ella por cada lado, y donde se juntan, esta unión se hace mediante placas gruesas y anchas de hierro, que se sostienen con pequeñas cuñas de hierro anchas que se introducen y sujetan con abrazaderas. La primera longitud de tubería de columna se fija dentro de la parte superior de la caja, y otra longitud de tubería prolonga la primera, y una tercera extiende a ésta, y así sucesivamente, una extendiendo a la anterior, hasta que la superior alcanza el desagüe del socavón. Cuando el obrero del brazo de manivela hace girar el eje, los pistones extraen el agua a través de sus discos; debido a que esto se hace rápidamente y a que el área de las aberturas de las dos tuberías sobre las cuales está colocada la caja es dos veces mayor que la abertura de la tubería de columna, que se eleva desde la caja, y debido a que los pistones no elevan el agua mucho hacia arriba, el impulso del agua procedente de las tuberías inferiores la fuerza a elevarse y fluir fuera de la tubería de columna, dentro del desagüe del socavón. Debido a que la caja es de madera, con frecuencia se abre ligeramente; es mejor hacerla de plomo, cobre o latón.

La quinta clase de máquina es todavía más compleja, ya que está compuesta de dos o tres máquinas, cuyos pistones se elevan por medio de una máquina accionada por hombres, teniendo para cada vástago de pistón un topo, que se eleva, sucesivamente, por dos levas sobre un cilindro; dos o cuatro hombres fuertes lo hacen girar. Cuando los pistones descienden dentro de las tuberías, sus discos extraen el agua; cuando se elevan, impulsan el agua fuera de las tuberías. La parte superior de cada uno de estos vástagos de pistón, que tiene medio pie cuadrado, se mantiene en una ranura que hay en una viga transversal; la parte inferior, que desciende dentro de las tuberías, se hace de otra pieza de madera, y es redonda. Cada una de estas tres bombas está formada

A: Topes de los vástagos del pistón.—B: Levas del tambor o cilindro.—C: Extremo superior escuadrado del vástago del pistón.—D: Parte inferior cilíndrica del vástago del pistón.—E: Vigas transversales.—F: Tuberías.—G: Aberturas de las tuberías.—H: Artesa o canjilón de desagüe

A: Rueda hidráulica.—B: Eje.—C: Tronco sobre el que se levanta la tubería inferior.—D: Jaula que rodea al tronco

por dos longitudes de tuberías fijas a los maderos de la chimenea. Esta máquina extrae el agua de mayor profundidad, hasta de veinticuatro pies. Si el diámetro de las tuberías es grande, solamente se hacen dos máquinas; si es más pequeño, tres, de forma que, por cualquier método, el volumen sea el mismo. Esto también debe tenerse en cuenta al considerar las otras máquinas y las otras tuberías. Debido a que estas máquinas están compuestas por dos longitudes de tubería, la pequeña caja de hierro, que tiene la válvula de hierro que he descrito anteriormente, no está incluida en un tronco, sino en la longitud inferior de la tubería, en el punto en que se une a la superior; de esta forma, la parte redondeada del vástago del pistón es tan larga como la longitud superior de la tubería; pero explicaré esto ahora más claramente.

La sexta clase de máquina sería exactamente igual que la quinta, si no fuera porque tiene un eje en vez de un tambor o cilindro, que gira no por hombres, sino mediante una rueda hidráulica, que se hace girar por efecto de la fuerza del agua al golpear contra sus cubetas. Debido a que la fuerza del agua excede en mucho a la fuerza humana, esta máquina extrae agua a través de sus tuberías mediante discos, fuera de la chimenea, aun estando ésta a más de cien pies de profundidad. El fondo de la tubería inferior, la colocada en el sumidero, no solamente en esta bomba, sino también en las otras, está generalmente circundado por una jaula hecha de mimbre, para evitar que las raspaduras de madera y otras cosas puedan ser succionadas.

La séptima clase de máquina, inventada hace diez años, que es la más ingeniosa, duradera y útil de todas, puede hacerse sin mucho gasto. Está formada por varias máquinas que no descienden dentro de la chimenea juntamente, como las últimas descritas, sino que una está debajo de la otra, con lo que si hay tres, como generalmente es el caso, la inferior eleva el agua del sumidero y la vierte en el primer depósito; la segunda máquina eleva el agua desde este depósito al segundo, y la tercera máquina eleva el agua al desagüe del socavón. Una rueda de quince pies de alto eleva los vástagos de pistón de todas estas máquinas al mismo tiempo y hace que desciendan también juntamente. La rueda está hecha para poder girar mediante paletas, que giran a su vez por la fuerza de una corriente que se ha desviado de su curso. Los rayos de la rueda hidráulica están embutidos en un eje que tiene seis pies de largo y uno de grueso, estando cada extremo circundado por una banda de hierro y teniendo en uno un soporte de hierro; al otro extremo se une un hierro, como este soporte, en su parte posterior, que tiene un dedo de grueso y una an-

A: Pozo.—B: Máquina de impulsión de agua del fondo.—C: Primer depósito.—D: Segunda máquina.—E: Segundo depósito.—F: Tercera máquina.—G: Artesa o canjilón de desagüe.—H: Juego de acoplamiento del eje.—I: Vástago de la primera máquina.—K: Vástago de la segunda máquina.—L: Vástago de la tercera máquina. M: Vástago del primer pistón.—N: Vástago del segundo pistón.—O: Vástago del tercer pistón.—P: Ejes pequeños.—Q: Ganchos

chura como el extremo del propio eje. Después el hierro se prolonga horizontalmente, siendo redondo y de unos tres dedos de diámetro, durante la longitud de un pie, y sirve como soporte; a partir de aquí se curva hasta una altura de un pie, como el cuerno de la luna, después de lo cual de nuevo se prolonga recto durante un pie; de esta forma sucede que esta última porción recta, a medida que gira en una órbita, se hace alternativamente un pie más alta y un pie más baja que la primera parte recta. Desde este brazo de manivela redondo y de hierro cuelga el primer vástago de pistón plano, estando el brazo de manivela fijo en una perforación, en el extremo superior de este vástago de pistón plano, precisamente como la chaveta de hierro del primer juego de ganchos está fija dentro del extremo inferior. Con objeto de evitar que el vástago de pistón pueda deslizarse fuera de él, como fácilmente podría ocurrir, y para que se pueda sacar cuando sea necesario, su abertura es más ancha que la parte correspondiente del brazo de manivela, y está sujeta sobre ambos lados por medio de chavetas de hierro. Para evitar la fricción, los extremos de los vástagos de pistones están protegidos por placas de hierro o cueros intermedios. El primer vástago de pistón es de unos doce pies de largo; los otros dos tienen veintiséis pies, y cada uno tiene una cuarta de ancho y tres dedos de grueso.

Los lados de cada vástago de bomba están cubiertos y protegidos por placas de hierro que se sostienen mediante tornillos de hierro, en forma tal que cuando una parte se ha dañado se puede reparar. En los «ganchos» se coloca un pequeño eje redondo que tiene un pie y medio de largo y dos cuartas de grueso. Los extremos están rodeados por bandas de hierro para evitar que los soportes de hierro puedan girar en los casquillas de hierro de la madera, saliéndose fuera al deslizarse. Desde este pequeño eje, los ganchos de madera se extienden dos pies, con una anchura y grosor de seis dedos; hay tres cuartas de distancia de uno a otro, y tanto los laterales interiores como los exteriores están cubiertos con placas de hierro. Dos chavetas de hierro, de dos dedos de grueso, están fijas inamoviblemente dentro de los ganchos. Una de estas chavetas perfora el extremo inferior del primer vástago de bomba y el superior del segundo vástago de bomba, que están sujetos. La otra chaveta, que también es inamovible, perfora el extremo de hierro del primer vástago de pistón, que está curvado y es inamovible. Cada uno de tales vástagos de pistones tiene trece pies de largo y tres dedos de grueso y desciende dentro de la primera tubería de cada máquina hasta tal profundidad que su disco casi alcanza la caja de válvulas. Cuando desciende dentro de la tubería, el agua, penetrando a través de las aberturas del disco, eleva el cuero y, cuando se eleva el vástago del pistón, el agua oprime hacia abajo el cuero, soportándose así su peso; a continuación la válvula cierra la caja, de la misma forma que una puerta cierra una entrada. Las tuberías están unidas por dos bandas de hierro de una cuarta de ancho, una exterior a la otra, pero la interior está perfilada para que pueda ajustar dentro de ambas tuberías y sostenerlas juntas. Si bien las tuberías últimamente no tienen la banda interior, tienen, en cambio, boquillas roscadas de unión, por medio de los cuales se unen, ya que el extremo inferior de la superior sostiene al extremo superior de la inferior, estando cortados en una longitud de siete dedos el interior y el exterior, de forma que uno pueda ajustar dentro del otro. Cuando desciende el vástago del pistón dentro de la primera tubería, se cierra la válvula que he descrito; cuando se eleva el vástago del pistón, la válvula se abre, de forma que el agua puede fluir a través de las perforaciones. Cada bomba está formada por dos longitudes de tubería, cada una de las cuales tiene doce pies de largo, siendo de siete dedos el diámetro interior. La inferior está colocada en el sumidero de la chimenea, o en un depósito, y su extremo inferior está bloqueado por una pieza redonda de madera, por encima de la cual hay seis perforaciones alrededor de la tubería, a cuyo través fluye el agua. La parte superior de la tubería superior tiene una muesca o entalladura de un pie de profundidad y una cuarta de ancho, por la que fluye el agua dentro de un depósito o artesa. Cada depósito tiene dos pies de largo y uno de ancho y profundidad. Hay el mismo número de ejes, ganchos y vástagos de cada clase que de máquinas; si hay tres máquinas, hay sólo dos depósitos, porque el sumidero de la chimenea y el desagüe del túnel no unen dos. A continuación se expone cómo extrae agua esta máquina de una chimenea. Al girar la rueda, eleva el primer vástago de máquina, y este vástago de máquina eleva el primer gancho, y lo mismo el segundo vástago de máquina y el primer vástago de pistón; después se eleva el segundo vástago de máquina y con él el segundo gancho, y así el tercer vástago de máquina y el segundo vástago de pistón; a continuación se eleva el tercer vástago de máquina, y con él el tercer gancho y el tercer vástago de pistón, porque no cuelga vástago de máquina desde la chaveta de hierro de estos ganchos, porque no puede ser de utilidad en la última máquina. A su vez, cuando desciende el primer vástago de máquina, cada juego de ganchos desciende, y cada vástago de máquina y vástago de pistón. Y mediante este sistema, al mismo tiempo se eleva el agua al interior de los depósitos y se desagua de ellos; desde el sumidero, en el fondo de la chimenea, se desagua y se vierte dentro de la artesa del socavón. Además, alrededor del eje principal se pueden colocar dos ruedas hidráulicas si el río suministra suficiente agua para hacerlas girar, y desde la parte posterior de cada brazo de manivela redondo de hierro se pueden colocar uno o dos vástagos de máquina, cada uno de los cuales puede mover los vástagos de pistón de tres máquinas. Por último, es necesario que las chimeneas desde las cuales se impulsa el agua a las tuberías sean verticales, ya que, en el caso de máquinas de extracción, todas las máquinas que tienen tuberías no extraen agua a tanta altura si las tuberías están inclinadas en chimeneas inclinadas, como si se colocan verticales en chimeneas verticales.

Si el río no suministra bastante fuerza hidráulica para hacer girar a la última máquina descrita, lo que puede ser debido a la

A: Rueda hidráulica de la máquina exterior.—B: Su máquina de impulsión de agua. C: Su artesa.—D: Rueda de la máquina interior.—E: Su máquina de impulsión de agua.—F: Canjilón

naturaleza de la localidad, o durante el verano, a que se producen sequías, se construye una máquina con una rueda tan baja y ligera que incluso el agua de una corriente pequeña pueda hacerla girar. Este agua, cayendo dentro de un canalillo, discurre desde allí sobre una segunda rueda alta y pesada de una máquina más baja, cuya máquina eleva el agua fuera de una chimenea profunda. Debido a que, sin embargo, el agua de una corriente tan pequeña no puede por sí sola hacer girar a la rueda hidráulica inferior, el eje de la última se hace girar al comienzo con un brazo de manivela, accionado por dos hombres, pero tan pronto como ha vertido agua dentro de una charca o estanque, la rueda superior extrae este agua mediante su propia máquina y la vierte en un canalillo, desde donde fluye sobre la rueda hidráulica y choca contra sus cucharones. Así, tanto este agua procedente de la mina como el agua procedente de la corriente, al bajar por los canalillos hasta esa rueda subterránea de la máquina inferior la hacen girar y el agua se impulsa fuera de la parte más profunda de la chimenea, por medio de dos o tres máquinas.

Si la corriente suministra bastante agua para hacer girar una rueda hidráulica más alta y más pesada, entonces se fija un tambor dentado al otro extremo del eje, que hace girar al tambor de muescas sobre otro eje colocado por debajo de él. A cada extremo de este eje inferior se ajusta un brazo de manivela de hierro curvado en forma de los cuernos de la luna y de la clase que se ilustra en las máquinas que corresponden a esta descripción. Este artificio, debido a que tiene filas de máquinas a cada lado, extrae grandes cantidades de agua.

De las máquinas de cangilones y bolas hay seis clases que conocemos, de las cuales la primera está hecha en la forma siguiente: se excava una especie de cueva por debajo de la superficie de la tierra o en un socavón y se refuerza con madera de construcción por todos los lados, valiéndose de postes resistentes y tablones para evitar tanto que los hombres puedan verse aplastados como que la máquina se rompa por derrumbamiento. En esta cueva, así reforzada con maderas, se coloca una rueda hidráulica ajustada a un eje angular. Los soportes de hierro del eje giran en casquillos o soportes de hierro, que están sostenidos en maderos de suficiente resistencia. La rueda tiene, por lo general, veinticuatro pies de altura, ocasionalmente treinta, y no es en modo alguno diferente de las que se hacen para moler maíz, a excepción de que es algo más estrecha. El eje tiene sobre un lado un tambor o cilindro, con una entalladura en el medio de su circunferencia, a la cual se fijan muchas abrazaderas de hierro cuatro veces curvadas.

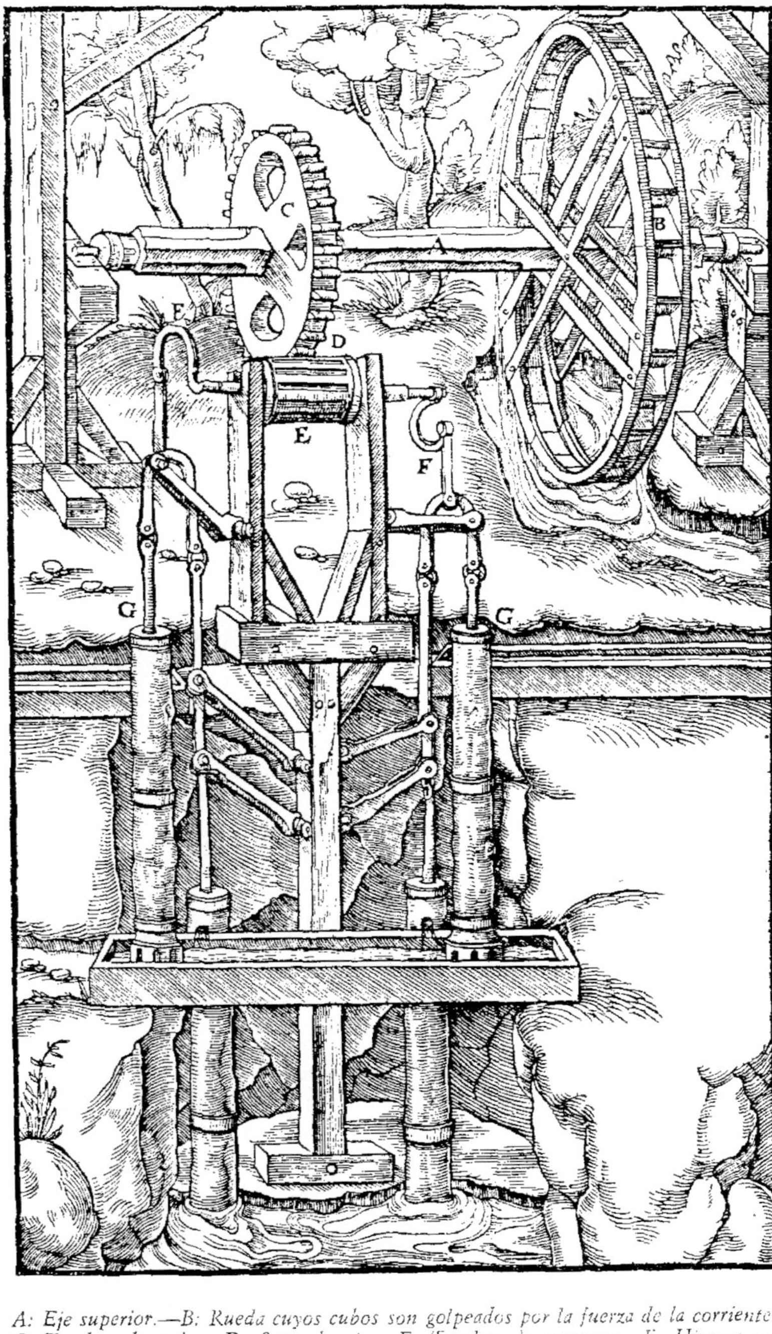

A: Eje superior.—B: Rueda cuyos cubos son golpeados por la fuerza de la corriente. C: Tambor dentado.—D: Segundo eje.—E: Tambor de muescas.—F: Hierros redondos curvados.—G: Máquinas de impulsión de agua

En estas abrazaderas enganchan los eslabones de la cadena, que se extrae a través de las tuberías fuera del sumidero, y que de nuevo cae a través de una abertura reforzada con maderos hacia abajo, hasta el fondo del sumidero, donde hay tambor o cilindro de compensación. Hay una banda de hierro alrededor del eje pequeño del tambor o cilindro de compensación, y cada soporte del mismo gira en un casquillo de hierro fijo a un madero. La cadena, al girar alrededor de este tambor o cilindro, eleva el agua por medio de las bolas a través de las tuberías. Cada longitud de tubería está rodeada y protegida por cinco bandas de hierro, que tienen una cuarta de ancho y un dedo de grueso, colocadas a igual distancia unas de otras; la primera banda sobre la tubería está compartida en común con la longitud precedente de tubería, en cuyo interior se ajusta. Cada longitud de tubería, excepto la primera, está bisealda o achaflanada sobre la circunferencia externa del extremo superior, hasta una distancia de siete dedos y en una profundidad de tres dedos, con objeto de que se pueda insertar dentro la longitud de tubería anterior; cada una, excepto la última, está escariada sobre el interior del extremo inferior hasta una distancia similar, pero hasta la profundidad de una cuarta para que puedan tomar el extremo de la tubería que sigue. Y cada longitud de tubería está fija con abrazaderas de hierro a los maderos de la chimenea para que permanezca en su sitio. A través de esta continua serie de tuberías, el agua se extrae mediante las bolas de la cadena fuera del sumidero, hasta el socavón donde fluye dentro de los desagües a través de una abertura que hay en la tubería más alta. Las bolas que elevan el agua están conectadas por los eslabones de hierro de la cadena y están a seis pies unas de otras; están hechas de pelo de cola de caballo metido en una cubierta para evitar que pueda ser arrancado por las abrazaderas de hierro que hay sobre el tambor; las bolas son de un tamaño tal que se pueden sostener una en cada mano. Si esta máquina se instala sobre la superficie de la tierra, la corriente que hace girar a la rueda hidráulica sale fuera a través de las acequias al aire libre; si se instala en un socavón, el agua sale a través de desagües subterráneos. Los cucharones de la rueda hidráulica, cuando reciben el impacto de la corriente, se mueven hacia adelante y hacen girar la rueda juntamente con el tambor, con lo que la cadena se enrolla y las bolas expelen el agua a través de las tuberías. Si la rueda de esta máquina tiene veinticuatro pies de diámetro, extrae agua de una chimenea de hasta doscientos diez pies de profundidad; si tiene treinta pies de diámetro, extraerá agua de una chimenea de doscientos cuarenta pies de profundidad. Pero tal trabajo requiere una corriente con mayor energía hidráulica.

La siguiente bomba tiene dos tambores o cilindros, dos filas de tuberías y dos cadenas de arrastre, cuyas bolas elevan el agua; por lo demás, es como la última máquina. Esta máquina se construye generalmente cuando fluye una excesiva cantidad de agua dentro del sumidero. Estas dos máquinas giran mediante fuerza hidráulica; realmente, el agua es la que extrae el agua.

Lo que sigue es la forma de indicar el aumento o disminución del agua en el sumidero subterráneo, tanto si se impulsa el agua por esta cadena de cangilones y bolas como si se hace por la primera máquina, la tercera o alguna otra. Desde una viga, que está tan alta por encima de la chimenea como profundidad tiene el sumidero, se cuelga una cuerda, a uno de cuyos extremos se sujeta una piedra, estando el otro extremo unido a un tablón. El tablón desciende mediante un cable de hierro sujeto al otro extremo; cuando la piedra está en la boca de la chimenea, el tablón está abajo, en el sumidero de la chimenea, en cuya agua flota. Este tablón es tan pesado que puede arrastrar hacia abajo el cable y sus broches y gancho de hierro, juntamente con la cuerda, y de esta forma se tira de la piedra hacia arriba. Así, a medida que el agua desciende, desciende el tablón y la piedra se eleva; por el contrario, cuando el agua aumenta, el tablón se eleva y la piedra desciende. Cuando la piedra toca apenas la viga, debido a que esto indica que el agua ha sido expulsada desde el sumidero por la máquina, el vigilante de servicio de la máquina cierra el canalillo del agua y para la rueda hidráulica; cuando la piedra casi toca el suelo, a un lado de la chimenea, esto indica que el sumidero está lleno de agua que de nuevo ha recogido, porque el agua eleva el tablón y así la piedra arrastra hacia atrás tanto a la cuerda como al cable de hierro; entonces el vigilante abre el canalillo del agua, con lo que el agua de la corriente golpea de nuevo las cubetas de la rueda hidráulica y hace girar la máquina. Debido a que los obreros dejan de trabajan generalmente los días festivos, y algunas veces en días laborables, y no están siempre cerca de la máquina, y como la máquina, si es necesario, ha de continuar extrayendo agua en todo momento, una campana suena continuamente, indicando que esta máquina, o cualquiera de otra clase, no está estropeada y que nada hay que evite que siga girando. La campana está colgada por una cuerda de un eje pequeño de madera, sostenido en los maderos colocados sobre la chimenea, y una segunda cuerda, cuyo extremo superior está sujeto al eje pequeño, desciende dentro de la chimenea; al extremo inferior de

A: Rueda.—B: Eje.—Soportes.—D: Cojinetes.—E: Tambor.—F: Abrazaderas.—G: Cadena de arrastre.—H: Brocal de madera.—I: Bolas.—K: Máquina de impulsión de agua.—L: Reguero de la corriente

A: Eje vertical.—B: Rueda dentada.—C: Dientes.—D: Eje horizontal.—E: Tambor muescado.—F: Segundo tambor.—G: Cadena de arrastre.—H: Bolas

esta cuerda se sujeta una pieza de madera, y con frecuencia, cuando una leva sobre el eje principal golpea la citada pieza, suena la campana, que emite un tañido.

La tercera máquina de esta clase se emplea por los mineros cuando no hay río que se pueda desviar y sea capaz de hacer girar una rueda hidráulica; la máquina se hace de la siguiente forma: primeramente se excava una cámara y se montan maderos fuertes y tablones para evitar que se caigan los laterales, lo que hundiría la máquina y mataría a los hombres. El techo de la cámara se protege con maderos contiguos, dispuestos de forma tal que los caballos que tiran de la máquina puedan pasar por encima. Al lado, se montan otras dieciséis vigas, de cuarenta pies de largo y uno de ancho y grueso, unidas por abrazaderas en la parte superior y separándose en el fondo, y se ajusta el extremo inferior de cada viga dentro de una base o soporte separado, colocado de plano sobre el suelo, uniendo éstos mediante un poste; de esta forma se construye un área circular, que tiene un diámetro de cincuenta pies. A través de una abertura que se hace en el centro de este área, desciende un eje cuadrado vertical de cuarenta y cinco pies de largo y un pie y medio de ancho y grueso; su pivote inferior gira en un casquillo que hay en un bloque colocado de plano sobre el suelo en la cámara, y el pivote superior gira en un casquillo que hay en una viga, que está embutida entre dos vigas, en la cúspide, por debajo de las abrazaderas; el pivote inferior está a diecisiete pies de cada lado de la cámara, es decir, desde su parte frontal y posterior. A la altura de un pie por encima de su extremo inferior, el eje tiene una rueda dentada, cuya diámetro es de veintidós pies. Esta rueda está formada por cuatro rayos y ocho piezas de llantas; los rayos tienen quince pies de largo y tres cuartos de pie de ancho y grueso; un extremo de ellos está embutido en el eje y el otro en dos llantas, donde se juntan. Estas llantas tienen tres cuartos de pie de grueso por un pie de ancho, y desde ellas se elevan y proyectan en vertical dientes, tres cuartos de pie de altos por medio pie de anchos y seis dedos de gruesos. Estos dientes hacen girar a un segundo eje horizontal, por medio de un tambor que está formado por doce peldaños, cada uno de tres pies de largo por seis dedos de ancho y grueso. Este tambor, al girar, da origen a que gire el eje, y alrededor de este eje hay otro tambor provisto de abrazaderas de hierro, con curvas de cuatro pliegues, en las cuales se enganchan los eslabones de una cadena que extrae agua a través de las tuberías por medio de bolas. Los soportes de hierro de este eje horizontal giran en otros soportes o gorrones, que están montados en el centro de los maderos. Por encima del techo de la cámara están embutidos dentro del eje vertical los extremos de dos vigas, que se elevan oblicuamente; los extremos superiores de estas vigas soportan vigas transversales dobles, igualmente embutidas al eje. En el extremo exterior de cada viga transversal está embutida una pequeña pieza de madera, que aparece colgando hacia abajo; en esta pieza de madera está también embutido un tablero corto en el extremo inferior; este tablero tiene una chaveta de hierro que se acopla en una cadena, y esta cadena en una vara de carro.

Esta máquina, que extrae agua desde una chimenea a doscientos cuarenta pies de profundidad, es accionada por treinta y dos caballos; ocho de ellos trabajan durante cuatro horas, y después descansan doce horas, ocupando su lugar el mismo número. Esta clase de máquina se emplea al pie de las montañas de Harz y en las proximidades. Además, si la necesidad lo requiere, se cons-

A: Eje.—B: Tambor.—C: Cadena de extracción.—D: Bolas.—E: Abrazaderas

truyen varias máquinas de esta clase con frecuencia, con la finalidad de explotar una vena, pero colocadas de diferente manera en diferentes localidades, variando conforme a la profundidad. En Schemnitz, en los montes Cárpatos, hay tres máquinas, de las cuales la más baja eleva agua desde el sumidero más profundo hasta las primeras cadenas, a cuyo través fluye dentro de la segunda máquina; la intermedia eleva desde el segundo sumidero a la segunda cadena, desde donde fluye el tercer sumidero, y la más alta eleva el agua a las purgas del socavón, a cuyo través sale fuera. Este sistema de tres máquinas de esta clase se hace girar mediante noventa y seis caballos; estos caballos descienden a las máquinas por una chimenea inclinada, que baja en pendiente y se retuerce como un tornillo, de forma gradual. La inferior de estas máquinas se monta en un lugar profundo, que está a seiscientos sesenta pies bajo la superficie.

A: Ejes.—B: Palancas.—C: Tambor dentado.—D: Tambor de muescas.—E: Tambor en el que se fijan abrazaderas de hierro

La cuarta clase de máquina pertenece al mismo género, y está hecha en la forma siguiente: se montan dos maderos y, en las aberturas que tienen, giran los extremos de un tambor o cilindro giratorio. Dos o cuatro hombres fuertes hacen girar este tambor, es decir, uno o dos tiran de los brazos de manivela y uno o dos los impulsan, con lo que de esta forma ayudan a los otros; alternativamente, otros dos o cuatro hombres les sustituyen. El tambor de esta máquina, como el eje horizontal de otras máquinas, tiene otro tambor, cuyas abrazaderas de hierro cogen los eslabones de una cadena de arrastre. De esta forma, el agua es extraída a través de las tuberías, mediante las bolas, desde una profundidad de cuarenta y ocho pies. La fuerza humana no puede extraer agua a más altura, porque tal trabajo agota no sólo a los hombres, sino incluso a los caballos; tan sólo la fuerza hidráulica puede accionar de forma continua un tambor de esta clase. Varias bombas de esta clase, como la última, se construyen con frecuencia con la finalidad de explotar una sola vena, pero se colocan de diferentes maneras, según las posiciones y las profundidades.

La quinta máquina de esta clase es en parte como la tercera y en parte como la cuarta, porque se hace girar por hombres fuertes como la última, y, como la tercera, está provista de dos ejes y de tres tambores, si bien los ejes son horizontales. Los soportes de cada eje están ajustados en forma tal en los gorrones de las vigas que pueden soltarse; el eje inferior tiene un brazo de manivela en un extremo y un tambor dentado en el otro; el superior tiene en un extremo un tambor hecho de peldaños, y en el otro, un tambor al que se fijan unas abrazaderas de hierro, en las cuales se enganchan los eslabones de una cadena en la misma forma que anteriormente, y desde la misma profundidad extraen agua a través de las tuberías por medio de bolas. Esta máquina giratoria se hace girar por dos parejas de hombres alternativamente, ya que una pareja permanece trabajando, mientras la otra se sienta tomando un descanso; cuando están en la tarea de hacer girar la máquina, uno tira del brazo de manivela y el otro lo impulsa, y la máquina gira más fácilmente, ya que el tambor contribuye a ello.

La sexta máquina de esta clase tiene igualmente dos ejes. En un extremo del eje inferior hay una rueda que se hace girar por dos hombres pisando sobre ella, y que tiene veintitrés pies de altura por cuatro de ancho, para que un hombre pueda permanecer de pie al lado del otro. En el otro extremo de este eje hay una rueda dentada. El eje superior tiene dos tambores y una rueda; el primer tambor está hecho de peldaños, y al otro se fijan unas abrazaderas de hierro. La rueda es como la de la segunda máquina, que se usa principalmente para extraer tierra y rocas partidas fuera de las chimeneas. Los que pisan, para evitar ellos mismos caerse, sujetan en sus manos unos palos que están fijos a los laterales internos de la rueda. Cuando hacen girar esta rueda, el tambor dentado al cual se hace girar, pone en movimiento al otro tambor, que está hecho de peldaños, mediante el cual los eslabones de la cadena se enganchan a las mordazas del tercer tambor y extraen agua a través de las tuberías, por medio de las bolas, desde una profundidad de sesenta y seis pies.

Pero la mayor máquina de las que extraen agua es la que sigue a continuación. Ante todo, se hace un depósito en una cámara entibada; este depósito tiene dieciocho pies de largo por doce de ancho y alto. Dentro de este depósito se desvía una corriente a través de un canalillo de agua o de un socavón; tiene dos entradas y el mismo número de compuertas. Las palancas están fijas a la parte superior de estas compuertas, y mediante las mismas pueden elevarse y descenderse de nuevo, de modo que en una posición las compuertas están abiertas y en la otra cerradas. Por debajo de las aberturas hay dos tablones, a través de los cuales se lleva el agua que fluye desde el depósito y se vierte en las cubetas de la rueda hidráulica, con cuyo impacto se hace girar a la rueda. La artesa más corta lleva el agua, que golpea las cubetas que hacen girar la rueda hacia el depósito, y la artesa más larga lleva el agua que golpea aquellas cubetas que hacen girar la rueda en dirección opuesta. El revestimiento o cubierta de la rueda se hace de tableros unidos, a los cuales se fijan unas tiras sobre el lado interior. La propia rueda tiene treinta y seis pies de diámetro y está embutida en un eje y tiene, conforme he dicho, dos filas de cubetas, de las cuales una está en sentido contrario a la otra, con lo que la rueda puede girar hacia el depósito o en dirección opuesta.

El eje es cuadrado y tiene treinta y cinco pies de largo por dos de grueso y ancho. Más allá de la rueda, a una distancia de seis pies, el eje tiene cuatro cubos de un pie de ancho y grueso, cada uno de los cuales está a cuatro pies del siguiente; a estos cubos se fijan, mediante clavos de hierro, tantas piezas de madera como sean necesarias para cubrir los cubos, y con objeto de que las piezas de madera puedan ajustarse fuertemente, son más anchas en el exterior y más estrechas en el interior; de esta forma se hace un tambor, alrededor del cual se enrolla una cadena, a cuyos extremos se enganchan bolsas de cuero. La razón por la que se hace un tambor de esta clase es para que el eje se pueda mantener en buen estado, porque este tambor, cuando llega a estar

A: Ejes.—B: Rueda que gira al pisar sobre ellas.—C: Rueda dentada.—D: Tambor de muescas.—E: Tambor al que se fijan abrazaderas de hierro.—F: Segunda rueda G: Bolas

desgastado por el uso, se puede reparar fácilmente. Además, a lo largo del eje, no lejos del extremo, hay otro tambor, de un pie de ancho, que se proyecta dos pies sobre los lados, todo alrededor del eje. A éste, cuando la ocasión lo requiere, se le aplica un freno fuertemente y retiene la máquina; esta clase de freno ya la he explicado antes. Cerca del eje, en vez de tolva, hay un piso con una considerable pendiente, teniendo delante de la chimenea una anchura de quince pies, y lo mismo en la parte posterior; a cada lado de él hay un poste fuerte, que lleva una cadena de hierro, provista de un gancho grande. Cinco hombres operan esta máquina; uno desciende las puertas que cierran las compuertas del depósito o hace bajar las palancas para abrir los canalillos del agua; este hombre, que es quien dirige la máquina, permanece en pie en una caja colgante, cerca del depósito. Cuando se ha extraído una bolsa hasta el piso en pendiente, cierra la compuerta del agua para que se pueda parar la rueda; cuando la bolsa se ha vaciado, abre la otra compuerta del agua para que el otro juego de cubetas pueda recibir el agua y accione la rueda en dirección opuesta. Si no pudiera cerrar con suficiente rapidez la compuerta del agua y el agua continuara fluyendo, llama a su compañero y le dice que eleve el freno sobre el tambor para que se pare la rueda. Dos hombres, trabajando alternativamente, vacían las bolsas, uno permaneciendo en la parte del piso que está enfrente de la chimenea, y el otro, en la parte que está por detrás de la citada chimenea.

Cuando la bolsa está casi fuera—de cuyo hecho determinado eslabón de la cadena proporciona aviso—el hombre que permanece a un lado del suelo agarra un largo gancho de hierro, que engancha en un eslabón de la cadena, y tira hacia fuera de toda la parte posterior de la cadena hacia el suelo, donde vacía la bolsa otro hombre. La finalidad de este gancho es evitar que la cadena, por su propio peso, tire hacia abajo la otra bolsa vacía, y caiga la cadena por la chimenea. Su compañero de trabajo, al ver que la bolsa llena de agua se ha vaciado casi, llama al que lleva la dirección de la máquina y le pide que cierre el agua de la torre, con lo que habrá tiempo para vaciar la bolsa; una vez vaciada ésta, el que dirige la máquina primeramente abre ligeramente la otra compuerta de agua de la torre para permitir que el final de la cadena, juntamente con la bolsa vacía, comience a estar de nuevo dentro de la chimenea, abriendo entonces por completo las compuertas del agua. Cuando se ha enrollado de nuevo la parte de cadena que se había extraído sobre el suelo y se ha descendido sobre la chimenea desde el tambor, saca fuera el largo gancho que se unió al eslabón de la cadena. El quinto hombre está en una especie de corte transversal, junto al sumidero, para que no pueda dañarse si sucediera que se partiera un eslabón y parte de la cadena o alguna otra cosa pudiera caer; él guía la bolsa con una pala de madera y la llena con agua caso de que la bolsa no se llene de agua espontáneamente. En nuestros días cosen una banda de hierro dentro de la parte superior de cada bolsa, que puede permanecer constantemente abierta, y cuando baja dentro del sumidero puede llenarse ella por sí misma de agua, sin que haya necesidad de que un hombre actúe como regulador de las bolsas. Además, en nuestros días, de los hombres que están sobre el suelo, uno vacía las bolsas y el otro cierra las compuertas del depósito y las abre de nuevo, y el mismo hombre generalmente fija el gancho grande en el eslabón de la cadena. De esta forma solamente se emplean tres hombres para hacer trabajar esta máquina, o incluso—debido a que algunas veces el hombre que vacía la bolsa aprieta el freno que se levanta contra el otro tambor, deteniendo así la rueda—con dos hombres solamente se puede realizar todo el trabajo.

Dejemos de hablar de las máquinas de extracción de agua y pasemos ahora a las máquinas de ventilación. Si una chimenea es muy profunda y no hay socavón que la alcance o no hay corriente procedente de otra chimenea que conecte con ella, o cuando un socavón tiene una gran longitud y no hay chimenea que llegue hasta él, el aire no entra por sí mismo. En tal caso, agobia mucho a los mineros, dando origen a que respiren con dificultad y algunas veces se asfixien, apagando incluso las lámparas encendidas. Hay, por consiguiente, una necesidad de máquinas que los griegos llaman «neumáticas», y los latinos «spiritales», que faciliten a los mineros respirar fácilmente y realizar su trabajo.

Estos dispositivos son de tres clases. El primero recibe y desvía dentro de la chimenea el soplido del viento, y esta clase se divide en tres especies, de las cuales la primera es la siguiente: Sobre la chimenea—que no conecta con ningún socavón—se colocan tres soportes un poco más largos que la chimenea, colocando el primero sobre la parte frontal; el segundo, en el medio, y el tercero, sobre la parte posterior de la chimenea. Sus extremos tienen aberturas, a cuyo través se introducen unas espigas afiladas, que se hincan en el terreno, para que se mantengan inamovibles, en la misma forma que los soportes de la cabria están fijos. Cada uno de estos soportes está embutido dentro de cada una de las tres vigas transversales, de las cuales una está en el lado derecho de la chimenea; la segunda, a la izquierda, y la tercera, en el

A: Depósito.—B: Reguero.—C: Palanca.—D: Palanca.—E y F: Artesas debajo de las compuertas del agua.—G y H: Dobles filas de cubetas.—I: Eje.—K: Tambor mayor.—L: Cadena de arrastre.—M: Bolsa.—N: Caja colgante.—O: Operario que dirige la máquina.—P y Q: Trabajadores que vacían las bolsas

medio. Al segundo soporte y a la segunda viga transversal—cada uno de los cuales está colocado sobre la mitad de la chimenea—se fijan tablones, que están unidos en tal forma que uno, precediendo a otro, siempre ajusta dentro de la entalladura del que sigue. De esta forma se crean cuatro ángulos y el mismo número de cavidades intermedias, que recogen los vientos que soplan procedentes de todas las direcciones. Los tablones están cubiertos o techados por encima con una cubierta hecha en forma circular y están abiertos por debajo con objeto de que el viento no pueda desviarse hacia arriba y escapar, sino que sea llevado hacia abajo; con ello, los vientos necesarios soplan dentro de las chimeneas, a través de estas cuatro aberturas. No obstante, no hay necesidad de cubrir esta clase de máquina en aquellas posiciones en las que se pueda colocar en forma que el viento sople hacia abajo, a través de su parte más elevada.

La segunda máquina de esta clase hace girar al viento dentro de la chimenea, a través de un conducto largo en forma de caja, que está hecho de tantas longitudes de tablones, unidos juntamente, como lo requiera la profundidad de las chimeneas; las uniones están untadas con arcilla aglutinada con agua. La boca de este conducto se proyecta fuera de la chimenea, hasta una altura de tres o cuatro pies, o no se proyecta; si se proyecta, tiene la forma de un tubo de aireación rectangular, más ancho y amplio en la parte superior que el propio conducto para que pueda recoger fácilmente el viento; si no se proyecta fuera de la chimenea, no es más ancho que el conducto, pero se fijan a él planchas perpendiculares a la dirección en la que el viento sopla, con lo cual se recoge el viento y se le fuerza a penetrar en el conducto.

La tercera de esta clase de máquinas se hace de una tubería o tuberías y un barril. Por encima de la tubería más elevada se monta un barril de madera de cuatro pies de alto y tres de diámetro, unido con collarines de madera; tiene un respiradero cuadrado siempre abierto, que capta las brisas y vientos ligeros, guiándolos hacia abajo por una tubería dentro de un conducto o mediante tuberías dentro de la chimenea.

A la parte de la tubería superior se une una tabla circular, tan gruesa como el fondo del barril, pero de un diámetro ligeramente menor, de forma que el barril pueda girar sobre ella; la tubería se proyecta fuera de la tabla, y está fija en una abertura redonda, en el centro del fondo del barril. Al extremo de la tubería se fija un eje perpendicular, que pasa a través del centro del barril, dentro de un orificio que hay en la cubierta, en el cual está sujeto, de la misma forma que en el fondo. Alrededor de este

A: Soportes.—B: Estacas puntiagudas.—C: Vigas transversales.—D: Tablones verticales.—E: Huecos.—F: Vientos.—G: Disco de cubierta.—H: Pozos o chimeneas. I: Máquinas sin cubierta

eje fijo y de la tabla sobre la tubería, el barril móvil gira fácilmente por un céfiro, o mucho más por un viento, el cual gobierna la aleta que hay sobre él. Esta aleta está hecha de tableros finos y fija a la parte superior del barril, sobre el lado más lejano del respiradero; éste, como he dicho anteriormente, es cuadrado y siempre está abierto. El viento, sople de donde sea, acciona la aleta hacia la dirección opuesta, en cuyo caso el barril gira el respiradero hacia el propio viento; el respiradero recibe el viento, y éste se ve guiado hacia abajo, dentro de la chimenea, mediante conductos o tuberías.

La segunda clase de máquinas soplantes se hace con aspas o aventadores, siendo igualmente de muchas formas, ya que los aventadores pueden estar ajustados a un barril o tambor giratorio de cabria, o bien a un eje. Si lo están a un eje, están contenidos en un tambor hueco, que está hecho de dos ruedas y de ta-

A: Embocadura de conducto que sobresale.—B: Tablones fijos en la boca del conducto sin proyección

bleros que las unen, o en revestimiento en forma de caja. El tambor está fijo y cerrado a ambos lados, excepto por unos orificios redondos de tamaño tal que el eje puede girar en ellos; tiene dos respiraderos cuadrados, de los que el superior recibe el aire, mientras que el inferior lo vacía dentro del conducto a cuyo través desciende a la chimenea. Los extremos del eje, que se proyectan a cada lado del tambor, están soportados por postes ahorquillados o por vigas ahuecadas, recubiertas con hierro grueso; un extremo del eje tiene un brazo de manivela, mientras que en el otro están fijos cuatro vástagos, con sus extremos fuertes, de forma que soportan el peso del eje, y cuando gira está más propenso al movimiento a medida que gira. Y así, cuando el obrero hace girar al eje mediante el brazo de manivela, los aventadores, cuya descripción facilitaré algo más tarde, introducen el aire por el respiradero y lo fuerzan a través del otro respiradero, que conduce

A: Barriles de madera.—B: Collarines.—C: Respiraderos.—D: Tubería.—E: Tabla. F: Eje.—G: Abertura en el fondo del barril.—H: Aleta o aspa

a un conducto, y a través de este conducto el aire penetra dentro de la chimenea.

La que tiene la cubierta en forma de caja cuenta con las mismas cosas que el tambor, pero el tambor es muy superior a la caja, porque los aventadores llenan en tal forma el tambor que casi lo tocan en cada lado e introducen dentro del conducto todo el aire que ha sido acumulado; pero no pueden llenar así la cubierta en forma de caja, a causa de sus ángulos, en los que el aire retrocede parcialmente; por consiguiente, no puede ser de tanta utilidad como el tambor. La clase que tiene una cubierta en forma de caja no se coloca sobre el suelo, sino que se pone sobre maderos, como un molino de viento, y su eje, en vez de un brazo de manivela, tiene cuatro aspas en el exterior, como las aspas de un molino de viento. Cuando éstas reciben el impulso del viento, hacen girar al eje, y de esta forma sus aventadores—que están colocados dentro de la cubierta—impulsan el aire a través del respiradero y del conducto, dentro de la chimenea. Aunque esta má-

*A: Tambor.—B: Cubierta en forma de caja.—C: Respiradero.—D: Segundo orificio.
E: Conducto.—F: Eje.—G: Palanca de eje.—H: Vástagos o varillas*

A: Cubierta en forma de caja, colocada sobre el suelo.—B: Su respiradero.—C: Su eje, con aspas o ventiladores.—D: Brazo de manivela del eje.—E: Vástagos o varas del mismo.—F: Cubierta colocada sobre maderos.—G: Aspas del eje en el exterior de la cubierta o cobertizo

quina no tiene necesidad de hombres a los que pagar por el trabajo de manejar el brazo de manivela, cuando el cielo está desprovisto de viento, como con frecuencia ocurre, la máquina no gira, siendo, por consiguiente, menos adecuada que las otras para la ventilación de un pozo.

En la clase en la que los aventadores están fijos a un eje, hay generalmente un tambor fijo en un extremo del eje, fijándose sobre el otro extremo un tambor hecho de peldaños. Este tambor de peldaños es accionado mediante la rueda dentada de un eje interior, que a su vez gira mediante una rueda, cuyas cubetas reciben el impulso del agua. Si el lugar proporciona abundancia de agua, esta máquina es más útil, porque girar el brazo de manivela no necesita de hombres a los que hay que pagar y porque fuerza el aire sin cesar a través del conducto, dentro de la chimenea.

De los aventadores que están fijos sobre un eje contenido en un tambor o caja los hay de tres clases. La primera está hecha de tableros delgados, de la longitud y anchura que la longitud y anchura del tambor o caja requieran; la segunda clase está hecha de tableros de la misma anchura, pero más cortos, a los cuales se unen largas paletas delgadas de álamo o de alguna otra madera

A: Tambor hueco.—B: Su respiradero.—C: Eje con ventiladores o aspas.—D: Tambor de muescas.—E: Eje inferior.—F: Su rueda dentada.—G: Rueda hidráulica

flexible; la tercera clase tiene tableros como la última, a los cuales se unen filas dobles y triples de plumas de ganso. La última se usa menos que la segunda, que a su vez se usa menos que la primera. Los tableros del aventador están embutidos dentro de las partes cuadradas del eje del barril.

A: Primera clase de abanicos.—B: Segunda clase.—C: Tercera clase.—D: Parte cuadrangular del eje.—E: Parte redonda del mismo.—F: Brazo de la manivela

Las máquinas soplantes de la tercera clase, que no son menos variadas ni de menos formas que las de la segunda clase, están hechas con fuelles, por cuanto mediante sus chorros de viento las chimeneas y socavones no sólo reciben aire a través de conductos o tuberías, sino que pueden quedar despejados mediante succión de los vapores pestilentes y pesados o densos. En el último caso, cuando se abren los fuelles, se extraen vapores procedentes de los conductos, a través de su respiradero, y se succionan estos vapones dentro del fuelle mismo; en el primer caso, cuando se comprimen, impulsan el aire a través de su tobera dentro de los conductos o tuberías; los fuelles se comprimen, bien por hombres, por un caballo, o por energía hidráulica; si lo hace un hombre, el tablero inferior de un gran fuelle se fija a los maderos, por encima del conducto que sobresale de la chimenea, y se coloca en forma tal que, cuando el chorro de viento sale a través del conducto, la tobera o boquilla coincide con el conducto. Cuando se desea succionar vapores pestilentes o densos, el respiradero del fuelle se ajusta alrededor de la boca del conducto. Fija al tablero superior del fuelle hay una palanca, que se acopla con otra, que va hacia abajo desde un pequeño eje, en el que está embutida, de forma que pueda permanecer inamovible; los soportes de hierro, o gorrones de este eje pequeño, giran en aberturas de postes verticales; y así, cuando el obrero tira de la palanca hacia abajo, eleva el tablero superior del fuelle y, al mismo tiempo, la aleta del respiradero se ve arrastrada, abriéndose por la fuerza del viento. Si la tobera o boquilla del fuelle está encerrada en el conducto, extrae aire puro a su interior, pero si su respiradero está ajustado todo alrededor de la boca del conducto, extrae los vapores pestilentes y densos fuera del conducto, y por tanto de la chimenea, incluso si tiene ciento veinte pies de profundidad. Una piedra colocada sobre el tablero superior del fuelle lo oprime, y entonces se cierra la aleta del respiradero.

A: Parte menor de la chimenea.—B: Conducto cuadrado.—C: Fuelle.—D: Parte mayor de la chimenea

El fuelle, mediante el primer método, sopla aire nuevo dentro del conducto, a través de su tobera, y mediante el segundo método expulsa a través de la tobera los vapores pestilentes y densos que ha recogido. En este último caso, el aire nuevo penetra a través de la mayor parte de la chimenea, y los mineros que lo reciben pueden aguantar su tarea. Una parte pequeña del pozo, que forma una especie de chimenea, tiene que ser separada de la otra parte mayor, utilizando para ello un revestimiento ininterrumpido hecho con ademas, que alcanza desde la parte superior de la chimenea hasta el fondo; a través de esta parte, el largo pero estrecho conducto alcanza hasta cerca del fondo de la chimenea.

A: Túnel.—B: Tubería.—C: Tobera del fuelle doble

Cuando no ha sido profundizada ninguna chimenea hasta la profundidad a que encuentra un socavón perforado en la montaña, estas máquinas deben construirse en forma tal que el obrero pueda desplazarse con ellas de un sitio a otro. Cerca de los desagües del socavón a cuyo través fluye el agua, deben colocarse tuberías de madera, y unirlas fuertemente de forma que puedan mantener el aire; deben alcanzar desde la boca del socavón hasta su extremo más lejano. En la boca del socavón el fuelle debe colocarse en forma que, a través de su tobera, se puedan soplar sus chorros de viento acumulado al interior de las tuberías o del conducto; debido a que un chorro de viento siempre impulsa otro hacia adelante, penetran en el socavón y cambian el aire, con lo cual los mineros son capaces de continuar su trabajo.

Si hay vapores densos que es necesario extraer de los socavones, se colocan sobre bancos generalmente tres fuelles triples o dobles, sin toberas, y cerrados en la parte anterior. Un hombre los comprime pisando con sus pies, precisamente como los organistas comprimen los fuelles de los órganos que emiten variados y melodiosos sonidos en las iglesias. Estos vapores densos son extraídos así, a lo largo de tuberías de aire y a través del respiradero del tablero inferior del fuelle, y se expelen a través del respiradero del tablero superior del fuelle, al aire libre, o dentro de alguna chimenea o tiro corriente. El respiradero tiene una válvula de charnela, que el chorro pernicioso abre tantas veces como pasa. Debido a que un volumen de aire entra rápidamente para tomar el lugar de otro que ha sido extraído por el fuelle, no solamente se extrae el aire denso de un socavón de hasta mil doscientos pies o más, sino que también el aire puro se ve naturalmente introducido en la parte del socavón que está a la salida de los conductos. De esta manera se consigue cambiar el aire y los mineros puede realizar su trabajo, continuando lo que han comenzado. Si no se hubieran inventado máquinas de esta clase, sería necesario que los mineros perforaran dos socavones en una montaña, y continuamente, a cada doscientos pies como mucho, hundir una chimenea desde el socavón superior al inferior, para que el aire, al pasar de uno a otro, mantuviera buenas condiciones para los mineros; esto no podría hacerse sin un gran gasto.

Hay dos máquinas diferentes para operar, mediante caballos, los fuelles descritos anteriormente. La primera de estas máquinas tiene sobre su eje una rueda de madera, cuya llanta está cubierta todo alrededor por escalones; un caballo, al que se mantiene continuamente entre barras, como aquellas dentro de las que se sujetan los caballos cuando van a ser herrados, pisa estos escalones con sus patas y hace girar la rueda, juntamente con el eje; las levas sobre el eje oprimen las palancas que comprimen el fuelle. En el libro IX explicaré más claramente la forma en que está hecho el instrumento que eleva el fuelle de nuevo, y también los

A: Máquina descrita en primer lugar.—B: Obrero comprimiendo el fuelle al pisarlo. C: Fuelle sin toberas.—D: Orificio por el que salen los vapores.—E: Conductos.—F: Socavón.—G: Máquina descrita en segundo lugar.—H: Rueda de madera.—I: Sus escalones.—K: Barras.—L: Orificio en la rueda.—M: Palo.—N: Máquina descrita en tercer lugar.—O: Eje verticala.—P: Su tambor dentado.—Q: Eje horizontal.—R: Su tambor de muescas

bancos sobre los cuales se apoyan los muelles. Cada fuelle, si extrae vapores densos fuera de un socavón, los expulsa por el orificio que tiene en el tablero superior; si los extrae de una chimenea, los expulsa a través de su tobera. La rueda tiene un orificio redondo, que queda atravesado con un palo cuando la máquina necesita pararse.

La segunda máquina tiene dos ejes; el eje vertical se hace gi rar por un caballo, y cuyo tambor dentado hace girar a otro tambor hecho de peldaños, sobre un eje horizontal; en otros aspectos, esta máquina es como la última. Aquí también las toberas de los fuelles, colocadas en los conductos, soplan un chorro de viento dentro de la chimenea o del túnel.

De la misma forma en que esta última máquina puede refrescar el aire denso de una chimenea o socavón, así también podía el antiguo sistema de ventilación, mediante el constante sacudimiento de lienzos; el aire no solamente se hace más denso con la profundidad de una chimenea, sino también con la longitud de un túnel.

A: Socavón.—B: Lienzo

A: Descenso al interior utilizando las escalas de mano.—B: Descenso por el procedimiento de sentarse sobre un palo.—C: Sentándose en el suelo.—D: Por escalones cortados en la roca

Las instalaciones que los mineros utilizan para trepar son escalas de mano, fijas a un lado de la chimenea, y alcanzan hasta el socavón o hasta el fondo de la chimenea. No es necesario que describa cómo están hechas, porque se usan en todas partes, y no necesitan mucha habilidad en cuanto a su construcción, pero sí mucho cuidado al fijarlas. No obstante, los mineros no bajan a las minas solamente por los peldaños de las escalas de mano, sino que también descienden a las minas sentados sobre un palo, o un cesto de mimbre atado a un cable de una de las tres máquinas de arrastre que he descrito en primer lugar. Además, cuando las chimeneas están muy inclinadas, los mineros y otros trabajadores se sientan en el suelo y bajan en la misma forma que los muchachos hacen en invierno, cuando el agua se ha congelado en las laderas de las montañas por efecto del frío; y para evitar caerse, un brazo se enrolla alrededor del cable, cuyo extremo superior está sujeto a una viga, en la boca de la chimenea, y el extremo inferior a una estaca fija en el fondo de la misma. De estas tres formas descienden los mineros al interior de las chimeneas. Se puede mencionar un cuarto procedimiento, que se emplea cuando los hombres y los caballos descienden hasta las máquinas subterráneas, regresando de nuevo arriba, y que consiste en unas chimeneas inclinadas que se retuercen a manera de los pasos de rosca de un tornillo, y que tienen escalones cortados en la roca, conforme he descrito anteriormente.

Me queda hablar de las dolencias y accidentes de los mineros y de los métodos mediante los cuales pueden guardarse contra ellos, ya que debemos siempre dedicar más cuidado a mantener nuestra salud, para que podamos realizar libremente nuestras funciones del cuerpo, que a obtener beneficios. En cuanto a las enfermedades, algunas afectan a las articulaciones, otras atacan los pulmones, algunas los ojos, y finalmente algunas resultan fatales para la vida.

Cuando el agua en las chimeneas es abundante y muy fría, daña frecuentemente las piernas, ya que el frío es perjudicial para los tendones. Para combatir esto, los mineros deben hacerse ellos mismos unas botas suficientemente altas, de cuero crudo, que les protejan las piernas del agua fría; el hombre que no sigue este consejo sufrirá mucho, especialmente cuando llegue a viejo. Por otra parte, algunas minas son tan secas que están totalmente desprovistas de agua, y esta sequedad origina que el obrero incluso tenga más perjuicio, ya que el polvo que se agita y bate al excavar penetra dentro de la tráquea y de los pulmones, produciendo dificultad al respirar y la enfermedad que los griegos llaman asma. Si el polvo tiene propiedades corrosivas, consume los pulmones e inculca el desgaste del cuerpo; he aquí por qué en las minas de las montañas cárpatas hay mujeres que se han casado siete veces, al haber muerto todos sus maridos por esta terrible enfermedad, que los ha llevado a una muerte prematura. En Altenberg en Meissen se ha encontrado en las minas «pompholyx» negro, que consume las heridas y las úlceras hasta el hueso; este producto también corroe al hierro, por cuya razón hacen de madera las llaves de sus casas. Además existe cierta clase de cobalto que consume rápidamente los pies de los obreros cuando los tienen húmedos, y de la misma manera sus manos, dañando sus pulmones y ojos. Por consiguiente, para su excavación deben hacerse no solamente botas de cuero crudo, sino guantes lo suficientemente largos para que lleguen hasta el codo, debiendo atarse pañuelos sobre las caras; entonces el polvo no penetrará a través de éstos al interior de sus tráqueas y pulmones ni irá a parar al interior de sus ojos. De forma no diferente, entre los romanos, los mineros de cinabrio tomaban precauciones contra la aspiración de este polvo fatal.

El aire estancado, tanto en una chimenea como en un socavón, produce dificultad al respirar; el remedio para esta calamidad está en las máquinas de ventilación que he explicado anteriormente. Hay otra enfermedad incluso más destructiva, que pronto trae la muerte a los hombres que trabajan en aquellos pozos, galerías o socavones, en los que la roca dura se ha roto por efecto del fuego. Aquí, el aire está infectado de veneno, debido a que largas y pequeñas vetas y grietas en las rocas exhalan venenos sutiles, procedentes de los minerales, extraídos por el fuego, y este veneno mismo se eleva con el humo «pompholyx», que trepa hasta la parte superior de las paredes, en las fábricas en las que se funde el mineral. Si este veneno no puede escapar del suelo, sino que cae en los charcos y flota en su superficie, con frecuencia origina daños, ya que si en algún momento el agua se ve perturbada por una piedra o cualquier otra cosa, estos vahos se elevan de nuevo de los charcos y dominan a quienes lo respiran; esto es incluso mucho peor si todavía no han escapado los vahos del fuego. Los cuerpos de los seres vivientes que se infectan de este veneno se hinchan generalmente, perdiendo todo movimiento y sentido y muriendo sin dolor; hay hombres que incluso en el acto de bajar a las minas, haciendo uso de los peldaños de las escaleras de mano, caen al interior de los pozos vencidos por el veneno, porque sus manos no realizan su oficio y les parece que son redondas y esféricas, y asimismo sus pies. Si, por fortuna, la persona atacada escapa a esta desgracia, durante un rato permanece pálida y mira como si estuviera muerta. En tales casos, nadie debe descender al interior de la mina, ni al interior de las minas próximas, o si está dentro debe salir rápidamente. Los mineros prudentes y habilidosos queman pilas de madera los viernes, hacia la caída de la tarde, y no descienden al interior de las chimeneas ni entran en los socavones de nuevo antes del lunes, para que mientras tanto los vahos venenosos hayan desaparecido.

Hay veces en que hay que acordarse del diablo, porque algunos sitios metalíferos, aunque son raros, espontáneamente producen veneno y exhalan vapor pestilente, como también algunas fisuras en el mineral, aunque éstas contienen más frecuentemente los vahos nocivos. En las ciudades de las llanuras de Bohemia hay algunas cavernas que en ciertas estaciones del año emiten vapores acres que apagan las luces y matan a los mineros si se demoran demasiado tiempo en salir. Plinio también ha dejado escrito que, cuando los pozos están anegados, los vapores sulfurosos o aluminosos que se levantan matan a los excavadores, constituyendo una prueba de este peligro el hecho de que se apague una lámpara encendida que se haya dejado abajo. En tales casos se excava un segundo pozo a la derecha o a la izquierda, como chimenea, que extraiga estos vapores nocivos. En las llanuras construyen fuelles que extraen estos vapores nocivos y ponen remedio a esta calamidad; estos fuelles ya los he descrito anteriormente.

Además, en ocasiones los obreros que bajan por las escalas de mano al interior de las chimeneas se rompen los brazos, piernas, cuellos, o bien caen dentro de los sumideros y se ahogan; con frecuencia, realmente, la negligencia del capataz consiste en reprender, cuando es su trabajo especial fijar las escalas de mano tan firmemente a los maderos que no se puedan romper, y cubrir firmemente con tablones los sumideros del fondo del pozo para que los tablones no puedan moverse ni los hombres caer dentro del agua; por consiguiente, el capataz debe ejecutar su propio trabajo con todo cuidado. Más aún, no debe colocar la entrada del cobertizo del pozo hacia el viento norte, por miedo a que en invierno las escalas de mano se congelen con el frío, ya que cuando esto sucede las manos de los hombres se ponen duras y se deslizan, no pudiendo realizar el trabajo de sostenerlos. Los hombres también han de tener cuidado para que, incluso no sucediendo ninguna de estas cosas, no se caigan, debido a su falta de prudencia.

Las montañas también producen deslizamientos, y los hombres se ven aplastados en su caída, pereciendo. De hecho, cuando en tiempos ya lejanos Rammelsberg, en Goslar, se hundió, muchos hombres fueron aplastados; tantos, que en un día unas cuatrocientas mujeres quedaron viudas. Y hace once años, parte de la montaña de Altenberg, que había sido excavada, se corrió y hundió repentinamente y aplastó a seis mineros; también desapreció una choza con una madre y su pequeño. Pero esto ocurre generalmente en aquellas montañas que contienen venas acumuladas. Por consiguiente, los mineros deben abandonar las numerosas bóvedas que hay bajo las montañas, que necesitan soporte, o proporcionarles apuntalamiento. Los fragmentos de roca que caen dañan también sus miembros, y para evitar que esto suceda, los mineros deben proteger las chimeneas, los socavones y las galerías de arranque.

La hormiga venenosa, que existe en Cerdeña, no se encuentra en nuestras minas. Este animal es, como escribe Solino, muy pequeño, y se parece por la forma a una araña; se le llama «solifuga», porque evita la luz. Es muy común en las minas de plata; trepa sin ser observada, y lleva consigo la destrucción sobre aquellos que, imprudentemente, se sientan sobre ella o la pisan. Pero, según nos dice el mismo escritor, hay manantiales de aguas salutíferas y templadas que vierten en ciertos lugares y neutralizan el veneno introducido por las hormigas.

Sin embargo, en algunas de nuestras minas, si bien en muy pocas, existen otras plagas perniciosas. Estas son demonios de aspecto feroz, sobre los cuales he hablado en mi libro *De animantibus subterraneis*. Los demonios de esta clase se expulsan y ahuyentan por medio de la oración y el ayuno.

Algunas de estas desgracias, así como algunas otras cosas, son la razón por la cual los pozos se abandonan ocasionalmente. Pero la causa primera y principal es que no producen metal, o si lo producen, a juzgar por algunas perforaciones hechas, resulta improductivo por la profundidad a que está. La segunda causa se debe a la cantidad de agua que fluye; a veces los mineros ni pueden desviar este agua dentro de los socavones, ya que los socavones no pueden perforarse tan lejos dentro de las montañas, ni la pueden extraer con máquinas, porque los pozos están demasiado profundos; o si la pueden extraer con máquinas, no las usan, debido, sin duda alguna, a que el gasto es mayor que el beneficio que pueda dar una veta moderadamente pobre. La tercera causa es el aire nocivo, que los propietarios algunas veces no pueden vencer, con conocimientos o con gastos, por cuya razón se abandona la excavación algunas veces, no solamente de los pozos, sino también de los socavones. La cuarta causa es el veneno producido en lugares particulares, si no está en nuestras manos extraerlo por completo, o moderar sus efectos. Esta es la razón por la que en las cavernas, en la llanura de Laurentius, no se trabajaba, aunque no eran deficientes en plata. La quinta causa son los demonios asesinos y fieros, ya que a éstos no se les puede expulsar, ni se puede escapar de ellos. La sexta causa es que los apuntalamientos y entibaciones se desprenden y derrumban, y suele seguir la caída de una montaña; los apuntamientos solamente se restauran cuando la veta resulta ser muy rica en metal. La séptima causa consiste en operaciones militares. Las chimeneas y los socavones deben abrirse de nuevo, salvo que estemos completamente seguros de las razones por las que los mineros desertaron de ellos, por cuanto no debemos creer que nuestros antepasados iban a ser tan indolentes y cobardes como para abandonar minas de las que podrían haber obtenido un gran beneficio. Realmente, en nuestros días no pocos mineros, persuadidos por viejas historietas de mujeres, han vuelto a abrir pozos abandonados y han perdido su tiempo y su trabajo. Por consiguiente, para evitar que las futuras generaciones vayan a cometer un acto semejante, es aconsejable establecer por escrito la razón por la que se abandonó la excavación de cada pozo o socavón, conforme se acordó una vez en Freiberg cuando se abandonaron los pozos a causa de la gran irrupción de agua.

FIN DEL LIBRO VI

LIBRO VII

Ya que en el libro VI he descrito las herramientas, los recipientes y las máquinas utilizadas en las minas, este libro describirá los métodos de probar los minerales; porque es conveniente primero probarlos para que el material de la mina pueda ventajosamente fundirse, o para que las escorias o impurezas pueden eliminarse, y obtener el metal puro. Si bien ha habido escritores que han mencionado tales pruebas, sin embargo, ninguno de ellos ha determinado las directrices para realizarlas; por consiguiente, no hay que extrañarse de que aquellos que vinieron posteriormente no hayan escrito nada sobre la materia. Mediante pruebas de esta clase, los mineros pueden determinar con certeza si los minerales contienen o no metal en ellos; o, si ya se ha indicado que el mineral contiene uno o más metales, las pruebas pondrán de manifiesto si es mucho o poco; los mineros también averiguan mediante tales pruebas el método por el cual se puede separar el metal de aquella parte de mineral que está desprovista de él; y, además, mediante tales pruebas determinan la parte en que hay mucho metal, separándola de aquella otra en que el metal es poco. Salvo que estas pruebas se hayan aplicado cuidadosamente antes de fundir los metales, el mineral no se puede fundir sin gran pérdida para los propietarios, porque las partes que no se funden fácilmente en el fuego disipan los metales con ellos o los consumen. En el primer caso, se van con los vahos; en el otro caso, se mezclan con las escorias y lodos o cuescos de los hornos, y en tal caso, incluso los propietarios pierden el trabajo que han gastado al preparar los hornos y crisoles, siendo necesario, además, que incurran en nuevos gastos para fundentes y otras cosas. Los metales, cuando se han fundido, se ensayan generalmente para averiguar qué proporción de plata hay en un «centumpondio» de cobre o plomo, o qué cantidad de oro hay en una libra de plata; y, por otra parte, qué proporción de cobre o plomo se contiene en un «centumpondio» de plata, o qué cantidad de plata se contiene en una libra de oro. Y, partiendo de esto, podemos calcular si vale la pena separar los metales preciosos de los metales básicos o no. Además, una prueba de esta clase muestra si las monedas son buenas o están rebajadas, y fácilmente se detecta la plata si los acuñadores han mezclado más de lo que la ley permite con el oro; o el cobre, si los acuñadores han mezclado este metal con el oro o la plata en más de lo autorizado. Explicaré todos estos métodos con el mayor cuidado que pueda.

El método de probar mineral utilizado por la gente dedicada

a la explotación de minas difiere de fundir solamente en usar una pequeña cantidad del material. Tanto más cuanto que fundiendo una pequeña cantidad tienen conocimiento de si la fusión de una gran cantidad les compensaría del gasto que originaría; de ahí que, si no hacen hincapié en emplear los ensayos, pueden, como ya he dicho, fundir algunas veces el metal del mineral con una pérdida o, algunas veces, sin beneficio; porque pueden probar el mineral con muy poco gasto y fundirlo solamente con un gasto elevado. Ambos procesos, no obstante, se llevan a cabo de la misma forma, porque en la forma en que ensayamos mineral en un horno pequeño, así lo fundimos en un horno grande. También en ambos casos se quema carbón vegetal y no madera. Más aún, en los crisoles, cuando se prueban los metales, sean oro, plata, cobre o plomo, se mezclan, precisamente en la misma forma en que se mezclan en el horno, cuando se funden. Además, aquellos que ensayan minerales con fuego, o bien vierten el metal en estado líquido o, cuando se ha enfriado, rompen el crisol y limpian el metal de la escoria; y en la misma forma, el fundidor, tan pronto como el metal fluye desde el horno al interior del horno de afino, lo vierte en agua fría y separa la escoria del metal, utilizando una barra encorvada. Finalmente, de la misma forma que se separan el oro y la plata del plomo en una copela, así se separan en el horno de copelar.

Es necesario que el ensayador que está probando mineral o metales esté preparado e instruido en todo lo necesario para realizar las pruebas y que cierre las puertas de la habitación en donde está el horno de ensayo, por miedo a que pueda entrar cualquiera en un momento inoportuno y distraiga sus pensamientos cuando están dedicados a su trabajo. También es necesario que tenga su balanza en una caja, en forma que, cuando pese los pequeños granos del metal, no se agiten los platillos a causa de una corriente o tiro de aire, ya que esto constituiría una interrupción a su trabajo.

A continuación describiré las diferentes cosas que son necesarias en el ensayo, comenzando por el horno de ensayo, de los que unos difieren de otros en la forma, en el material y en el lugar en que se instalan. En cuanto a la forma, pueden ser redondos o rectangulares, siendo los últimos los más adecuados para ensayar minerales. Los materiales de los hornos de ensayo difieren en que uno está hecho de ladrillos, otro de hierro y algunos de arcilla. El de ladrillos se construye sobre una solera de chimenea que tiene tres pies y medio de altura; el de hierro se coloca en la misma posición, y asimismo el de arcilla. El de ladrillo tiene un codo de alto, un pie de ancho en el interior y un pie y dos dedos de largo; en un punto, que está a cinco dedos por encima de la solera —lo que viene a ser generalmente el grosor de un ladrillo no cocido—, se coloca una placa de hierro y se la recubre con arcilla para juntas en el lado superior, para evitar que pueda dañarse con el fuego; enfrente del horno, por encima de la placa, hay una boca que tiene un palmo de alto, cinco dedos de ancho, y que está redondeada en la parte superior. La placa de hierro tiene tres aberturas de un dedo de ancho por tres dedos de largo, estando una a cada lado, y la tercera en la parte posterior; a través de ellas cae algunas veces la ceniza procedente del carbón vegetal que se está quemando, y algunas veces la corriente sopla a través de la cámara que está por debajo de la placa de hierro y estimula el fuego. Por esta causa, este horno, cuando lo usan los metalúrgicos, se llama horno de ensayo, y cuando lo usan los alquimistas se llama de viento. La parte de la placa de hierro que sobresale del horno es generalmente de tres cuartos de palmo de largo por un palmo de ancho; los trozos menudos de carbón vegetal, después de haber sido colocadas sobre la misma, pueden colocarse rápidamente en el horno, a través de su boca, utilizando un par de tenazas o, de nuevo, si es necesario, se pueden sacar del horno y depositar en la placa.

El horno de hierro de ensayo está hecho de cuatro barras de hierro de un pie y medio de largo, las cuales se curvan en el fondo

Horno de ensayo redondo

Horno de ensayo rectangular

hacia fuera y se ensanchan una corta distancia para que puedan estar más firmemente; la parte frontal del horno está hecha de dos de estas barras, y la parte posterior de otras dos; a estas barras, y a ambos lados, se unen y sueldan tres barras transversales de hierro, la primera de las cuales tiene a una altura de un palmo, desde el suelo, la soldadura; la segunda, a un pie, y la tercera, en la parte superior. Las barras verticales están perforadas en el punto en que las barras transversales se les unen, con objeto de que se puedan acoplar tres barras de hierro similares sobre los laterales restantes; así, hay doce barras transversales, que forman tres pisos o plataformas a intervalos desiguales. En la plataforma inferior, las barras verticales están distantes una de otra un pie y cinco dedos; en la plataforma del medio, la distancia es de tres palmos y un dedo desde la parte frontal a la posterior, y los laterales están distantes uno de otro tres palmos y tres dedos más; en la plataforma superior hay una distancia de dos palmos desde la parte frontal a la posterior, siendo de tres palmos la que hay entre los laterales, con lo que de esta forma el horno se hace más estrecho en la parte superior. Además, una varilla de hierro, curvada como la forma de la boca, se coloca dentro de la barra inferior de la parte frontal; esta boca, como la del horno de ladrillo, tiene un palmo de altura y cinco dedos de ancho. Después, la barra transversal delantera de la plataforma inferior se perfora a cada lado de la boca, y asimismo la de la parte posterior;

a través de estas perforaciones pasan dos varillas de hierro, haciendo así en conjunto cuatro barras en la plataforma inferior, y éstas soportan una placa de hierro, recubierta con arcilla para junturas; parte de esta placa también sobresale fuera del horno. El exterior del horno, desde la plataforma inferior a la superior, se cubre con placas de heirro, que se unen a las barras mediante alambres y se recubren con arcilla para que contengan el calor del fuego cuanto sea posible.

A: Abertura en la placa.—B: Bandeja de la placa que sobresale del horno

En cuanto al horno de arcilla, debe hacerse de arcilla muy moldeable y gruesa, teniendo este horno la misma altura que el de hierro y siendo su base de dos baldosas de alfarería de un pie y tres palmos de largo y un pie y un palmo de ancho. Cada lado de la parte anterior de ambas baldosas está gradualmente recortado en la longitud de un palmo, de forma que tienen medio pie y un dedo de ancho y se proyectan desde el horno; las baldosas tienen como un dedo y medio de grueso. Las paredes son también de arcilla, van colocadas sobre las baldosas inferiores, a una distancia de un dedo del borde, y soportan las baldosas superiores; las paredes tienen tres dedos de altura y cuatro aberturas, cada una de las cuales tiene unos tres dedos de alto; las de la parte posterior y las de cada lado tienen cinco dedos de ancho, y las de la parte frontal un palmo y medio de ancho, para que las copelas recién hechas puedan colocarse convenientemente sobre la solera, cuando ésta se ha calentado totalmente, y puedan secarse. Ambas baldosas están unidas sobre el borde exterior con alambre de hierro prensado entre ellas, de forma que puedan romperse menos fácilmente, y las baldosas, igual que la placa de asiento de hierro, tienen tres aberturas de tres dedos de largo y un dedo de ancho para que cuando la superior, a causa del calor del fuego o por alguna otra razón, se haya dañado, la inferior pueda cambiarse y tomar su lugar. A través de estos orificios caen las cenizas procedentes del carbón vegetal que se quema, según he dicho anteriormente, y el aire sopla dentro del horno, después de haber pasado a través de las aberturas que hay en las paredes de la cámara. El horno es rectangular, y dentro, en la parte inferior, tiene tres palmos y un dedo de ancho, y tres palmos y otros tantos dedos de largo. En la parte superior tiene dos palmos y tres dedos de ancho—es decir, que se estrecha hacia arriba—; tiene un pie de alto. En el medio de la parte posterior se corta en el fondo, adoptando la forma de un semicírculo de la mitad de un dedo de radio. A diferencia del horno anteriormente descrito, tiene en su parte anterior una boca que está redondeada en la parte superior, siendo de un palmo de altura y de un palmo y un dedo de ancho. Su puerta está también hecha de arcilla, teniendo una ventana y un mango; incluso la tapadera del horno, que está hecha de arcilla, tiene su propio mango, unido con alambre de hierro. Las partes exteriores y los laterales de este horno están unidos con alambres de hierro, que están, por lo general, metidos a presión, en forma de triángulos. Los hornos de ladrillo han de permanecer fijos; los de arcilla y hierro pueden ser llevados de un lugar a otro. Los de ladrillo se pueden preparar con mayor rapidez, mientras que los de hierro llevan más tiempo, siendo los de arcilla los más adecuados. Los ensayadores hacen también hornos provisionales de otra forma: colocan tres ladrillos sobre una solera, uno a cada lado y un tercero en la parte posterior, dejando la parte anterior abierta para el tiro y colocando sobre estos ladrillos una placa de hierro, sobre la cual colocan de nuevo tres ladrillos, que sostienen y conservan el carbón vegetal.

La instalación de un horno difiere de la de otro en que algunos se colocan más altos y otros más bajos; el que se coloca más alto es aquel en el que el hombre que está probando el mineral o los metales introduce el crisol a través de la boca con las tenazas; el que se coloca más bajo es aquel en el cual se introduce el crisol a través de su parte posterior abierta.

En algunos casos, el ensayador utiliza un aro de hierro o cerco en vez de un horno; el aro de hierro se coloca sobre la solera de una chimenea, estando la juntura inferior untada de arcilla para evitar que el aire forzado del fuelle pueda escaparse por debajo de él. Si el aire se da lentamente, el mineral se fundirá y el cobre se fundirá en el crisol triangular, que está colocado en él, pudiéndose sacar con las tenazas. El aro o cerco tiene dos palmos de alto y un dedo de grueso; su diámetro es generalmente de un pie y un palmo, y donde el aire forzado procedente del fuelle penetra en él está muesqueado. El fuelle es doble, tal como los que usan los obreros de explotaciones auríferas, y algunas veces los forjadores o herreros. En el medio del suelo hay un tablero, y en éste, un respiradero, de cinco dedos de ancho por siete de largo, cubierto por una pequeña aleta, que está unida sobre el respiradero, en el lado inferior del tablero; esta aleta tiene la misma longitud que anchura. El fuelle, sin la cabeza, tiene tres pies de largo, y en la parte posterior tiene un pie y un palmo de ancho, es algo redondeado y tiene tres palmos de ancho en la cabeza; la propia cabeza tiene tres palmos de largo por dos y un dedo de ancho, en la parte donde se une a los tableros, siendo después gradualmente más estrecha. La tobera o boquilla, que es única, tiene un pie y dos dedos de largo; esta tobera y la mitad de la cabeza en la que se fija la tobera están colocadas en una abertura de la pared de un pie y un palmo de anchura; alcanza solamente al aro de hierro sobre la solera, ya que no se proyecta más allá de la pared. El cuero del fuelle está fijo a los tableros del mismo con la clase peculiar de clavos de hierro que se usan para esto. El cuero une ambos tableros del fuelle a la cabeza, habiendo sobre él bandas transversales de cuero fijas a los tableros del fuelle, con clavos de cabeza ancha fijos también a la cabeza. El tablero del medio del fuelle descansa sobre una barra de hierro, a la cual se une mediante clavos de hierro afianzados sobre ambos extremos, de forma que no pueda moverse; la barra de hierro está fija entre dos postes verticales, a cuyo través penetra. Más arriba de estos postes verticales hay un eje de madera con gorrones o soportes de hierro que giran en los orificios de los postes. En el medio de este eje está embutida una palanca, fija con clavos de hierro para evitar que pueda desprenderse; la palanca tiene cinco pies y medio de largo, y su extremo posterior está acoplado en el anillo de hierro de una varilla de hierro, que alcanza hasta la «cola» del tablero inferior del fuelle, y allí se acopla a otro anillo similar. De esta forma, cuando el obrero tira hacia abajo de la palanca, la parte inferior del fuelle se levanta y lleva el viento al interior de la tobera; después, el viento, penetrando a través del orificio que hay en el tablero medio del fuelle, y que se llama respiradero, eleva la parte superior del fuelle; sobre el tablero superior hay una pieza de plomo lo suficientemente pesada para que oprima esa parte del fuelle, haciéndola bajar, y al hacerlo sople un chorro de aire forzado a través de la tobera. Este es el principio del fuelle doble, que es característico del aro de hierro donde se colocan crisoles triangulares, en los cuales el mineral se funde y se licúa el cobre.

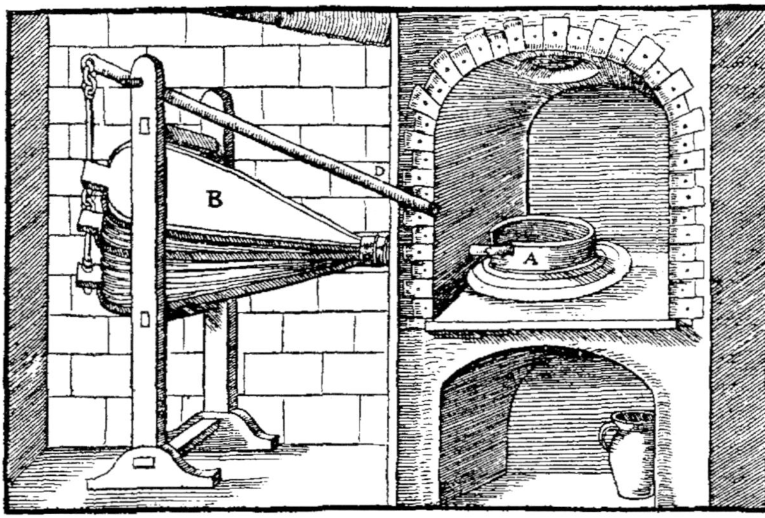

A: Aro de hierro.—B: Fuelle doble.—C: Tobera o boquilla del fuelle.—D: Palanca

He hablado de los hornos y del aro de hierro; ahora hablaré de los hornos de copela y de los crisoles. El horno de copela está hecho de arcilla, en forma de una teja de canal invertida; cubre los crisoles por miedo a que el polvo del carbón caiga dentro de ellos e interfiera con el ensayo. Tiene un palmo y medio de ancho, y la altura, que corresponde a la boca del horno, generalmente un palmo, y es casi tan largo como el horno; solamente en el extremo frontal la mufla toca la boca del horno, pero en las demás partes, tanto en los lados como en la parte posterior, hay un espacio de tres dedos que permite que el carbón vegetal esté en el espacio abierto entre la mufla y el horno. La mufla es de gruesa como una jarra de barro de un ancho normal. Su parte superior es entera; la posterior tiene dos ventanillas, y en cada lado hay dos, tres o incluso cuatro, a cuyo través pasa el calor al interior de los escorificadores y el mineral se funde. En vez de ventanitas, algunas muflas tienen pequeños orificios, diez en la parte posterior y más a cada lado. Más aún, en la parte posterior, por debajo de las pequeñas ventanas o pequeños orificios, se recortan tres muescas semicirculares de un dedo de alto, cuatro a cada lado. La parte posterior de la mufla es generalmente algo más baja que la parte de delante.

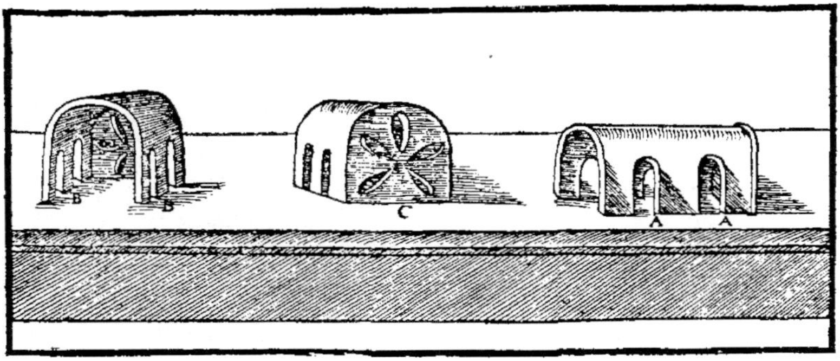

A: Ventanas anchas de mufla.—B: Ventanas estrechas.—C: Aberturas en la parte posterior de la mufla

Los crisoles difieren en los materiales de que están hechos, porque se hacen, bien de arcilla, bien de escorias, y los de arcilla, que también llamamos de tierra o de barro, difieren en la forma y en el tamaño. Algunos están hechos en forma de una bandeja moderadamente gruesa, de tres dedos de ancho y de una capacidad de una onza; en éstos, el mineral, mezclado con fundentes, se funde; se llaman escorificadores, y los usan los que ensayan mineral de oro o de plata. Algunos son triangulares y mucho más gruesos y de más capacidad, conteniendo cinco, seis o incluso más onzas; en éstos se funde el cobre en forma que pueda verterse, dilatarse y probarse con fuego.

Las copelas están hechas de escorias; como los crisoles anteriores, tienen forma de bandejas, y su parte inferior es muy gruesa, pero su capacidad es menor. En éstos, el plomo se separa de la plata y con ellos se concluyen ensayos. Ya que los propios ensayadores hacen las copelas, debe decirse algo sobre el material de que se hacen y el método para hacerlas. Algunos las hacen de toda clase de escorias ordinarias o comunes; éstas no son buenas, porque las escorias de esta clase contienen impurezas y algo de grasa, por lo que tales copelas se rompen fácilmente cuando están calientes. Otros las hacen asimismo de cualquier clase de escorias, que previamente se han filtrado; de esta clase son las escorias en las que se ha echado agua templada para hacer lejía.

A: Crisol.—B: Crisol triangular.—C: Copela

Estas escorias, después de haberse secado al sol o en un horno, se tamizan en una criba de crin, y aunque el agua templada elimine la grasa de las escorias, todavía las copelas hechas de tales escorias no resultan muy buenas, porque con frecuencia contienen polvo de carbón vegetal, arena y otros restos. Algunos las hacen en la misma forma, de cualquier clase de escorias, pero, ante todo, vierten agua dentro de las escorias y eliminan la espuma que flota en ellas; después, una vez que están limpias, extraen el agua y secan las escorias; después las tamizan y hacen las copelas de ellas. Estas resultan realmente buenas, pero no de la mejor calidad, porque las escorias de esta clase tampoco están desprovistas de pequeños cantos rodados y arena. Para obtener copelas de la mejor calidad se han de extraer todas las impurezas que haya en las escorias. Estas impurezas son de dos clases; unas son ligeras, como el polvo del carbón vegetal y el material grasiento, así como otras cosas que flotan en el agua; otras, pesadas, como piedrecitas, arena fina y cualquier otro material que se posa en el fondo de un recipiente. Por consiguiente, ante todo, debe verterse agua dentro de las escorias y extraer las impurezas ligeras; después, se deben amasar las escorias, teniendo que amasarse con las manos, de forma que queden adecuadamente mezcladas con el agua; cuando el agua está fangosa y turbia se debe verter en un segundo recipiente. De esta forma, las pequeñas piedras y la arena o cualquier otra sustancia que pueda haber permanece en el primer recipiente, debiendo tirarse. Cuando todas las escorias se han depositado en este segundo recipiente, lo que se apreciará porque el agua se ha quedado limpia y no sabe a lejía, se saca el agua, secándose a continuación, bien al sol o en un horno, las escorias que se han depositado en el recipiente. Este material es adecuado para copelas, especialmente si es escoria de madera de haya, que tiene un desarrollo anual pequeño; las escorias hechas de sarmientos de vid, que tienen un desarrollo rápido anual, no resultan tan buenas, porque las copelas hechas de ellas, debido a que no están suficientemente secas, se rajan y rompen con frecuencia en el fuego y absorben los metales. Si no dispone de escorias de haya o madera similar, el ensayador hace pequeñas bolas de las escorias que pueda conseguir, después de haber eliminado las impurezas en la forma descrita anteriormente, y las pone en un horno de panadero o alfarero a quemarse, haciendo las copelas de ellas, porque el fuego consume toda la grasa o humedad que puedan tener. En cuanto a otra clase de escorias, las más viejas son las mejores, porque es necesario que tengan la mayor sequedad posible. Por esta causa, las escorias obtenidas de huesos, especialmente de huesos de cabezas de animales, son las más adecuadas para hacer copelas, como también lo son las obtenidas de los cuernos de ciervos y espinas de pescados. Por último, algunos usan las escorias que han obtenido de raspaduras de cuero quemado cuando los curtidores raspan los cueros para dejarlos limpios de pelo. Otros prefieren usar compuestos, recomendándose los que tienen una parte y media de escorias de huesos de animales o de espinas de pescados y una parte de escorias de madera de haya y media parte de escorias de raspaduras de cuero. De esta mezcla se obtienen buenas copelas, si bien se obtienen mucho mejores con porciones iguales de escorias de raspaduras de cuero, escorias de huesos de cabezas de ovejas y vacas y escorias de cuernos de ciervo. Pero las mejores de todas se obtienen con cuernos de ciervo solamente, quemados hasta reducirlos a polvo; esta clase, debido a su extrema sequedad, absorbe los metales menos que ninguna otra. Los ensayadores de nuestro tiempo, sin embargo, hacen generalmente copelas con escorias de haya. Estas escorias, después de haberse preparado en la forma descrita, se rocian primeramente con cerveza o agua, para hacer que se agarren, moliéndose después en un pequeño mortero. Se muelen de nuevo, después de haberse mezclado con las escorias obtenidas de las calaveras de animales o de las espinas de pescados; cuanto más se muelen las escorias, mejores resultan. Algunos frotan ladrillos y rocian el polvo así obtenido, después de haberlo tamizado, dentro de las escorias de haya, porque el polvo de esta clase no permite que el plomo de la solera absorba el oro o la plata, consumiendo la solera. Otros, para protegerse contra lo mismo, humedecen las copelas con claras de huevo, después de haberlas hecho, y cuando se han secado al sol, de nuevo las aplastan, especialmente si necesitan ensayar en ellas mineral o cobre que contenga hierro. Algunos humedecen las escorias una y otra vez con leche de vaca y las secan, triturándolas en un pequeño mortero y moldeando después las copelas. En las fábricas, en las que la plata se separa del cobre, se hacen copelas con dos partes de escorias del crisol del horno de copelación, porque estas escorias son muy secas, y con una parte de escoria de huesos. Las copelas que se han hecho de esta forma necesitan también colocarse al sol o en un horno; después, sea cualquiera el procedimiento que se haya utilizado para hacerlas, deben conservarse durante un largo período en lugares secos, porque cuanto más tiempo llevan hechas mejores y más secas son.

No sólo los alfareros, sino también los propios ensayadores, hacen crisoles, y crisoles triangulares. Los hacen con arcilla plástica, seca, que ni se endurece ni ablanda. Con esta arcilla mezclan el polvo de viejos crisoles rotos o de ladrillos quemados y gastados; después amasan con un mazo de mortero la arcilla así mezclada con polvo, secándola a continuación. En cuanto a estos crisoles, cuanto más antiguos sean mejores y más secantes resultan. Los moldes donde se moldean las copelas son de dos clases, esto es, el tamaño más pequeño y el mayor. En los pequeños se hacen copelas en los que la plata y el oro se purgan del plomo que han absorbido; en los mayores se hacen copelas, en las que se separa la plata del cobre y del plomo. Ambos moldes están hechos de latón y no tienen fondo, para que las copelas puedan extraerse completas. Los mazos de mortero son también de dos clases, más pequeños y mayores, igualmente ambos de latón, y, desde el extremo inferior, sobresale el majador redondo, siendo éste solamente el que se presiona dentro del molde y hace la parte hueca de la copela. La parte que está próxima a la protuberancia o majador corresponde a la parte superior del molde.

Dejo estas materias para hablar ahora de la preparación del mineral para el ensayo o prueba. Se prepara, calcinándolo, quemándolo, triturándolo y lavándolo. Es necesario tomar un peso fijo de mineral con objeto de que se pueda determinar la proporción de él que estas operaciones consumen. La piedra dura, metálica, se quema para que, cuando se ha vencido su dureza, se pueda

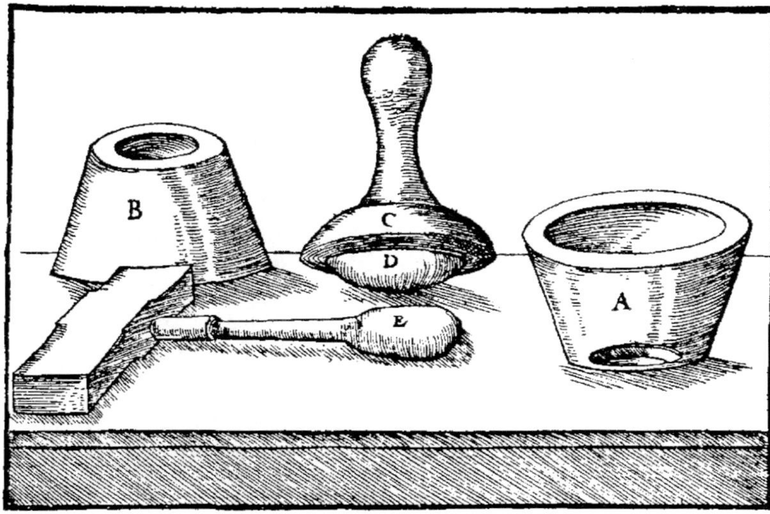

A: Molde pequeño.—B: invertido.—C: Mano de mortero.—D: Majador.—E: Segunda mano de mortero

triturar y lavar; realmente, la verdaderamente dura, antes de quemarse, se rocía con vinagre para que pueda ablandarse más fácilmente al fuego. La piedra blanda debe romperse con el martillo, triturarse en un mortero y reducirse a polvo; después debe lavarse y secarse nuevamente. Si se mezcla tierra con el mineral, se lava en una jofaina, y lo que se deposita se ensaya en el fuego, después de haberse secado. Todos los productos de minería que se laven deben secarse de nuevo. Pero el mineral que es rico en metal nunca se quema, ni se tritura, ni se lava, sino que se calcina, por miedo a que el método de preparación origine pérdidas del metal. Cuando se han encendido los hornos, esta clase de mineral se calcina en un crisol cerrado, que se tapa con barro. El mineral de menos valor se quema incluso en la solera, colocándose sobre el carbón vegetal; porque no haremos un gran gasto de metales si no los contiene. Sin embargo, entraré en más detalles en cuanto a todos los métodos de preparar mineral, tanto algo más tarde como en el siguiente libro.

Por el momento, he decidido explicar los flujos que la gente que se dedica a la explotación de las minas llama generalmente fundentes, porque se añaden a los minerales no solamente para los ensayos, sino también para fundirlos. En todos estos fundentes se descubre una gran energía, pero no vemos los mismos efectos en cada caso, y algunos son de una naturaleza muy complicada. Cuando se han mezclado con el mineral y se funden, bien en el ensayo o en el horno de fusión, algunos, debido a que se funden fácilmente, funden en parte el mineral; otros, debido a que hacen al mineral muy caliente o penetran en él, ayudan considerablemente al fuego en la sepaarción de las impurezas de los metales y mezclan la parte fundida con el plomo, o bien parcialmente protegen del fuego al mineral, cuyo contenido de metal podría consumirse en el fuego o irse con los vahos y desaparecer del horno; algunos fundentes absorben los metales. A la primera clase pertenece el plomo, tanto si se reduce a pequeños gránulos como si se transforma en escoria por la acción del fuego, o el ocre hecho del plomo, o el plomo rojo, o el litargirio, o el plomo de solera, o la galena; también el cobre, tanto calcinado como en escamas o limaduras; también las escorias de oro, plata, cobre y plomo; también la sosa cáustica o sus escorias, el saltre, el alumbre quemado, el vitriolo, la sal tostada y sal derretida, las piedras que fácilmente se derriten en hornos calientes, la arena que se hace de ellas el «tophus» blando. El minio, el ocre y el litargirio son más eficaces para los minerales que se derriten fácilmente; el plomo de solera, para aquellos que se derriten con dificultad, y la galena, para los que se derriten con mayor dificultad. A la segunda clase pertencen las limaduras de hierro, su escoria, la sal artificial, el tártaro, los posos secos de vinagre y los posos del agua fuerte, que separa el oro de la plata; estos posos y la «sal artificial» tienen el poder de penetrar dentro del mineral; el tártaro, hasta un grado considerable; los posos del vinagre, en mayor grado; pero la mayoría de ellos son superados por el agua fuerte, que separa el oro de la plata; las limaduras y las escorias, debido a que se derriten más lentamente, tienen la facultad de calentar el mineral. A la tercera clase pertenecen las piritas, los terrones que se derriten de ellas, la sosa cáustica, sus escorias, la sal, el hierro, las escamas de hierro, las limaduras de hierro, las escorias de hierro, el vitriolo, la arena en que se transforman las piedras que se derriten fácilmente en el fuego y el «tophus»; pero las primeras de todas las son las piritas y los panes que se derriten de ellas, ya que absorben los metales del mineral y les guardan del fuego que les consume. Al cuarto orden pertenecen el plomo, el cobre sus afines. Y así, con respecto a los fundentes, está claro que algunos son naturales, otros están en la categoría de las escorias y el resto se purgan de la escoria. Cuando ensayamos minerales, podemos, sin grandes gastos, añadir a ellos una pequeña porción de cualquier clase de fundente, pero cuando los fundimos no podemos añadir una gran porción sin producir un gran gasto.

Por consiguiente, debemos considerar a cuánto asciende el costo para evitar incurrir en un gasto mayor al fundir un mineral que el beneficio que podemos obtener con los metales que de él se saquen.

El color de los vahos que el mineral emite, después de haberlo colocado en una plancha caliente o en una placa de hierro, indica cuál es el fundente que se necesita añadir al plomo para ensayarlo o fundirlo. Si los vahos tienen un tinte púrpura, es el mejor caso y el mineral no requiere flujo alguno. Si los vahos son azules, se añadirán terrones derretidos de piritas o de otras rocas cupríferas; si amarillos, el litargirio o azufre son los que deben añadirse; si rojos, las escorias de vidrio y la sal; si verdes, terrones derretidos, obtenidos de las piedras cupríferas, el óxido de plomo y las escorias de vidrio; si los vahos son negros, se añadirán sal derretida o escoria de hierro, la almártaga o litargirio y roca caliza blanca. Si son blancos, el azufre y el hierro, que se consume con la herrumbre; si son blancos, con trozos verdes, escoria y arena, obtenida de las piedras que se derriten fácilmente, y si la mitad de los vahos son amarillos y espesos, pero la parte externa verde, la misma arena y escoria de hierro. El color de los vahos no solamente proporciona una información en cuanto a los remedios que se deben aplicar a cada mineral, sino que, además, dan más o menos indicación en cuanto a los jugos solidificados que están mezclados con ellos y cuáles producen tales vahos. Generalmente, los vahos azules significan que el mineral contiene lapislázuli; el amarillo, oropimente; el rojo, rejalgar; el verde, crisocola; el negro, alquitrán negro; el blanco, estaño; el blanco con manchas verdes, lo mismo, mezclado con crisocola; la mitad amarillo y otra parte verde, muestra que contiene azufre. La tierra, también, y otras cosas excavadas que contienen metales expelen vahos coloreados.

Si el mineral contiene estibio, se le añade la escoria de hierro; si piritas, se añaden terrones derretidos de piedra cuprífera y arena, hechos de piedras que se derriten fácilmente. Si el mineral contiene hierro, se añaden piritas y azufre; así como la escoria de hierro es el fundente para mineral mezclado con azufre, así, por el contrario, a un mineral de oro y plata con hierro, del cual no se separan fácilmente, se añade azufre y arena, hecha de piedras que se derriten fácilmente.

La «sal artificial» es adecuada para el uso de ensayar mineral, fabricándose de muchos modos. Mediante el primer método, porciones iguales de tártaro, posos de vinagre y orina se hierven juntos hasta que se convierten en sal. El segundo método se hace con iguales porciones de las escorias que usan los secaderos de lana, obtenidas de cal, de tártaro purificado y de sal derretida; una libra de cada uno de estos ingredientes se echa en veinte libras de orina; a continuación se hierve todo ello hasta reducirlo por cocción a un tercio y se procede a un colado, añadiendo después a lo que queda una libra y cuatro onzas de sal no derretida, ocho libras de lejía, vertiéndose al mismo tiempo en crisoles cerrados con litargirio untado alrededor en el interior, hirviéndose la totalidad hasta que la sal se queda completamente seca. El tercer método es de la forma siguiente: sal no derretida y hierro consumido por herrumbre se ponen en un recipiente, y una vez que se ha vertido orina en él, se cubre con una tapadera y se pone en un lugar templado durante treinta días; después, el hierro se lava en la misma orina y se saca, y el residuo se hierve hasta que se convierte en sal. En el cuarto método, mediante el cual se prepara la sal artificial, la lejía hecha de iguales porciones de cal y de las escorias que usan los secaderos de lana, juntamente con porciones iguales de sal, jabón, tártaro blanco y salitres, se hierven hasta que al final la mezcla se evapora y se convierte en sal. Esta sal se mezcla con los concentrados procedentes del lavado para derretirlos.

El salitre se prepara en la siguiente forma, con objeto de que resulte adecuado para su uso al ensayar mineral. Se coloca en un crisol cerrado, que está untado por el interior con litargirio, y se vierte repetidamente lejía, hecha de cal viva, en él, calentándose hasta que el fuego la consume. El salitre no se quema con el fuego, ya que ha absorbido la cal que lo evita, y así se prepara.

Se recomiendan las siguientes composiciones para derretir todos los minerales que el calor del fuego disgrega o derrite solamente con dificultad. Una se hace con piedras de la tercera clase, que se derriten fácilmente cuando se echan dentro de los hornos calientes. Se trituran, convirtiéndolas en puro polvo blanco, y con la mitad de una onza de este polvo se mezclan dos onzas de litargirio amarillo, igualmente triturado. Esta mezcla se coloca dentro de un crisol lo suficientemente grande para que la contenga y se coloca por debajo de la mufla de un horno caliente; cuando la carga fluye como si fuera agua, lo que ocurre después de media hora, se saca del horno y se vierte sobre una piedra, y cuando se ha endurecido tiene el aspecto de cristal, al que asimismo se tritura. Este polvo se rocía o dispersa sobre cualquier mineral metalífero, que no se derrita fácilmente cuando se le ensaya, y da origen a que la escoria exude.

Otros, en lugar de litargirio, usan escoria de plomo, que se hace en la siguiente forma: se echa azufre en el plomo que se ha derretido en un crisol, y pronto se ve cubierto con una especie de espuma; cuando se extrae ésta, se echa de nuevo azufre, y la costra que se forma de nuevo se elimina; esto se repite frecuentemente, hasta que el plomo se ha convertido en polvo. Hay un fundente poderoso que se hace con una onza de cada uno de los siguientes compuestos: salitre, sal derretida, escorias de vidrio y tártaro, un tercio de onza de litargirio y un bes de vidrio molido en polvo; este fundente, al añadirlo a un peso igual de mineral, lo licúa. Un fundente más fuerte se hace colocando en un crisol cerrado, recubierto en su interior con litargirio, porciones iguales de tártaro blanco, sal común y salitre preparado, calentándose todo hasta obtener un polvo blanco, mezclándose después este polvo con una cantidad igual de litargirio; una parte de este compuesto se mezcla con dos partes del mineral que se está ensayando. Un fundente todavía más fuerte que éste se hace con escorias de plomo negro, salitre, oropimente, estibio y sedimentos del agua con la que los mineros de oro separan éste de la plata. Las escorias del plomo se hacen con una libra de plomo y una libra de azufre; el plomo se aplasta en láminas, golpeándolo con un martillo, y se coloca alternativamente con azufre en un crisol o recipiente, calentándose juntamente hasta que el fuego consume el azufre y el plomo se convierte en escorias. Una libra de salitre triturado se mezcla con una libra de oropimente, molido en polvo, y los dos se cuecen en una paila de hierro hasta que se licúan; después se vierten y, una vez que se han enfriado, se convierten nuevamente en polvo. Una libra de estibio y un bes de sedimentos se colocan alternativamente en un crisol, y se calientan hasta el punto en que toman la forma de un botón, que se reduce a polvo. Un bes de este polvo y una libra de las escorias de plomo, así como una libra del polvo hecho con el salitre y el oropimente, se mezclan juntamente, obteniéndose un polvo, una parte del cual, añadida a dos partes del mineral, lo licúa y lo depura de sedimentos. Pero el fundente más fuerte es uno que tiene dos dracmas de azufre y otro tanto de escorias de vidrio, y la mitad de una onza de cada uno de los siguientes componentes: sal obtenida de orina hervida, sal común derretida, salitre preparado, estibio, litargirio, vitriolo, tártaro, sal obtenida de escorias de hiedra de almizcle, sedimentos secos del agua que utilizan los mineros de oro para separar éste de la plata, alumbre reducido por el fuego a polvo, y una onza de alcanfor, combinado con azufre y molido hasta convertirlo en polvo. La mitad de la totalidad de esta mezcla, o la totalidad, según el caso lo requiera, se mezcla con una porción del mineral y dos porciones de plomo y se pone en un crisol; se rocía con polvo de vidrio de Venecia triturado y, cuando la mezcla se ha calentado durante hora y media o dos horas, se formará un botón en el fondo del crisol, separándose pronto de él el plomo.

También hay un fundente que separa el azufre, el oropimente y el rejalgar de los minerales metalíferos. Este fundente está compuesto de porciones iguales de escoria de hierro, «tothus» blanco y sal. Una vez segregados estos jugos, los propios minerales se derriten, con tártaro añadido a ellos. Hay un fundente que preserva a los metales del estibio, y está compuesto de porciones iguales de azufre, salitre preparado, sal derretida y vitriolo, calentados juntamente en lejía, hasta que no hay olores del azufre, lo que tiene lugar después de haber transcurrido tres o cuatro horas.

También vale la pena usar otras mezclas determinadas. Por ejemplo: dos porciones de mineral adecuadamente preparado, una porción de limaduras de hierro y asimismo una porción de sal, y mezclarlas, poner a continuación todo ello en un escorificador y colocarlo en un horno de mufla; cuando se ha reducido por el fuego y se funden juntamente, se formará un botón en el fondo del escorificador. O bien tomar porciones iguales de mineral y de ocre de plomo y mezclarlo con una pequeña cantidad de limaduras de hierro, poniendo todo ello dentro de un escorificador y esparciendo después limaduras de hierro sobre la mezcla. O de otro modo, tomar mineral que se haya triturado hasta convertirlo en polvo, y rociarlo en un crisol, rociando después sobre él una cantidad igual de sal que se haya humedecido tres o cuatro veces con orina y secado; después, una y otra vez alternativamente, mineral y sal pulverizados; a continuación, después de que el crisol se ha cubierto con una tapadera y cerrado herméticamente, se coloca sobre carbón vegetal ardiendo. También se puede tomar una porción de mineral, una porción de gránulos diminutos de plomo, media porción de vidrio de Venecia y la misma cantidad de escorias de vidrio. O bien tomar una porción de mineral, una porción de gránulos de plomo, media porción de sal, un cuarto de porción de tártaro y la misma cantidad de sedimentos del agua que sirve para separar el oro de la plata. También se puede tomar iguales porciones de mineral preparado, y un polvo en el que hay porciones iguales de gránulos de plomo realmente diminutos, sal derretida, estibio y escoria de hierro. O bien tomar porciones iguales de mineral de oro, vitriolo, tártaro y sal. Y ya basta por cuanto se refiere a los fundentes.

En el horno de ensayo, cuando se ha preparado en la forma que he explicado, se coloca primeramente una mufla. Después, los trozos seleccionados de carbones vegetales encendidos se ponen sobre ella, ya que los trozos de calidad inferior sólo sirven para que se forme una gran cantidad de escorias alrededor de la mufla, obstruyendo la acción del fuego. A continuación se colocan los crisoles debajo de la mufla, utilizando las tenazas, y se ponen carbones incandescentes por debajo de la parte delantera de la mufla, para calentar los crisoles más rápidamente; y cuando el plomo o el mineral se han de colocar en los crisoles, se sacan de nuevo con las tenazas. Cuando los crisoles brillan al fuego, lo primero de todo, la escoria o los pequeños carbones vegetales, si alguno hubiera caído dentro, deben apartarse, utilizando una barra de hierro de dos pies de largo y un dedo de diámetro; esto mismo debe hacerse si ha sido la escoria o un pequeño carbón lo que ha caído dentro de las copelas. A continuación se pone una bola pequeña de plomo con las tenazas, y cuando este plomo ha comenzado a convertirse en vahos y a consumirse, se añade a ello el mineral preparado, envuelto en papel. Es preferible que el ensayador lo envuelva en papel y, de esta forma, lo ponga en el crisol, a que lo deje caer en él con un cucharón de cobre, porque cuando los crisoles son pequeños, si usa un cucharón, con frecuencia salpica algo del mineral. Cuando se ha quemado el papel, agita el mineral con un pequeño carbón vegetal sostenido en las tenazas, de forma que el plomo pueda absorber el metal que está mezclado en el mineral; cuando la mezcla ha tenido lugar, la escoria se adhiere parcialmente por su circunferencia al crisol, y forma una especie de anillo negro y parcialmente flota en el plomo, en el que están mezclados el oro o la plata; después debe extraerse la escoria.

El plomo utilizado debe estar completamente libre de todo indicio de plata, como lo es el conocido con el nombre de «Villacense». Pero si no pudiera obtenerse esta clase, el plomo se ensayará por separado para determinar con seguridad la proporción de plata que contiene, de forma que pueda deducirse del cálculo del mineral y el resultado ser exacto; porque, a menos que se use tal plomo, el ensayo será falso y engañoso. Las bolas de plomo se hacen con un par de tenazas de hierro de un pie de largo; sus mordazas de hierro están formadas para que, cuando se oprimen juntamente, tengan la forma de un huevo; cada mordaza contiene una copa hueca, y cuando las mordazas están cerradas, se extiende hacia arriba desde la copa un paso, de forma que hay dos aberturas, una de las cuales conduce a cada copa hueca. Y así, cuando se vierte el plomo fundido a través de las aberturas, fluye dentro de la copa hueca y se forman dos bolas con un solo derramamiento.

En este momento no debo omitir mencionar otro método de ensayar empleado por algunos. Ante todo, preparan mineral en los crisoles y lo calientan, añadiendo plomo después. Este método, por lo que a mí respecta, no puedo aprobarlo, porque, de esta forma, el mineral frecuentemente se aglutina, y por esta causa no se puede agitar con facilidad después, siendo muy lento al mezclarse con el plomo.

Si no está lleno con crisoles el espacio total del horno cubierto por la mufla, las copelas se ponen en el espacio vacío, para que puedan calentarse mientras tanto. Sin embargo, algunas veces se llena con crisoles, cuando se ensayan minerales diferentes y muchos, o muchas porciones de un mineral al mismo tiempo. Si bien las copelas se secan por lo general en una hora, las más pequeñas lo hacen más rápidamente y las mayores más lentamente. Salvo que las copelas se calienten antes de colocar el metal mezclado con plomo en ellas, con frecuencia se rompen y el plomo chisporrotea y, en ocasiones, salta fuera de ellas; si la copela se rompe o el plomo salta fuera de ellas, es necesario ensayar otra porción de mineral; pero si el plomo solamente chisporrotea, entonces deben cubrirse las copelas con amplias piezas delgadas de carbón vegetal incandescente y, cuando el plomo da sobre ellas, cae de nuevo hacia atrás, y así la mezcla se disipa lentamente.

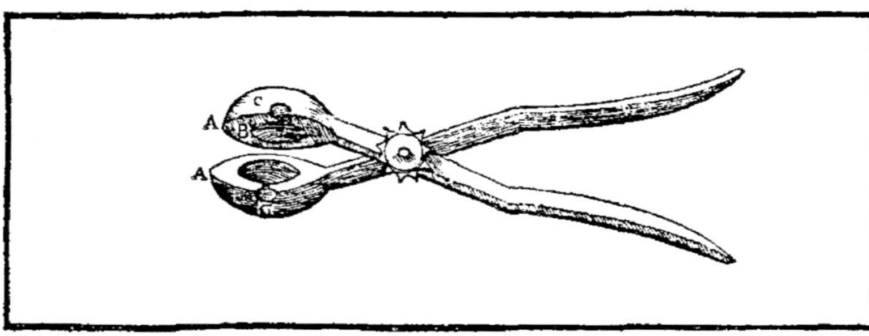

A: Mandíbulas de las tenazas.—B: Molde en forma de huevo.—C: Abertura

Además, si en la copelación el plomo que está en la mezcla no se consume, sino que permanece fijo y fraguado, y está cubierto por una especie de costra, esto es un indicio de que no se ha calentado con un fuego suficientemente caliente; por consiguiente, hay que poner en la mezcla un palo de pino seco, o una ramita de un árbol similar, y mantenerla en la mano para que se pueda extraer cuando se haya calentado. Después, tener cuidado de que el calor sea suficiente y uniforme; si el calor no ha pasado alrededor de la carga, conforme debe ser si todo se ha hecho correctamente, sino que da origen a que tenga una forma alargada, que parezca una cola, esto es señal de que el calor es deficiente en la parte en que se forma la cola. Entonces, con objeto de que la copela se pueda calentar igualmente por el fuego, hay que darle la vuelta alrededor con un pequeño gancho de hierro, cuyo mango es asimismo de hierro y que mide un pie y medio de largo.

Gancho de hierro pequeño

A continuación, si la mezcla no tiene bastante plomo, se debe añadir tanto como haga falta, utilizando las tenazas de hierro, o con el cucharón de latón, al cual va unido un mango muy largo. Con objeto de que la carga no se enfríe, hay que calentar el plomo previamente. Pero es mejor al principio añadir tanto plomo como se requiera al mineral que necesita derretirse que añadirlo cuando ya se ha derretido a medias, para que la cantidad total no se disipe en vahos, sino que parte de ella permanezca. Cuando el calor del fuego ha consumido casi el plomo, entonces es el momento en que el oro y la plata brillan en sus variados colores, y cuando ya se ha consumido del todo, el oro o la plata se depositan en la copela. Después, en cuanto se pueda, hay que sacar la copela del horno y tomar el botón que hay en ella mientras aún está caliente, para que no se adhiera a las escorias. Esto sucede generalmente si el botón ya está frío al sacarlo. Si las escorias se adhieren a él, no rasparlo con un cuchillo, por miedo a que se pierda parte y el ensayo sea erróneo, sino que hay que apretarlo con las tenazas de hierro, en forma que las escorias se desprendan por efecto de la presión. Finalmente, es conveniente hacer dos o tres ensayos del mismo mineral al mismo tiempo, para que si por casualidad uno no es satisfactorio, el segundo, o en cualquier caso el tercero, puedan ser ciertos.

Mientras el ensayador está ensayando el mineral, con objeto

de evitar el gran calor del fuego, que podría dañar sus ojos, es conveniente que tenga siempre dispuesta una tablilla fina de madera de dos palmos de ancho, con un mango para poderla sostener y con una rendija en el medio, para que pueda mirar a su través como a través de una hendidura, ya que le es necesario mirar frecuentemente dentro y con cuidado, para considerar todo.

A: Mango de la tablilla.—B: Hendidura de la tablilla

El plomo que ha absorbido la plata del mineral metálico se ha consumido en la copela, por efecto del calor, en el espacio de tres cuartos de hora. Cuando los ensayos se han terminado, se saca la mufla fuera del horno y se sacan también las escorias utilizando una pala de hierro, no solamente en los hornos de hierro y ladrillo, sino también en los de arcilla, con lo que el horno no necesita moverse de su emplazamiento.

Del mineral colocado en un crisol triangular se funde un botón, del que se hace después metal. Ante todo, el carbón vegetal incandescente se pone dentro del aro de hierro, y después en el crisol triangular, que contiene el mineral, juntamente con aquellas cosas que pueden licuarlo y purgarlo de sus sedimentos; después se sopla el fuego con el fuelle doble y el mineral se calienta hasta que el botón se forma en el fondo del crisol. Hemos explicado que hay dos métodos de ensayar mineral: uno, mediante el cual se mezcla plomo con mineral en el crisol y después se separa de él en la copela; otro, mediante el cual primero se derrite en el crisol triangular de tierra, mezclándose después con plomo en el crisol y separándose de él en la copela. Consideremos ahora cuál es el más adecuado para cada mineral, o, si ninguno es el adecuado, cuál otro sería el conveniente para poderlo ensayar.

Precisamente empezamos con un mineral de oro, que ensayamos por ambos métodos, porque si es rico, y parece no ser fuertemente resistente al fuego, sino que se licúa fácilmente, un «centumpondio» de los pesos menores, juntamente con una y media o dos onzas de plomo de los pesos mayores, se mezclan juntamente y se colocan en el crisol y se calientan en el fuego hasta que están bien mezclados. Pero debido a que tal clase de mineral algunas veces resiste a derretirse, hay que añadir un poco de sal al mismo, bien sal tostada, bien sal artificial, porque esta sal anulará tal resistencia y evitará que la aleación recoja mucha escoria o sedimentos; se agita frecuentemente con una varilla de hierro, con objeto de que el plomo pueda fluir alrededor del oro por cada lado y absorberlo, arrojando el desperdicio. Cuando se ha hecho esto, se saca la aleación y se limpia de la escoria; después se coloca en la copela y se calienta hasta que disipa el plomo, y un grano de oro se forma en el fondo.

Si se ve que el mineral de oro no se derrite fácilmente en el fuego, se calcina y se extingue con salmuera. Esto se hace una y otra vez, porque cuanto más frecuentemente se calcine y extinga, más fácilmente el mineral se podrá triturar y más rápidamente se derretirá en el fuego y dejará todos los sedimentos que tiene. Mezclad una parte de este mineral, cuando ha sido calcinado, triturado y lavado, con tres partes de algún compuesto de polvo que derrita el mineral y con seis partes de plomo. Poned la carga dentro del crisol triangular, colocadla en el aro de hierro al cual alcanza el fuelle doble y calentad primero en un fuego lento, yendo aumentando gradualmente la intensidad del mismo, hasta que se derrita y fluya como si fuera agua. Si no derritiera el mineral, añadidle más de estos fundentes, mezclados con una porción igual de litargirio amarillo, y agitad con una varilla de hierro caliente hasta que se derrita. Después sacad el crisol fuera del aro, sacudid el botón cuando se ha enfriado y, una vez que se ha lavado, derretidlo primero en el crisol y después en la copela. Finalmente, frotad el oro que se ha depositado en el fondo de la copela, una vez que se ha sacado y enfriado en la piedra de toque o basanita, para averiguar la proporción de plata que contiene. Otro método consiste en poner un «centumpondio», de los pesos inferiores, de mineral de oro dentro del crisol triangular, y añadir una dracma de tártaro calcinado, y si incluso entonces resiste, añadir la misma cantidad de sedimentos calcinados de vinagre, o sedimentos del agua que separa el oro de la plata, y el botón se sedimentará en el fondo del crisol. Derretid este botón de nuevo en el escorificador y, por tercera vez, en la copela.

Determinamos de la siguiente manera, antes de derretirlas en el horno de mufla, si las piritas contienen oro o no: si, después de haberse calcinado tres veces y otras tres enfriado rápidamente en vinagre fuerte, no se han roto ni cambiado de color, es que hay oro en ellas. El vinagre, mediante el cual se enfrían rápidamente, debe mezclarse con sal, frecuentemente agitada y disuelta durantes tres días. No están las piritas desprovistas de oro cuando después de haber sido calcinadas y al frotarlas en la piedra de toque o basanita colorean la citada piedra de toque en la misma forma que la coloreaban antes de la calcinación. No está el oro en falta en aquellas cuyos concentrados procedentes del lavado, cuando se calientan al fuego, se derriten fácilmente, produciendo poco olor y permaneciendo brillantes; tales concentrados se calientan al fuego en una pieza de carbón vegetal ahuecada, cubierta con otra también de carbón vegetal.

También ensayamos mineral de oro sin fuego, pero más frecuentemente su arena, o los concentrados que se han hecho mediante el lavado, o el polvo recogido por algunos otros medios. Una pequeña cantidad de él se humedece ligeramente con agua y se calienta hasta que comienza a despedir un olor, y entonces se añaden a una porción de mineral dos porciones de azogue en una bandeja de madera tan profunda como una jofaina. Se mezclan juntamente con un poco de salmuera y se trituran con una mano de mortero hecha de madera durante dos horas, hasta que la mezcla tiene el espesor de una pasta y el azogue no se puede ya distinguir de los concentrados hechos mediante el lavado, ni los concentrados del azogue. Se vierte agua templada, o al menos tibia, dentro de la fuente y se lava el material hasta que el agua fluya limpia. Después de haber vertido agua fría dentro de la misma fuente, y rápidamente el azogue, que ha absorbido todo el oro, se va uniendo y quedando a un lado, separado del resto de los concentrados hechos mediante el lavado. El azogue se separa después del oro mediante un recipiente cubierto con cuero blando, o con lona hecha de fibras tejidas de algodón; la amalgama se vierte en el medio de la lona o cuero, el cual se hunde o pandea en una anchura aproximada de una mano; a continuación se pliega y ata el cuero con una cuerda encerada y la fuente recoge el azogue que se aprieta a su través. En cuanto al oro que permanece en el cuero, se coloca en un crisol y se purifica colocándolo cerca de carbones incandescentes. Otros no eliminan mediante el lavado la suciedad con agua caliente, sino con lejía y vinagre, ya que vierten estos líquidos dentro del recipiente, y también otros echan dentro el azogue mezclado con los concentrados hechos mediante el lavado. Después colocan el recipiente en un lugar caliente, y cuando han pasado veinticuatro horas vierten fuera los líquidos con la suciedad y separan el azogue del oro en la forma que ya he descrito. A continuación vierten orina en una jarra colocada en el suelo, y en la jarra colocan un recipiente con orificios en el fondo, y en el recipiente ponen el oro; después colocan la tapadera encima y se cementa, uniéndose con la jarra; una vez hecho esto, se calienta hasta que el recipiente se pone al rojo. Una vez que se ha enfriado, si hay cobre en el oro, lo funden con plomo en una copela para que el cobre pueda separarse; pero si hay plata en el oro, lo separan mediante el agua, que tiene el poder de separar estos dos metales. Hay algunos que, cuando separan oro del azogue, no vierten la amalgama en el cuero, sino que la ponen en un recipiente de barro, en forma de calabaza, recipiente que colocan en el horno y que calientan gradualmente sobre carbón vegetal incandescente; a continuación, utilizando una placa de hierro, cubren la abertura del opérculo, el cual exuda vapor, y tan pronto como cesa de exudarlo, la untan con luten y calientan por corto tiempo; después extraen el opérculo del recipiente y frotan el azogue que se adhiere a él utilizando un trébol campestre, guardándolo para cuando haya que usarlo otra vez. Mediante el último método se pierde una cantidad mayor de azogue y mediante el primer método esta cantidad es menor.

Si un mineral es rico en plata, como lo es la plata «redis», con frecuencia la plata agria, o rara vez la plata roja o rosicler, la plata gris, plata negra, plata oscura o plata amarilla, tan pronto como está limpio y calentado, se coloca un centumpondio (de los pesos más ligeros) en una onza de plomo fundido, en una copela, y se calienta hasta que el plomo se disipa. Pero si el mineral es de calidad pobre o media, debe secarse primero, después triturarse y a continuación añadirse a un centumpondio una onza de plomo y calentarse en el crisol hasta que se derrite. Si no se derrite pronto por el fuego, se le debe rociar con un poco de polvo de la primera clase de fundentes, y si entonces no se derrite, se va añadiendo más poco a poco, hasta que se derrita y se disipen sus escorias; para que este resultado pueda alcanzarse antes, se debe agitar el polvo que se ha rociado utilizando una varilla de hierro. Cuando se ha sacado el crisol fuera del horno de ensayo, la aleación debe verterse en un orificio de un ladrillo cocido, y cuando se ha enfriado y limpiado de la escoria debe colocarse en una copela y calentarse hasta que se disipe todo el plomo; el peso de la plata que permanece en la copela indica en qué proporción está contenida en el mineral.

El mineral de cobre se ensaya sin plomo, porque si es derretido con él, el cobre se disipa generalmente y se pierde. Por consiguiente, primero se calcina un cierto peso de tal mineral en un fuego vivo, durante seis a ocho horas; a continuación, cuando se ha enfriado, se tritura y lava; después, los concentrados hechos mediante el lavado se calcinan de nuevo, se trituran, se lavan, se secan y se pesan. La porción que se ha perdido mientras se está calcinando y lavando se tiene en cuenta, y estos concentrados hechos mediante el lavado representan el terrón que se derretirá del mineral de cobre. Colocad tres centumpundios de concentrados mezclados con tres centumpondios de escamas de cobre, salitre y vidrio de Venecia, dentro del crisol triangular, y colocadlo en el aro de hierro que está colocado en la solera, enfrente del fuelle doble. Cubrid el crisol con carbón vegetal, en forma tal que nada pueda caer dentro del mineral que se ha de derretir, para que de esta forma pueda derretirse más rápidamente. Al principio soplad un chorro de viento suave con el fuelle, para que el mineral se vaya calentando gradualmente en el fuego; después soplad fuertemente hasta que se derrita, consumiendo el fuego lo que se ha añadido al mineral y este mismo disipe cualquier escoria que tenga. A continuación enfriad el crisol que se ha sacado y, cuando se haya roto, se encontrará el cobre; pesad éste, para estar seguros de la importancia de la proporción en que se ha consumido el mineral por efecto del fuego. Algunos minerales se calcinan, trituran y lavan una sola vez, y de esta clase de concentrados se toman tres centupondios (pesos más ligeros), con otros tres centumpondios de sal común, tártaro y escoria de vidrio. Calentadlo en el crisol triangular y, cuando la mezcla se haya enfriado, se verá un botón de cobre puro si el mineral es rico en este metal. Si, no obstante, es menos rico, se obtendrá un trozo pedregoso, con el cual el cobre estará entremezclado; este trozo de nuevo se calcina, tritura y, después de haber añadido piedras que fácilmente se derriten y salitre, de nuevo se derrite en otro crisol, sedimentándose en el fondo del crisol un botón de cobre puro. Si se quiere saber la proporción de plata que hay en este botón de cobre se funde en una copela después de añadir plomo. Con respecto a esta prueba hablaré más tarde.

Los que quieren conocer rápidamente cuál es la proporción de plata que contiene el mineral de cobre calcinan el mineral, lo trituran y lo lavan, mezclando después un poco de litargirio amarillo con un centumpodio de los concentrados y poniendo la mezcla en un crisol que colocan debajo de la mufla en un horno caliente durante media hora. Cuando la escoria se disipa, debido a la fuerza de fusión que hay en el litargirio, sacan el crisol cuando se ha enfriado, lo limpian de escoria y nuevamente trituran el mineral, mezclando entonces, con un centumpodio de él, una y media onzas de gránulos de plomo. Después lo ponen en otro crisol, que colocan debajo de la mufla en un horno caliente, añadiendo a la mezcla un poco de polvo de algunos de los fundentes que originan la fusión del mineral; cuando se ha derretido, lo sacan y, después de haberse enfriado, lo limpian de escoria; por último, lo calientan en la copela hasta que disipa el plomo, permaneciendo solamente la plata.

El mineral de plomo debe ensayarse por este método: triturad media onza de piedra de plomo puro, y la misma cantidad de crisocola, que llaman bórax, mezclándolo juntamente; colocadlo en un crisol y poned un carbón incandescente en el medio. Tan pronto como el bórax se resquebraja y la piedra de plomo se derrite, lo cual ocurre pronto, sacad el carbón fuera del crisol, y el plomo se depositará en el fondo de él; pesadlo y tened en cuenta la porción del mismo que ha consumido el fuego. Si también se quiere conocer la porción de plata que está contenida en el plomo, derretid éste en la copela hasta que se disipe en su totalidad.

Otra forma consiste en calcinar el mineral de plomo de cualquier calidad que sea, lavarlo y colocar dentro del crisol un centumpodio de los tres concentrados, juntamente con tres centumpodios del compuesto pulverizado que derrite el mineral, mezclado juntamente, y colocarlo en el aro de hierro para que pueda derretirse; cuando se ha enfriado, se limpia de su escoria y se completa la prueba en la forma que ya he dicho. Otra forma es tomar dos onzas de mineral preparado, cinco dracmas de cobre calcinado, una onza de vidrio o escorias de vidrio reducidas a polvo media onza de sal, y mezclarlo. La mezcla se pone dentro del crisol triangular y se calienta en un fuego suave, para evitar que pueda partirse; una vez que la mezcla se ha derretido, se sopla el fuego fuertemente con el fuelle; después, sacad el crisol fuera de los carbones encendidos y dejadlo enfriar al aire libre; no verter agua en él, por miedo a que el botón de plomo, al verse influenciado por el excesivo frío, se mezcle con la escoria y el ensayo en esta forma resulte erróneo. Cuando el crisol se ha enfriado, se verá el botón de plomo en el fondo. Otra forma consiste en tomar dos onzas de mineral, media onza de óxido de plomo, dos dracmas de vidrio de Venecia y media onza de salitre. Si hay dificultad para derretir el mineral, añadid a él limaduras de hierro, las cuales, debido a que aumentan el calor, separan fácilmente los restos del plomo y de otros metales. Mediante el último procedimiento, el mineral de plomo adecuadamente preparado se coloca en el crisol, y ya en él, se añade solamente la arena hecha de piedras que fácilmente se derriten, o limaduras de hierro, y así el ensayo se termina como anteriormente.

Se puede ensayar mineral de estaño por el siguiente método: primero calcinadlo, después trituradlo y, a continuación, lavadlo; los concentrados de nuevo se calcinan, trituran y lavan. Mezclad uno y medio centupondios de esto con un centumpondio de crisocola, también llamada bórax; de la mezcla, que deberá humedecerse con agua, haced un terrón pequeño. Después, perforad una gran pieza redonda de carbón vegetal, haciendo un hueco de un palmo de profundidad, tres dedos de ancho sobre el lado superior y más estrecho en el lado inferior; cuando se pone el carbón vegetal en su lugar, lo último debe estar en el fondo y lo primero en la parte más superior; dejadlo colocado en un crisol y dejad carbón incandescente alrededor, en todos los lados; cuando la pieza perforada de carbón comienza a quemarse, el terrón se coloca en la parte superior de la abertura y se cubre con una pieza ancha de carbón incandescendente, y después de que se han puesto muchas piezas de carbón a su alrededor, se sopla un fuego caliente con el fuelle, hasta que todo el estaño se ha ido de la abertura inferior del carbón vegetal al interior del crisol. Otra forma consiste en tomar una pieza grande de carbón vegetal, ahuecarlo y untarlo con luten, para que el mineral no pueda saltar cuando se calienta al rojo blanco. A continuación haced un pequeño orificio en el centro, después llenad la abertura grande con carbón vegetal pequeño y poned el mineral encima de esto; poned fuego en el orificio pequeño y sopad el fuego con la tobera o boquilla de un fuelle de mano; colocad la pieza de carbón vegetal en un pequeño crisol recubierto de luten, en el que, cuando se ha terminado la fusión, se verá un botón de estaño.

Cuando se ensaya mineral de bismuto, colocad piezas de mineral en el crisol y poned éste debajo de la mufla, en un horno caliente; tan pronto como las piezas se han calentado, gotean bismuto, que juntamente pasa a formarse en un botón.

El mineral de azogue se prueba generalmente mezclando una parte de mineral quebrantado con tres partes de polvo de carbón vegetal y un puñado de sal. La mezcla se pone en un crisol, o en un recipiente, o en una jarra, cubierto con una tapadera, cerrándolo herméticamente con luten y colocándolo en carbón vegetal incandescendente; y tan pronto como se observa un color de cinabrio calcinado, se saca del recipiente, ya que si se continúa con el calor demasiado tiempo la mezcla disipa el azogue con los vahos. El propio azogue, cuando se ha enfriado, se ve en el fondo del crisol o recipiente usado. Otra forma es colocar mineral quebrantado en un recipiente de tierra en forma de calabaza, ponerlo en el horno de ensayo y cubrirlo con un opérculo que tiene un gran caño; por debajo del caño se coloca una ampolla para recibir el azogue que destila. Se debe verter agua fría dentro de la ampolla para que el azogue, que se ha calentado por efecto del fuego, pueda enfriarse continuamente y recogerse junto, porque el azogue es llevado por la fuerza del fuego y fluye, a través del caño del opérculo, al interior de la ampolla. También ensayamos azogue en la misma forma que empleamos para la fundición. Esto lo explicaré a su debido tiempo.

Por último, ensayamos mineral de hierro en la fragua de un herrero. Tal mineral se quema, se tritura, se lava y se seca; se coloca un imán sobre los concentrados, y las partículas son atraídas por él; estas partículas se frotan con un cepillo y se recogen en un crisol, pasándose continuamente el imán sobre los concentrados y frotándose en tanto haya partículas a las que el imán pueda atraer. Estas partículas se calientan en el crisol, con salitre, hasta que se funden, y se obtiene un botón de hierro de ellas. Si el imán atrae a las partículas con facilidad y rapidez, deducimos que el mineral es rico en hierro; si las atrae lentamente, que es pobre; si da la sensación de que realmente repele al mineral, entonces es que contiene poco o nada de hierro. Esto es suficiente en cuanto al ensayo de los minerales.

Ahora hablaré del ensayo de las aleaciones de metales. Esto se hace por los acuñadores de monedas, como por los comerciantes que compran y venden metal, y por los mineros, pero ante todo por los propietarios y dueños de las minas y por los propietarios y dueños de las fábricas donde se funden los metales, o en las cuales se separa un metal de otro.

Primeramente describiré la forma en que se hacen los ensayos generalmente, para asegurarse de en qué porción está contenido el metal precioso en el metal base. El oro y la plata están en la actualidad considerados como metales preciosos, y todos los demás como metales básicos. Hubo antiguamente tiempos en que los metales básicos se quemaban para poder obtener los metales preciosos puros; los antiguos incluso descubrieron por esta operación de quemar en qué parte estaba contenido el oro en la plata, y de esta forma, toda la plata se consumía, lo que no era una pequeña pérdida. Sin embargo, el famoso matemático Arquímedes, para complacer al Rey Hieron, inventó un método para probar la plata que no era muy rápido, y que era de más exactitud para probar una gran masa que una pequeña. Esto lo explicaré en mis comentarios. Los alquimistas nos han enseñado una forma para separar la plata del oro mediante la cual no se pierda ni una ni otro.

El oro que contiene plata, o la plata que contiene oro, se frota primero en la piedra de toque. Después se frota una aguja, en la que hay una cantidad similar de oro o plata, sobre la misma piedra de toque, y de las líneas que se producen de esta forma se percibe qué porción de plata hay en el oro o qué porción de oro hay en la plata. A continuación se añade a la plata que hay en el oro suficiente plata para que haya tanta plata como tres veces el oro. Después se coloca plomo en una copela y se derrite; un poco más tarde se pone una pequeña cantidad de cobre en ella, en realidad media onza, o media onza y un siclo, si el oro o la plata no contienen cobre alguno. La copela, cuando el plomo y el cobre escasean, atrae a las partículas de oro y plata y las absorbe. Finalmente, un tercio de una libra de oro y una libra de plata han de colocarse juntamente en la misma copela y derretirse, porque si se colocaran el oro y la plata primero en la copela y se derritieran, conforme he dicho, la copela absorbería sus partículas, y el oro, cuando está separado de la plata, ya no se encuentra puro. Estos metales se calientan hasta que se hayan consumido el plomo y el cobre y, de nuevo, se derrite el mismo pesa de cada uno, y en la misma forma, en otra copela. Los botones se golpean con un martillo y se aplastan, y a cada pequeña lámina se le da la forma de un tubo, poniendo cada uno en una ampolla de vidrio. Sobre éstas se vierte una onza y un dracma del agua fuerte de la tercera calidad, que describiré en el libro X. Esto se calienta a fuego lento, y se verán pequeñas burbujas que tienen la forma y apariencia de perlas, las cuales se adhieren a los tubos. Cuanto más roja aparece el agua fuerte, mejor se considera; cuando el tono rojo ha desaparecido, se verán pequeñas burbujas blancas sobre los tubos, pareciéndose a perlas no sólo en la forma, sino también en el color. Pasado un poco de tiempo, se saca el agua y se vierte otra; cuando ésta ha elevado de nuevo seis u ocho pequeñas burbujas blancas, se saca el agua fuerte y los tubos y se lavan cuatro o cinco veces con agua clara, y si se calientan con esa misma agua hasta que esté hirviendo, brillarán más. Después se colocan en un platillo, que se mantiene en la mano, y se va secando despacio al calor de un fuego suave; después se coloca el platillo sobre carbón vegetal incandescente y se cubre con carbón vegetal, soplándolo moderadamente con la boca hasta que aparezca, sobre el carbón vegetal, una llama azul. Al final se pesan los tubos, y si los pesos son iguales, el haber llevado adelante este trabajo no habrá sido en vano. Por último, ambos se colocan en otro platillo de balanza y se pesan; de cada tubo no han de contarse cuatro granos, a causa de la placa que permanece en el oro, y que no se puede separar de él. Del peso de los tubos deducimos tanto el peso del oro como del de la plata que hay en el botón. Si algún ensayador ha omitido añadir tanta plata al oro y no es ésta tres veces más, sino solamente el doble, o dos veces y media más, necesitará la calidad más fuerte del agua que separa el oro de la plata, tal como la cuarta calidad. Si el agua que se emplea para el oro y la plata es adecuada para estos fines, o si es más o menos fuerte que lo correcto, se reconoce por sus efectos. La de media fuerza eleva las burbujas pequeñas sobre los tubos, y se ve que colorea la ampolla y el opérculo con un color rojo fuerte; la que es más débil, se ve que colorea los tubos con un rojo ligero, y la más fuerte rompe los tubos. Nada debe añadirse a plata pura, en la que haya alguna porción de oro, cuando se están calentando en la copela, antes de que se haga su separación, excepto un bes de plomo y un cuarto o un tercio de esa cantidad de cobre de los pesos más ligeros. Si la plata contiene en ella misma una cierta cantidad de cobre, debe pesarse, tanto después de que se haya derretido con el plomo como después de que el oro se haya separado; mediante la primera pesada, sabemos cuánto cobre hay en ella, y mediante la segunda, cuánto oro. Los metales base se queman incluso hoy con el fin de hacer ensayos, porque perder una cantidad tan pequeña del metal constituye una pérdida pequeña, pero de una gran masa de metal base siempre se extrae el metal precioso, conforme explicaré en los libros X y XI.

Ensayamos una aleación de cobre y plata en la siguiente forma: de unos pocos terrones de cobre, el ensayador corta porciones, pequeñas muestras de pequeños terrones, muestras medias de terrones medios y muestras grandes de grandes terrones; las pequeñas son iguales en tamaño a una avellana, las grandes no exceden del tamaño de una castaña, y las medias están entre las dos anteriores. El ensayador corta las muestras del centro de cada terrón. Coloca las muestras en un crisol nuevo, limpio y triangular y fija a ellas piezas de papel, sobre las cuales están escritos los pesos de los terrones de cobre, de cualquier tamaño que sean; por ejemplo, escribe: «estas muestras se han cortado de cobre que pesa veinte "centumpondios"». Cuando desea conocer cuánta plata hay en un «centumpondio» de cobre de esta clase, lo primero que hace es echar carbones incandescentes dentro del aro de hierro, añadiendo después carbón vegetal. Cuando el fuego se ha puesto al rojo, se saca el papel del crisol y se aparta, poniendo entonces ese crisol sobre el fuego, y lo calienta gradualmente durante un cuarto de hora, hasta que se pone rojo por el calor. Después aviva el fuego, soplando un chorro de aire procedente del fuelle doble durante media hora, porque el cobre que está desprovisto de plomo requiere este tiempo para que se caliente por completo y se derrita; el cobre que no está exento de plomo se derrite más rápidamente. Cuando ha soplado con el fuelle por espacio del tiempo establecido, extrae el carbón vegetal incandescente, utilizando las tenazas, y agita el cobre con una astilla de madera, que sujeta con las tenazas. Si no se agita con facilidad es señal de que el cobre no está licuado del todo; si éste es el caso, de nuevo coloca una pieza grande de carbón vegetal en el crisol y sustituye el carbón vegetal incandescente que ha sido extraído, soplando de nuevo con el fuelle durante un corto tiempo. Cuando se ha derretido todo el cobre, deja de utilizar el fuelle, porque si continuara usándolo el fuego consumiría parte del cobre, y entonces el que permaneciera sería más rico que el terrón del cual se había cortado; esto constituye un error no pequeño. Por consiguiente, tan pronto como el cobre se ha derretido lo suficiente, lo vierte fuera en un pequeño molde de hierro, que puede ser grande o pequeño, según que se haya derretido más o menos cobre en el crisol con finalidad de ensayo. El molde tiene un mango, asimismo hecho de hierro, mediante el cual se sostiene cuando se está vertiendo el cobre en su interior, después de lo cual lo sumerge en una cuba de agua colocada cerca de él para que el cobre pueda enfriarse. A continuación seca de nuevo el cobre mediante el fuego y separa su punta con una cuña de hierro; la porción más cerca de la punta la martillea sobre un yunque, haciendo una hoja, que corta en piezas.

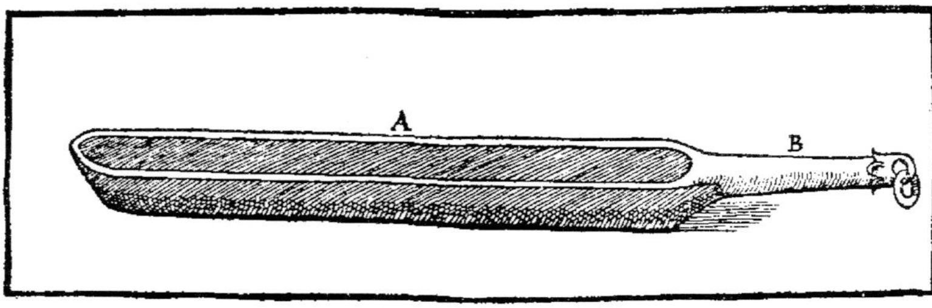

A: Molde de hierro.—B: Mango del molde

Otros agitan el cobre del molde con un trozo de carbón vegetal de tilo, y después lo vierten sobre un manojo de ramitas de abedul limpias y nuevas, debajo de las cuales se coloca una cuba de madera de suficiente tamaño y llena de agua, y de esta forma el cobre se parte en pequeños gránulos tan pequeños como cañamones. Otros emplean paja en vez de ramitas. Otros colocan una piedra amplia en una cuba y vierten dentro suficiente agua para cubrir la piedra, dejando después que fluya el cobre derretido procedente del crisol sobre la piedra, desde donde los gránulos diminutos se separan; otros vierten el cobre derretido en agua y lo agitan hasta que se transforma en gránulos. El fuego no derrite fácilmente el cobre en la copela a menos que se haya vertido y se haya hecho una hoja fina de él o a menos que se haya transformado en gránulos o en limaduras, y si no se derrite todo el trabajo habrá sino en vano. Con objeto de que se puedan pesar exactamente, la plata y el plomo se convierten en gránulos, en la misma forma que el cobre. Pero volvamos al ensayo del cobre. Cuando el cobre se ha preparado por estos métodos, si está libre de plomo y de hierro y rico en plata, añadir a cada «centumpondio» una onza y media de plomo. Si, no obstante, el cobre contiene algo de plomo, añadir una onza de plomo; si contiene hierro, añadir dos onzas. Primero poner el plomo dentro de una copela y, después de que comience a echar humo, añadir el cobre; el fuego generalmente consume el cobre, juntamente con el plomo, en una hora y cuarto aproximadamente. Cuando se ha hecho esto, la plata se hallará en el fondo de la copela. El fuego consume ambos metales más rápidamente si se calientan en el horno que introduce aire. Es mejor cubrir la parte superior del crisol con una tapa, y no solamente ponerla sobre la puerta de la mufla, sino también cerrar la ventana de la puerta de la mufla, utilizando una pieza de carbón vegetal o con una pieza de ladrillo. Si el cobre es tal que la plata solamente puede separarse de él con dificultad, entonces, antes de probarlo con fuego en la copela, el plomo debe primero ponerse dentro del escorificador, añadiendo después el cobre con una cantidad moderada de sal fundida, ambos para que el plomo pueda absorber el cobre y para que éste pueda purgarse de los sedimentos que abundan en él.

El estaño que contiene plata no debe colocarse en una copela al principio del ensayo, por miedo a que la plata, como sucede con frecuencia, sea consumida y convertida en vahos, juntamente con el estaño. Tan pronto como el plomo ha comenzado a exhalar vahos en el crisol, se añade el estaño. De esta forma, el plomo tomará a la plata y el estaño hervirá y se convertirá en escorias, que podrán extraerse con una astilla de madera. Lo mismo ocurre si se funde cualquier aleación que contenga estaño. Cuando el plomo ha absorbido a la plata que había en el estaño, entonces, y no hasta ese momento, es cuando se calienta en la copela. Se coloca primero el plomo con el que la plata está mezclada en una paila o cacerola de hierro y se coloca en un horno caliente, dejándolo derretir; después se vierte este plomo en un pequeño molde de hierro y después se golpea con un martillo sobre un yunque, haciendo láminas de él, en la misma forma que el cobre. Por último, se coloca en una copela, cuyo ensayo puede hacerse en el espacio de media hora. El calor en exceso es perjudicial, por cuya razón no hay necesidad ni de cubrir la mitad del horno con una tapadera ni de cerrar su boca.

Las aleaciones de metal acuñado, que se conocen con el nombre de monedas, se ensayan de la siguiente forma: las monedas más pequeñas de plata, que se han recogido del fondo, parte superior y laterales de un montón, se limpian cuidadosamente; después, tras de haber sido derretidas en el crisol triangular, o se convierten en gránulos o en láminas finas. En cuanto a las monedas grandes, que pesan una dracma, un siclo, media onza o una onza, se convierten en láminas golpeando. Después, tomad un bes de gránulos o un peso igual de láminas, y asimismo tomad otro bes de la misma forma. Envolved cada muestra separadamente en papel y después colocad dos pequeñas piezas de plomo en dos copelas, previamente calentadas. Cuanto más metal precioso haya, menor será la porción de plomo que necesitaremos para el ensayo, y cuanta más base, mayor será la porción requerida; puesto que si se dice que un bes de plata contiene solamente una onza o media onza de cobre, añadimos al bes de gránulos media onza de plomo. Si está compuesto de partes iguales de plata y cobre, añadimos una onza de plomo, pero si en un bes de cobre hay solamente media onza o una onza de plata, añadimos una onza y media de plomo. Cuando se produzcan vahos, poned dentro de cada copela uno de los papeles en que está envuelta la muestra de plata en aleación con cobre y cerrad la boca de la mufla con carbón. Calentadlo con fuego lento, hasta que el plomo y el cobre se hayan consumido, porque un fuego vivo fuerza con su calor a la plata, combinada con cierta porción de plomo, al interior de la copela, en cuyo caso el ensayo es erróneo. Tomad después los granos o cuentas fuera de la copela y limpiadlos de sedimentos. Si ninguno hace bajar el platillo de la balanza donde se colocan, sino que su peso es igual, el ensayo está libre de errores; pero si hay una cuenta o grano que hace bajar el platillo, entonces hay error, debiendo repetirse el ensayo. Si el bes de moneda contiene solamente siete onzas de plata pura es porque el Rey, el Príncipe o el Estado que acuña moneda ha tomado una onza, que conserva parcialmente como beneficio y parcialmente para el gasto de acuñar, habiendo añadido cobre a la plata. De todos estos asuntos ya he escrito extensamente en mi libro «De precio metallorum et monetis».

Ensayamos las monedas de oro de varias formas. Si hay cobre mezclado con el oro, los fundimos mediante el fuego, en la misma forma que con monedas de plata; si hay plata mezclada con el oro, se separan mediante el agua fuerte más fuerte; si hay cobre y plata mezclados con el oro, en primer lugar, después de la adición del plomo, se calientan en la copela hasta que el fuego consume el cobre y el plomo, separándose después el oro de la plata.

Queda por hablar de la piedra de toque o basanita, con la cual se prueban el oro y la plata, y que también se usó por los antiguos. Porque, aunque el ensayo hecho mediante el fuego es más seguro, debido a que a veces no tenemos horno, ni mufla, ni crisoles, o se ha de ocasionar algún retraso al usarlos, siempre podemos frotar oro o plata sobre la piedra de toque. Además, ¿para qué sirven las monedas de oro cuando las ensayamos en el fuego después de este ensayo? Se ha de seleccionar una piedra de basanita que sea totalmente negra y esté libre de azufre, porque cuanto más negra sea y más desprovista esté de azufre, mejor resultará. Ya he escrito en otra parte de su naturaleza. Primero, el oro se frota en la piedra de toque, tanto si contiene plata como si se ha obtenido de las minas o es procedente de fusión; la plata también se frota de la misma forma. Después, una de las agujas, la que consideremos por su color que es de la misma composición, se frota sobre la piedra de toque; si es demasiado pálida hay que frotar otra aguja que tenga un color más fuerte sobre la piedra de toque, y si resulta ser demasiado oscura en color, deberá usarse una tercera que tenga un color algo más pálido. Esto nos mostrará la proporción de plata o cobre, o plata y cobre juntamente, que hay en el oro, o bien en qué proporción está el cobre en la plata.

Estas agujas son de cuatro clases. La primera clase está hecha de oro y plata; la segunda, de oro y cobre; la tercera, de oro, plata y cobre, y la cuarta, de plata y cobre. Las tres primeras clases de agujas se usan principalmente para probar oro, y la cuarta, para la plata. Las agujas de esta clase se preparan de la siguiente forma: Los pesos más pequeños corresponden proporcionalmente a los pesos mayores y se usan ambas no solamente por la gente de las minas, sino también por los que acuñan monedas. Las agujas están hechas de acuerdo con los pesos menores, y cada juego corresponde a un bes que, en nuestro propio vocabulario, se llama un marco. El bes, que se emplea por aquellos que acuñan oro, se divide en veinticuatro dobles «sextulae», y cada doble «sextula» se divide en cuatro «semi-sextulae», que se llaman «granas», y cada «semi-sextula» se divide en tres unidades de cuatro «siliquae» cada una, de las que cada unidad se llama «grenlin». Si las agujas que hacemos son de cuatro siclos, habrá doscientas ochenta y ocho en un bes, pero si cada una se hiciera de una «semi-sextula» o doble «scripula», habría noventa y seis en un bes. Mediante estos dos métodos se harían muchas agujas, y la mayoría de ellas, debido a su pequeña diferencia en la proporción de oro, no indicarían nada, siendo, por tanto, aconsejable hacer cada una de una doble «sextula»; de esta forma se hacen veinticuatro agujas, de las que la primera se hace de veintitrés «duellae» de plata y una de oro. Según Fannio, los antiguos llamaban a la doble «sextula» una «duella». Cuando se frota una barra de plata sobre la piedra de toque y la colorea justamente como lo hace esta aguja, es que que contiene una «duella» de oro. De esta forma determinamos mediante las otras agujas qué proporción hay de oro, o, cuando el oro excede a la plata en peso, qué proporción de plata hay.

Las agujas están hechas:

La	1.ª	aguja	de 23	duellae	de	plata	y	1	duellae	de	oro
»	2.ª	»	» 22	»	»	»	»	2	»	»	»
»	3.ª	»	» 21	»	»	»	»	3	»	»	»
»	4.ª	»	» 20	»	»	»	»	4	»	»	»
»	5.ª	»	» 19	»	»	»	»	5	»	»	»
»	6.ª	»	» 18	»	»	»	»	6	»	»	»
»	7.ª	»	» 17	»	»	»	»	7	»	»	»
»	8.ª	»	» 16	»	»	»	»	8	»	»	»
»	9.ª	»	» 15	»	»	»	»	9	»	»	»
»	10.ª	»	» 14	»	»	»	»	10	»	»	»
»	11.ª	»	» 13	»	»	»	»	11	»	»	»
»	12.ª	»	» 12	»	»	»	»	12	»	»	»
»	13.ª	»	» 11	»	»	»	»	13	»	»	»
»	14.ª	»	» 10	»	»	»	»	14	»	»	»
»	15.ª	»	» 9	»	»	»	»	15	»	»	»
»	16.ª	»	» 8	»	»	»	»	16	»	»	»
»	17.ª	»	» 7	»	»	»	»	17	»	»	»

La	18.ª	aguja de	6 duellae de plata y				18 duellae de oro			
»	19.ª	»	»	5	»	»	»	» 19	»	» »
»	20.ª	»	»	4	»	»	»	» 20	»	» »
»	21.ª	»	»	3	»	»	»	» 21	»	» »
»	22.ª	»	»	2	»	»	»	» 22	»	» »
»	23.ª	»	»	1 duella	»	»	»	» 23	»	» »
»	24.ª	»	»	oro puro						

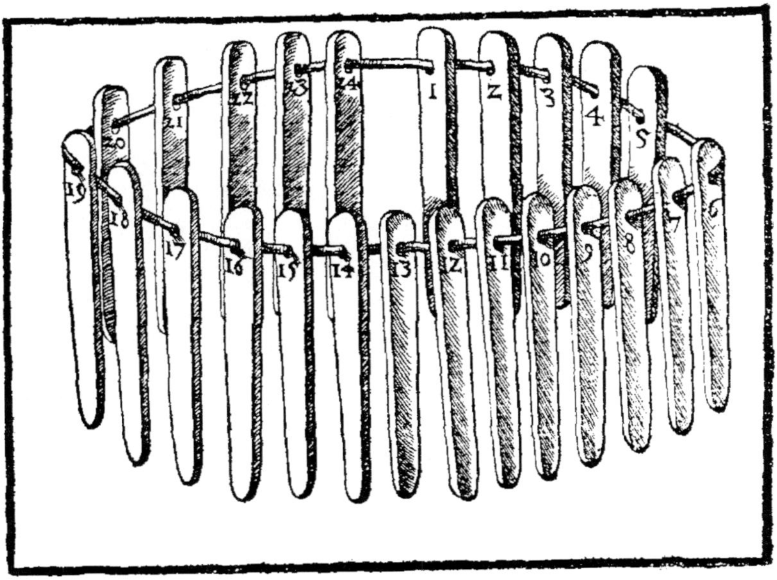

Las primeras once agujas sirven, frotándolas en la piedra de toque, para probar la proporción de oro que tiene una barra de plata, y con las restantes trece se prueba la proporción de plata que hay en un lingote de oro, y asimismo la proporción de uno y otro en las monedas.

Como algunas monedas de oro se componen de oro y cobre, hay trece agujas de esta aleación en las proporciones siguientes:

La	1.ª	de 12	duellas de oro y			12	duellas de cobre			
»	2.ª	» 13	»	»	»	» 11	»	»	»	
»	3.ª	» 14	»	»	»	» 10	»	»	»	
»	4.ª	» 15	»	»	»	» 9	»	»	»	
»	5.ª	» 16	»	»	»	» 8	»	»	»	
»	6.ª	» 17	»	»	»	» 7	»	»	»	
»	7.ª	» 18	»	»	»	» 6	»	»	»	

La	8.ª	de	19	duellas	de oro	y	5	duellas	de	cobre
»	9.ª	»	20	»	»	»	4	»	»	»
»	10.ª	»	21	»	»	»	3	»	»	»
»	11.ª	»	22	»	»	»	2	»	»	»
»	12.ª	»	23	»	»	»	1	duella	»	»
»	13.ª	»	oro puro							

Estas no se usan muy a menudo porque las monedas de oro con esta aleación son relativamente raras; las más usadas son las que tienen mayor proporción de cobre. Las agujas de la tercera clase, compuestas de oro, plata y cobre, se usan mucho más, porque las monedas de oro con esta aleación son muy corrientes. Pero puesto que con el oro se mezclan partes iguales o diferentes de plata y cobre, se hacen dos clases de agujas. Si las partes de plata y de cobre son iguales, las agujas son como sigue:

		Oro		*Plata*				*Cobre*			
La	1.ª	de 12	duellae	6	duellae	0	sextula	6	duellae	0	sextula
»	2.ª	» 13	»	5	»	1	»	5	»	1	»
»	3.ª	» 14	»	5	»			5	»		
»	4.ª	» 15	»	4	»	1	»	4	»	1	»
»	5.ª	» 16	»	4	»			4	»		
»	6.ª	» 17	»	3	»	1	»	3	»	1	»
»	7.ª	» 18	»	3	»			3	»		
»	8.ª	» 19	»	2	»	1	»	2	»	1	»
»	9.ª	» 20	»	2	»			2	»		
»	10.ª	» 21	»	1	»	1	»	1	»	1	»
»	11.ª	» 22	»	1	»			1	»		
»	12.ª	» 23	»	1	»						
»	13.ª	oro puro									

Algunos hacen veinticinco agujas para poder distinguir las dos «scripula» de la plata o cobre que hay en un bes de oro. De estas agujas, la primera se compone de doce «duellae» de oro y seis de plata y seis de cobre. La segunda, de doce «duellae» y una «sextula» de oro y cinco «duellae» y una y media «sextulae» de cobre. Las demás agujas se hacen en la misma proporción que las que hemos dado antes.

Según Plinio, los romanos determinaban con un error de menos de un «scripulum» la cantidad de oro que tenía una aleación y las cantidades de plata y de cobre.

Las agujas se pueden hacer de dos modos, del que ya he dicho y del que voy a explicar ahora. Si se han mezclado con el oro partes desiguales de plata y cobre, se hacen treinta y siete agujas de las siguientes proporciones:

	Oro	Plata			Cobre		
	Duellae	Duellae	Sextulae	Siliquae	Duellae	Sextulae	Siliquae
La 1.ª de	12	9	0	0	3	0	0
» 2.ª »	12	8	0	0	4	0	0
» 3.ª »	12	7			5		
» 4.ª »	13	8	1/2		2	1/2	
» 5.ª »	13	7	1/2	4	3	1	8
» 6.ª »	13	6	1/2	8	4	1	4
» 7.ª »	14	7	1		2	1	
» 8.ª »	14	6	1	8	3	1/2	4
» 9.ª »	14	5	1 1/2	4	4		8
» 10.ª »	15	6	1 1/2		2	1/2	
» 11.ª »	15	6			3		
» 12.ª »	15	5	1/2		3	1 1/2	
» 13.ª »	16	6			2		
» 14.ª »	16	5	1/2	4	2	1	8
» 15.ª »	16	4	1	8	3	1/2	4
» 16.ª »	17	5	1/2	0	1	1 1/2	
» 17.ª »	17	4	1	8	2	1/2	4
» 18.ª »	17	4	4		2	1 1/2	8
» 19.ª »	18	4	1		1	1	
» 20.ª »	18	4	0		2	1	
» 21.ª »	18	3	1		2		
» 22.ª »	19	2	1 1/2		1	1/2	
» 23.ª »	19	3	1/2	4	1	1	8
» 24.ª »	19	2	1 1/2	8	2		4
» 25.ª »	20	3			1		
» 26.ª »	20	2	1	8	1	1/2	4
» 27.ª »	20	2	1/2	4	1	1	8
» 28.ª »	21	2	1/2		1 1/2		
» 29.ª »	21	2			1		
» 30.ª »	21	1	1 1/2		1	1/2	
» 31.ª »	22	1	1		1		

	Oro	Plata			Cobre		
	Duellae	Duellae	Sextulae	Siliquae	Duellae	Sextulae	Siliquae
La 32.ª »	22	1	1/2	4	0	1	8
» 33.ª »	22	1		8		1 1/2	4
» 34.ª »	23		1 1/2		1/2		
» 35.ª »	23		1	8		1/2	4
» 36.ª »	23		1	4		1/2	8
» 37.ª »	oro puro						

Como es raro que el oro acuñado no tenga por lo menos quince «duellae» de oro en un «bes», algunos hacen sólo veintiocho agujas, y las hacen diferentes de las descritas en cuanto que las aleaciones suelen ser de diferente proporción.

Estas agujas son así:

	Oro	Plata			Cobre		
	Duellae	Duellae	Sextulae	Siliquae	Duellae	Sextulae	Siliquae
La 1.ª de	15	6	1	8	2	1/2	4
» 2.ª »	15	6		4	2	1 1/2	8
» 3.ª »	15	5	1/2		3	1 1/2	
» 4.ª »	16	6	1/2		1	1 1/2	
» 5.ª »	16	5	1	8	2	1/2	4
» 6.ª »	16	4	1 1/2	8	3		4
» 7.ª »	17	5	1	4	1	1/2	8
» 8.ª »	17	5		4	1	1 1/2	8
» 9.ª »	17	4	1	4	2	1/2	8
» 10.ª »	18	4	1		1	1	
» 11.ª »	18	4			2		
» 12.ª »	18	3	1		2	1	
» 13.ª »	19	3	1 1/2	4	1	8	
» 14.ª »	19	3	1/2	4	1	1	8
» 15.ª »	19	2	1 1/2	4	2		8
» 16.ª »	20	3			1		
» 17.ª »	20	2			1	1	
» 18.ª »	20	2			2		
» 19.ª »	21	2	1/2	4		1	8
» 20.ª »	21	1	1 1/2	4	1		8
» 21.ª »	21	1	1	8	1	1/2	4
» 22.ª »	22	1	1	8	1/2	4	

	Oro	Plata			Cobre		
	Duellae	Duellae	Sextulae	Siliquae	Duellae	Sextulae	Siliquae
La 23.ª »	22	1	1			1	
» 24.ª »	22	1	1/2	4	1	8	
» 25.ª »	23		1 1/2	4			8
» 26.ª »	23		1 1/2			1/2	
» 27.ª »	23		1	8		1/2	4
» 28.ª »	oro puro						

Sigue la cuarta clase de agujas, con las que se prueban las monedas de plata que contiene plata. El marco, por el que pesa la plata, se divide de dos maneras. Unas veces se divide en doce partes (de cinco dracmas y un scripulum cada una), que se llaman «nummi»; cada una de éstas se divide en veinticuatro unidades (de cuatro siliquae), que se llaman «grenlin». Otras veces se divide en dieciséis medias onzas, que se llaman «loths», cada una de las cuales se divide, a su vez, en dieciocho unidades (de cuatro siliquae»), que se llaman «grenlin». Las dieciséis medias onzas pueden dividirse cada una en cuatro dracmas, y cada dracma, en cuatro pfennige. Las agujas se hacen de acuerdo con cada división del marco. De acuerdo con la primera división, se hacen veinticuatro de medio «nummi»; de acuerdo con la segunda división, treinta y una de media semionza, es decir, de un «sicilicus», porque si se hicieran agujas hasta de los pesos más pequeños, de nuevo el número de agujas sería demasiado grande, y muchas de ellas, por la poca diferencia que tendrían las proporciones de plata y cobre, serían inútiles. Tanto las barras o lingotes como las monedas de aleaciones de plata y cobre se contrastan por una y otra escala. La primera es como sigue: la primera aguja se hace de veintitrés partes de cobre y una parte de plata, por lo que cuando una moneda o un lingote, frotado en la piedra de toque, la marque con el mismo color que esta aprimera aguja, esa moneda o lingote tiene una veinticuatroava parte de plata y de acuerdo con la proporción de plata tendrá la de cobre.

La	1.ª	aguja	tiene	23	partes	de	cobre	y	1	de	plata
»	2.ª	»	»	22	»	»	»	»	2	»	»
»	3.ª	»	»	21	»	»	»	»	3	»	»
»	4.ª	»	»	20	»	»	»	»	4	»	»
»	5.ª	»	»	19	»	»	»	»	5	»	»
»	6.ª	»	»	18	»	»	»	»	6	»	»
»	7.ª	»	»	17	»	»	»	»	7	»	»
»	8.ª	»	»	16	»	»	»	»	8	»	»

La	9.ª	aguja	tiene	15	partes	de	cobre	y	9	de	plata
»	10.ª	»	»	14	»	»	»	»	10	»	»
»	11.ª	»	»	13	»	»	»	»	11	»	»
»	12.ª	»	»	12	»	»	»	»	12	»	»
»	13.ª	»	»	11	»	»	»	»	13	»	»
»	14.ª	»	»	10	»	»	»	»	14	»	»
»	15.ª	»	»	9	»	»	»	»	15	»	»
»	16.ª	»	»	8	»	»	»	»	16	»	»
»	17.ª	»	»	7	»	»	»	»	17	»	»
»	18.ª	»	»	6	»	»	»	»	18	»	»
»	19.ª	»	»	5	»	»	»	»	19	»	»
»	20.ª	»	»	4	»	»	»	»	20	»	»
»	21.ª	»	»	3	»	»	»	»	21	»	»
»	22.ª	»	»	2	»	»	»	»	22	»	»
»	23.ª	»	»	1	»	»	»	»	23	»	»
»	24.ª	plata pura									

El otro método de hacer agujas para la plata y el cobre es como sigue:

	Cobre		Plata	
	Medias onzas	Siclos	Medias onzas	Siclos
La 1.ª es de	15		1	
» 2.ª » »	14	1	1	1
» 3.ª » »	14		2	
» 4.ª » »	13	1	2	1
» 5.ª » »	13		3	
» 6.ª » »	12	1	3	1
» 7.ª » »	12		4	
» 8.ª » »	11	1		1
» 9.ª » »	11		5	
» 10.ª » »	10	1	5	1
» 11.ª » »	10		6	
» 12.ª » »	9	1	6	1
» 13.ª » »	9		7	
» 14.ª » »	8	1	7	1
» 15.ª » »	8		8	
» 16.ª » »	7	1	8	1
» 17.ª » »	7		9	
» 18.ª » »	6	1	9	1

	Cobre		Plata	
	Medias onzas	Siclos	Medias onzas	Siclos
La 19.ª es de	6		10	
» 20.ª » »	5	1	10	1
» 21.ª » »	5		11	
» 22.ª » »	4	1	11	1
» 23.ª » »	4		12	
» 24.ª » »	3	1	12	1
» 25.ª » »	3		13	
» 26.ª » »	2	1	13	1
» 27.ª » »	2		14	
» 28.ª » »	1	1	14	1
» 29.ª » »	1		15	
» 30.ª » »		1	15	1
» 31.ª de plata pura				

Y baste de esto. Quizá he usado más palabras de las que hubieran necesitado los entendidos y especializados en este arte, pero son necesarias para la exposición del tema.

Hablaré ahora de las pesas, a las que me he referido con frecuencia. Entre los que se dedican a la minería, son de dos clases: las mayores y las más pequeñas. El «centumpondio» es la primera y mayor y pesa cien libras, y se llama también la unidad de cien.

Las varias unidades son:

1.° = 100 libras = «centumpondio».
2.° = 50 libras.
3.° = 25 »
4.° = 16 »
5.° = 8 »
6.° = 4 »
7.° = 2 »
8.° = 1 libra.

Esta libra equivale a 16 onzas, y la mitad de la libra es la semilibra, que en nuestro país se llama un marco y vale ocho onzas o, de acuerdo con la división usual, dieciséis semionzas.

9.° = 8 onzas.
10.° = 8 medias onzas.
11.° = 4 » »
12.° = 2 » »
13.° = 1 media onza.

14.° = 1 siclo.
15.° = 1 dracma.
16.° = 1 medio dracma.

Estas son las divisiones en la escala de las pesas mayores; las menores se hacen de plata, de bronce o de cobre. De éstas, la mayor y la primera generalmente es de un dracma, porque los mineros tienen que pesar no sólo material, sino también metales, para contrastarlos y purificarlos, y cantidades muy pequeñas de plomo. La primera se llama «centumpondio», y la cantidad de libras a que corresponde es la misma que en la escala mayor, siendo igualmente cien.

La	1.ª	equivale	a	100	libras.
»	2.ª	»	»	50	»
»	3.ª	»	»	25	»
»	4.ª	»	»	16	»
»	5.ª	»	»	8	»
»	6.ª	»	»	4	»
»	7.ª	»	»	2	»
»	8.ª	»	»	1	libra.
»	9.ª	»	»	1	media libra.
»	10.ª	»	»	8	medias onzas.
»	11.ª	»	»	4	» »
»	12.ª	»	»	2	» »
»	13.ª	»	»	1	media onza.
»	14.ª	»	»	1	siclo.

La catorceava es la última, porque los pesos proporcionales que corresponderían al dracma no se usan. En todos estos pesos de la escala menor se escriben el número de libras y de semionzas. Algunos acuñadores de monedas de cobre usan las pesas de las dos escalas en otra serie de divisiones. Así, el peso mayor de la escala mayor equivale a ciento doce libras, y ésta es su primera medida de peso:

1.ª = 112 libras.
2.ª = 64 »
3.ª = 32 »
4.ª = 16 »
5.ª = 8 »
6.ª = 4 »
7.ª = 2 »
8.ª = 1 »
9.ª = 1 semilibra o 16 medias onzas.
10.ª = 8 medias onzas.

11.ª = 4 medias onzas.
12.ª = 2 » »
13.ª = 1 media onza.

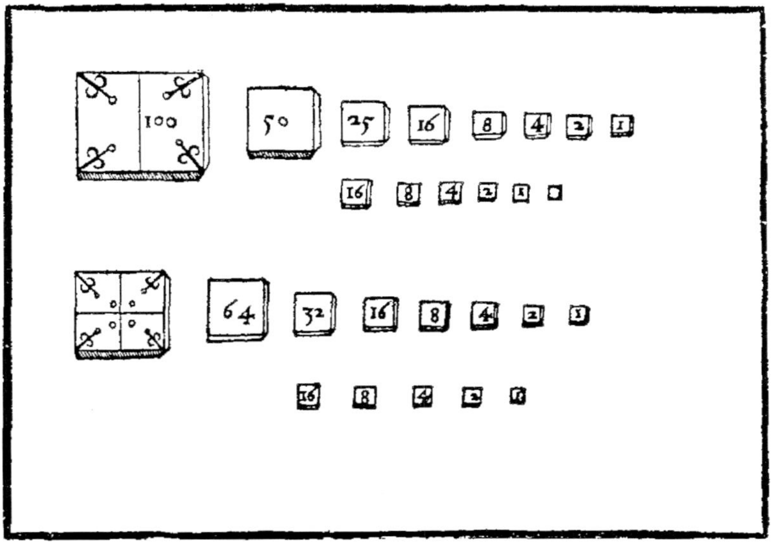

En cuanto a la media onza de la escala menor, que en nuestra lengua se llama, como he dicho varias veces, un marco, y los romanos llamaban bes, los monederos que acuñan el oro la dividen, como a las pesas de la escala mayor, en veinticuatro unidades de dos sextulae, y cada una de dos sextulae en cuatro semisextulae, y cada semisextuale en tres unidades de cuatro siliquae. Algunos también dividen las unidades de cuatro siliquae en cuatro, pero los más, omitiendo la semisextulae, dividen la doble sextulae en doce unidades de cuatro siliquae cada una y no dividen éstas en siliquae individuales. Así, la primera y mayor unidad, que es el bes, pesa veinticuatro doble sextulae.

La 2.ª = 12 doble sextulae.
» 3.ª = 6 » »
» 4.ª = 3 » »
» 5.ª = 2 » »
» 6.ª = 1 » »
» 7.ª = 1 sextula.
» 8.ª = 1 semisextula o tres unidades de 4 siliquae cada una.
» 9.ª = 2 unidades de 4 siliquae cada una.
» 10.ª = 1 unidad de 4 siliquae.

Los monederos que acuñan plata dividen también el bes de las escalas como en las escalas mayores; nuestro pueblo, como sabemos, lo divide en dieciséis medias onzas, y cada onza, en dieciocho unidades de cuatro siliquae cada una.

Hay diez pesas que se colocan en el otro platillo de la balanza, cuando se pesa la plata que queda del cobre que se ha consumido al acrisolar la aleación al fuego.

La	1.ª	=	16 medias onzas = 1 bes o marco.
»	2.ª	=	8 »
»	3.ª	=	4 »
»	4.ª	=	2 »
»	5.ª	=	1 » o 18 unidades de 4 siliquae cada una.
»	6.ª	=	9 unidades de 4 siliquae cada una.
»	7.ª	=	6 » » » » » »
»	8.ª	=	3 » » » » » »
»	9.ª	=	2 » » » » » »
»	10.ª	=	1 » » » » » »

Los acuñadores de Nuremberg que hacen monedas de plata dividen el bes en dieciséis medias onzas, pero dividen la media onza en cuatro dracmas, y el dracma, en cuatro pfennige. Emplean nueve pesas.

La	1.ª	=	16 medias onzas.
»	2.ª	=	8 » »
»	3.ª	=	4 » »
»	4.ª	=	2 » »
»	5.ª	=	1 media onza.

Porque dividen el bes o marco del mismo modo que lo divide el pueblo, pero dividen la semionza en cuatro dracmas.

La	6.ª	pesa	=	2 dracmas.
»	7.ª	»	=	1 dracma.
»	8.ª	»	=	2 pfennige.
»	9.ª	»	=	1 pfennig.

Los de Colonia y de Antwerp dividen el bes en doce unidades de cinco dracmas y un «scripulum», y llaman a las unidades de este peso «nummi». Estos «nummi» los dividen en veinticuatro unidades de cuatro «siliquae», a las que llaman «grenlins». Tienen diez pesas, de las cuales:

La	1.ª	=	12 nummi = 1 bes.
»	2.ª	=	6 »
»	3.ª	=	3 »

La 4.ª = 2 nummi.

» 5.ª = 1 » = 24 unidades de 4 siliquae cada una.

» 6.ª = 12 unidades de 4 siliquae cada una.

» 7.ª = 6 » » » » » »

» 8.ª = 3 » » » » » »

» 9.ª = 2 » » » » » »

» 10.ª = 1 » » » » » »

Y así para estos monederos como para nuestro pueblo, el marco se divide en doscientos ochenta y ocho «grenlins», para los de Nuremberg se divide en doscientos cincuenta y seis «pfennige». Por último, los venecianos dividen el bes en ocho onzas. La onza, en cuatro «siclos»; el «siclo», en treinta y seis «siliquae». Hacen doce pesas, que usan siempre que contrastan aleaciones de plata y cobre. De éstas:

La 1.ª = 8 onzas = libra.

» 2.ª = 4 »

» 3.ª = 2 »

» 4.ª = 1 onza.

» 5.ª = 2 siclos.

» 6.ª = 1 siclo.

» 7.ª = 18 siliquae.

» 8.ª = 9 »

» 9.ª = 6 »

» 10.ª = 3 »

» 11.ª = 2 »

» 12.ª = 1 »

Los venecianos dividen el bes en mil ciento cincuenta y dos «siliquae» o doscientas ochenta y ocho unidades de cuatro «siliquae» cada una, que es el número en que también nuestro pueblo divide el bes o marco, de modo que coinciden en el número de «siliquae», aunque los venecianos vuelven a dividirlo en unidades más pequeñas.

Este es, pues, el sistema de pesas, de las escalas mayor y menos, que emplean los que trabajan los metales y el sistema de pesas menores que emplean los acuñadores y los banqueros y comerciantes cuando contrastan metales o monedas. Del bes de peso mayor del que se sirven cuando tienen que pesar grandes cantidades de metales acuñados o sin acuñar ya hablé en mi trabajo *De mensuris et ponderibus,* y en otro libro: *De precio metallorum et monetis.*

Hay tres balanzas pequeñas para pesar minerales, metales y flujos; la primera en la que pesan el plomo y los flujos para fundir es la mayor de las tres balanzas pequeñas, y aunque se coloquen en uno de sus platillos ocho onzas (de las mayores) y otro tanto de peso en el otro platillo, no sufre ningún daño. La segunda es más delicada, y en ella se pesa el mineral o el metal que se va a contrastar o a acrisolar; ésta es capaz de pesar un centumpodio de la escala menor en un plantillo, y en la otra, mineral o metal hasta igualar la pesada. La tercera es la más delicada, y en ella se pesa el oro y la plata que queda en el fondo de la copela. Si se pesan plomo en la segunda balanza o mineral, en la tercera se les hace un daño irreparable. La misma cantidad de metal que se obtenga a partir de un «centumpondio» menor de mineral o de aleación se obtendrá en unidades de la escala mayor a partir de un «centumpondio» de la escala mayor de mineral o de aleación.

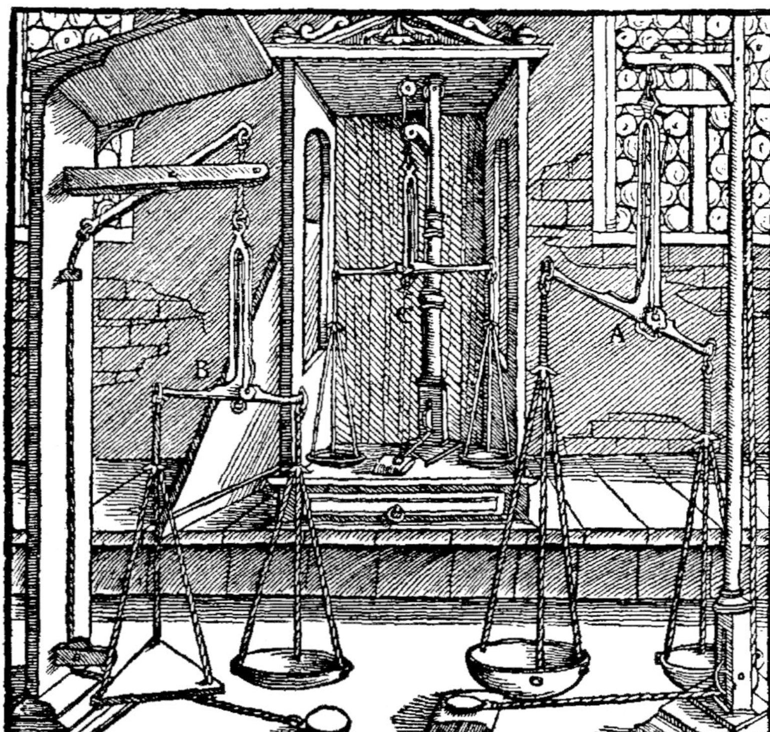

A: Primera balanza pequeña.—B: Segunda.—C: Tercera, dentro de la vitrina

FIN DEL LIBRO VII

LIBRO VIII

He explicado todo lo relativo al ensayo en el último libro, y ahora vengo a un trabajo mayor, la descripción de cómo extraemos los metales. Primeramente y ante todo explicaré el método de la preparación del mineral, pues dado que la Naturaleza crea metales en estado puro, mezclados con tierra, piedras y líquidos o jugos solidificados, es necesario separar estas impurezas de los minerales lo más posible y evitar que se mezclen; por tanto, describiré ahora los métodos por medio de los cuales los minerales son clasificados, troceados con martillos, quemados, triturados con mazos o pisones, molidos en polvo, tamizados, lavados, tostados y calcinados.

Comenzaré desde el principio con la primera clase de trabajo. Los mineros experimentados, cuando están extrayendo el mineral, seleccionan el material metalífero de la tierra, rocas y jugos solidificados antes de sacarlos de los pozos y colocan el material válido en bateas y los desechos en cubos. Pero, por si algún minero que no tenga la suficiente experiencia en los trabajos de la mina ha omitido el hacerlo, o incluso por si algún minero experimentado, obligado por una necesidad ineludible, no ha podido hacerlo, tan pronto como el material ha sido extraído y sacado de la mina, todo él debe ser examinado, y aquella parte de mineral que sea rica en metal, clasificada y seleccionada de la desprovista de metal, tanto si esta parte es tierra como jugos solidificados o rocas. El fundir los desechos junto con un mineral implica una pérdida, ya que se hacen gastos, que aparte de las tierras y de las rocas solamente se obtienen escorias inútiles y estériles y que los jugos sodificados también impiden y obstaculizan la mezcla de los metales y ocasionan pérdidas. La roca que está situada contigua a un mineral rico debe quebrarse también en trozos pequeños, y triturada y lavada, procurar que no se pierda la más mínima parte de mineral. Cuando, ya sea por ignorancia o descuido, los mineros mientras están excavando han mezclado el mineral con tierra y trozos de roca, el trabajo de clasificar o estriar el metal bruto o la mejor clase de mineral se realiza no solamente por los hombres, sino también por los muchachos y las mujeres. Así, echan el material mezclado sobre una mesa grande y larga, junto a la cual están sentados casi todo el día, y van distribuyendo y clasificando el mineral; cuando ya está clasificado, lo van recogiendo en bateas, y cuando está recogido, lo van echando a unas cubetas o tinas, que son transportadas a los talleres donde se funden los minerales.

El mineral que es extraído en estado puro o bruto, a cuya clase pertenecen la plata nativa y la plata gris, se coloca sobre una

A: Mesa de estriado.—B: Batea.—C: Tina

piedra por el capataz de la mina y se aplasta golpeándolo con martillos pesados cuadrados. Estas masas, cuando han sido aplastadas y aplanadas, se colocan en la cepa de un árbol, y se cortan en trozos con un escoplo de hierro y un martillo, o bien se cortan con una herramienta parecida a un par de cizallas. Una hoja de estas cizallas tiene tres pies de largo y está firmemente fija en un pilar, y la otra hoja que corta el metal tiene seis pies de largo. Estas piezas de metal son después calentadas en calderas de hierro y fundidas en el horno de copelar por los fundidores.

Aunque los mineros, en los pozos o socavones, han clasificado el material que sacan de la mina, todavía el mineral desmenuzado y transportado debe ser quebrado en trozos por medio de un martillo y triturado muy cuidadosamente, de forma que los trozos o partes mejores y más valiosas pueden distinguirse de las inferiores y de menor valor. Esto es de la mayor importancia en la mezcla del mineral, pues si se mezcla sin esta separación, la parte valiosa frecuentemente recibe el mayor daño antes de que la parte que no tiene valor se funda en el fuego, o sucede también que una consume a la otra; sin embargo, esta última dificultad puede evitarse en parte teniendo mucho cuidado y en parte mediante el empleo de flujos. Ahora bien, si la vena o filón es de calidad pobre o deficiente, las mejores porciones que se hayan extraído y triturado deben ponerse juntas en un lugar, y las porciones inferiores y la roca se tiran. Los estriadores colocan una piedra dura ancha sobre una mesa; las mesas son generalmente de cuatro pies cuadrados y están hechas de tablones unidos y en el borde de los lados y dorso hay tablones rectos fijos, que se levantan o sobresalen aproximadamente un pie sobre la mesa; la parte de delante, donde está sentado el estriador, se deja abierta. Los terrones de mineral, ricos en oro y plata, son colocados por los estriadores sobre la piedra y se rompen con un martillo ancho, pero no grueso, o bien

A: Masas o bloques de metal.—B: Martillo.—C: Cincel o escoplo.—D: Tres cepas o troncos.—E: Herramienta similar a un par de cizallas

los rompen en trozos y los echan a un recipiente, o los rompen y los estrían —de aquí se les ha dado el nombre— en los más o menos valiosos, colocándolos y recogiéndolos separadamente en recipientes distintos. Otros hombres trituran los terrenos de mineral menos ricos en oro y plata, igualmente colocados sobre la piedra, con un martillo ancho y grueso, y cuando está bien triturado, lo recogen y lo echan en un recipiente. Hay dos clases de recipientes; uno es más profundo, y un poco más ancho en el centro que en la parte de arriba o en el fondo; el otro no es tan profundo, aunque es más ancho en el fondo y va haciéndose gradualmente un poco más estrecho en la parte de arriba. El último de estos recipientes está cubierto con una tapa, mientras que el primero no está cubierto; una barra de hierro a través de las asas, doblada en un extremo, se agarra con la mano cuando hay que transportar el re-

A: Mesas.—B: Tablones de cerca.—C: Martillo.—D: Martillo cuadrangular.— E: Recipiente más profundo.—F: Recipiente menos profundo.—C: Varilla de hierro

cipiente. Pero, sobre todo, corresponde a los estriadores el cuidar y ejecutar asiduamente sus trabajos.

Utilizando otra herramienta de rotura de mineral con martillos se rompen fragmentos grandes y duros antes de quemarlos. Las piernas de los obreros que trituran piedras duras de esta manera, con martillos grandes, están protegidas con polainas a modo de perneras —al menos en Goslar las usan siempre—, y las manos están protegidas con guantes largos, para evitar que se lastimen con los trocitos o esquirlas que puedan desprenderse de los fragmentos.

En la parte de Alemania Mayor que se denomina Westfalia y en el distrito de la Baja Alemania que se denomina Eifel, el mineral fragmentado que ha sido quemado es echado por los obreros en una zona redonda pavimentada con las piedras más duras y los fragmentos son machacados con herramientas de forma muy parecida a los martillos y que se utilizan como martillos apa-

A: Piritas.—B: Polainas.—C: Guantes.—D: Martillo

leadores. Esta herramienta tiene un pie de largo, un palmo de ancho y un dedo de espesor, y tiene una abertura en el centro exactamente igual a la que tienen los martillos, en la cual se fija el mango de madera, de no mucho espesor, pero de tres pies y medio de largo, al objeto de que los obreros puedan machacar el mineral con mayor fuerza en razón a su peso que cae de una altura mayor. Golpean y machacan con el lado ancho de la herramienta, como cuando se desgranan las espigas en la era, aunque en este caso toda la maza es de madera y la cabeza está fija en el mango. Cuando el mineral se ha roto en trozos pequeños, lo barren con escobas y lo trasladan al lavadero en un canal corto, a la cabeza del cual está el lavador, que lleva el agua hacia arriba con una tabla de madera y así procede a su lavado. El agua que baja nuevamente transporta todas las partículas ligeras a una ar-

A: Superficie pavimentada con piedras.—B: Mineral fragmentado.—C: Superficie cubierta con mineral fragmentado.—D: Herramienta de hierro.—E: Su mango.—F: Escoba.—G: Canal de lavado.—H: Rable de madera

tesa o pileta situada debajo. Me ocuparé de este sistema de lavado con más detalle un poco más adelante.

El mineral se quema por dos razones, bien porque, al ser duro, puede ablandarse y romperse más rápida y fácilmente con un martillo o cortafríos y después puede fundirse, o porque las materias grasas, es decir, el azufre, bitumen, oropimente o rejalgar puedan consumirse. El azufre se encuentra frecuentemente en los minerales metálicos y, en téminos generales, es más perjudicial y dañoso a los metales, excepto al oro, que las demás cosas. Es el más perjudicial de todos para el hierro, y menos para el estaño que para el bismuto, plomo, plata o cobre. Puesto que muy raramente se encuentra oro en el cual no haya algo de plata, incluso los minerales de oro que contienen azufre deben ser sometidos a tostado antes de fundirse, porque en un fuego de horno muy fuerte, el azufre convierte el metal en cenizas y lo reduce a escoria. El bitumen actúa de la misma manera, de hecho algunas veces consume la plata, como podemos verlo en las cadmias bituminosas.

Ahora paso a los métodos de tostión o calcinado, y principalmente al que es común a todos los minerales. La tierra se excava hasta el grado requerido y se forma una superficie cuadrangular de buen tamaño, abierta en la parte delantera, y en ella se coloca la leña junta, y sobre ella se coloca transversalmente, asimismo muy junta, otra cantidad de leña, por cuyo motivo justamente nuestros campesinos llaman a este montón de leña una jaula o una reja de madera; esto se repite hasta que el montón alcanza una altura de uno o dos codos. Después se coloca encima una cantidad de mineral fragmentado en trozos pequeños con los martillos; primeramente se colocan los trozos más grandes, después los de tamaño mediano y, finalmente, los más pequeños, y así se va construyendo un cono de inclinación suave. Para evitar que se vayan cayendo o dispersando, se ampara con agua arena fina del mismo mineral y se remoldea y se bate con palas; algunos obreros, si no pueden conseguir esta arena fina, cubren el pilote con polvo de carbón de leña, exactamente como hacen los carboneros de carbón vegetal o de leña. Pero en Goslar, la pila, cuando ha sido construida en forma de cono, se remoldea con vitriolo rojo o betún rojo, preparado con lejías de minerales calcinados empapados con agua. En algunos distritos, el mineral se tuesta o calcina una vez, en otros dos, en otros tres veces, según lo requiera la dureza. En Goslar, cuando las piritas se tuestan por tercera vez, la que está colocada en la parte de arriba de la pira exuda una cierta sustancia verdosa, seca, áspera y delgada, tal como he indicado en otra parte; ésta no se quema más fácilmente en el

A: Superficie.—B: Madera.—C: Mineral.—D: Montones en forma de cono.—E: Canal

fuego que el asbesto. También muy a menudo se pone agua sobre el mineral que ha sido tostado, mientras todavía está caliente, al objeto de ablandarlo y que pueda romperse más fácilmente, pues después de que el fuego ha secado la humedad del mineral se rompe más fácilmente mientras todavía está caliente, de lo cual la caliza proporciona el mejor ejemplo.

Cavando la tierra se hacen las superficies mucho más grandes y cuadradas; deben construirse paredes a lo largo de los costados y la parte de detrás para conservar el calor del fuego más eficazmente, y la parte de delante se mantiene abierta. En estos compartimentos, el mineral de estaño se tuesta de la manera siguiente: Primeramente, madera de aproximadamente doce pies de largo debe extenderse sobre la superficie en cuatro capas, colocadas alternadamente en un sentido y atravesadas. Después los trozos más grandes del mineral se colocan encima de ellas y sobre éstos nuevamente los más pequeños, los cuales deben colocarse también todo alrededor; la arena fina del mismo mineral debe extenderse sobre el montón, paleándola con palas y machacándola, al objeto de evitar que el montón caiga antes de que se haya tostado; después la madera debe encenderse.

El mineral de plomo, si es precisa su calcinación o tostión, debe amontonarse en una superficie exactamente igual a la anterior, pero en posición inclinada, de talud, y la madera debe colocarse sobre ella. Un tronco de árbol debe colocarse justamente a

A: Pira encendida.—B: Pira en fase de construcción.—C: Mineral.—D: Madera.—E: Montón de la misma madera

través de la parte delantera del mineral para impedir que se salga. El mineral, al calcinarse de esta manera, en parte viene a fundirse y parece escoria. Las piritas turingias, en las que hay oro, azufre y vitriolo, después de que se ha obtenido la última partícula de vitriolo calentándolas en agua, se echan en un horno, en el cual se han colocado troncos de madera. Este horno es muy similar a un hogar en su forma, al objeto de que cuando el mineral está calcinado su contenido valioso no pueda salir con el humo, sino que pueda adherirse a la bóveda del horno. De esta manera el azufre muchas veces cuelga como carámbanos de las dos aberturas de la bóveda o tejadillo por donde sale el humo.

A: Pira ardiendo compuesta de mineral de plomo con madera colocada encima de ella.—B: Obreros echando mineral en otra pira.—C: Horno en forma de hogar.—D: Abertura de salida del humo

Si las piritas o cualquier otro mineral que contenga metal poseen una buena cantidad de azufre o bitumen, deben quedar calcinados de forma que no se pierda nada. Para este propósito se echan en una placa de hierro llena de orificios y se tuestan con carbón de leña colocado en la parte de arriba; tres paredes soportan esta placa, dos en los lados y la tercera en la parte de detrás. Debajo de la placa se colocan unos pucheros conteniendo agua, a donde descienden los vapores sulfurosos o bituminosos, y en el agua la grasa se acumula y flota en la parte de arriba. Si se trata de azufre, es generalmente de color amarillo; si es bitumen o betún, es negro como la pez. Si no se eliminaran causarían mucho

A: Placas de hierro llenas de agujeros.—B: Paredes.—C: Placa sobre la cual se coloca el mineral.—D: Carbón de leña ardiendo que se coloca encima del mineral.—E: Potes.—F: Horno.—G: Parte central de la cámara superior.—H: Los otros dos compartimentos.—I: Divisiones de la cámara inferior.—K: Pared central.—L: Potes llenos de mineral.—M: Tapas de los mismos potes.—N: Rejilla

perjuicio al metal cuando el mineral está fundiéndose. Cuando se han separado de esta forma, demuestran que son de alguna utilidad y servicio para el hombre, especialmente la clase sulfurosa. Del vapor que desciende, no al agua, sino al suelo, se produce una sustancia sulfurosa o bituminosa que se parece al «pompholyx», y es tan ligera que puede apartarse soplando. Algunos utilizan un horno abovedado, abierto en la parte de delante y dividido en dos cámaras. Una pared construida en el centro del horno divide la cámara inferior en dos partes iguales, en las cuales se colocan potes conteniendo agua, tal como se ha descrito anteriormente. La cámara superior a su vez se divide en tres partes, de las cuales la del centro está siempre abierta, pues en ella se coloca la madera, y no es más ancha que la pared del centro, de la cual forma la parte más alta. Los otros dos compartimentos tienen puertas de hierro que están cerradas, y que junto con el tejadillo conservan el calor cuando se enciende la madera. En estos compartimentos su-

A: Montón de piedras cupríferas.—B: Montón encendido.—C: Piedras que se transportan a los lechos de gavillas de leña

periores existen barras de hierro que hacen la función de un suelo y sobre éstas hay dispuestos potes sin fondo, que tienen en lugar de fondo un emparrillado hecho de alambre de hierro, cada uno, a través de cuyas aberturas los vapores sulfurosos o bituminosos obtenidos del calcinado del mineral pasan a los potes inferiores. Cada uno de los potes superiores contiene unas cien libras de mineral; cuando están llenos se cubren con tapas y se untan con barro para junturas.

En Eisleben y sus cercanías cuando calcinan la piedra esquistosa de la cual se obtiene el cobre, y que no está libre de bitumen, no utilizan montones de maderos, sino haces o gavillas de leña. En tiempos, solían apilar esta clase de piedra, cuando se extraía del pozo, sobre manojos de leña y la calcinaban encendiendo la leña; hoy en día, lo primero que hacen es llevar estas piedras a un lugar donde las amontonan, y donde se las deja durante algún tiempo al objeto de que el aire y la lluvia las ablanden. Después hacen un lecho con haces de leña cerca del montón y transportan las piedras más próximas a este lecho; colocan otros haces de leña en el lugar que ha quedado vacío al sacar las primeras piedras y amontonan sobre este lecho ampliado las piedras más próximas, y van haciendo exactamente esto mismo hasta el final, hasta que todas las piedras han quedado amontonadas en forma de montículo sobre un lecho de haces de leña. Finalmente, prenden fuego a los haces, procurando, sin embargo, no hacerlo del lado que la fuerza del viento que sople haga que se consuman los haces antes de que las piedras se hayan tostado y estén blandas; por este medio las piedras que están junto a la leña se encienden y comunican el fuego a las siguientes y éstas, a su vez, a las contiguas, y de esta forma el montón frecuentemente arde de manera continua durante treinta días o más. Esta roca esquistosa, cuando es rica en cobre, como ya he indicado en otro lugar, exuda una sustancia de naturaleza similar al asbesto.

El mineral es triturado con pisones de cabeza de hierro, al objeto de que el metal pueda ser separado de la piedra y concentrado. Las máquinas que utilizan los mineros para este propósito son de cuatro clases y están hechas utilizando el método siguiente: Un bloque de madera de roble de seis pies de largo, dos pies y un palmo de alto y ancho se echa en tierra. En el centro del mismo se coloca un yunque o mortero de dos pies y seis dedos de largo, un pie y seis dedos de profundidad; la parte de delante, que podría llamarse la boca, permanece abierta; el fondo está cubierto con una placa de hierro de un palmo de espesor y los correspondientes dedos de ancho, cuyos extremos están calzados en la madera con cuñas anchas, y la parte delantera y trasera del mismo están fijos a la madera con clavos de hierro. A los lados del mortero, por encima del bloque, están colocados dos postes o montantes verticales, cuyos extremos superiores están algo rebajados y embutidos en las maderas de la construcción. Dos pies y medio por encima del mortero hay dos traviesas unidas, una en la parte de delante y otra en la parte de detrás, cuyos extremos quedan embutidos en los montantes o pies derechos ya mencionados. A través de cada embutición se taladra un orificio, en el cual se coloca una cuña de hierro; un extremo de la cuña tiene dos cuernos o puntas, y el otro extremo está perforado al objeto de que una cuña menor introducida en la mayor sujete más fuertemente las traviesas; uno de los cuernos del otro extremo gira hacia arriba y el otro hacia abajo. Tres pies y medio por encima de las traviesas, otras dos traviesas de la misma clase están acopladas de manera similar; estas traviesas tienen aberturas cuadradas, en las cuales se insertan los pisones o mazos de cabeza de hierro. Estos pisones no están muy distantes unos de otros y se ajustan estrechamente en las traviesas. Cada pisón tiene un botador o impulsor en la parte de detrás, el cual precisa ser embadurnado con grasa de forma que pueda ser elevado más fácilmente. Para cada pisón hay sobre un eje de levas dos levas, redondeadas en el extremo exterior, las cuales alternativamente levantan el pisón, al objeto de que, al caer sobre el mortero, pueda con su cabeza de hierro golpear y machacar la roca que se va echando debajo del mismo. Al eje de levas está fijada una rueda hidráulica cuyas cubetas o cangilones giran por la fuerza del agua. En lugar de puertas, la boca del mortero tiene un tablero que está acoplado en las ranuras o muescas cortadas de la parte delantera del bloque. Este tablero puede levantarse, al objeto de que cuando la boca está abierta los obreros puedan quitar con una pala la arena fina, e igualmente la arena gruesa y la piedra en que han sido trituradas las rocas; este tablero puede volverse a bajar, de forma que al volver a quedar cerrada la boca, la nueva piedra que se va echando pueda ser triturada con los pisones de cabeza de hierro. Si no se dispone de un bloque de roble, se colocan dos maderos en el suelo y se empalman, se unen muy fuertemente mediante clavos de hierro, debiendo tener cada uno de estos maderos seis pies de largo, un pie de ancho y un pie y medio de espesor. La profundidad que debe darse al mortero o yunque se obtiene cortando el primer travesaño o traviesa en un ancho de tres cuartos de pie y en una longitud de dos pies y un tercio y un veinticuatroavo. En el fondo de la parte así excavada debe colocarse una piedra muy dura, de un pie de espesor y tres cuartas partes de pie de ancho; alrededor, si queda algún espacio, debe rellenarse con arena o tierra y machacarse. En la parte delantera, la piedra está rematada por una plancha; esta roca cuando ya se ha roto debe sacarse y sustituirse por otra. Un mortero más pequeño que tenga solamente espacio para tres pisones puede hacerse de la misma manera. Los vástagos o espigas del pisón están hechos de pequeñas maderas cuadradas de nueve pies de largo y medio pie de ancho en cada sentido. La cabeza de hierro de cada uno está hecha de la manera siguiente: la parte inferior de la cabeza tiene tres palmos de largo y la parte superior tiene la misma longitud. La parte inferior es de un palmo cuadrado, en el centro de dos palmos; después, debajo de éste, en una longitud de dos dedos, gradualmente se extiende hasta que llega a ser un cuadrado de cinco dedos; encima de la parte del medio, en una longitud de dos dedos, igualmente va ampliándose gradualmente hasta que se convierte en un cuadrado de palmo y medio. Más arriba, donde la cabeza de la zapata está encerrada en la espiga, se taladra, y de modo similar la propia espiga es taladrada, y a través del orificio o abertura de ambas se hace pasar una cuña ancha de hierro, lo cual evita que la cabeza caiga fuera de la espiga. Para evitar que la cabeza del pisón pueda romperse por el constante golpear fragmentos de mineral o rocas, se coloca alrededor de ella una banda estrecha de hierro cuadrangular de un dedo de espesor, siete dedos de ancho y seis dedos de profundidad. Aquellos que utilizan tres pisones, como es normal, los hacen mucho mayores, y cada uno de forma cuadrada y tres palmos de ancho en cada sentido; después la cabeza de hierro de cada uno tiene una longitud total de dos pies y un palmo; en el extremo inferior es hexagonal, y en ese punto tiene siete dedos de ancho y de grueso. La parte inferior que sobresale de la espiga tiene un pie y dos palmos de largo; la parte superior, que está encerrada en la espiga, tiene tres palmos de largo; la parte inferior tiene un palmo de ancho y de espesor; después gradualmente la parte superior se va haciendo más estrecha y más delgada, de forma que la parte superior final tiene tres dedos y medio de ancho y dos de espesor. Va perforado en el lugar donde los ángulos han sido cercenados; el orificio tiene tres dedos de largo y uno de ancho, y está a una distancia de un dedo de la parte superior. Algunos construyen la parte de la cabeza, que está encerrada en la espiga o vástago, arponada y ranurada, al objeto de que cuando los ganchos han sido fijados en el vástago y las cuñas colocadas en las ranuras, pueda quedar fuertemente fija, y más aún, cuando también se sujeta con dos bandas estrechas de hierro cuadrangulares. Al-

A: Mortero.—B: Pies derechos.—C: Travesaños.—D: Pisones.—E: Sus cabezas.—F: Eje (eje de levas).—G: Diente del pisón (botador).—H: Diente de eje (levas)

gunos proceden a dividir el eje de levas utilizando un compás en seis lados, otros en nueve; para todo es mejor que se divida en doce lados, al objeto de que, sucesivamente, un lado pueda contener una leva y el siguiente pueda no llevarla.

La rueda hidráulica está totalmente encerrada en una caja cuadrangular, para el caso de que el espesor de la nieve o el hielo en invierno, o las tormentas, puedan obstaculizar su funcionamiento y su marcha giratoria. Las juntas de los maderos o encofrados están selladas alrededor con musgo. Pero la cubierta tiene una abertura, a través de la cual pasa el canal del agua que, cayendo sobre las cubetas o cangilones de la rueda, la hacen girar, cayendo luego al canal inferior por debajo de la caja. Los rayos de la rueda hidráulica están frecuentemente embutidos en el centro del eje de levas; en este caso las levas de ambos lados levantan los pisones, los cuales o bien trituran todos mineral seco o húmedo, o bien un equipo tritura el mineral seco y el otro equipo el mineral húmedo, según las circunstancias requieran lo uno o lo otro; además, cuando un equipo se levanta y las cuñas de hierro se fijan en las aberturas de la primera traviesa, sólo el otro equipo tritura el mineral.

La roca o piedra rotas, o la arena fina o gruesa, se sacan del yunque o mortero de esta máquina, como también se hace con los mismos materiales cuando son sacados de la vagona cerca de la mina y son echados por un obrero en una caja o criba que está abierta por encima y por la parte de delante, y tiene tres pies de largo y casi un pie y medio de ancho. Sus lados están inclinados y hechos de tablones, pero su fondo está hecho de rejillas de alambres de hierro y sujeto con alambre a dos barras de hierro que es-

A: Pisón.—B: Vástago cortado en la parte inferior.—C: Cabeza.—D: La otra cabeza, arponada y acanalada.—E: Banda estrecha de hierro cuadrangular.—F: Cuña. G: Impulsor.—H: Eje de leva angular.—I: Levas.—K: Par de compases

tán fijas a los dos lados de los tablones. Este fondo tiene aberturas, a través de las cuales la roca rota del tamaño de una avellana no puede pasar; los trozos que son demasiado grandes para pasar por ellas son sacadas por el obrero, quien nuevamente los coloca debajo de los pisones, mientras que aquellos pedazos que han pasado a través de la rejilla, junto con la arena fina y gruesa, los recoge en una carreta y los conserva para el lavado. Cuando está realizando su laboriosa tarea, cuelga la criba de una traviesa por medio de dos cables. Esta criba puede exactamente denominarse un tamiz cuadrangular, al igual que la que sigue.

Algunos emplean un tamiz o cedazo de forma similar a un cubo de madera, atado con dos cercos o bandas de hierro; su fondo, como el de la criba, está hecho de una rejilla o red de alambre de hierro. Lo colocan en dos tablones pequeños cruzados sobre un poste clavado en el terreno. Algunos no clavan el poste en el suelo, sino que lo mantienen en el suelo hasta que se levanta un mon-

A: Caja. Aunque la parte superior no está abierta, aquí se representa abierta, al objeto de que pueda verse la rueda.—B: Rueda.—C: Eje de levas.—D: Pisones

tón del material que ha pasado a través del tamiz, y en él queda el poste fijo. Con una pala de hierro, el obrero echa en este tamiz la roca rota, las piedras pequeñas, la arena fina y la gruesa obtenida del volquete; con las manos en las asas del tamiz, lo sacude de arriba abajo para que, con este movimiento, el polvo, la arena fina y gruesa, las piedras pequeñas y la roca triturada puedan caer a través del fondo. Otros no utilizan un tamiz, sino una batea abierta, cuyo fondo está igualmente cubierto con una red o rejilla de alambre; todo esto lo apoyan en una pequeña traviesa sujeta a dos montantes o pies derechos, y lo mueven hacia delante y hacia atrás.

Algunos utilizan un tamiz hecho de cobre, que tiene asas de cobre cuadradas en ambos lados, y a través de estas asas pasa una

A: Criba colocada plana sobre el suelo.—B: Su fondo, que está hecho de alambre de hierro.—C: Criba invertida.—D: Barras de hierro.—E: Criba colgada de una viga, cuyo interior es visible.—F: Criba suspendida de una viga, apareciendo visible la parte exterior

A: Tamiz.—B: Tablones pequeños.—C: Poste.—D: Fondo del tamiz.—E: Batea abierta.—F: Travesaño pequeño.—G: Pies derechos

barra, un extremo de la cual sobresale unos tres cuartos de pie más allá del asa; el obrero entonces sitúa esa punta en un cable, que va suspendido de una vigueta, y rápida y hábilmente mueve la barra alternativamente hacia delante y hacia atrás. Por medio de este movimiento, las pequeñas partículas caen a través del fondo del tamiz. Al objeto de que el extremo de la barra pueda colocarse fácilmente en el cable, un palo de dos palmos de largo mantiene abierta la parte inferior del cable, ya que éste cuelga doble, estando ambos extremos atados a la vigueta; sin embargo, parte del cable cuelga más abajo del palo en una longitud de medio pie. Se utiliza también para este propósito una caja grande, cuyo fondo está hecho con un tablón lleno de agujeros o de rejilla o red de hierro, al igual que lo están las demás cajas. Un asa o aro de hierro se sujeta hacia la mitad de los tablones que forman sus lados; a esta asa o aro se le sujeta un cable que está suspendido desde una vigueta de madera, al objeto de que la caja pueda moverse o bascular en cualquier dirección. La caja tiene dos mangos a cada lado, como los mangos o cogedores de una carretilla; éstos son soportados por dos obreros, que sacuden la criba de un lado a otro. Esta es utilizada principalmente por los alemanes que viven en los montes Cárpatos. Las partículas más pequeñas son separadas de las más grandes por medio de tres cribas y dos tamices o cedazos, al objeto de que aquellas que pasan a través de cada una, al ser de tamaño igual, puedan lavarse juntas, pues los fondos tanto de las cribas como de los tamices tienen aberturas que no dejan pasar roca triturada del tamaño de una avellana. En cuanto a los residuos secos del fondo de los tamices, si contienen algún metal los mineros los ponen debajo de los pisones. Los trozos mayores de roca rota no se separan de los más pequeños por este método hasta que los hombres y muchachos, con rastrillos de cinco dientes o púas, las han separado de los fragmentos de roca, las piedras pequeñas, las arenas y tierras finas y gruesas, que han sido tirados a los vertederos.

A: Criba.—B: Asa o aro.—C: Soga.—D: Viga.—E: Mangos.—F: Rastrillo de cinco dientes.—G: Tamiz.—H: Sus mangos.—I: Palo.—K: Soga.—L: Madera

En Neusohl, en los Cárpatos, hay minas en las que las vetas o filones de cobre se encuentran en las lomas y cimas de las montañas y, al objeto de disminuir gastos en los que pudiera incurrirse a causa de un largo y difícil transporte, algunas veces a lo largo de carreteras abruptas y malas, un obrero clasifica los vertederos que han sido tirados de las minas, y otro transporta en una carretilla la tierra, la arena fina y gruesa, las piedras pequeñas, la roca rota e incluso el mineral más pobre, y vuelca la carretilla en un largo tobogán de caída abierto fijado en una roca de acantilado. Este canalón o tobogán se mantiene separado por medio de listones o abrazaderas pequeñas, y el material se desliza hacia abajo a una distancia de aproximadamente ciento cincuenta pies en una criba pequeña, corta, cuyo fondo está hecho de placa de cobre gruesa, llena de agujeros. Esta caja tiene dos asas, mediante las cuales puede sacudirse de aquí para allá, y en la parte superior hay dos asas o aros hechos de palos o varas de avellano, en los cuales se fija el gancho de hierro de un cable colgado de la rama de un árbol o de una viga de madera que sobresale de un poste o pie derecho. De cuando en cuando un hombre tira de esta criba y la sacude violentamente contra el árbol o el poste, mediante lo cual las pequeñas partículas que pasan a través de sus orificios desciende a otro canal de caída hacia otra criba corta, en cuyo fondo existen orificios más pequeños. Un segundo hombre, de igual manera, sacude esta criba violentamente contra un árbol o poste y, por segunda vez, las partículas más pequeñas son recibidas en un tercer canalón de bajada y se deslizan a una tercera criba, cuyo fondo tiene orificios todavía más pequeños. Un tercer hombre, de manera similar, sacude esta caja violentamente contra un árbol o poste, y por tercera vez las partículas diminutas caen a través de los agujeros sobre una mesa. Mientras el obrero transporta y trae la carretilla, otra carga que ha sido clasificada del vertedero, cada obrero suelta los ganchos de su asa, se aparta con su propia carga y la vuelca, amontonando la roca rota o arena que queda en el fondo de ella. En cuanto a las partículas diminutas que se han deslizado sobre la mesa, el primer lavador—pues hay tantos lavadores como hombres tamizan—las recoge y las lleva a una cubeta o artesa casi llena de agua y las lava a través de un tamiz cuyos agujeros son más pequeños que los agujeros de la criba tercera. Cuando esta cuba se llena con el material que ha pasado a través del tamiz, quita el tapón para dejar que el agua salga; después, con una pala, quita lo que ha quedado posado en la cuba y lo tira sobre la mesa de un segundo lavador, que lo lava en un tamiz con agujeros todavía más pequeños. El sedi-

A: Obrero llevando roca partida en una carretilla.—B: Primera canaleta.—C: Primera criba.—D: Sus mangos.—E: Sus asas.—F: Soga.—G: Viga.—H: Poste.—I: Segunda canaleta.—K: Segunda criba.—L: Tercera canaleta.—M: Tercera criba. N: Primera mesa.—O: Primer tamiz.—P: Primera tina.—Q: Segunda mesa.—R: Segundo tamiz.—S: Segunda tina.—T: Tercera mesa.—V: Tercer tamiz.—X: Tercera tina.—Y: Tapones

mento que se ha quedado posado esta vez en la cuba es sacado por él y echado sobre la mesa de un tercer lavador, que lo lava en un tamiz con los agujeros más pequeños. Los concentrados de cobre que se han quedado posados en la última artesa se sacan fuera y se funden; el sedimento que cada lavador ha recogido en cada pasada parcial es lavado en una batea de cañamazo. Los tamizadores del Altenberg, en las minas de estaño de las montañas que bordean los límites de Bohemia, utilizan este tipo de cribas que he descrito, colgadas de vigas de madera. Sin embargo, éstas son un poco más grandes y abiertas en la parte delantera, a través de cuya abertura la roca rota que no ha pasado a través del tamiz puede ser sacudida fácilmente golpeando el tamiz contra su poste.

Si el mineral es rico en metal, la tierra, la arena fina y gruesa y los trozos de roca que han sido rotos son llevados al vertede-

A: Tamiz.—B: Sus asas.—C: Tina.—D: Fondo del tamiz hecho de alambres de hierro.—E: Cerco.—F: Varillas.—G: Cercos.—H: Mujer sacudiendo el tamiz.—I: Muchacho suministrando el material que requiere lavado.—K: Hombre con una pala quitando de la tina el material que ha pasado a través del tamiz

ro con una azada o rastrillo, y con una pala se echan en un gran tamiz o cedazo y se lavan en una artesa casi completamente llena de agua. El tamiz tiene generalmente un codo de ancho y medio pie de profundidad; su fondo tiene agujeros de tamaño tal que las piezas o trozos más grandes de roca no pueden pasar a través de ellos, pues este material descansa y queda en los alambres de hierro entrecruzados, los cuales, en sus puntos de unión, están unidos por pequeñas abrazaderas o grapas de hierro. El tamiz se mantiene unido por medio de una banda o fleje de hierro y por medio de dos barras en cruz, también de hierro; el resto del tamiz está hecho de duelas en forma de una pequeña artesa o cubeta y está unido con dos cercos o bandas de hierro o de madera de roble, de castaño o de avellano; pero en ese caso utilizan tres cercos. A cada lado tiene un asa, que se agarran con las manos

A: Cedazo.—B: Sus asas.—C: Plato.—D: Su parte inferior.—E: Su parte delantera.—F: Asas del mismo

por el que procede el lavado del material metalífero. En este tamiz un muchacho va echando el material que ha de lavarse, y una mujer lo sacude de arriba a abajo, haciéndole dar vueltas alternativamente hacia la derecha o hacia la izquierda, y de esta manera pasan a través del mismo los trozos más pequeños de tierra, arena y roca rota. Las piezas o trozos más grandes quedan en el tamiz, y éstas se sacan, se colocan en un montón y se ponen debajo de los pisones. El barro, junto con la arena fina, la arena gruesa y la roca rota que quedan después que se ha sacado el agua de la cubeta, se saca mediante una pala de hierro y se lava en el canalón, sobre lo cual ya hablaré más adelante.

Los bohemios utilizan un cesto o cedazo de un pie y medio de ancho y medio pie de profundidad, hecho y ligado con mimbres. Tiene dos asas para agarrar cuando lo mueven de un lado para otro y lo sacuden en la cuba o en una pequeña pileta o estanque lleno de agua. Todo lo que pasa a través del tamiz a la cuba o la pileta lo recogen y lo lavan en un cubo o tazón clasificador, que es más alto en la parte de detrás y más bajo y plano en la parte de delante. Se agarra por las dos asas y se sacude en el agua; las partículas más ligeras salen fuera y las porciones de mineral y más pesadas se sumergen en el fondo.

El mineral de oro, después de roto con martillos o triturado con los mazos o pisones, e incluso el mineral de estaño, es después molido para convertirlo en polvo. La piedra de molino superior, que se hace girar por la fuerza del agua, se monta de la siguiente forma: Se redondea un eje con la medida del compás o se hace en forma angular, y sus piñones de hierro giran en casquillos de hierro que están soportados en viguetas. El eje gira por medio de una rueda hidráulica, cuyas cubetas o cangilones están fijados en el cerco y son movidos por la fuerza de una corriente. En el eje está embutido un tambor dentado, cuyos dientes están fijados en el lado del cerco. Estos dientes hacen girar un segundo tambor de peldaños, que están hechos de material muy duro. Este tambor rodea o hace girar un eje de hierro que tiene un piñón en el fondo y gira en una taza de hierro en un madero. En la parte de arriba del eje de hierro hay una lengüeta de hierro que ensambla en cola de milano en la piedra de molino, y así, cuando los dientes de un tambor hacen girar los pasos del otro, gira la piedra de molino. Una máquina le suministra mineral a través de una tolva y el mineral, molido hasta convertirlo en polvo, es descargado de una placa de madera redonda a una artesa, y afluyendo hacia fuera se acumula en el suelo; desde ahí el mineral es trasladado y se reserva para su lavado. Puesto que

A: Eje.—B: Rueda hidráulica.—C: Tambor dentado.—D: Tambor.—E: Eje de hierro.—F: Piedra de molino.—G: Tolva.—H: Placa de madera redonda.—I: Pileta o gamella

este método de molido requiere que la piedra de moler suba y baje suvesivamente, el madero en cuyo casquillo gira el hierro del eje del piñón descansa sobre dos vigas, que pueden subir y bajar.

Existen tres molinos para el molido de los minerales de oro, especialmente para el cuarzo, que no carece de este metal. No todos giran por la fuerza hidráulica, sino algunos de ellos lo hacen mediante la fuerza humana, y dos de ellos incluso mediante la tracción de bestias de carga. El primer molino difiere de otro muy semejante solamente en su rueda de impulso, la cual está cerrada y gira sólo por impulso de rodadura del hombre o por tracción de caballos, que se colocan dentro, o por medio de asnos, o incluso utilizando cabras potentes y fuertes, cubriendo los ojos de estos animales con un lienzo. El segundo molino, tanto cuando se impulsa como cuando se hace girar, difiere de los otros dos mencionados más arriba en que tiene un eje derecho, vertical, en lugar del de tipo horizontal; este eje tiene en su extremo inferior un disco, al cual hacen girar dos obreros que impulsan sus listones con los pies, aunque frecuentemente un hombro solo efectúa toda la labor, o a veces se proyecta desde el eje una barra que se hace girar por medio de un caballo o de un asno, por cuyo motivo se llama rueda «asinaria». El tambor dentado que está en la parte extrema superior del eje gira al tambor de muescas, y junto con él a la piedra del molino.

El tercer molino gira en redondo y no es impulsado a mano; pero entre éste y los demás existe una gran diferencia, pues la piedra del molino inferior está hecha en su parte superior de forma que puede llevar dentro la piedra de molino superior, la cual gira alrededor de un eje de hierro; este eje está sujetado en el centro de la piedra inferior y pasa a través de la piedra superior. Un hombre, agarrando con la mano una barra de hierro vertical colocada en la piedra de molino superior, la mueve a su alrededor. El centro o punto medio de la piedra de molino superior está taladrado, y el mineral, al ser echado a través de este orificio, cae a la piedra de molino inferior y allí se muele hasta convertirse en polvo, el cual gradualmente va saliendo a través de su abertura; se prodece a su lavado mediante diversos métodos antes de mezclarlo con azogue (o mercurio), como explicaré inmediatamente.

Algunas personas construyen una máquina que de una vez y al mismo tiempo puede triturar, moler, limpiar y lavar el mineral de oro y mezclar el oro con azogue. Esta máquina tiene una rueda hidráulica, la cual gira por medio de una corriente que golpea sus cangilones; el eje principal a un lado de la rueda hidráulica tiene levas largas, que hacen levantar los pisones que trituran el mineral seco. Después, el mineral triturado es echado en la tolva de la piedra del molino superior, y gradualmente va cayendo a través de la abertura y se muele hasta convertirse en polvo. La piedra del molino inferior es cuadrada, pero tiene un hueco redondo, en el cual gira la piedra de molino superior redonda, y tiene una boca de salida desde la cual el polvo cae en la primera artesa o cubeta. Un eje de hierro vertical está ensamblado en cola de milano a una cruceta o pieza transversal, la cual, a su vez, está fijada en una vigueta; el tambor del eje vertical está hecho de peldaños de escala y se hace girar por medio del tambor dentado del eje principal, y de esta manera gira la pie-

A: Primer molino.—B: Rueda accionada por carneros.—C: Segundo molino.—D: Disco del eje vertical.—E: Su tambor dentado.—F: Tercer molino.—G: Forma de la piedra de molino inferior.—H: Eje vertical pequeño del mismo.—I: Su abertura.—K: Palanca de la piedra del molino superior.—I: Su abertura

dra de molino. El polvo cae continuamente en la primera artesa, junto con el agua, y de allí corre hacia una segunda tina, que está colocada más abajo, al salir de la segunda a una tercera, la cual es la más baja; desde la tercera generalmente fluye a una pequeña artesa formada con un tronco de árbol. El azogue se coloca en cada tina, a través de la cual se fija un tablón pequeño, y a través de un orificio en el centro de cada tablón pasa un pequeño eje vertical, que es más ancho por encima del tablón para evitar que caiga en la tina, pasándose de su sitio. En el extremo inferior de este eje, tres juegos de paletas se entrecruzan, cada una de ellas con dos pequeños tableros fijados en el eje y opuestos uno al otro. El extremo superior de este eje tiene un piñón soportado por un elemento de apoyo en una vigueta, y alrededor de cada uno de estos ejes hay un pequeño tambor hecho de peldaños, cada uno de los cuales gira por medio de un pequeño tambor dentado montado sobre un eje horizontal, un extremo del cual está embutido en el eje horizontal grande y el otro extremo está situado en un hueco forrado con placas gruesas de hierro en una viga. Así, pues, las paletas, de las cuales hay tres juegos en cada tina, dan vueltas, y agitando el polvo lo mezclan totalmente con agua y separan las partículas diminutas de oro y éstas son atraídas por el azogue y purificadas, mientras el agua se lleva los desechos. El azogue se vierte en una bolsa hecha de cuero o tela de algodón, y cuando esta bolsa es estrujada, tal como he descrito en otro lugar, el azogue cae gota a gota en una jarra o recipiente colocado debajo y el oro puro queda en la bolsa. Algunos ponen tres canales anchos en vez de las tinas, cada uno de las cuales tiene un eje angular, en el cual hay seis rayos estrechos, y a ellos se encuentran fijados el mismo número de paletas anchas; el agua que se va vertiendo golpea estas paletas y las hace girar, y ellas agitan el polvo que se mezcla con el agua y separan el metal de él. Si el polvo que se está tratando contiene partículas de oro, el primer método de lavado es muy superior porque el azogue de las tinas inmediatamente atrae al oro; si es polvo en el que están las piedras negras de las cuales se funde el estaño, este último método no debe ser despreciado. Resulta muy ventajoso el colocar ramas de abeto entrelazadas en los canalones, en los cuales se lava el mineral de estaño, después de que ha corrido a través de las artesas de los molinos, porque la piedra de estaño fina o bien se retiene por medio de las ramitas o si la corriente se la lleva se separa del agua y se deposita en el fondo.

A: Rueda hidráulica.—B: Eje.—C: Pisón.—D: Tolva en la piedra del molino superior.—E: Abertura que pasa a través del centro.—F: Piedra del molino inferior.—G: Su depresión redonda.—H: Su salida.—I: Eje de hierro.—K: Su cruceta o travesaño.—L: Viga.—M: Tambor de muescas del eje de hierro.—N: Tambor dentado del eje principal.—O: Tinas.—P: Los tablones pequeños.—Q: Ejes verticales pequeños.—R: Parte ampliada de uno.—S: Sus paletas.—T: Sus tambores, que están hechos de barras.—V: Eje horizontal pequeño colocado en el extremo del eje principal.—X: Sus tambores dentados.—Y: Tres canalones.—Z Sus ejes pequeños.—AA: Rayos.—BB: Paletas

Siete métodos de lavado son los más usados para los minerales de muchos metales, pues se lavan en un lavadero sencillo, o en un lavadero dividido, o en una batea corriente, o en depósito grande, o en una traca corta, o en una batea de arpillera, o en un tamiz de clasificación hidráulica. Otros métodos de lavado son o bien peculiares a algún metal determinado o están combinados con el método de trituración de mineral húmedo por medio de pisones.

Una lavadero sencillo se hace de la manera siguiente: En primer lugar, la cabeza es más alta que el resto del lavadero, es decir, la caja principal del lavadero es superior al resto del mismo, y tiene tres pies de largo y un pie y medio de ancho; esta cabeza o parte principal de carga está hecha de tablones colocados sobre un enmaderado y bien sujetos, y en ambos lados hay colocados unos tableros laterales para conservar el agua que fluye a través de un tubo o artesa, de forma que vaya directamente abajo. El centro de esta cabeza principal tiene algo de depresión al objeto de que la roca rota y las partículas metálicas más grandes puedan quedarse depositadas en el hueco. El lavadero se entierra a una profundidad de tres cuartos de pie por debajo de la cabeza, y tiene doce pies de largo y un pie y medio de ancho y de profundidad; el fondo y cada lado están revestidos con tablones para evitar que la tierra, cuando se ablanda por el agua, caiga o que absorba las partículas metálicas. El extremo inferior del lavadero está obstruido por un tablero, el cual no es tan alto como los costados. A este lavadero recto hay unido un lavadero transversal segundo de seis pies de largo y de un pie y medio de ancho, de modo similar revestido de tablones, y en el extremo inferior, cerrado con un tablero, también más bajo que los lados del lavadero, de forma que el agua pueda fluir; este agua cae en una artesa y se lleva fuera. En este lavadero sencillo se lava el material metálico que ha pasado al suelo de los talleres a través de los cinco tamizadores grandes. Cuando todo esto se ha juntado en un montón, el lavandero lo echa en la cabeza del lavadero y el agua se vierte sobre ello a través del reguero o de una pequeña artesa y mueve la porción que se queda en el sumidero y se posa en el medio del compartimento principal con un limpiador de madera, un utensilio hecho de una vara o palo al cual está fijado un trozo de madera de un pie de largo y un palmo de ancho. Con este movimiento agitador el agua se queda turbia y lleva barro y arena y pequeñas partículas de metal al lavadero de debajo. Junto con la roca rota, las partículas metálicas más grandes quedan en el compartimento principal, y cuando se sacan, los muchachos las arrojan sobre la plataforma de un depósito de lavado o una traca corta y las separan de la roca partida. Cuando el lavadero está lleno de lodo y arena, el lavandero cierra el tubo a través del cual fluye el agua a la cabeza; muy pronto el agua que queda en el lavadero sale, y cuando esto se ha producido, con una pala separa el lodo y la arena que se han mezclado con partículas diminutasa de metal y las lava en una batea de cañamazo. A veces, antes de que los lavaderos se hayan llenado completamente, los muchachos echan el material en un cubo y lo llevan a estas bateas o pequeñas artesas para lavarlo. El mineral pulverizado se lava en la parte superior o cabecero de esta clase de lavadero, pero usualmente, cuando la piedra de estaño se lava en él, unas ramitas de abeto entrelazadas se colocan en el lavadero de la misma manera que en la esclusa o ca-

A: Cabecera de lavadero.—B: Tubo.—C: Lavadero.—D: Tablón.—E: Lavadero transversal.—F: Pala.—G: Restregador o cepillo

nalón cuando el mineral húmedo se tritura con pisones. Las partículas mayores de piedra de estaño que se anegan en la parte superior del lavadero se lavan separadamente en una batea; las partículas que son de tamaño mediano se lavan separadamente de la misma forma, y el lodo o barro mezclado con partículas diminutas de piedra de estaño, que se ha posado en la parte más baja del lavadero, por debajo de las ramitas de abetos, se lava separadamente en las bateas de cañamazo o lona.

El lavadero dividido difiere del último en que tiene varios tablones transversales que, colocados dentro de él, lo dividen, separándolo como escalones; si el lavadero tiene doce pies de largo, tiene cuatro tablones colocados dentro; si tiene nueve pies, tres. Cuanto más cerca están de la parte principal o cabeza,

A: Tubo.—B: Artesa transversal.—C: Piletas pequeñas.—D: Cabecera del lavadero.—E: Restregador de madera.—F: Diques o tablones de separación.—G: Batea pequeña

tanto más grande es su altura; el que está más alejado es el más bajo, y cuando el más alto tiene un pie y un palmo de altura, el segundo tiene usualmente un pie y tres dedos de altura; el tercero, un pie y dos dedos, y el más bajo, un pie y un dedo. En este lavadero, por lo general, se lava el material metalífero que ha sido tamizado a través del tamizador grande en la tina que contiene agua. Este material se va echando continuadamente, por medio de una pala de hierro, en la cabeza o parte principal del lavadero, y el agua que queda en él se agita mediante un elemento limpiador de madera hasta que el lavadero está lleno; después, los tablones transversales son sacados por el lavador y se hace desaguar el agua, y luego, el material metalífero que se ha posado en los compartimientos se lava nuevamente, bien en una batea pequeña, corta, o en las bateas, o elementos de lona, o en las cribadoras. Puesto que una pequeña batea a menudo está unida a la parte superior de este lavadero, en primer lugar un reguero lleva el agua a una artesa o batea transversal, desde la

A: Cabecera.—B: Batea.—C: Paleta.—D: Restregador.—E: Lona.—F: Barra por medio de la cual se suaviza la lona

cual fluye a través de una pequeña artesa al lavadero y a través de otra a la batea pequeña.

Una batea ordinaria, en lo que a los tablones se refiere, no es distinta a este lavadero. La parte principal o cabeza de ella se hace, como en los demás, primeramente con tierra apisonada, después se cubre con tablones y, cuando sea necesaria, se echa tierra y se apalea o se bate por segunda vez, de manera que no queden hendiduras o rendijas a través de las cuales puedan escapar las partículas transportadas por el metal. El agua debe caer directamente a la batea, que tiene una longitud de ocho pies y un ancho de un pie y medio y está conectada con una artesa transversal, que se extiende hasta un estanque de sedimentación fuera del tinglado. Un muchacho con una pala o un cucharón coge los concentrados impuros o la piedra de estaño impura de un montón y la echa sobre la batea o la extiende sobre ella. Un lavador con un elemento limpiador de madera los agita en la batea, con lo que el lodo o barro mezclado con agua sale al elemento de artesa transversal y los concentrados o la piedra de estaño se sedimentan y se posan en la batea. Como algunas veces los concentrados o la piedra fina de estaño fluyen hacia abajo junto con el barro o lodo a la artesa transversal, un segundo lavador la cierra, a una distancia de aproximadamente seis pies, con un tablero transversal, y frecuentemente mueve el barro con una pala para que al mezclarse con agua pueda fluir hacia el pozo de sedimentación y, por tanto, en la artesa queden solamente los concentrados o el estaño. El estaño de Schlackenwald y Erbisdroff se lava en esta clase de batea una o dos veces; el de Altenberg, tres o cuatro veces; el de Geyer, a menudo siete siete veces, pues en el mineral de Schlackenwald y Erbisdroff las partículas de piedra de estaño son de buen tamaño y se trituran con pisones; en Altenberg son de tamaño mucho más pequeño, y en el mineral partido de Geyer solamente pueden verse circunstancialmente algunas partículas de piedra de estaño.

Este método de lavado fue primeramente ideado por los mineros que trabajaban con el mineral de estaño, por lo que ha pasado de los talleres de los obreros de estaño a los de los obreros de plata y a los demás; este sistema es incluso más seguro y de fiar que el lavado en los tamices separadores por vibración y lavado. Cerca de esta especie de batea corriente hay, por lo general, otra de cañamazo o lona.

En nuestros días se suelen colocar dos bateas corrientes, hechas de manera similar juntas; el cabecero de una está a unos tres pies de distancia del de la otra, mientras que los cuerpos

A: Lavadero o artesa transversal superior.—B: Artesas pequeñas.—C: Cabeceras de bateas.—D: Bateas.—E: Artesa transversal inferior.—F: Pozo de sedimentación.—G: Casquillo en la viga.—H: Aros de hierro partidos fijados en la viga.—I: Poste.—K: Su pequeño restregador o agitador.—L: Segundo restregador pequeño

o cajas se encuentran unos cuatro pies el uno del otro y hay solamente una artesa transversal debajo de las dos bateas. Un muchacho apalea desde el montón del cabecero de cada una los concentrados o mineral de estaño mezclados con barro. Hay dos lavadores, uno sentado a la derecha de una batea y el otro a la izquierda de la otra batea. Debajo de cada batea hay un encastre o zócalo del cual sale un poste redondo que va sujeto por un medio anillo de hierro a una traviesa o viga del cobertizo, de forma que pueda girar; este poste tiene nueve pies de largo y un palmo de espesor. Introducida en el poste hay una pequeña pieza redonda de madera de tres palmos de largo y de los necesarios dedos de espesor, a la cual está fijado un pequeño tablero de dos pies de largo y cinco dedos de ancho, en una abertura del cual gira el extremo de un pequeño eje, y a este eje está fijada la manivela de un pequeño limpiador o depurador. El otro extremo del eje gira en una abertura de un segundo tablero, el cual está asimismo fijado a una pequeña pieza redonda de madera; esta pieza redonda, al igual que la primera, tiene tres palmos de largo y los dedos necesarios de espesor, y es utilizada por el lavador como empuñadura. Este pequeño agitador o restregador está hecho de un palo de tres pies de largo, en el extremo del cual está fijada una pequeña tablilla de madera de un pie de largo, seis dedos de ancho y un dedo y medio de espesor. El lavador mueve constantemente la manivela de esta herramienta con una mano; de esta manera el pequeño restregador mueve los concentrados o el mineral de estaño mezclados con barro en el cabecero de la batea, y el barro, al ser agitado, fluye en la batea. En la otra mano sostiene otro pequeño restregador, que tiene una empuñadura de la mitad de su largo, y con él incesantemente agita los concentrados que se han posado en la parte superior de la batea; de esta manera el barro y el agua afluyen a la artesa transversal, y desde ella al pozo de sedimentación que se encuentra fuera del tinglado.

Antes de que esta batea corta y el tamiz hidráulico de clasificación se hubieran inventado, los minerales metalíferos, especialmente los de estaño, se trituraban en seco con pisones y se lavaban en una gran artesa hueca que se había vaciado con uno o dos troncos de árboles; en la cabecera o parte superior de esta artesa había una plataforma, sobre la cual se echaba el mineral después de haber sido completamente triturado. El lavador encargado de este trabajo lo empujaban hacia la artesa con un restregador de madera de mango largo, y cuando el agua había entrado en la artesa agitaba el mineral con el mismo restregador.

A: Pileta.—B: Plataforma.—C: Restregador de madera

La batea pequeña y cerrada es estrecha en la parte superior, donde el agua fluye a través de una pequeña artesa; de hecho, tiene solamente dos pies de ancho; en la parte inferior es más ancha, puesto que tiene tres pies y los palmos necesarios. En los lados, que tienen seis pies de largo, hay unos tablones fijos de dos palmos de alto. En otros aspectos, la cabecera se asemeja a la cabecera del lavadero sencillo, excepto en que no tiene depresión en el centro. Debajo hay un lavadero transversal cerrado con un tablón bajo. En esta batea pequeña, reducida, no solamente se agita y se lava el mineral con un restregador o un rastrillo plano de madera, sino que los muchachos también separan los concentrados de la roca partida y los recogen en tinas. La batea ahora se emplea muy raramente por los mineros, debido al poco cuidado de los muchachos, que ha sido frecuentemente observado; por esta razón, el tamiz separador se ha adaptado en su lugar. El barro o lodo que se sedimenta en la artesa o batea, si

la lona con el restregador o rastrillo de madera hasta que el barro fluye hacia el pozo de sedimentación o a la artesa o batea transversal. Tan pronto como queda poco o nada de barro sobre la lona y solamente hay concentrados o mineral, sacan la lona fuera y la lavan en una cubeta o tina colocada al lado. Las piedras de estaño se sedimentan en la tina y los hombres vuelven inmediatamente a la misma labor. Finalmente, sacan el agua de la tina y recogen los concentrados o piedras de estaño. Sin embargo, si se han lavado desde la lona y se han posado en el pozo de sedimentación o en la artesa transversal, lavan nuevamente el barro.

Algunos ni sacan la lona ni la lavan en las tinas, sino que la colocan como en un bastidor de tiras estrechas, de no gran espesor, y las fijan a las vigas con clavos. Agitan el material meta-

A: Batea de lona.—B: Hombre rociando la lona con agua.—C: Balde.—D: Balde de otra clase.—E: Hombre sacando los concentrados o mineral de la pileta

lífero con restregadores de madera y lo lavan de manera similar a la descrita. Cuando poco o nada de barro queda sobre la lona, sino que hay solamente concentrados o piedra menuda, levantan una viga de forma que toda la batea descanse sobre la otra y echan baldes de agua que van sacando del depósito, y de esta manera todo el sedimento que esá adherido a la lona cae en la artesa situada debajo. Esta artesa se corta y se hace de un árbol y se coloca en una zanja excavada en el suelo; el interior de esta artesa tiene un pie de ancho en la parte superior, pero es más estrecha en el fondo porque está redondeada. En el centro de esta artesa colocan un tablero transversal, al objeto de que los concentrados de tamaño razonablemente grande o el mineral de estaño en trozos también bastante grandes puedan quedar en la parte delantera en que han caído y los concentrados finos en la parte inferior, pues el agua fluye de una a otra, y finalmente baja a través de una abertura hacia el pozo. En cuanto a los concentrados de tamaño más bien grande que se han sacado de la artesa, se lavan nuevamente en la batea corriente.

Los concentrados finos se lavan nuevamente en esta batea de lona. Por este método, la lona dura más porque queda fija y hace casi el doble de trabajo un lavador y tan rápidamente como puedan hacerlo dos lavadores utilizando el otro método.

El tamizador-clasificador ha sido recientemente adoptado por los mineros. El material metalífero se echa en él y se tamiza en una tina próxima llena de agua. El tamiz se sacude arriba y abajo y mediante este movimiento todo el material de tamaño inferior al de un guisante pasa a través de él hacia la tina y el resto queda en el fondo del tamiz. Este residuo es de dos clases, las partículas metálicas, que ocupan el lugar más bajo, y las partículas de roca y tierra, que toman el lugar superior, porque la sustancia pesada siempre se sedimenta, mientras que a la más ligera la lleva hacia arriba la fuerza del agua. Este material ligero se saca con un recogedor, que es una tablilla delgada casi semicircular, de tres cuartos de pie de largo y medio pie de ancho. Antes de que se saque la parte más ligera, el contenido del tamiz generalmente se divide trazando una cruz con el recogedor, para facilitar que el agua lo penetre más rápidamente. Después se echa nuevamente material en el tamiz y se sacude arriba y abajo, y cuando cierta cantidad de partículas metálicas se han posado en el tamiz, se sacan y se ponen en una bandeja que está al lado. Pero, puesto que en la tina caen junto con el barro no sólo partículas de oro o plata, sino también de arena, piritas, mineral de cadmio, galena, cuarzo y otras sustancias, y puesto que el agua

A: Tamices finos.—B: Recogedor.—C: Tamiz más fino.—D: El tamiz más fino.

no puede separarse de las partículas metálicas debido a que son todas pesadas y duras, esta mezcla fangosa se lava una segunda vez, y la parte que no tiene utilidad se echa fuera. Para evitar que esta arena pase por el tamiz de nuevo demasiado rápidamente, el lavador pone piedras pequeñas o grava en el fondo del tamiz. Sin embargo, si el tamiz no se sacude directamente de arriba abajo, sino que se hace oscilar de lado, las piedras pequeñas y el mineral partido se desplazan a un lado y el material metálico cae nuevamente en la tina, con lo que la operación es inútil. Los mineros de nuestro país han construido un tamiz todavía más fino, que no falla aun cuando lo utilicen lavadores u operarios poco diestros; al lavar con este tamiz no tienen necesidad de esparcir en el fondo piedras pequeñas. Mediante este método el barro se posa en la tina con las partículas metálicas más finas, y los tamaños más grandes de metal quedan en el tamiz y se cubren con arena que no tiene ningún valor, y ésta se saca con el recogedor. Los concentrados que se han recogido se funden mezclándolos con otras cosas. El barro mezclado con partículas metálicas muy finas se lava por tercera vez en el tamiz más fino, cuyo fondo está tejido de pelo. Si el mineral es rico en metal, todo el material que se ha sacado con el recogedor se lava en las bateas de lona, o si el mineral es pobre, se tira.

He explicado los métodos de lavado que se utilizan comúnmente para los minerales de muchos metales. Ahora voy a entrar en otro método de trituración de mineral, pues debo de hablar de esto antes de pasar a describir aquellos métodos de lavado que son peculiares para minerales de metales especiales.

En el año 1512, Jorge, el famoso Duque de Sajonia, dio la señoría de todos los vertederos o escombreras de las minas de Meissen al noble e inteligente Segismundo Maltitz, padre de Juan, Obispo de Meissen. Rechazando los pisones secos, el tamiz grande y los molinos de piedra de Dippoldswalde y Altenberg, donde se molían las pequeñas piedras negras de las cuales se funde el estaño, inventó una máquina que podía triturar el mineral húmedo con pisones con cabezas de hierro. Este método se llama de «mineral húmedo», pues se ablanda con el agua que afluye a la caja del mortero, y los pisones a veces se llaman «pisones húmedos» porque se empapan y remojan con la misma agua; y, por otra parte, los otros métodos se denominan de «pisones secos» o de «mineral seco», porque no se utiliza agua para ablandar el mineral cuando los pisones están triturando. Pero, volviendo a nuestro tema, esta máquina no es diferente a la que tritura el mineral con pisones de cabezas de hierro secas,

A: Mortero.—B: Lado abierto del mortero.—C: Baldosa de roca.—D: Placas de hierro.—E: Rejilla.—F: Artesa.—G: Pala de madera.—H: Pozo de sedimentación.—I: Pala de hierro.—K: Montón de material que se ha sedimentado.—L: Mineral que precisa trituración.—M: Artesa pequeña

aunque las cabezas de los pisones húmedos son una mitad mayores que las cabezas de los otros. La caja del mortero o yunque, que está hecha de madera de haya o de roble, se coloca en el espacio entre los pies derechos; no está abierta en la parte delantera, sino en un extremo, y tiene tres pies de largo, tres cuartos de pie de ancho y un pie y seis dedos de profundidad. Si no tiene fondo, se coloca en la misma forma sobre una losa de roca lisa, dura, asentada en la tierra, la cual ha sido excavada un poco. Las juntas deben quedar bien obstruidas todo alrededor con musgo o trapos. Si el mortero tiene fondo, una placa de hierro de tres pies de largo, tres cuartos de pie de ancho y un palmo de espesor se coloca en él. En la abertura del final del mortero hay fijada una placa de hierro llena de agujeros, de tal forma que hay un espacio de dos dedos entre la placa o rejilla y la zapata del pisón más próximo, y la misma distancia entre esta rejilla y el poste vertical o pie derecho, que tiene una abertura a

A: Artesa que llega a la rejilla.—B: Pileta transversal.—C: Canaletas o surtidores. D: Lavaderos grandes.—E: Pala.—F: Ramitas entretejidas.—G: Tableros que cierran los lavaderos.—H: Pileta transversal

través de la cual pasa una artesa pequeña, pero razonablemente larga. Las partículas trituradas de mineral de plata fluyen a través de esta artesa junto con el agua hacia un pozo de sedimentación, mientras que el material que se posa en la artesa se saca de ella con una pala de hierro, llevándolo al suelo entablonado más próximo; el material que se ha sedimentado en el pozo se saca con una pala de hierro y se lleva a otro suelo. La mayoría de la gente hace dos artesas, al objeto de que mientras el obrero vacía una de ellas el sedimento que se ha acumulado, un nuevo depósito vaya sedimentándose en la otra. El agua entra a través de una pequeña artesa al otro extremo del mortero que está cerca de la rueda hidráulica que hace girar la máquina. El obrero echa el mineral que ha de triturarse en el pilón o mortero, de forma que los trozos arrojados entre los pisones no impidan

A: Artesa primera.—B: Rastrillo de tres dientes.—G: Pozo de sedimentación pequeño.—D: Lavadero grande.—E: Lavadero que se parece al lavadero sencillo.—F: Rodillo pequeño.—G: Tablas.—H: Sus orificios.—I: Pala.—K: Edificio.—L: Estufa

el trabajo. Mediante este método, el mineral de oro o plata se tritura muy fino con los pisones.

Cuando el mineral de estaño se tritura utilizando esta clase de pisones o mazos de zapata de hierro, la artesa que se extiende desde la rejilla descarga el agua, llevando las piedras de estaño trituradas y la arena a una artesa transversal, desde la cual el agua fluye a través de los desagües, que están taladrados en el lado de esta artesa, a uno u otro de los grandes lavaderos colocados debajo. El motivo por el cual hay dos es que mientras el operario-lavador vacía uno que está lleno de mineral triturado y arena fina, el material puede afluir al otro. Cada lavadero tiene doce pies de largo, un codo de profundidad y un pie y medio de ancho. La piedra de estaño que se echa en la parte superior de los lavaderos es la clasificada como grande; éstas frecuentemente se agitan con una pala, al objeto de que las partículas de tamaño medio y el barro mezclado con las partículas más desprendidas de las piedras puedan salir. Las partículas de tamaño medio, generalmente se posan en la parte media del lavadero, donde quedan detenidas por ramitas debidamente entretejidas. El lodo que fluye hacia abajo con el agua se posa entre las ramitas y el tablero que cierra el lado inferior del lavadero. La piedra de estaño de tamaño grande se saca separadamente del lavadero con una pala; la de tamaño medio también se aparta y, en tercer lugar, también el lodo se separa, ya que se lavan separadamente en las bateas de lona y en la batea corriente y separadamente se tuestan y se funden. La piedra que se ha posado en la parte central o media del lavadero se lava siempre separadamente en las bateas de lona; pero si las partículas son casi iguales de tamaño a aquellas que se han sedimentado en la parte superior del lavadero, se lavan con ellas en la batea y se tuestan y se funden con ellas. Sin embargo, el lodo nunca se lava con los demás, ya sea en bateas de lona, sea en la batea corriente, sino separadamente, y la piedra menuda que se obtiene de él deberá tostarse y fundirse separadamente. Los dos lavaderos grandes descargan en una gran artesa transversal, y ésta nuevamente se vacía a través de un reguero que va hacia un pozo de sedimentación que se encuentra fuera del tinglado.

Este método de lavado ha sufrido últimamente un cambio considerable, ya que la artesa que transporta el agua, mezclada con el mineral triturado y la arena fina que afluye de las aberturas de la rejilla, no llega a la artesa transversal que se encuentra dentro de la misma habitación, sino que pasa directamente a través de una separación en el pozo de sedimentación peque-

A: Artesa de la rejilla de la caja de mortero.—B: Rastrillo de tres dientes.— C: Pozo de sedimentación pequeño.—D: Lona.—E: Bateas.—F: Escobas

ño. Un muchacho arrastra un rastrillo de tres dientes a través del material que se ha sedimentado en la porción que está fuera del lavadero, con lo cual las partículas de tamaño mayor del mineral se sedimentan en el fondo, y el lavador las saca con la pala de madera y las lleva a la nave; este material se echa en una batea corriente y se barre con un rastrillo o restregador de madera y se lava. En cuanto a las partículas que el agua saca fuera de la batea, después de que han sido devueltas a la batea, se procede nuevamente a lavarlas hasta que estén limpias.

El mineral restante, mezclado con arena, afluye hacia el pequeño pozo de sedimentación que se encuentra dentro del lavadero y descarga en dos lavaderos grandes. La piedra de tamaño moderado, mezclada con las partículas de tamaño grande, se sedimenta en la parte superior, y las de tamaño pequeño en la

A: Río.—B: Dique.—C: Compuerta.—D: Area.—E: Prado.—F: alambrada (cerca).—G: Zanja

parte inferior; pero ambas son impuras y por este motivo se cogen separadamente y la primera se lava dos veces, primero en un lavadero similar al lavadero sencillo y después en una batea corriente. De igual modo, la última se lava dos veces, primero en una batea de lona y después en una batea corriente. Este lavadero, que es como un lavadero sencillo, difiere de él en el cabecero, que en este caso es completamente deslizante, inclinado, mientras que en el caso del otro tiene una depresión en el centro. Al objeto de que el muchacho pueda soportar o descansar la pala con la que limpia la piedra de estaño, este conducto separador tiene un pequeño rodillo de madera que gira en orificios en dos tableros gruesos fijados a los lados del lavadero; si no pudiera apoyarla así, podría quedar agotado por la fatiga, ya que pasa días enteros de pie en estos trabajos. El lavadero grande, el que es igual al lavadero sencillo, la batea corriente y las bateas de lona se instalan y se montan en una construcción especial. En ella hay una estufa que proporciona calor a través de los ladrillos de barro o placas de hierro de las que está compuesta, al objeto de que los lavadores puedan proseguir sus trabajos incluso en invierno, si los ríos no están completamente congelados.

En las bateas de lona se lavan las piedras de estaño muy pequeñas mezcladas con barro, que se han posado en el extremo inferior del lavadero grande, así como en el extremo inferior del lavadero sencillo y de la batea ordinaria. La lona se lava en una artesa hecha del vaciado de un tronco de árbol y partida con dos tableros, de manera que resulten tres compartimentos. La primera y segunda piezas de lona se lavan en el primer compartimento, el tercero y el cuarto trozos de lona en el segundo compartimento y el quinto y el sexto en el tercer compartimento. Puesto que entre las piedras de estaño muy menudas hay usualmente algunos granos de roca o mármol, el maestro las limpia en una batea ordinaria, barriendo ligeramente la parte superior del material con una escoba cuyas ramitas no van en la misma forma, sino que algunas van en posición recta y algunas otras atravesadas. De esta forma el agua arrastra todas las impurezas de la batea hacia el pozo de sedimentación, porque son más ligeras, y deja la piedra sobre la mesa porque es más pesada.

Debajo de todos los lavaderos o bateas, tanto dentro como fuera del lavadero, se colocan o bien pozos de sedimentación o artesas transversales en las que descargan, al objeto de que el agua pueda llevarse hacia la corriente del río muy pocas partículas diminutas de mineral. El pozo de sedimentación grande, que está fuera del lavadero, tiene generalmente hecho un suelo o piso unido, empalmado, y tiene ocho pies de longitud, de ancho y de profundidad. Cuando una gran cantidad de lodo, mezclado con mineral muy triturado, se ha sedimentado en él, primeramente se hace salir el agua quitándole un tapón, después el lodo que se saca se lava fuera de la casa en las bateas de lona, y después los concentrados se lavan en la batea que está dentro. Mediante estos métodos el mineral más menudo queda limpio.

El lodo mezclado con la piedra de estaño muy pequeña, que ni se ha sedimentado en el pozo de sedimentación grande ni en el lavadero transversal, que está fuera de la nave y debajo de las bateas de lona, fluye afuera y se posa en el lecho de la corriente del río. Al objeto de recuperar aunque sólo sea una porción de la piedra de estaño, muchos mineros construyen diques en el lecho de la corriente o río muy similares a aquellos que se hacen por encima de los molinos y fábricas, para desviar la corriente hacia los canales a través de los cuales afluye a las ruedas hidráulicas. A un lado del dique hay una zona excavada a una profundidad de cinco o seis pies y si la naturaleza del lugar lo permite, extendiéndose en todas direcciones en más de sesenta pies. Así, pues, cuando el agua del río o corriente, en otoño e invierno, inunda las tierras, las compuertas del dique se cierran, mediante lo cual la corriente lleva el lodo mezclado con piedra de estaño hacia la zona. En primavera y verano este lodo se lava en las bateas de lona o en la batea corriente, e incluso puede recogerse el mineral de estaño más fino. Dentro de una distancia de unas cuatro mil brazas a lo largo del lecho de la corriente o río aguas abajo de los lavaderos en los cuales se lava el producto de estaño, los mineros no hacen tales diques, sino que ponen postes inclinados en los prados, y delante de cada poste hacen una zanja de la misma longitud, de forma que el lodo mezclado con el mineral menudo, llevado a lo largo de la corriente cuando el río se desborda, pueda sedimentarse en la zanja y adherirse a los postes. Cuando este lodo se recoge, es igualmente lavado en bateas de lona y en la batea corriente, al objeto de que el mineral pueda separarse del mismo. Ciertamente podemos ver muchas superficies y postes que recogen lodo de esta clase en Meissen aguas abajo de Altenberg, en el río Moglitz, el cual va siempre de color rojizo cuando la roca que contiene el estaño está siendo triturada por los pisones.

Pero volvamos a las máquinas de triturar o trituradoras. Algunos corrientemente ponen cuatro de estas máquinas en un lugar, es decir, dos encima y el mismo número debajo. Mediante

A: Máquina primera.—B: Sus pisones.—C: Su caja de mortero.—D: Máquina segunda.—E: Su caja de mortero.—G: Tercera máquina.—H: Sus pisones.—I: Su caja de mortero.—K: Cuarta máquina.—L: Sus pisones.—M: Su caja de mortero

A: Pisones.—B: Mortero.—C: Planchas llenas de agujeros.—D: Artesa transversal.—E: Tablones llenos de depresiones en forma de copa o cazoleta.—F: Cazoleta.—G: Cubo en el cual caen los concentrados.—H: Batea de lona.—I: Cubos que tienen forma de un bote o barquito pequeño.—K: Pozo de sedimentación debajo de la batea de lona

este plan, es necesario que la corriente que ha sido desviada caiga desde una altura superior sobre las ruedas hidráulicas de arriba, porque éstas hacen girar los ejes cuyas levas levantan pisones más pesados. Los vástagos de pisón de las máquinas de arriba deben ser casi dos veces más largos que los vástagos de las inferiores, porque todas las cajas de mortero o de yunque están situadas al mismo nivel. Estos pisones tienen los impulsores cerca de los extremos superiores, no como en el caso de los pisones inferiores, los cuales están colocados justamente por encima del fondo. El agua que baja desde las dos ruedas hidráulicas superiores se recoge en dos amplios canales, desde donde cae sobre las dos ruedas hidráulicas inferiores. Puesto que todas estas máquinas tienen los pisones muy juntos, los vástagos deben estar algo recortados, separados, para impedir que las cabezas de hierro rocen una con otra en el punto donde están colocadas en los vástagos. Donde no pueden construirse por razón de la estrechez del valle, la montaña es excavada y nivelada en dos lugares, uno a mayor altura y otro inferior, y en este caso se construyen dos máquinas generalmente bajo el mismo techo. Un canal amplio recibe de la misma manera el agua que fluye de la rueda hidráulica superior y de modo similar la deja caer en la rueda hidráulica inferior. Las cajas del mortero no se colocan en un mismo nivel, sino cada una en el nivel que corresponda a su máquina, y por este motivo se necesitan dos obreros para echar mineral en las cajas del mortero. Cuando no hay una corriente que pueda desviarse para que caiga desde un lugar más alto sobre la parte superior de la rueda hidráulica, se desvía una vez que haga girar el pie de la rueda; una gran cantidad de agua de la corriente se recoge en una balsa capaz de contenerla, y desde este lugar, cuando se levantan las compuertas, el agua se descarga contra la rueda que gira en el canal. Los baldes o cangilones de la rueda hidráulica son más profundos y se inclinan hacia atrás, proyectándose hacia arriba; los del tipo anterior eran menos profundos y se doblaban hacia adelante, inclinándose hacia abajo.

Además, en los Alpes Julianos y Réticos y en los montes Cárpatos, el mineral de oro e incluso de plata se colocan ahora debajo los pisones, de los cuales a veces se colocan más de veinte en fila, y se trituran húmedos en una caja de mortero larga. El mortero tiene dos placas llenas de agujeros a través de los cuales el oro, después de que ha sido triturado, fluye con el agua hacia la artesa transversal colocada debajo y desde allí por medio de dos regueros se dirige hacia las cabeceras de las bateas de lona. Cada cabecera está hecha de un tablero grueso, que puede levantarse y ponerse derecho, y al cual en cada lado están acopladas piezas que sobresalen hacia arriba. En este tablero hay muchas depresiones de forma de taza, de igual tamaño y de forma similar, en cada una de las cuales podría colocarse un huevo. Dentro de las depresiones hay unas pequeñas hendiduras que pueden retener los concentrados de oro o plata, y cuando estos huecos o cavidades están casi llenos de estos materiales, el tablón se levanta por un lado de forma que los concentrados caen en un recipiente o cubo grande. Las depresiones de forma de taza se lavan rociándolas con agua. Estos concentrados se lavan separadamente de aquellos que se habían sedimentado en la lona. Se lavan en baldes lisos y de dos dedos de ancho y de profundidad, de forma similar a un pequeño bote; anchos en la parte delantera, estrechos en la parte de detrás, en el centro tienen una ranura o hendidura transversal, en la que las partículas de oro puro o plata se sedimentan, en tanto que los granos de arena, dado que son de peso más ligero, fluyen flotando hacia arriba.

En algunos lugares de Moravia, el mineral de oro, que consiste en cuarzo mezclado con oro, se coloca debajo de los pisones y se tritura mojado. Cuando está triturado fino, sale afuera a través de una artesa a una pileta; allí se agita por medio de un restregador o agitador de madera, y las diminutas partículas de oro que se sedimentan en el extremo superior de la pileta se lavan en un balde negro.

Hasta aquí he hablado de máquinas que trituran mineral mojado con pisones de cabezas de hierro. Ahora voy a explicar los

A: Cabecera del bastidor.—B: Bastidor.—C: Agujeros.—D: Tablas del borde.— E: Banquetas.—F: Restregador.—G: Pileta.—H: Artesa.—I: Cubo

métodos de lavado que, en cierta medida, son peculiares al mineral de determinados metales, empezando con el oro. El mineral que contiene partículas de este metal, y las arenas de las corrientes y ríos que contienen granos del mismo, se lavan en armaduras o bastidores de madera o en recipientes; las arenas especialmente se lavan también en piletas. Más de un método se utiliza para el lavado en estos bastidores de madera, ya que éstos o bien dejan pasar o retienen las partículas o concentrados de oro; los dejan pasar si tienen agujeros, y las retienen si no tienen orificios. Pero tanto si la armadura en sí tiene agujeros como si es sustituida por una caja; si la propia armadura está perforada, deja pasar las partículas o concentrados de oro a una pileta o artesa;

A: Canalón (conducto separador de oro).—B: Caja.—C: Fondo de la caja invertida.—D: Lado abierto de ella.—E: Azada de hierro.—F: 'Rifles' o separadores de mineral.—G: Artesa pequeña.—H: Cubo con el cual se sacan los sedimentos.— I: Cubo negro en el cual se lavan

si la caja los tiene, deja pasar el material de oro al canalón o conducto separador de oro. Primeramente hablaré de estos dos métodos de lavado. La armadura o bastidor de madera está hecha de dos tablones empalmados, y tiene doce pies de largo y tres de ancho, y está llena de orificios de tamaño lo suficientemente grande para que pueda pasar un guisante. Para evitar que el mineral o arena que van mezclados con el oro se salgan por los lados, unos pequeños rebortes sobresalientes están adosados al mismo. Este cuadro de maderos se coloca sobre dos banquetas, la primera de las cuales es más alta que la segunda, al objeto de que la grava y las piedras pequeñas puedan rodar hacia abajo. El operario-lavador echa el mineral o arena en la cabecera de este cuadro o armadura, que es la parte más alta, y abriendo el lavadero pequeño o pequeña artesa, deja que entre el agua y después la agita con un restregador de madera. De esta manera, las piedras pequeñas ruedan por este cuadro hacia el suelo, mientras que las partículas o concentrados de oro, junto con la arena, pasan a través de los agujeros hacia la artesa que está colocada debajo de este cuadro y después de recogidas se lavan en el cubo.

Una caja que tiene el fondo lleno de agujeros está colocada sobre la parte superior de un canalón, el cual es razonablemente largo, pero de anchura moderada. El material de oro que ha de lavarse se echa en esta caja y se deja que entre en ella gran cantidad de agua. Los terrones, si el mineral se lava, se trituran y machacan con una pala de hierro. Los trozos pequeños caen a través del fondo de la caja al canalón, pero los trozos gruesos quedan en la caja, y éstos se sacan con un recogedor o limpiador a través de una abertura que está casi en el centro, a un lado. Puesto que entra una gran cantidad de agua en la caja, al objeto de impedir que arrastre hacia fuera las partículas de oro que hubieran caído al canalón, se divide en diez, o si es larga aún, en más separadores de mineral. Estos separadores de mineral se colocan de manera equidistante unos de otros y cada uno está en posición más alta que el inmediatamente siguiente hacia el extremo inferior del canalón. Los pequeños compartimentos que se hacen de esta forma se llenan con el material y el agua que fluye a través de la caja. Tan pronto como estos compartimentos están llenos y el agua ha empezado a fluir clara y limpia, la pequeña artesa a través de la cual este agua entra en la caja se cierra y el agua se desvía hacia otra dirección. Después el separador de mineral más bajo se saca del canalón, y el sedimento que ha acumulado sale con el agua y se recoge en un balde. Los separadores de mineral se van quitando uno a uno y el sedimento de cada uno se lleva a un balde aparte, y cada uno se lava separadamente y se aclara en un balde. Las partículas más grandes de concentrados de oro se sedimentan en los compartimentos más grandes, o sea más altos; los de tamaño menor, en los compartimentos más bajos. El balde es poco profundo y liso y untado con aceite o alguna otra sustancia deslizante, de forma que las partículas diminutos de oro no puedan adherirse al mismo, y se pinta de negro, para que el oro resulte más destacable; en el lado exterior, en ambos lados y en el centro está ligeramente ahuecado de forma que pueda agarrarse y sujetarse firmemente con las manos cuando se sacude. Mediante este método, las partículas o concentrados de oro se sedimentan en la parte izquierda del balde; pues si la parte izquierda se golpea o se sacude con una mano, como es corriente, el contenido se desplaza hacia la parte derecha. De esta forma se lava el mineral de oro de Moravia.

Las partículas de oro se recogen también en armaduras o bastidores de madera que están o bien descubiertas o cubiertas. Si

A: Tablón.—B: Tablas laterales.—C: Alambre de hierro.—D: Mangos

están descubiertas se recogen en bolsas; si están cubiertas se adhieren a las coberturas. Estas bolsas o receptáculos se hacen, bien con alambre de hierro o con tablas cruzadas fijadas a la armadura o por medio de agujeros que se embuten en el propio canalón o en su cabecero; pero sin taladrarlo totalmente. Estos agujeros son redondos o cuadrados, o bien son ranuras que están en sentido transversal. Estas armaduras o cuadros de madera pueden ir cubiertos con pieles, trozos de tela o cesped, de lo cual me ocuparé separadamente y en su lugar.

Al objeto de impedir que la arena que contiene las partículas de oro se derrame fuera, el lavador fija unas tablas laterales a los bordes de un tablón que tiene seis pies de largo y uno y cuarto de ancho. Después coloca atravesados muchos alambres de hierro con una separación de un dedo y en los puntos donde se juntan los fija al tablón del fondo con clavos de hierro. Luego hace el cabecero de esta armadura más alta y en él echa la arena que necesita lavado y, cogiendo con las manos las asas que hay en el cabecero de la armadura, lo sacude varias veces hacia adelante y hacia atrás en el río o la corriente. De esta forma las piedras pequeñas y la arena fluyen hacia abajo a lo largo de esta armadura, y la arena mezclada con las partículas de oro queda en las bolsas entre las tiras. Cuando el contenido de las bolsas se ha vaciado y se han recogido las arenas, las lavas en un cubo y así deja bien limpio el polvo de oro.

Otros pueblos, entre los cuales se encuentran los lusitanos, colocan a los lados de un canalón o conducto separador de oro, que tiene aproximadamente seis pies de largo y un pie y medio de ancho, muchas tiras transversales o separadores de mineral, que se inclinan hacia atrás y tienen una separación de un dedo. El lavador o su mujer dejan que el agua penetre en la cabecera del canalón, donde él echa la arena que contiene las partículas de oro. A medida que va fluyendo, la agita con un restregador de madera, que mueve en sentido transversal a los separadores de mineral. Constantemente va quitando con un palo puntiagudo el sedimento que se posa en las bolsas que hay entre los separadores, y de esta manera las partículas de oro se posan en ellos, mientras que la arena y otros materiales sin valor son transportados por el agua a una cuba o tina colocada debajo del canalón. Las partículas de metal, con una pala pequeña de madera, las echa a un plato de madera. Este no tiene más de un pie y cuarto de ancho, y, dándole movimientos de arriba a abajo en la corriente, se limpia el polvo del oro, pues la arena restante sale del plato y el polvo de oro se posa en el centro del mismo, donde hay una depresión. Algunos utilizan un plato estriado dentro como una concha, pero cono un reborde liso por donde el agua sale. Esta salida lisa, sin embargo, es más estrecha cerca de las estrías y más ancha fuera, donde el agua sale.

A: Cabecera del canalón.—B: Separadores de mineral.—C: Restregador de madera.—D: Palo con punta.—E: Plato.—F: Su depresión o concavidad forma de taza. G: Plato ranurado o acanalado

Las depresiones de forma de copa y las estrías o ranuras se cortan o queman también en el fondo del canalón; este fondo está compuesto de tres tablones de diez pies de largo y tiene aproximadamente cuatro pies de ancho; pero el extremo inferior, a través del cual se descarga y sale agua, es más estrecho. Este canalón, que asimismo tiene tablas laterales fijadas en sus bordes, está lleno de depresiones redondas y de estrías o ranuras que conducen a ellas, habiendo dos estrías o ranuras para cada copa, al objeto de que el agua mezclada con arena pueda fluir a cada copa a través de la ranura o acanaladura superior, y que, después de que la arena se ha sedimentado en parte, el agua puede nuevamente salir a través de la ranura inferior. El canalón está colocado en el río o corriente o en la orilla y colocado sobre dos banquetas, de las que la primera es más alta que la segunda, al objeto de que la grava y las piedras pequeñas puedan rodar hacia abajo por el canalón. El lavador echa arena en la cabecera con una pala y, abriendo la artesa, deja que entre el agua, la cual lleva las partículas de metal con un poco de arena hacia las copas, mientras que la grava y las piedras pequeñas con el resto de la arena cae en un tina colocada debajo del canalón. Tan pronto como las depresiones con forma de copa se han llenado, separa los concentrados y los lava en un cubo. Luego vuelve a lavar mineral a través del canalón.

Algunas gentes cortan muchas ranuras en T, a una distancia de un palmo unas de otras, en un canalón compuesto similarmente de tres tablones de ocho pies de largo. El borde superior

A: Cabecera del canalón.—B: Tablas laterales.—C: Extremo inferior del canalón. D: Bolsas o cavidades.—E: Acanaladuras, estrías.—F: Banquetas.—G: Pala.— H: Tina colocada debajo.—I: Artesa

A: Acanaladuras transversales.—B: Tina colocada debajo del canalón.—
C: Otra tina

de estas ranuras está en posición inclinada, de forma que las partículas de oro puedan deslizarse por ellas cuando el lavador bate y agita la arena con una pala de madera; pero su borde más bajo es vertical, de forma que las partículas de oro no puedan salirse de ellas. Tan pronto como estas ranuras o acanaladuras están llenas de partículas de oro mezcladas con arena fina, el canalón separador de oro se quita de encima de las banquetas y se levanta sobre su cabecero. El cabecero en este caso no es nada más que el extremo superior de los tablones de los cuales está compuesto el canalón. De esta forma las partículas metálicas, al ser invertida la posición de las ranuras, caen en otra tina o cubeta, ya que las piedras pequeñas y la grava han bajado rodando por el canalón. Algunos colocan cubos grandes debajo del canalón en lugar de tinas y, como en los demás casos, los concentrados que no están limpios se lavan en un cubo pequeño.

A: Canalón cubierto con lona.—B: Su cabecero lleno de bolsas y acanaladuras.—C: Cabecero quitado y lavado en una tina.—D: Canalón que tiene bolsas o cavidades cuadradas.—E: Canalón cuyos tablones mal labrados conservan virutas.—F: Escoba.—G: Pieles de bueyes.—H: Restregador de madera

Los turingios cortan depresiones redondas, de un dedo de diámetro y profundidad, en la cabecera del canalón, y al mismo tiempo cortan y hacen acanaladuras que van de una a otra. Cubren el propio canalón con lona. La arena que ha de lavarse se echa en el cabecero y se mueve con un restregador de madera; de esta manera el agua lleva las partículas más ligeras de oro ha-

A: Manantial.—B: Piel.—C: Argonautas

cia la lona y las más pequeñas se hunden en las depresiones y, cuando estos huecos están llenos, el cabecero se quita y se vuelca sobre una tina o cubeta, recogiéndose los concentrados, que luego se lavan en un cubo. Algunas personas utilizan un canalón o conducto separador de oro que tiene cavidades cuadradas o huecos como cuarterones pequeños que retienen las partículas de oro. Otros obreros utilizan un canalón hecho de tablones, que pueden ser ordinarios, toscos, precisamente por las pequeñas virutas que aún están adheridas a los mismos; estos canalones se utilizan en lugar de los que están cubiertos, ya que este canalón está descubierto, pero cuando la arena se lava, las partículas de oro se adhieren no menos a estas virutas que a la lona, o pieles, o telas, o a los cepellones de hierba. El lavador barre el canalón hacia arriba con una escoba, y cuando tiene lavada toda la arena que desea hace penetrer nuevamente en el canalón una cantidad de agua mayor para lavar los concentrados, que después recoge

A: Cabecero de la armadura.—B: Armadura.—C: Paño.—D: Artesa pequeña.—E: Tina colocada debajo de la armadura.—F: Tina en la cual se lava el paño

en una tina colocada debajo del canalón, y que luego lava nuevamente en un cubo. Exactamente igual que los turingios cubren el canalón con lona, así también algunos mineros lo cubren con pieles de bueyes o caballos. Estos impulsan la arena aurífera hacia arriba con un restregador de madera, y por medio de este sistema el material ligero sale fuera con el agua, mientras que las partículsa de oro se posan y sedimentan entre el pelo; las pieles se lavan después en una tina, y los concentrados se recogen en un cubo.

En la Cólquida colocaban las pieles de los animales en las balsas de los manantiales, y como muchas partículas de oro se adherían a ellas cuando se sacaban, los poetas inventaron la leyenda del vellocino de oro de la Cólquida. De igual modo puede deducirse por los métodos de los mineros que las pieles podrían retener no sólo partículas de oro, sino también de plata y gemas. Muchos mineros cubren esta armadura o cuadro de madera con un paño verde, de todo el largo y ancho que tiene la propia armadura, y lo sujetan con clavos de hierro de forma que puedan sacarse fácilmente y quitar la tela. Cuando aparece dorada debido a las partículas que se han adherido a ella, se lava en una tina especial y las partículas se recogen en un cubo. El resto que ha rodado hacia la tina se lava nuevamente en la armadura.

Otros, en lugar de paño verde, utilizan un paño hecho con crin de caballo y tejido muy compacto, que tiene una superficie áspera nudosa. Puesto que estos nudos sobresalen y el paño es

A: Paño lleno de pequeños nudos, extendido.—B: Pequeños nudos más claramente representados.—C: Tina en la que se lava el paño

áspero, incluso las partículas de oro más pequeñas se adhieren a él; estos paños se lavan igualmente en un cubo o tina con agua.

Algunos construyen una armadura no distinta a la que va cubierta con lona, pero más corta. En lugar de la lona, colocan trozos de césped en hileras. Lavan la arena, que se ha echado en la cabecera de esta armadura, dejando penetrar el agua. De esta forma las partículas de oro se posan en el césped, y el barro y la arena, junto con el agua, se dirigen hacia el pozo de sedimentación o artesa que hay debajo, el cual se abre después de que el trabajo ha terminado. Después de que toda el agua ha salido del pozo de sedimentación, la arena y el barro se sacan y se vuelven a lavar de la misma manera. Las partículas que se han adherido al césped se lavan después haciéndolas caer en el pozo de sedimentación o artesa por medio de una corriente de

A: Cabecera de la armadura.—B: Pequeña artesa a través de la cual fluye el agua a la cabecera de la armadura.—C: Trozos de césped.—D: Pileta colocada debajo de la armadura.—E: Tina en la cual los trozos de césped se lavan

agua más fuerte, que se hace penetrar en la armadura a través de un reguero. Finalmente, se recogen los concentrados y se lavan en un cubo. Plinio no ignoraba este método de lavar oro. «El mineral—dice—, después de seco, se quema y sus cenizas se lavan en un césped de hierba, para que el oro pueda posarse sobre él.»

A: Bandeja.—B: Depresión o concavidad parecida a un cubo.—C: Mangos

La arena mezclada con partículas de oro se lava también en una bandeja o especie de batea, en una artesa o en un cubo. La bandeja es abierta por un extremo y se construye vaciándola, o bien de un tronco de árbol escuadrado, o bien con un tablón grueso a cuyos lados se fijan unas barandillas, y tiene tres pies de largo, un pie y medio de ancho y tres dedos de profundidad. El fondo está ahuecado en forma de un cubo alargado, cuyo extremo estrecho está vuelto hacia la cabecera, y tiene dos asideros largos, mediante los cuales se lleva hacia delante y hacia atrás en el río. De esta forma la arena se lava, tanto si contiene partículas de oro como las pequeñas piedras negras de las que elabora y saca el estaño.

Los italianos que vienen a las montañas de Alemania en búsqueda de oro, al objeto de lavar la arena del río que contiene polvillo de oro y granates, utilizan una artesa de poca profundidad y razonablemente larga, construida de un árbol, redondeada por dentro y por fuera, abierta en un extremo y cerrada en el otro, la mueven y la giran en el lecho de la corriente de forma que el agua no choca ni arremete contra ella, sino que fluye suavemente. Mueven la arena, que echan en ella, con una azada de madera, también de forma redonda. Para evitar que las partículas de oro o granates salgan fuera con la arena fina, a veces cierran el extremo con un tablón redondeado de manera similar, pero más bajo que los costados de la pileta. Los concentrados de oro

A: Artesa.—B: Su lado abierto.—C: Lado que puede estar cerrado.—D: Corriente.—E: Azada.—F: Tabla final.—G: Bolsa

A: Cubo grande.—B: Sogas.—C: Viga.—D: Otro cubo grande que utilizan los acuñadores dé moneda.—E: Cubo pequeño

o granates, que con una pequeña cantidad de arena pesada se han posado en la pileta, los lavan en un cubo y los recogen en bolsas y los guardan.

Otros lavan esta clase de arena en un cubo grande, que puede sacudirse fácilmente, colgándolo por medio de dos cables de una viga de un cobertizo. La arena se echa en él, se vierte agua dentro y después el cubo se sacude y el agua con lodo se saca y se echa nuevamente agua limpia, haciendo esto muchas veces. De esta forma las partículas de oro se van posando en el fondo del cubo porque son pesadas, y la arena en la parte delantera porque es ligera; esta última se echa fuera y las pepitas se guardan para fundirlas. El que realiza el lavado vuelve después inmediatamente a su tarea. Este método de lavado es raramente utilizado por los mineros; es más bien el de los acuñadores de

A: Corriente.—B: Zanja.—C: Piqueta.—D: Trozos de césped.—E: Horqueta de siete puntas.—F: Pala de hierro.—G: Artesa abierta.—H: Otra artesa debajo de la primera.—I: Pequeña paleta de madera

moneda y los orfebres cuando lavan oro, plata o cobre. El cubo o tina que emplean tiene tres asas, una de las cuales la agarran con ambas manos cuando lo sacuden, y en las otras dos se sujeta un cable o soga, por medio del cual el cubo se cuelga de una viga o de un travesaño, soportado por dos postes verticales fijados en tierra. Los mineros frecuentemente lavan el mineral en un cubo pequeño para analizarlo y probarlo. Este cubo, cuando se sacude, se sostiene con una mano y se golpea con la otra. En otros aspectos, este método no difiere del anterior.

He hablado de los métodos diversos de lavado de arena que contiene granos de oro; ahora hablaré de los métodos de lavado de material en el que se encuentran mezcladas las pequeñas piedras negras de las cuales se hace el estaño. Ocho de estos méto-

A: Artesa.—B: Pala de madera.—C: Tina.—D: Artesa.—E: Paleta de madera.—F: Artesa transversal.—G: Tapón.—H: Agua cayendo.—I: Zanja.—K: Carretilla transportando el material que ha de lavarse.—L: Pico como el de un pato con el cual el minero cava el material del cual se obtienen las piedras pequeñas

dos se encuentran en uso, y de ellos dos se han inventado últimamente. Este material metalífero se encuentra usualmente desgarrado de las vetas o filones y de las venillas y dispersado a lo largo y ancho por el ímpetu del agua, aunque algunas veces las venas dilatadas están compuestas de este mineral. Los mineros extraen este último material con una piqueta ancha, en tanto que el primero lo excavan con un pico. Pero excavan y extraen las piedras pequeñas, que no son raras en esta clase de mineral, con un instrumento como el pico de un pato. En aquellos distritos o lugares que contienen este material, si hay una abundante provisión de agua y si hay laderas suaves y valles y oquedades, de forma que los ríos puedan ser desviados a ellos, los lavadores, en la época de verano, en primer lugar cavan una larga zanja en pendiente para que el agua pueda discurrir por ella rápidamente. En esta zanja se echa el material metálico junto con el material superficial, que tiene seis pies de grosor, más o menos, y a menudo contiene musgo, raíces de plantas, arbustos, hojas de árboles y tierra; todo se echa dentro con una azada ancha, y el agua fluye a través de la zanja. La arena y la piedra de estaño, como son pesados, se hunden en el fondo de la zanja, mientras que el musgo y las raíces, como son ligeras, son arrastrados por el agua que corre a través de la zanja. El fondo de la zanja está obstruido con césped y piedras al objeto de evitar que el agua arrastre al mismo tiempo la piedra de estaño. Los obreros lavadores, calzados con botas altas hechas de cuero, pero no de cuero crudo, sino bien encerado, están de pie en la zanja y arrojan fuera de ella las raíces de los árboles, arbustos y hierba con horquetas de madera de siete puntas y vuelven a empujar la piedra de estaño hacia la parte superior de la zanja. Al cabo de cuatro semanas, durante las cuales han realizado mucha labor y trabajo, obtienen la piedra de la forma siguiente: la arena con la cual está mezclada se levanta repetidamente de la zanja con una pala de hierro y se agita de aquí para allá en el agua hasta que el agua sale fuera y solamente la piedra queda en la pala. Se recoge toda junta y se lava nuevamente en una pileta o artesilla, impulsándola hacia arriba y volteándola con una pala de madera, al objeto de que la arena que queda pueda separarse de ella. Después vuelven a su tarea y la continúan hasta que el material metalífero se ha agotado o hasta que el agua ya no puede ser desviada a las zanjas.

La pileta que he mencionado se construye vaciándola del tronco de un árbol y su parte interior tiene cinco pies de largo, tres cuartos de pie de profundidad y seis dedos de ancho. Se coloca en una posición inclinada y debajo de ella se coloca una tina que contiene ramitas de abetos entretejidas, o incluso se pone debajo de ella otra pileta, cuyo interior tiene tres pies de largo y un pie de ancho y de profundidad, y así la piedra menuda que ha salido con el agua se posa en el fondo. Algunos, en lugar de una pileta, ponen una artesa cuadrada debajo, y de manera similar proceden a lavar en ella la piedra de estaño, agitándola de arriba a abajo y volteándola con una pequeña pala de madera Una pileta transversal se coloca debajo de la artesa, la cual o bien está abierta en un extremo y desagüa a una tina o pozo de sedimentación o bien está cerrada y perforada a través de su fondo; en este caso desagua a una zanja inferior, donde cae el agua cuando el tapón se deja medio abierto. Ahora describiré la naturaleza de esta zanja.

Si en la localidad no existe un suministro abundante de agua, los lavadores excavan una zanja de treinta o treinta y seis pies de larga y cubren el fondo, todo a lo largo, con troncos colocados juntos y cortados del lado que va apoyado sobre el terreno. A cada lado de la zanja, y también en su parte de arriba o cabecera, colocan cuatro troncos, uno encima de otro, todos lisos y bien cortados por el interior. Pero puesto que los troncos se colocan oblicuamente a lo largo de los lados, el extremo superior de la zanja queda de cuatro pies de ancho, y el extremo inferior o de cola, de dos pies. El agua tiene un punto de caída desde una artesa, y en primer lugar cae sobre ramas de pino entrelazadas. Al objeto de que caiga directamente en su mayor parte como corriente ininterrumpida y así rompa los terrones con su fuerza, algunos no colocan estas ramas debajo del final o al extremo de la artesa, sino que ponen un tapón en su boca, que no cierra totalmente la artesa, ni en conjunto impide la descarga de ella, ni tampoco permite que el agua salga despedida muy lejos, sino que hace que caiga a plomo hacia abajo. El obrero trae en una carretilla el material que ha de lavarse y lo echa dentro de la zanja. El lavador que está en la parte superior de la zanja rompe los terrones con una horqueta de siete puntas y echa fuera las raíces de los árboles, arbustos y hierba con el mismo instrumento, y de este modo las pequeñas piedras negras se posan abajo. Cuando se ha acumulado una gran cantidad de éstas, lo que generalmente ocurre cuando el lavador ha pasado un día en este trabajo, para evitar que lavándolas se las lleve el agua, las recoge, y continúa la tarea de lavado con el otro material que ha sido echado en la parte superior de la zanja. Un muchacho permanece en la parte o extremo inferior de la zanja, y con una azada delgada puntiaguda agita el sedimento que se ha posado en el extremo inferior, para evitar que las piedras de estaño lavadas se vayan más lejos, lo cual ocurre cuando el sedimento se ha acumulado de tal modo que las ramas de pino de la salida de la zanja están cubiertas.

A: Artesa.—B: Entrelazado de ramitas de abeto.—C: Troncos: tres en un lado, pues el cuarto no puede verse a causa de que la zanja está llena del material que ahora se está lavando.—D: Troncos en la cabecera de la zanja.—E: Carretilla. F: Horqueta de siete puntas.—G: Azada

El tercer método de lavado de materiales de esta clase es el siguiente: Se hacen dos bateas, cada una de las cuales tiene doce pies de largo y un pie y medio de ancho y profundidad. Se coloca un depósito en su cabecera, al cual afluye el agua a través de una pequeña artesa. Un muchacho echa el mineral en una batea; si es de pobre o deficiente calidad, pone gran cantidad del mismo, pero si es rico pone menos. Se deja que penetre el agua quitan-

A: Bateas.—B: Depósito.—C: Artesa.—D: Tapón.—E: Pala de madera.—F: Mazo de madera.—G: Pala de madera con mango corto.—H: El tapón de la batea.— I: Depósito colocado debajo del tapón

do el tapón; el mineral se mueve con una pala de madera, y de esta forma la piedra de estaño, mezclada con el material más pesado, se posa en el fondo de la batea y el agua transporta el material ligero a la artesa, a través de la cual fluye a una batea de lona. La piedra muy menuda, transportada por el agua, se posa sobre la lona y se limpia. Una tabla transversal baja se coloca en la batea cerca de la cabecera, al objeto de que la piedra de tamaño más grande pueda posarse allí. Tan pronto como la batea está llena con el material que ha sido lavado, el lavador cierra la boca del depósito y continúa lavando en la otra batea, y después se quita el tapón y el agua y la piedra de estaño fluyen a un depósito situado debajo. Después golpea los costados de la batea cargada con una maza de madera al objeto de que la piedra de estaño adherida a los costados se desprenda y caiga; todo lo que se ha sedimentado en ella lo saca fuera con una pala de madera

A: Tamiz.—B: Tina.—C: Agua que fluye del fondo de ella.—D: Batea.—E: Rastrillo de tres dientes.—F: Restregador de madera

que tiene un mango corto. Las escorias de plata que se han triturado debajo de los pisones, así como también los fragmentos de mezcla o aleación de plata y plomo y de panes o aglutinados fundidos de piritas, se lavan en una batea de esta clase.

El material de esta clase también se lava, mientras está húmedo, en un tamiz cuyo fondo está hecho de alambre de hierro tejido, y éste es el cuarto método de lavado. El tamiz se sumerge en el agua que está contenida en una tina y se sacude violentamente. El fondo de esta tina tiene una abertura de tamaño tal que pueda salir por ella continuamente tanta agua, junto con los residuos o desechos del tamiz, como la que entra. El material que se posa en la batea, un muchacho o bien lo extrae con un rastrillo de hierro de tres dientes o lo arrastra barriéndolo con un restregador de madera; de esta manera el agua transporta

A: Caja.—B: Placa perforada.—C: Pileta.—D: Tablas transversales.—E: Balsa.—F: Artesa.—G: Pala.—H: Rastrillo

gran parte de arena y de barro. La piedra de estaño o concentrados metalíferos se posan en la batea y después se lavan en otra batea.

Estos son métodos antiguos de lavado de material que contiene estaño; explicaré ahora dos métodos modernos. Si la piedra de estaño mezclada con tierra o arena se encuentra en las pendientes o laderas de las montañas, o colinas, o en los campos llanos y planicies, que o están desprovistos de corrientes o las que existan no pueden desviarse, los mineros han comenzado últimamente a emplear el método siguiente de lavado, incluso en los meses de invierno. Una caja abierta se construye con tablones de aproximadamente seis pies de largo, tres pies de ancho y dos pies y un palmo de profundidad. En el interior de la parte superior se fija una plancha de hierro de tres pies de largo y de ancho, a una profundidad de un pie y medio desde la parte superior; esta plancha está llena de orificios, a través de los cuales puede pasar la piedra de estaño de aproximadamente el tamaño de un guisante. Una artesa vaciada de un árbol se coloca debajo de la caja; esta artesa tiene aproximadamente unos veinticuatro pies de largo y tres cuartos de pie de ancho y de profundidad; muy a menudo, tres tablas transversales se colocan en ella, dividiéndola en compartimentos, cada uno de los cuales es menor que el siguiente. Las aguas turbias descargan en un pozo de sedimentación.

El material metalífero a veces se encuentra no muy profundo debajo de la superficie de la tierra, pero algunas veces tan profundo que es necesario hacer socavones o pozos para extraerlo. Se trasporta a la caja de lavado en carretillas, y cuando los lavadores van a empezar su trabajo ponen una pequeña artesa, a través de la cual fluye sobre la plancha de hierro tanta agua como sea necesaria para realizar este lavado. A continuación, un muchacho echa el material metalífero sobre la plancha de hierro con una pala de hierro y rompe los pequeños terrones, agitándolos y moviéndolos con la misma herramienta. Después, el agua y la arena que penetran por los agujeros de la plancha caen en la caja, en tanto que toda la grava o cascajo ordinario se queda sobre la placa y el muchacho la echa en una carretilla con la misma pala. Entre tanto, un muchacho más joven continuamente va moviendo y agitando la arena debajo de la placa con un restregador de madera casi tan ancho como la caja y echándola hacia el lado superior de la caja; el material más ligero, así como una pequeña cantidad de piedra de estaño, es transportado por el agua, haciéndolo pasar a la pileta puesta debajo. Los muchachos realizan esta labor ininterrumpidamente hasta que han llenado cuatro carretillas con los residuos ordinarios y sin valor, que se llevan y tiran, o tres carretillas si el material es rico en estaño negro. Después el capataz hace que se quite el tablón que estaba delante de la plancha de hierro y sobre el cual el muchacho estaba de pie. La arena, mezclada con la piedra de estaño, es frecuentemente empujada hacia atrás y hacia adelante con un restregador, y la misma arena, debido a que es más ligera, ocupa el lugar superior y se quita tan pronto como aparece; aquella que ocupa el lugar inferior se voltea con un azadón, al objeto de que todas las partículas más ligeras puedan salir; cuando toda la piedra de estaño se ha amontonado, el capataz la saca de la caja con pala y la aparta. Mientras el capataz hace esto, un mu-

A: Artesa.—B: Pileta transversal.—C: Dos regueros.—D: Cajas.—E: Placa.—F: Enrejillado.—G: Palas.—H: Segunda pileta transversal.—I: Batea.—K: Restregador de madera.—L: Tercera pileta transversal.—M: Artesa.—N: Rastrillo de tres dientes

chacho con una azada de hierro mueve la arena mezclada con piedra menuda, que se ha salido de la caja y se ha posado en la pileta, volviéndola a empujar hacia la parte más alta de la pileta, y este material, puesto que contiene una cantidad muy grande de piedra de estaño, se echa sobre la plancha y se lava nuevamente. El material que se ha posado en la parte más baja de la pileta se saca separadamente y se amontona formando un montículo y se lava en la batea corriente; el que se ha sedimentado en la balsa se lava en la batea de lona. En época de verano, esta fructífera labor se repite más a menudo, de hecho diez u once veces. El mineral que el capataz saca de la caja es después lavado en un tamizador-clasificador hidráulico y, finalmente, en una tina, donde se separa toda la arena. Finalmente, cualquier material en el que haya mezcladas partículas de otros metales puede lavarse por medio de todos estos métdos, tanto si ha sido desintegrado de sus filones o venas como si procede de venas dilatadas o de corrientes y ríos.

El sexto método de lavado de material de esta clase es aún más moderno y más útil que el último. Se construyen dos cajas, en cada una de las cuales fluye el agua a través de canaletas desde una pileta o gamella transversal en la cual ha sido descargada a través de un reguero o artesa. Cuando el material ha sido agitado y partido con palas de hierro por medio de dos muchachos, parte baja rodando y cae a través de las planchas de hierro llenas de agujeros o a través del enrejillado de hierro y sale de la caja sobre una superficie inclinada, afluyendo hacia otra pileta transversal, y desde ésta a una batea de siete pies de largo y dos y medio de anchura. Después, el capataz mueve y agita nuevamente este material con un restregador o cepillo de madera de forma que quede limpio. En cuanto el material que ha caído con el agua se ha posado en la tercera pileta transversal o en la artesa que sale de ella, un tercer muchacho lo raspa con un rastrillo de dos dientes o púas; de esta manera la piedra más menuda se posa y el agua transporta la arena inútil, sin valor, hacia el arroyo o el río. Este método de lavado es más ventajoso, ya que cuatro hombres pueden hacer el trabajo de lavado en dos cajas, mientras que el anterior método, si se dobla, requiere seis hombres, ya que necesita de dos muchachos para echar el material que ha de lavarse sobre la plancha y moverlo con palas de hierro, y otros dos con los restregadores de madera para mantener en movimiento continuo la arena, mezclada con la piedra de estaño, debajo de la plancha, y para impulsarla nuevamete hacia el extremo superior de la caja; además, se necesitan dos hombres para limpiar la piedra de estaño en la forma que ya he descrito. En el lugar de una plancha llena de agujeros, colocan ahora en las cajas una rejilla hecha de alambre de hierro tan grueso como los tallos del centeno; para que estas rejillas de alambre no puedan aflojarse por el peso y puedan doblarse, tres barras de hierro las soportan, estando dispuestas en forma transversal cruzada por debajo. Para evitar que este enrejillado pueda romperse con las palas de hierro que se utilizan para mover el material que se está lavando, cinco o seis varillas de hierro se colocan en la parte superior en líneas cruzadas y se fijan a la caja de forma que las palas puedan restregarlas en lugar del enrejado; por esta razón este emparrillado o enrejillado dura mucho más que las planchas, porque se mantiene intacto, mientras que las varillas, cuando se gastan por el frote o rozamiento, pueden ser sustituidas fácilmente por otras.

A: Pozos.—B: Torrente.—C: Horqueta de siete puntas.—D: Pala

Los mineros utilizan el séptimo método de lavado cuando no existe corriente de agua en la parte de la montaña que contiene el estaño negro o partículas de oro o de otros metales. En este caso, frecuentemente excavan más de cincuenta zanjas en la vertiente de abajo o hacen el mismo número de pozos de seis pies de largo, tres pies de ancho y tres cuartos de pie de profundidad, a no mucha distancia uno de otro. En las épocas en que surgen torrentes a consecuencia de tormentas de gran violencia o larga duración y se precipitan por la montaña, algunos de los mineros extraen el material metalífero en los bosques con anchas azadas y lo arrastran al torrente. Otros mineros desvían el torrente hacia las zanjas o pozos y otros arrancan las raíces de los árboles, arbustos y hierba de las zanjas o pozos con horquetas de madera de siete puntas. Cuando el torrente ha pasado, sacan con palas

A: Arroyo.—B: Zanja.—C: Torrente.—D: Caja empleada por los lusitanos

el mineral de estaño no limpio o las partículas de metal que se hayan posado en las zanjas o pozos y proceden a su limpieza.

A: Artesa.—B: Canalón.—C: Azada.—D: Tamiz

El octavo método es empleado en las regiones que los lusitanos tienen y conservan en su poder y bajo su dominio, y no es distinto al útimo. Abren un gran número de zanjas profundas en hileras en los arroyos o quebradas, vertientes y oquedades de las montañas. A estas zanjas viene el agua, tanto si fluye y procede de la nieve derretida por el calor del sol como si es de la lluvia, y transporta, junto con tierra y arena, algunas veces piedras de estaño o, en el caso de los lusitanos, las partículas de oro sueltas de los filones y venillas. Tan pronto como las aguas del torrente han desaparecido, los mineros sacan el material de las zanjas con palas de hierro y lo lavan en una caja común de canalón o conducto separador de oro.

Los polacos lavan el plomo impuro de venas dilatadas en una pileta o gamella de diez pies de largo, tres pies de ancho y un pie y un cuarto de profundidad. Lo mezclan con tierra húmeda y lo cubren con arcilla arenosa y húmeda, y así primeramente extraen la arcilla y después el mineral. El mineral se lleva a una corriente o río y se echa en una pileta, en la cual penetra el agua a través de una artesa, y el lavador, en posición de pie en el extremo inferior de la pileta, extrae el mineral con una azada estrecha y casi puntiaguda, cuyo mango de madera tiene casi diez

A: Horno.—B: Su boca.—C: Atizador.—D: Rastrillo con dos dientes.—E: Azada

pies de largo. Se lava nuevamente una o dos veces de la misma manera y así se purifica. Después, cuando se ha secado al sol, se echa en un tamiz de cobre y se separan los trozos muy pequeños, que pasan a través del tamiz, de los más grandes; de éstos, los primeros se funden en un montón de gavillas de leña, y los últimos, en el horno. Así, pues, existen todos estos métodos de lavado.

Un método de quemado se emplea especialmente, y dos de tostión. El mineral de estaño negro se quema a fuego violento en un horno parecido a una hornaza; se quema si es de color azul oscuro o si las piritas de las cuales se hace el hierro están mezcladas con él, pues el color azul oscuro, si no se quema, consume el estaño. Si las piritas y las otras piedras no se volatilizan en humos en un horno de esta clase, el estaño que se hace de la piedra de estaño es impuro. La piedra de estaño se echa o bien en la parte de detrás del horno o a un lado del mismo; pero en el primer caso la madera se coloca delante, y en el último caso, al lado, de costado; sin embargo, de manera tal que ni las teas o tizones ni los carbones puedan caer sobre el mineral ni tocarlo. El combustible se manipula con un atizador hecho de madera. El mineral se agita o remueve con un rastrillo de dos dientes y nuevamente vuelve a nivelarse con una azada, ambos he-

A: Hogares.—B: Madera.—C: Panes.—D: Artesa

chos de hierro. La piedra pequeña requiere ser quemada menos que la de tamaño moderado, y ésta, a su vez, menos que la de tamaño más grande. En tanto que se está procediendo a quemar así la piedra de estaño, frecuentemente ocurre que algo del material se junta. La piedra quemada debe entonces lavarse nuevamente en la batea, ya que de esta manera el material que se ha juntado es llevado por el agua a la pileta o gamella transversal, donde se recoge y se trabaja, y nuevamente se procede a su lavado en la batea. Mediante este método, el metal se separa del material desprovisto de metal.

A: Panes.—B: Haces de gavillas de leña.—C: Hornos

Los panes de piritas o piedras cupríferas o de cadmio se tuestan en hogares cuadrangulares, de los cuales la parte de arriba y la de delante están abiertas; estos hogares son generalmente de doce pies de largo, ocho pies de ancho y tres pies de profundidad. Los panes de piritas fundidas normalmente se tuestan dos veces, y los de piedras de cadmio, una vez. Estos últimos se envuelven primeramente en barro humedecido de vinagre, para evitar que el fuego consuma demasiado cobre con el bitumen, o azufre, o bien oropimente o rejalgar. Los panes de piritas se tuestan primeramente a fuego lento y después a fuego vivo, y en ambos casos, durante toda la noche siguiente, se deja penetrar el agua al objeto de que si hay en los panes algo de alumbre, o vitriolo, o salitre capaz de dañar los metales, aunque raramente los daña, el agua pueda eliminarlo y ablandar los panes. Los *jugos o líquidos solidificados son casi todos perjudiciales* para el metal cuando los panes o mineral de esta clase se funden. Los panes que han de ser sometidos a tostión se colocan sobre madera apilada en forma de jaula o reja y a esta pila se le prende fuego.

Los panes que se hacen de cobre fundido de pizarras primeramente se echan al suelo y se parten, y después se colocan en el horno sobre manojos de gavillas de leña y se les prende fuego. Estos panes, por lo general, se tuestan siete veces, y en ocasiones hasta nueve veces. Mientras se está haciendo esto, si son bituminosos, el bitumen se quema y puede apreciarse el olor. Estos hornos son como los hornos en los cuales se funde el mineral, excepto que están abiertos por delante; tienen seis pies de alto y cuatro pies de ancho. Pero de esta clase de hornos se precisan tres por uno de aquellos en los que se funden los panes. Primeramente se tuestan en el primer horno; después, cuando se han enfriado, se pasan al segundo horno y se tuestan nuevamente; más tarde son trasportados al tercero y después se devuelven al primero, y este orden se mantiene hasta que se han tostado de siete a nueve veces.

FIN DEL LIBRO VIII

PUESTO que ya he escrito sobre el variado trabajo de preparación de los minerales, ahora voy a ocuparme de los diversos métodos de fundirlos. Aunque todos aquellos que queman, tuestan y calcinan el mineral le despojan de algo que está mezclado con los metales; y aquellos que lo trituran con pisones le quitan también mucho; y aquellos que lo lavan, lo pasan por el tamiz y lo clasifican, todavía le quitan aún mucho más; sin embargo, aún no pueden eliminar todo aquello que oculta a la vista el metal y lo hace crudo y deformado. Por consiguiente, la fundición es necesaria, ya que por este medio las tierras, los líquidos solidificados y las piedras se separan de los metales, de forma que obtengan su color apropiado y se hagan puros y puedan resultar de mayor beneficio y utilidad a la humanidad en muchas formas. Cuando el mineral se ha fundido, todo aquello que estaba mezclado con el metal antes de su fundición queda eliminado, mientras que el metal queda perfeccionado de esta manera. Puesto que los minerales metalíferos difieren considerablemente entre sí, en primer lugar respecto a los metales que contienen, después respecto a la cantidad del metal que hay en ellos y por último por el hecho de que algunos se funden rápidamente con el fuego y otros lo hacen lentamente, existen muchos métodos de fusión. La práctica constante nos ha enseñado a los fundidores aquellos medios más idóneos para poder obtener el mejor metal de cualquier mineral. Además, aun cuando a veces existen muchos métodos para fundir un mismo mineral, mediante los cuales se funde la misma cantidad de metal, sin embargo, unos métodos se hacen a un coste más elevado que los otros. El mineral o bien se funde en un horno o sin él; si se funde en un horno, el agujero de colada o bien se cierra temporalmente o queda siempre abierto, y si no se mete en un horno, este fundido se hace en crisoles o en zanjas. Pero al objeto de que este asunto quede más claro, voy a describirlo todo con más detalle, comenzando con los edificios y los hornos.

Una pared, que será llamada la «pared segunda», se construye de ladrillo o piedra, de dos pies y los palmos necesarios de espesor, al objeto de que sea lo suficientemente fuerte para soportar el peso. Se construye a una altura de quince pies de alto y su longitud depende del número de hornos que se ponen en los talleres; normalmente hay seis hornos, circunstancialmente más y a menudo hay menos. Hay tres paredes de hornos, una en la parte trasera, que está contra la «segunda» pared, y dos laterales, de las cuales ya hablaré más adelante. Estas deben hacerse en piedra natural, ya que resulta de más servicio y utilidad que los ladrillos quemados, porque los ladrillos muy pronto se hacen defectuosos y se desmoronan y derrumban cuando el fundidor o su encargado desincrusta las excrecencias que se adhieren a las paredes cuando el mineral se funde. La piedra natural resiste al daño que pueda producirle el fuego y dura mucho tiempo, especialmente si es blanda y desprovista de grietas; pero, por el contrario, si es dura y tiene muchas grietas y rajas, estalla en pedazos por efecto del fuego y se destruye. Por esta razón, los hornos que se hacen de esta última fácilmente se debilitan por efectos del fuego y cuando las excrecencias se desincrustan se desmoronan en trozos. La pared delantera del horno debe hacerse de ladrillo y debe tener en su parte inferior una abertura o boca de tres palmos de ancho y un pie y medio de alto, cuando el horno o crisol está acabado. Un agujero sesgado en dirección ascendente, de tres palmos de largo, se hace a través de la pared trasera del horno, a la altura de un codo, antes de que el crisol se haya preparado; a través de este agujero y de un agujero de un pie de largo en la segunda pared —ya que la parte de atrás de esta pared tiene un arco— está insertado un tubo de hierro o bronce, en el cual se fijan las boquillas de los fuelles. La totalidad de la pared delantera no tiene más de cinco pies de alto, de forma que el mineral puede ponerse convenientemente en el horno, junto con todas aquellas casas que el maestro necesita para su trabajo de fundición. Ambas paredes laterales del horno tienen seis pies de alto, y la trasera tiene siete pies, teniendo unos tres palmos de espesor. El interior del horno tiene cinco palmos de ancho, seis palmos y un dedo de largo, siendo el ancho medido por el espacio que hay entre las dos paredes laterales, y la longitud por el espacio existente entre las paredes delantera y trasera; sin embargo, la parte superior del horno es algo más ancha.

Hay dos puertas en la segunda pared si hay seis hornos, estando una de las puertas entre el segundo y el tercer hornos y la otra entre el cuarto y el quinto hornos. Tienen un codo de ancho y seis pies de alto, al objeto de que los fundidores no sufran contratiempos ni accidentes al ir y venir. Es necesario disponer de una puerta a la derecha del primer horno y, de modo similar, una a la izquierda del último, tanto si la pared es más larga como si no. La segunda pared se lleva más adelante cuando las naves para los hornos de copelar, o cualquier otro edificio, están próximos a las naves de los altos hornos, estando estos edificios solamente separados por una división. El fundidor, y aquellos que atienden y se ocupan de los hornos primero y último, si desean vigilar o

A: Hornos.—B: Antehogares

dar un vistazo a los fuelles o hacer alguna otra cosa, tienen que salir al exterior al final de la pared, y las demás gentes pasan por las otras puertas, que son las corrientes. Los hornos están colocados a una distancia de seis pies unos de otros, al objeto de que los fundidores y sus ayudantes puedan soportar más fácilmente la violencia del calor. Considerando que el interior de cada horno tiene cinco palmos de ancho y cada uno está separado del otro a una distancia de seis pies, y considerando asimismo que hay un espacio de cuatro pies y tres palmos en el lado derecho del primer horno y el mismo en el lado izquierdo del último horno, y que hay seis hornos en un edificio, resulta necesario hacer la segunda pared de cincuenta y dos pies de largo; debido a que el total de la anchura de todos los hornos es de siete pies y medio, que el total de los espacios entre los hornos es de treinta pies, el espacio de los lados exteriores del primero y último hornos es de nueve pies y dos palmos, y el espesor de las dos paredes transversales es de cinco pies, todo ello hace una medición total de cincuenta y dos pies.

Fuera del crisol de cada horno hay un pequeño pozo lleno de polvo, que es comprimido o apelmazado mediante apisonado, y de esta manera se hace el antecrisol que recibe el metal que afluye desde los hornos. De esto hablaré más adelante.

Soterrado aproximadamente la medida de un codo, debajo del antecrisol y del crisol del horno hay un depósito de agua transversal de tres palmos de ancho y un codo de profundidad. Está hecho de piedra o ladrillo, con una cobertura o tapa de piedra, ya que si no estuviera cubierto el calor atraería la humedad desde abajo y el vapor podría penetrar en el crisol del horno, así como en el antecrisol, e impediría el tiro. La humedad amortiguaría el fuego y parte del metal sería absorbido y parte se mezclaría con las escorias, y de esta manera la fundición quedaría altamente perjudicada. Desde cada depósito de agua se construye un respiradero amurallado de la misma profundidad que el depósito, pero de seis dedos de ancho; este respiradero tiene una inclinación ascendente y a mayor o menor altura penetra hacia el otro lado de la pared, contra la cual se ha construido el horno. En el extremo de este respiradero hay una abertura donde el vapor en que se ha convertido el agua es expulsado a través de un tubo o caño de cobre o de hierro. Este método de hacer el depósito y el respiradero es el mejor. Otra clase tiene un respiradero similar, pero un depósito diferente, ya que éste no se extiende transversalmente debajo del antecrisol, sino longitudinalmente; tiene dos pies y un palmo de largo, y un pie y tres palmos de ancho, y un pie y un palmo de profundidad. Este método de hacer depósitos no es censurable, como lo es la construcción de depósitos sin un respiradero; estos últimos, que no tienen abertura al aire que les permita que el vapor salga libremente, son ciertamente condenables y mal construidos.

A: Hornos.—B: Antehogar.—C: Puerta.—D: Depósito de agua.—E: Piedra que lo cubre.—F: Material de las paredes de ventilación.—G: Piedra que las cubre.—H: Tubo que expulsa los vapores

A quince pies detrás de la segunda pared se construye la primera pared, de trece pies de altura. En ambas se fijan vigas de techo, que tienen un pie de ancho y grueso y diecinueve pies y un palmo de largo; éstas se colocan a tres pies de distancia unas de otras. En cuanto a la segunda pared, es dos pies más alta que la primera pared, se recortan algunos huecos en la parte trasera de dos pies de alto, un pie de ancho y un palmo de profundidad, y en estos huecos o cavidades, como por decirlo así en muescas, está colocado un extremo de cada una de las vigas. En estos

extremos están embutidos los fondos de los postes necesarios; estos postes tienen veinticuatro pies de alto, tres palmos de ancho y de grueso y desde los topes o límites de los postes el mismo número de vigas o traviesas van hacia los extremos inferiores de las vigas superpuestas en la primera pared; los extremos superiores de estas traviesas están ensambladas en los postes y los extremos inferiores están ensamblados en los extremos de las vigas colocadas en la primera pared; las traviesas soportan el tejado, que es de tejas cocidas. Cada traviesa separada es sustentada por un madero aparte, que es un travesaño, y se empalma o se une a su poste. Los tablones colocados o empalmados juntos se fijan a los postes de encima de los hornos; estos tablones son de aproximadamente dos dedos de espesor y un palmo de ancho, y ellos, junto con la obra de tejido de mimbre interpuesta entre los maderos, se cubren con arcilla para junturas, de forma que no haya peligro de fuego de los maderos y del trabajo de mimbre. De esta manera práctica se construye la parte trasera de los talleres, que contienen los fuelles, sus estructuras o armazones, el mecanismo para compresión de los fuelles y el instrumento para dilatarlos, de todo lo cual hablaré más adelante.

Enfrente de los hornos se ha construido la tercera pared larga e igualmente la cuarta. Ambas son de nueve pies de alto, pero del mismo largo y grosor que las otras dos, estando la cuarta a nueve pies de distancia de la tercera; la tercera está a veintiún pies y medio de distancia de la segunda. En una distancia de doce pies desde la segunda pared, cuatro postes de siete pies y medio de alto, un codo de ancho y de espesor, se fijan sobre piedra colocada debajo. En las partes superiores de los postes se encaja la viga de techo; esta viga de techo tiene dos pies y pico más que la distancia entre la segunda y quinta paredes transversales, al objeto de que sus extremos puedan descansar en las paredes transversales. Si no se tiene a mano una viga tan larga, se sustituye con dos. Si la longitud de la viga larga es la indicada más arriba, y dado que los postes son equidistantes, es necesario que los postes estén a una distancia de nueve pies, un palmo y dos y dos quintos de dedo uno de otro, y en los extremos a esta distancia de las paredes transversales. En esta viga longitudinal y en la tercera y cuarta paredes están fijadas doce vigas secundarias de veinticuatro pies de largo, un pie de ancho, tres palmos de espesor y distantes una de otra unos tres pies, un palmo y dos dedos. En estas vigas secundarias, donde descansan en las vigas longitudinales, están embutidos los extremos del mismo número de traviesas, ya que hay postes que están colocados en la segunda pared. Los extremos de las traviesas no llegan a los topes de los postes, sino a dos pies de ellos, de modo que a través de su abertura, que es como la parte abierta de una forja o fragua, los hornos pueden expulsar sus humos. Al objeto de que las traviesas no caigan, son soportadas en parte por barras de hierro, que se extienden desde cada traviesa al poste opuesto, y en parte, por tirantes o vigas tensoras, los cuales, de la misma manera, se extienden desde las traviesas a los postes opuestos, dándoles estabilidad. A estas vigas tensoras o tirantes, así como a las traviesas que están frente a los postes, se fijan tableros o tablas de aproximadamente dos dedos de espesor y un palmo de ancho, a una distancia de un palmo unos de otros, y que se cubren con arcilla para junturas, de forma que no admitan ni agarren el fuego. En

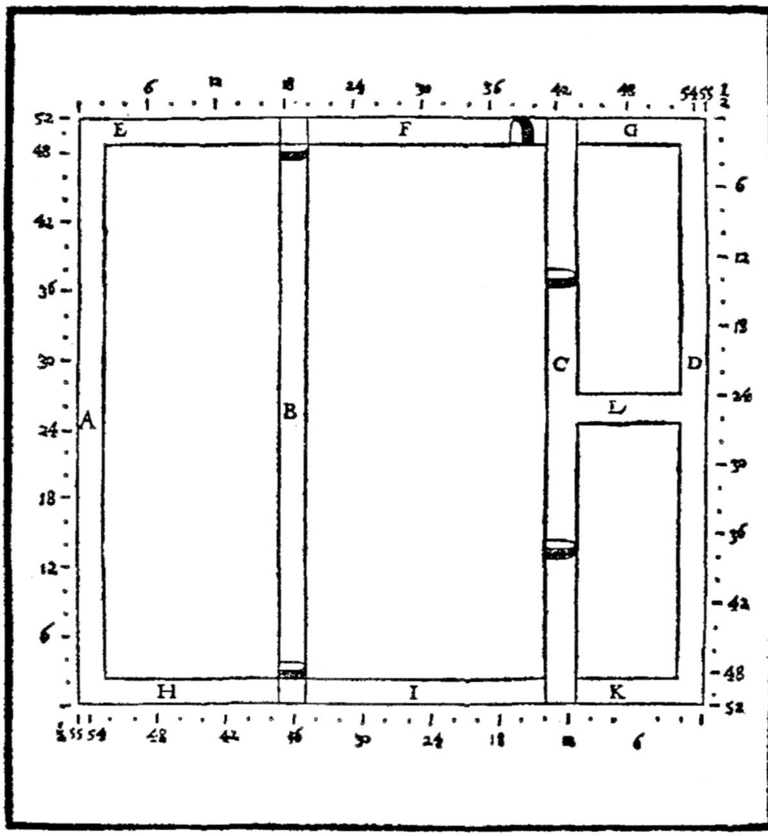

Las cuatro paredes largas: A: primera.—B: Segunda.—C: Tercera.—D: Cuarta. Las siete paredes transversales: E: Primera.—F: Segunda.—G: Tercera.—H: Cuarta.—I: Quinta.—K: Sexta.—L: Séptima o media

las vigas secundarias, donde están colocadas en la cuarta pared, están embutidos los extremos inferiores del mismo número de traviesas que las que se han colocado enfrente. Desde la tercera pared larga estas traviesas están ensambladas y unidas a los extremos de las traviesas opuestas, de forma que no puedan deslizarse, y además están reforzadas con subestructuras hechas de maderos oblicuos y transversales. Estas traviesas soportan los tejados o techos.

De esta manera, la parte delantera queda construida, y está dividida en tres partes: la primera parte tiene doce pies de ancho y está debajo de la caperuza o sombrerete, que consiste en dos paredes, una vertical y una inclinada. La segunda parte tiene el mismo número de pies de ancho y se destina a recibir el mineral que ha de fundirse. La parte tercera tiene nueve pies de ancho y contiene dos espacios separados de igual tamaño, en uno de los cuales está el horno de ensayo, mientras que el otro contiene el metal que ha de fundirse en los hornos de copelar. Es necesario que en el edificio, además de las cuatro paredes largas, haya siete paredes transversales, de las cuales la primera está construida desde el extremo superior de la primera pared larga al extremo superior de la segunda pared larga; la segunda procede del extremo de ésta al extremo de la tercera pared larga; la tercera, desde este extremo de la última se extiende hasta el extremo de la cuarta pared larga; la cuarta va desde el extremo inferior de la primera pared larga al extremo inferior de la segunda pared larga; la quinta se extiende desde el extremo de ésta al extremo de la tercera pared larga; la sexta se extiende desde este último extremo al extremo de la cuarta pared larga; la séptima divide en dos partes el espacio entre la tercera y la cuarta paredes largas.

Volvamos a la parte trasera del edificio, en la que, como ya he indicado, están los fuelles, sus armaduras, la maquinaria para comprimirlos y el instrumento para su distensión o inflado. Cada fuelle tiene cuerpo y cabeza. El cuerpo está compuesto de dos «tableros», dos arcos y dos cueros. El tablero superior tiene un palmo de grueso, cinco pies y tres palmos de largo y dos pies y medio de ancho en la parte de detrás, donde cada uno de los lados está un poco curvado, y tiene un codo de ancho en la parte delantera, cerca de la cabeza. El conjunto del cuerpo de los fuelles se ahusa, se adelgaza, hacia la cabeza. Lo que llamamos ahora «tablero» consiste en dos trozos de pino, unidos y encolados juntos, y en dos tiras de madera de tilo que ciñen los bordes del tablero, que tienen siete dedos de ancho en la parte trasera, y en la parte delantera, cerca de la cabeza de los fuelles, uno y medio dedos de ancho. Estas tiras están encoladas a los tableros, de forma que sufran menos perjuicio que con los clavos de hierro que se clavan a través del cuero. Hay algunas personas que no bordean los tableros con tiras, sino que utilizan sólo los tableros, que son muy gruesos. El tablero superior tiene una abertura y un mango; la abertura está en el centro del tablero y está a un pie y tres palmos de distancia de donde el tablero une la cabeza de los fuelles, y tiene seis dedos de largo y cuatro de ancho. La tapa de esta abertura tiene dos palmos y un dedo de largo y ancho y tres dedos de grueso; hacia la parte de atrás de la tapa hay una pequeña ranura cortada en la superficie de forma que puede agarrarse con la mano; una acanaladura está cortada en la parte superior y en los lados, de forma que pueda engancharse en moldes de un palmo de ancho y tres dedos de espesor, que están asimismo cortados de manera similar debajo de los bordes. Ahora bien, cuando la tapa se tira hacia delante el orificio está cerrado, y cuando se echa hacia atrás está abierto; el fundidor abre un poco esta abertura de forma que el aire pueda salir de los fuelles a través de ella, si teme que los cueros puedan estallar cuando los fuelles están demasiado fuertemente inflados; sin embargo, cierra esta abertura si los cueros están rotos y se escapa el aire. Otros perforan el tablero o tabla superior con dos o tres orificios redondos en el mismo lugar que el rectangular, y colocan tapones en ellos que sacan cuando es necesario. El mango o asidero de madera tiene siete palmos de largo, o incluso más largo, al objeto de que pueda extenderse hacia el exterior; la mitad de este mango, de dos palmos de ancho y uno de espesor, va encolada al extremo del tablero y sujeta con piezas cubiertas de cola; la otra mitad sobresale más allá del tablero, y está redondeada y tiene siete dedos de grosor. Además de esto, al mango y al tablero se les fija un listón, o travesero, de dos pies de largo, los palmos necesarios de ancho y un palmo de grosor, y en el lado de debajo del mismo tablero, a una distancia de tres palmos del extremo, se fija otro listón de dos pies de largo, al objeto de que el tablero pueda soportar la fuerza de distensión y compresión; estos dos listones están encolados en el tablero y se sujetan a él con pinzas cubiertas de cola.

El tablero inferior del fuelle, igual que el superior, está hecho de dos piezas de pino y dos tiras de madera de tilo, todo encolado junto; tiene el mismo ancho y espesor que la parte superior, pero es un codo más largo, constituyendo esta extensión parte de la cabeza, de la cual hablaré un poco más adelante. Este tablero inferior del madero tiene un orificio para el aire y un anillo de hierro. El orificio para el aire o respiradero está a aproximadamente un codo de distancia del posterior y a una distancia media entre los lados de los fuelles, es decir, del tablero del fuelle, y tiene un pie de largo y tres palmos de ancho; está divivido en partes iguales mediante una pequeña pantalla o nervadura que forma parte del tablero, y no está separada de él; esta pestaña tiene un palmo de largo y un tercio de dedo de ancho. La lengüeta de la parte del respiradero tiene un pie y tres dedos de largo, tres palmos y algunos dedos de ancho; es una tabla o tablero delgado cubierto con piel de carnero, cuya parte de pelo está vuelta hacia el suelo. Está fijada a un extremo de esta solapa o lengüeta con clavos pequeños de hierro, la mitad de un trozo o pieza doblada de cuero de un palmo de ancho y de un largo igual al ancho de la lengüeta; la otra mitad del cuero, que está detrás de la lengüeta, está perforada dos veces, como lo está también el tablero del fuelle, y estas perforaciones tienen una separación de siete dedos. Pasando a través de ellas una cuerda se ata en el lado de abajo del tablero, y así la solapa o lengüeta, cuando está atada al tablero no se cae. La lengüeta y el respiradero están hechos de forma que cuando los fuelles están distendidos la lengüeta o solapa se abre, cuando están comprimidos se cierra. A una distancia de aproximadamente un pie del respiradero, un aro de hierro ligeramente elíptico, de dos palmos de largo y un palmo de ancho, está sujeto por medio de una grapa de hierro a la parte de debajo del tablero del fuelle; está a una distancia de tres palmos desde la parte de detrás de los fuelles. Al objeto de que el tablero inferior del fuelle pueda permanecer estacionario, se coloca un perno de madera en el anillo, después de que penetra por el orificio del tablón de soporte transversal que forma parte de la armadura de los fuelles. Hay algunos que hacen caso omiso del anillo y sujetan el tablero del fuelle a la armadura con dos tornillos de hierro parecidos a clavos.

Los arcos están colocados entre los dos tableros y tienen la misma longitud que el tablero superior. Ambos están hechos de cuatro piezas de madera de tilo de tres dedos de grosor, de las cuales las dos largas tienen siete dedos de ancho en la parte de atrás y dos y medio en la parte delantera; la pieza tercera, que está detrás, tiene dos palmos de ancho. Los extremos de los arcos tienen un poco más de un dedo de grosor y están embutidos en las piezas largas, y ambos, que tienen agujeros debidamente perforados, tienen unas pinzas o espigas de madera cubiertas de cola metidas en los agujeros; así se unen y se encolan a las piezas largas. Cada uno de los extremos tiene forma de arco, de modo que

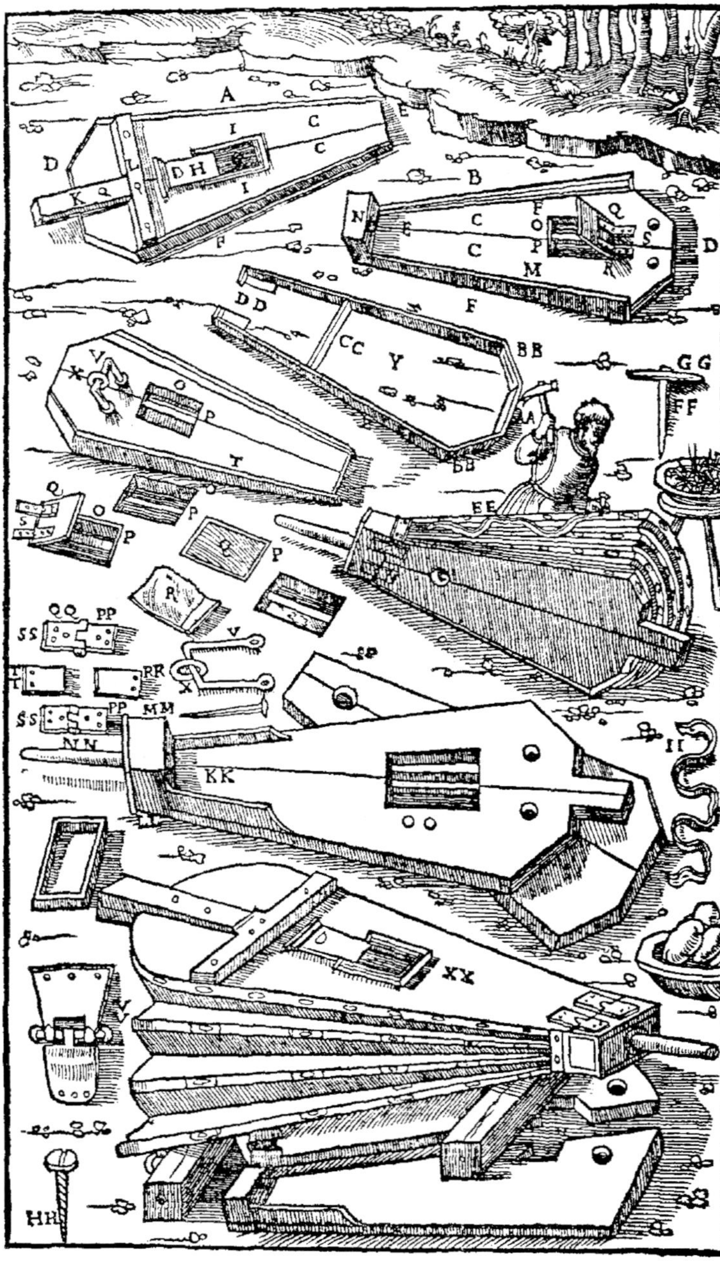

A: Tablero superior d fuelle.—B: Tablero inf rior del fuelle.—C: L dos trozos de madera los que consta cada un D: Parte posterior queada de cada uno.- E: Parte ahusada dela tera de cada uno.— Trozos de madera de lo.—G: Abertura en tablero superior. — Tapa.—I: Pequeñ moldes de madera.— Mango. — L: Listón el exterior. El listón la parte interior no p do dibujarlo.—M: In rior del tablero infer del fuelle.—N: Parte la cabeza.—O: Respi dero.—P: Barra sopor Q: Faldilla.—R: Cue S: Tireta de cuero.— Exterior del tablero ferior. — V: Armella. X: Anilla.—Y: Arco. Z: Sus piezas largas. AA: Pieza trasera arco. — BB: Los ext mos arqueados. — C Travesaño que distien el arco.—DD: Las piezas pequeñas. — E Cuero. — FF: Clavo. GG: Cuerno del cla HH: Un tornillo. — Tireta de cuero larga. KK: Cabeza. — LL: tablero inferior.—M Su tablero superior. NN: Boquilla.—OO: conjunto del tablero ferior del fuelle.—P Las dos placas exter res de las bisagras de cabeza.—QQ: Su pieza curvada.—RR: Placa media de la cabeza.—SS: Las dos placas exteriores del blero superior del fuelle.—TT: Su placa media. VV: Eje pequeño.—XX: Fuelle completo llegue al extremo de la parte larga del arco; de aquí el origen de su nombre «arco». La cuarta pieza mantiene distendidos los extremos del arco y se coloca a la distancia de un codo de la cabeza del fuelle; los extremos de esta pieza están embutidos en los extremos del arco y están unidos y encolados juntos; su longitud sin las espigas es de un pie, y su ancho de un palmo y de dos dedos. Además hay otras dos pequeñas piezas encoladas a la cabeza del fuelle y en la parte inferior del tablero que se unen a ella por medio de espigas o tacos de madera cubiertos con cola y tienen tres palmos y dos dedos de largo, un palmo de alto y un dedo de grosor, estando la mitad ligeramente recortada. Estas piezas mantienen los extremos del arco separados del agujero de la cabeza del fuelle, ya que si no estuvieran allí, los extremos forzados hacia adentro, debido al grande y frecuente movimiento, se romperían.

El cuero es de buey o de caballo, pero el del buey es con mucho preferible al de caballo. Cada una de estas piezas de cuero, ya que hay dos, tiene tres pies y medio de ancho en la parte en que se unen al dorso o parte trasera del fuelle. Una correa de cuero larga se coloca a todo lo largo de cada uno de los tableros del fuelle y cada uno de los arcos y se sujeta con clavos de hierro en forma de T de cinco dedos de largo; cada uno de los cueros o patas superiores de los clavos tiene dos y medio dedos de largo y medio dedo de ancho. El cuero se ajusta a los tableros del fuelle por medio de estos clavos, de forma que un cuerpo de un clavo casi toca al cuerno del siguiente; pero no en los arcos, ya que el cuero se sujeta a la parte trasera del arco solamente por medio de dos clavos, y a las dos piezas largas por cuatro clavos. De esta manera práctica ponen diez clavos en un arco y el mismo número en el otro. Algunas veces, cuando el fundidor tiene miedo de que el violento movimiento de los fuelles pueda arrancar o rasgar el cuero de los arcos, también lo sujeta con pequeñas tiras de pino mediante otra clase de clavo, pero estas tiras no pueden fijarse a las piezas traseras del arco porque están algo curvadas. Algunas personas no fijan el cuero a los tableros del fuelle y a los arcos por medio de clavos de hierro, sino por medio de tornillos de hierro, atornillados al mismo tiempo a través de tiras colocadas encima del cuero. Este método de sujetar el cuero es menos utilizado que el otro, aunque no existe duda alguna de que le supera en excelencia y perfección.

Finalmente, la cabeza del fuelle, como el resto del cuerpo, consta de dos tablas o tablerosy, además, de una boquilla. El tablero superior tiene un codo de largo y un palmo y medio de grosor. El tablero inferior forma parte del conjunto total del tablero del fuelle inferior; tiene la misma longitud que la pieza superior, pero sólo un palmo y un dedo de grosor. Con estos dos elementos encolados se forma la cabeza, en la cual, cuando ha sido perforada, se fija la boquilla. La parte trasera de la cabeza, cuando está acoplada al resto del cuerpo del fuelle, tiene un codo de ancho, pero unos tres palmos más adelante se hace dos dedos más estrecha. Después está algo recortada, de forma que el extremo delantero pueda ser redondeado, hasta que tenga dos palmos y algunos dedos de diámetro, en cuyo momento se remata con un anillo de hierro que tiene tres dedos de ancho.

El tablero superior del fuelle está unido a la cabecera del fuelle de la siguiente manera: Una placa de hierro, de un palmo de ancho y uno y medio palmos de largo, en primer lugar se sujeta a la cabecera a unas distancia de tres dedos desde el extremo; desde esta placa sobresale una pieza de tres dedos de largo y dos de ancho, curvada en un pequeño círculo. El otro lado tiene una placa similar. Después, en la misma parte del tablero superior están fijadas otras dos placas de hierro, distantes dos dedos del borde, cada una de las cuales tiene seis dedos de ancho y siete de largo; en cada una de estas placas la parte central o del medio está recortada en un poco más de tres dedos de longitud y de dos de profundidad, de forma que la parte curvada de las placas de la cabeza que se correspondan pueda acoplarse en esta parte recortada. Desde ambos lados de cada placa sobresalen piezas, de tres dedos de largo y de dos dedos de ancho, igualmente curvadas en pequeños círculos. Un pequeño pasador de hierro pasa a través de estas piezas curvadas de las placas, como un pequeño eje, de forma que la tabla o tablero superior del fuelle pueda girar. El eje tiene seis dedos de largo y un poco más de un dedo de grosor, y se recorta una pequeña ranura o acanaladura en el tablero superior, donde las placas se fijan al mismo, de tal modo que el pequeño eje cuando está fijado a las placas no puede salirse. Ambas placas sujetas al tablero del fuelle están fijadas por medio de cuatro clavos de hierro, cuyas cabezas están en la parte interior del tablero, mientras que las puntas, remachadas en la parte superior, se transforman en cabezas, por así decirlo. Cada una de las otras placas se sujeta a la cabeza del fuelle por medio de un clavo con cabeza ancha, y mediante otros dos clavos cuyas cabezas están en el borde de la cabeza del fuelle. En la parte media o central, entre las dos placas del tablero del fuelle queda un espacio de dos palmos de ancho, que está cubierto con una placa de hierro sujeta al tablero por medio de clavos pequeños, y otra placa que se corresponde a ésta también se sujeta a la cabeza entre las otras dos placas; tienen dos palmos y el mismo número de dedos de ancho.

El cuero es común a la cabeza, así como a todas las demás partes del cuerpo; las placas están cubiertas con él, así como la parte delantera del tablero superior del fuelle y así como los arcos y la parte trasera de la cabeza del fuelle, de forma que el viento no pueda escapar de esa parte del fuelle. Tiene tres palmos y los dedos necesarios de ancho, y la longitud suficiente para extenderse desde uno de los lados del tablero inferior a la parte de detrás del superior; está sujeto por muchos clavos con cabeza en T en un lado del tablero superior, y en el otro lado a la cabeza superior del fuelle, y ambos extremos están sujetos al tablero inferior del fuelle.

Así, pues, el fuelle se forma de la manera más arriba mencionada. Como se necesitan dos para cada horno, es necesario disponer de doce fuelles, si es que han de montarse seis hornos en una fábrica o talleres.

Ahora es el momento de describir su estructura. Primeramente, dos largueros un poco más cortos que la pared del horno se colocan sobre el suelo. La parte delantera de éstos tiene tres palmos de ancho y espesor, y la parte trasera tres palmos y dos dedos. La parte delantera está a dos pies de distancia de la pared trasera del horno y la trasera a seis pies y tres palmos de distancia de la delantera. Se colocan en la tierra, de forma que queden firmes; algunos consiguen esto por medio de espigas o estacas, que hincan profundamente en la tierra.

Después se levantan doce postes cortos, cuyos extremos inferiores están embutidos en el larguero que está cerca de la parte trasera de la pared del horno; estos postes son de dos pies de alto, con exclusión de las espigas, y tienen tres palmos y el mismo número de dedos de ancho, y dos palmos de grosor. Una ranura o canal de un palmo y medio de ancho se corta a través de ellos, comenzando a dos palmos del suelo y extendiéndose a la altura de tres palmos. Todos los postes no están colocados en los mismos intervalos: el primero está a una distancia de tres pies cinco dedos del segundo, y del mismo modo el tercero del cuarto, pero el segundo está a dos pies y un palmo y tres dedos del tercero; los intervalos entre los demás postes están dispuestos de la misma manera, igual y desigual; de ellos, cada cuatro pertenecen a dos hornos. Los extremos superiores de estos hornos están embutidos en una viga transversal, la cual tiene doce pies, dos palmos y tres dedos de largo y sobresale cinco dedos más allá del primer poste y a la misma distancia más allá del cuarto; éste tiene dos palmos y el mismo número de dedos de ancho, y dos palmos de grosor. Puesto que cada viga transversal separadamente soporta cuatro fuelles, es necesario disponer de tres de ellos.

Detrás de los doce postes cortos se levanta el mismo número de postes más altos, de los cuales cada uno tiene cortada la parte media del extremo inferior, de forma que los dos resultantes extremos inferiores están embutidos en el larguero trasero; estos postes, con exclusión de las espigas, tienen doce pies y dos palmos de alto y tienen cinco palmos de ancho y dos palmos de grosor. Están cortados desde el suelo hacia arriba, teniendo su ranura o canal cuatro pies y cinco dedos de alto y seis pies de ancho. Los extremos superiores de estos postes están embutidos en una viga larga colocada sobre ellos; esta viga larga está colocada de manera ajustada debajo de los maderos que se extienden desde la pared en la parte trasera del horno hasta la primera pared larga; la viga tiene tres palmos de ancho y dos palmos de grosor y cuarenta y tres pies de largo. Si no se dispone, o no se tiene a mano, tal longitud, puede sustituirse con dos o tres vigas, que, una vez unidas y empalmadas, hacen la longitud deseada. Los postes más altos no están colocados a distancias iguales, sino que el primero está a una distancia de dos pies, tres palmos y un dedo del segundo, y el tercero está a la misma distancia del cuarto, en tanto que el segundo está a una distancia de un pie, tres palmos y el mismo número de dedos del tercero, y de la misma manera el resto de los postes están dispuestos a intervalos iguales y desiguales. Además hay en cada poste, cuando está enfrentado al poste más corto, una escopladura de un pie y un dedo por encima de la ranura; en estas escopladuras de los cuatro postes está metida una madera que así tiene cuatro escopladuras o mortajas. Las espigas están encerradas en mortajas al objeto de que puedan unirse mejor y van atravesadas con pasadores de madera. Este madero tiene trece pies, tres palmos y un dedo de largo y sobresale más allá del primer poste una distancia de dos palmos y dos dedos, y el mismo número de palmos y dedos más allá del cuarto poste. Tiene dos palmos y unos cuantos dedos de ancho y también dos palmos de espesor. Como hay doce postes, es preciso disponer de tres maderos de esta clase.

En cada uno de estos maderos, y en cada una de las vigas o travesaños que se colocan sobre los postes más cortos, hay colocados cuatro tablones, cada uno de nueve pies de largo, dos palmos y tres dedos de ancho, y dos palmos y un dedo de grosor. El primer tablón tiene cinco pies, un palmo y un dedo de distancia del segundo, en la parte delantera como en la trasera, pues cada tablón separado está colocado fuera de los postes. El tercero está a la misma distancia del cuarto, pero el segundo está a un pie y tres dedos de distancia del tercero. De la misma manera el resto de los ocho tablones están colocados y dispuestos a intervalos: el quinto del sexto y el séptimo del octavo están a las mismas distancias que el primero del segundo y el tercero del cuarto; el sexto está a la misma distancia del séptimo que el segundo del tercero.

Dos tablones soportan un tablón transversal de seis pies de largo, un pie de ancho y un palmo de grosor, colocado a una distancia de tres pies y dos palmos de los postes traseros. Cuando hay seis de estos tablones soportes, sobre cada uno separada-

A: Fondo o umbral delantero.—B: Umbral trasero.—C: Postes delanteros.—E: Travesaño superpuesto sobre ellos.—F: Postes más altos.—G: Sus ranuras.—H: Viga superpuesta sobre ellos.—I: Madero unido a las mortajas de los postes.—K: Tablones.—L: Tablones transversales de apoyo.—M: Los orificios de ellos.—N: Tubo O: Su extremo delantero.—P: Su extremo trasero

mente se colocan dos fuelles; los tableros inferiores del fuelle sobresalen un palmo más allá de ellos. De cada uno de los tableros del fuelle un anillo de hierro desciende a través de un orificio a su tablón de soporte, y una espiga o clavija de madera se pone en el anillo, de forma que el tablero del fuelle permanezca tal como he indicado más arriba.

Los dos fuelles se comunican, cada uno por medio de su propio tablón, con la parte trasera de un tubo de cobre en el cual están colocadas ambas boquillas, y sus extremos están fijados al mismo muy fuertemente. El tubo se hace enrollando una plancha de hierro o de cobre, de un pie y dos palmos y el mismo número de dedos de largo; la plancha tiene medio dedo de espesor, pero un dedo de grueso en la parte trasera. El interior del tubo tiene tres dedos de ancho y dos y medio dedos de alto en la parte de delante, ya que no es absolutamente redondo, y en la parte de detrás tiene un pie, dos palmos y tres dedos de diámetro. La plancha de la cual está hecho el tubo no está totalmente unida, sino que en la parte delantera se le deja una abertura o grieta de medio dedo de ancho, que aumenta en la parte de detrás hasta tres dedos. Este tubo está colocado en el agujero del horno, el cual, como ya he dicho, está en el centro de la pared y del arco. Las boquillas de los fuelles, colocadas en este tubo, están a una distancia de cinco dedos de su extremo delantero.

Las palancas son el mismo número que los fuelles y cuando se sueltan o se levantan por medio de las levas del eje largo comprimen los fuelles. Estas palancas tienen ocho pies y tres palmos de largo, un palmo de ancho y de grosor, y los extremos están insertados o introducidos en las ranuras de los postes; se proyectan o sobresalen más allá de los postes delanteros a una distancia de dos palmos, y la misma distancia más allá de los postes traseros al objeto de que cada uno pueda tener su extremo descomprimido por efecto de las dos levas del eje. Las levas no solamente penetran en las ranuras de los postes traseros, sino que sobresalen tres dedos más allá de ellos. Un pasador de hierro está colocado en agujeros redondos hechos a través de ambos lados de la ranura o acanaladura de cada poste delantero, a tres palmos y unos cuantos dedos del fondo; el pasador penetra en la palanca, que gira a su alrededor cuando se descomprime o se levanta. La parte de detrás de la palanca para una longitud de un codo es un palmo y un dedo más ancha que el resto y está perforada; a este orificio está conectada una barra de seis pies y dos palmos de largo, tres dedos de ancho y aproximadamente uno y medio dedos de grosor; está algo engarfiada o encorvada en el extremo

A: Palanca que cuando se suelta, por medio de una leva, comprime el fuelle.—B: Ranuras o acanaladuras a través de los postes.—C: Barra.—D: Instrumento de hierro con un eslabón rectangular.—E: Instrumento de hierro con un anillo redondo. F: Mango de fuelle.—G: Poste superior.—H: Palanca superior.—I: Caja con sus lados iguales.—K: Caja estrecha en el fondo.—L: Pinzas metidas en la palanca superior

superior, y se asemeja al mango de los fuelles. Debajo de la palanca hay un clavo que penetra en la barra a través de un agujero, de forma que la palanca y la barra puedan entrar en acción juntas. La barra está perforada en el extremo superior y a una distancia de seis dedos desde la parte superior; este orificio tiene dos palmos de largo y un dedo de ancho y en él está enganchado el gancho de un instrumento de hierro que tiene un dedo de grosor. En la parte superior esta herramienta tiene una abertura o cuadrada o redonda, como un eslabón, y en el extremo inferior está encorvada; el eslabón tiene dos dedos de alto y ancho y el gancho tiene tres dedos de largo; la parte media entre el eslabón y el gancho tiene tres palmos y dos dedos de largo. El eslabón de esta herramienta engancha o bien el mango del fuelle o también un anillo grande que conecta con él. Este anillo de hierro tiene un dedo de grosor, dos palmos de ancho en el interior de la parte superior y dos dedos en la parte inferior, y no difiere del primero; engancha el mango del fuelle. Este anillo de hierro o bien tiene su parte más estrecha vuelta hacia arriba, y en ella se engancha la anilla de otra herramienta de hierro, similar a la primera, cuyo gancho, que se extiende hacia arriba, agarra la soga o cable sujeto al anillo de hierro que sujeta el extremo de la segunda palanca, de lo cual hablaré más adelante, o también el anillo de hierro agarra esta palanca y después en su gancho es enganchada de la anilla de la otra herramienta, cuya anilla engancha a su vez el mango del fuelle, y en este caso se hace caso omiso de la soga.

Descansando sobre vigas fijadas en las dos paredes hay una viga longitudinal, a una distancia de cuatro pies y medio de los postes traseros; tiene dos palmos de ancho y uno y medio de grosor. Están embutidos en esta viga longitudinal los extremos inferiores de los postes superiores de tres palmos de ancho y dos de grosor, los cuales tienen seis pies y dos palmos de alto, excluyendo sus espigas. Los extremos superiores de estos postes están embutidos en una viga longitudinal superior, la cual está muy ajustada debajo de las vigas de cimentación o cambios del edificio; esta viga superior longitudinal tiene dos palmos de ancho y uno de grosor. Los postes superiores tienen una acanaladura cortada en posición ascendente desde un punto a dos pies del suelo, y la acanaladura tiene dos pies de alto y seis dedos de ancho. A través de estos postes superiores hay perforado un agujero redondo de un lado al otro en un punto a tres pies y un palmo del suelo, y un pequeño eje de hierro penetra a través del agujero y queda allí sujeto. Alrededor de este pequeño eje de hierro gira la segunda palanca cuando se descomprime y se levanta. Esta palanca tiene ocho pies de largo, y su otro extremo es tres dedos más ancho que el resto de la palanca; en este punto más ancho hay un agujero de dos dedos de ancho y tres de alto, con un anillo de hierro, al cual está atado el cable o soga que ya he mencionado; tiene cinco palmos de largo, su gaza u ojal superior tiene dos palmos y unos cuantos dedos de ancho, y la inferior tiene un palmo y un dedo de ancho. Esta mitad de la segunda palanca, cuyo extremo acabo justamente de mencionar, tiene tres palmos de alto y uno de ancho; sobresale más allá de la ranura del poste

A: Eje.—B: Rueda hidráulica.—C: Tambor compuesto de barrotes.—D: Otro eje. E: Rueda dentada.—F: Sus rayos.—G: Sus segmentos.—H: Sus dientes.—I: Levas del eje

sobre el que gira unos tres pies; al otro extremo, que está frente a la pared trasera de los hornos, tiene un pie y un palmo de alto y un pie de ancho.

Sobre esta parte de la palanca está y se encuentra fijada una caja de tres pies y medio de largo, un pie y un palmo de ancho y medio pie de profundidad, pero estas medidas varían; algunas veces el fondo de esta caja es más estrecho, algunas veces es igual de ancho que la parte de arriba. En cualquier caso, ésta se llena con piedras y tierra para que resulte más pesada, pero los fundidores tienen que estar vigilantes y al cuidado de la misma y adoptar las disposiciones precisas para prevenir que las piedras caigan debido a su constante movimiento; esto se evita mediante una banda o llanta de hierro que está colocada sobre la parte de arriba, siendo ambos extremos de forma de cuña y metidos a macha y martillo en la palanca de forma que las piedras puedan mantenerse dentro. Algunas personas, en lugar de la caja, meten cuatro o más espigas o clavijas en la palanca y ponen barro entre ellas, añadiendo la cantidad requerida al peso o quitando el que sobre.

Queda todavía por considerar y estudiar el método para utilizar esta máquina. La palanca inferior, al ser aflojada o descomprimida por las levas, comprime los fuelles y la compresión conduce e impulsa el aire a través de la boquilla. Entonces el peso de la caja en el otro extremo de la palanca superior levanta el tablero superior del fuelle y el aire es impulsado, entrando a través del respiradero.

La máquina cuyas levas levantan o descomprimen la palanca inferior se hace como sigue: primeramente hay un eje, en cuyo extremo, al exterior del edificio, hay una rueda hidráulica; en el otro extremo, que está dentro del edificio, hay un tambor hecho de escalones. Este tambor está compuesto de dos cubos dobles, con un pie de separación, que tienen cinco dedos de espesor, teniendo todos sus radios un pie y dos dedos, pero son dobles porque cada cubo está compuesto de dos discos, del mismo grosor, pegados juntos con espigas de madera encoladas. Estos cubos están a veces cubiertos por encima y alrededor por placas de hierro. Los elementos redondos o escalones del tambor son treinta, de un pie y dos palmos y el mismo número de dedos de largo, con cada uno de sus extremos fijado al cubo; son redondos, de tres dedos de diámetro, y con una separación del mismo número de dedos. De esta práctica manera se construye el tambor rodeándolo de elementos parecidos a ejes redondos colocados haciendo muescas.

Hay una rueda dentada, de dos palmos y un dedo de grosor, en el extremo de otro eje; esta rueda está compuesta de un disco doble. El disco interior está compuesto de cuatro segmentos de un palmo de grosor, que tiene por todos los lados un dedo de ancho. El disco exterior, igual que el interior, está hecho de cuatro segmentos y tiene un palmo y un dedo de grosor; no es igualmente ancho, pero donde las cabezas de los rayos de rueda van insertados tiene un palmo y un dedo de ancho, mientras que en cada lado de estos rayos se hace un poquito más estrecho, hasta que la parte más estrecha es solamente de dos palmos y el mismo número de dedos de ancho. Los segmentos exteriores están unidos a los interiores en manera tal que, por una parte, un segmento exterior acaba en el medio de uno interior y, por otra parte, los extremos de los segmentos interiores se unen en el centro de los exteriores; no hay duda de que con esta clase de unión la rueda se hace más fuerte. Los segmentos exteriores están sujetos a los interiores por medio de un gran número de espigas o clavijas de madera. Cada segmento, medido en su parte trasera redonda, tiene cuatro pies y tres palmos de largo. Hay cuatro rayos de rueda, cada uno de dos palmos de ancho y un palmo y un dedo de espesor o grosor; su longitud, excluyendo las espigas, es de dos pies y tres dedos. Un extremo del rayo de ruedas está embutido en el eje, donde está fuertemente sujeto con espigas o clavijas; la parte ancha del otro extremo, de forma de triángulo, está embutida en el segmento exterior, manteniendo la forma del mismo hasta donde llega el segmento. También se mantienen unidos con espigas o clavijas de madera encoladas en el mismo, y estas espigas se introducen en los rayos debajo del disco interior. Las partes de los rayos de rueda de forma de triángulo están en el interior; la parte exterior es sencilla. Este

A: Carbón vegetal.—B: Caja de mortero.—C: Pisones

triángulo tiene dos lados iguales, los rectos, como es evidente, los cuales tienen un palmo de largo; el lado inferior no tiene la misma longitud, pero tiene cinco dedos de largo, y una mortaja de la misma longitud lo une a los segmentos. La rueda tiene sesenta dientes, puesto que es necesario que el tambor de rueda pueda girar dos veces mientras que la rueda dentada gira una. Los dientes tienen un pie de largo y sobresalen un palmo del disco interior de la rueda y tres dedos del disco exterior; tienen un palmo de ancho y dos y medio dedos de grosor, y es necesario que tengan una separación de tres dedos, como los barrotes o escalones.

El eje debe tener un grosor proporcional a los rayos o radios de rueda y los segmentos. Como tiene dos levas para aflojar cada una de las palancas, es necesario que tenga veinticuatro levas, las cuales sobresalen más de un pie, un palmo y un dedo. Las levas son de forma casi semicircular: la parte más ancha tiene tres palmos y un dedo de ancho, y tienen un palmo de grosor; están distribuidas de acuerdo con los cuatro lados del eje, en la parte superior, en la inferior y en los dos laterales. El eje tiene doce agujeros, de los cuales el primero penetra desde el lado superior al inferior, el segundo desde un lado lateral al otro; el primer agujero está a cuatro pies dos palmos de distancia del segundo; cada uno de estos agujeros alternados está hecho en la misma dirección, y pueden colocarse a intervalos iguales. Cada leva sencilla debe estar colocada enfrente de la otra; la primera está insertada en la parte superior del primer agujero, la segunda en la parte inferior del mismo agujero, y así están fijadas por medio de espigas para que no caigan ni se salgan fuera; la tercera leva está insertada en la parte del segundo agujero que está en el lado derecho, y la cuarta en la parte del izquierdo. De manera similar, todas las levas están insertadas en los consecutivos agujeros, por cuyo motivo se da la circunstancia de que las levas aflojan las palancas de los fuelles en rotación. Finalmente, no debemos omitir el decir que éste es solamente uno de muchos ejes, todos con levas y rueda hidráulica.

He llegado a este punto utilizando muchas palabras y, sin embargo, no resulta inconveniente haber seguido este asunto minuciosamente, puesto que la fundición de los metales, de la que voy a ocuparme, no puede emprenderse sin todo esto.

Los minerales de oro, plata, cobre y plomo se funden en un horno utilizando cuatro métodos diferentes. El primer método se utiliza para los minerales ricos en oro o plata, el segundo para los minerales mediocres, el tercero para los pobres y el cuarto método es para aquellos minerales que contienen cobre o plomo, tanto sin contienen metales preciosos como si carecen de ellos. La fundición de los primeros minerales se realiza en el horno del cual el agujero de colada está intermitentemente cerrado; los otros tres minerales se funden en hornos en los cuales los agujeros de colada están siempre abiertos.

A: Tina.—B: Tamiz.—C: Varillas.—D: Armadura de banco

Primeramente hablaré de la manera en la que los hornos están preparados para la fundición de los minerales y del primer método de fundición. El polvo del cual el crisol y el antecrisol deben hacerse está compuesto de carbón vegetal y tierra. El carbón vegetal es triturado por los pisones o mazas en una caja de mortero, cuya parte delantera está cerrada por medio de una tabla o tablero en la parte de arriba, mientras el carbón vegetal, triturado hasta convertirlo en polvo, se saca a través de la parte abierta de debajo; los pisones o mazas no llevan zapatas de hierro, sino que son totalmente de madera, aunque en la parte inferior están sujetos, en la parte ancha, por medio de una cinta o llanta de hierro.

El polvo en que se ha convertido el carbón vegetal triturado se echa en un tamiz, cuyo fondo es de juncos o mimbres entretejidos. El tamiz se lleva hacia atrás y hacia delante sobre dos barras de hierro o de madera colocadas en posición triangular sobre

A: Rejilla.—B: Palos.—C: Pala.—D: Carretilla de dos ruedas.—E: Tamiz o criba de mano.—F: Tableros estrechos.—G: Caja.—H: Pozo cubierto

una tina o cubeta, o sobre un equipo de estructura de banco sobre el suelo del edificio; el polvo que cae en la tina o en el suelo del edificio es de finura adecuada, pero los trozos de pequeño carbón vegetal que permanecen en el tamiz se vacían y vuelven a caer bajo los pisones.

Cuando la tierra se excava primeramente es expuesta al sol, que, de esta manera, la seca. Más tarde se echa con una pala sobre una rejilla o criba —colocada oblicuamente y soportada por medio de postes— hecha de junco o varas de avellano, entretejidas de manera floja, y de esta manera la tierra fina y sus pequeños terrones pasan a través de los agujeros de la criba, pero los terrones y piedras no pasan a través de él, sino que caen rodando hacia el suelo. La tierra que pasa a través de la criba es transportada en una carretilla de dos ruedas a las obras y allí es tamizada. Este tamiz, que no es distinto al descrito más arriba, se lleva hacia atrás y delante sobre tableros o tablas estrechos de igual longitud colocados sobre una caja larga; el polvo que cae a través del tamiz en la caja es adecuado para la mezcla; los terrones que quedan en el tamiz se tiran en algunos sitios, pero en otros los colocan debajo de los pisones. Esta tierra hecha polvo es mezclada con carbón vegetal en polvo, humedecido, y se tira a un pozo; el pozo se cubre con tablas de forma que la mezcla no pueda llegar a contaminarse.

Se toman dos partes del carbón vegetal pulverizado y una parte de la tierra en polvo y se mezclan con un rastrillo; la mezcla se humedece echando agua sobre ella, de forma que puedan hacerse fácilmente moldes parecidos a bolas de nieve; si el polvo es ligero, se humedece con más agua; si es pesado, con menos. El interior del horno nuevo se reviste con arcilla para junturas, de forma que las grietas de las paredes, si las hay, puedan rellenarse, pero más especialmente al objeto de preservar la piedra contra las averías y el fuego. En los hornos viejos en los que se ha fundido el mineral, tan pronto como el material se ha enfriado, el ayudante rompe o desmenuza, con una espátula, las excrecencias que se adhieren a las paredes; después las rompe con una azada de hierro o un rastrillo de cinco dientes. Las grietas del horno se llenan primeramente con fragmentos de piedra o ladrillo, lo cual es realizado por el ayudante metiendo la mano en el horno a través de la boca o, también, después de colocar una escala contra el mismo y subir por los peldaños hasta la parte superior abierta del horno. En la parte superior de la escala se coloca bien sujeto un tablero para que pueda apoyarse y reclinarse contra él. Después, estando colocado sobre la misma escala, con una espátula de madera, unta las paredes del horno con arcilla para junturas; esta espátula tiene cuatro pies de largo, un dedo de grosor y, en la longitud de un pie desde el extremo inferior, tiene un palmo de ancho o incluso más, generalmente dos dedos y medio. El ayudante esparce la arcilla para junturas uniformemente sobre las paredes interiores del horno. La boca del tubo de cobre no debe sobresalir de la arcilla de junturas, a fin de que no se formen goas o galápagos alrededor de ella que dificulten la fundición, porque los fuelles del horno no pueden soplar a través de ellos. Después, con un balde, vierte agua sobre ello y lo echa todo en el hoyo del antecrisol, y con la escoba conduce el agua turbia hacia el crisol del horno, y de igual manera lo barre hacia fuera. Después echa en el horno el polvo mezclado y humedecido, y luego, subiendo por segunda vez los peldaños de la escala, introduce el apisonador en el horno y machaca el polvo de forma que el hogar se haga sólido. El pisón o martinete es redondo y tiene tres

A: Horno.—B: Escala.—C: Tabla fijada a ella.—D: Azada.—E: Rastrillo de cinco dientes.—F: Espátula de madera.—G: Escoba.—H: Apisonador.—I: Apisonador del mismo diámetro.—K: Dos espátulas de madera.—L: Hoja curvada.—M: Apisonador de bronce.—N: Otro apisonador de bronce.—O: Espátula ancha.—P: Varilla. Q: Cesto de mimbre.—R: Dos baldes de cuero, en los cuales se transporta el agua para vencer al fuego si se incendian los talleres.—S: Inyector de latón con el cual se hace salir el agua a chorros.—T: Dos ganchos.—V: Rastrillo.—X: Obrero batiendo la arcilla con un instrumento de hierro

palmos de largo; en el fondo tiene cinco dedos de diámetro, y en la parte de arriba, tres y medio; por lo tanto, se construye en forma de cono truncado; el mango del apisonador es redondo y de cinco pies de largo y dos y medio dedos de grosor; la parte superior del apisonador, donde está insertado el mango, está atada con una llanta de hierro de dos dedos de ancho. Hay algunos que en su lugar utilizan apisonadores redondeados de tres y medio dedos de diámetro, lo mismo en el fondo que en la parte superior. Algunos prefieren dos espátulas de madera o una espátula apisonadora.

De manera similar, el polvo mezclado y humedecido se echa y se machaca con un apisonador en el hoyo que está fuera del horno. Cuando está casi totalmente lleno se pone más polvo en él y se empuja con el apisonador hacia el tubo de cobre que sobresale, de forma que desde un punto de un dedo por debajo del tubo de cobre el crisol baja hacia el antecrisol y el metal puede escurrir hacia abajo. Lo mismo se repite hasta que el pozo del antecrisol está lleno. Entonces se ahueca con una hoja curvada; esta hoja es de hierro, de dos palmos y los dedos necesarios de largo, tres dedos de ancho, roma en la parte superior y aguzada en el fondo. El crisol del antehogar debe ser redondo, de un pie de diámetro y dos palmos de profundidad si tiene que contener un «centumpondio» de plomo, o, si solamente setenta libras, entonces tres palmos de diámetro y dos palmos de profundidad, como el otro. Cuando el antehogar ha sido así ahuecado, es golpeado y machacado con un apisonador redondo de bronce. Este tiene seis dedos de alto y los mismos de diámetro, teniendo un mango curvado redondo de uno y medio dedos de grosor, o también se utiliza otro apisonador de bronce, que tiene la forma de un cono truncado en la parte de arriba, sobre el cual, en el fondo, se le hace otro recorte, de forma que la parte media central del apisonador pueda agarrase con la mano; ésta tiene seis dedos de alto y cinco dedos de diámetro en el extremo inferior y cuatro en la parte superior. En su lugar, algunos utilizan una espátula de madera de dos y medio palmos de ancho en el extremo inferior y de un palmo de grosor.

El ayudante, después de haber preparado el antehogar, vuelve al horno y embadurna ambos lados, así como la parte superior de la boca, con simple arcilla para junturas. En la parte inferior de la boca coloca la arcilla para junturas, que ha sido sumergida en polvo de carbón y leña, como protección contra el riesgo de que la arcilla para juntas atraiga hacia sí el polvo del hogar y lo vicie. Después coloca en la boca del horno una barra redonda recta de tres cuartos de pie de largo y tres dedos de diámetro. Después coloca un trozo de carbón vegetal sobre la arcilla, del mismo largo y ancho que la boca, de forma que quede totalmente cerrado; si no se tiene a mano un trozo de carbón vegetal tan grande, en su lugar se utilizan dos. Cuando la boca queda así cerrada, echa en el horno un cesto de mimbre lleno de carbón vegetal, y al objeto de que el trozo de carbón vegetal que se echa en el horno y con el cual se cierra la boca del horno no caiga fuera, el maestro lo sujeta con la mano. Los trozos de carbón vegetal o de leña que se echan en el horno deben ser de tamaño mediano, ya que si son grandes impiden el soplo de los fuelles y evitan que pase a través del agujero de coloda en el antehogar para calentarlo. Luego, el maestro cubre el carbón de leña, colocado en la boca del horno, con arcilla de juntas y saca la barra de madera, y de esta manera el horno queda preparado. Después, el asistente o ayudante arroja cuatro o cinco cestos más grandes llenos de carbón de leña en el horno, llenándolo completamente; también arroja un poco de carbón de leña en el antehogar y coloca carbones calentados al rojo sobre ella, al objeto de que arda, pero de manera que las llamas de este fuego no penetren a través del agujero de colada del horno y enciendan o prendan el carbón de leña que está dentro; cubre este agujero de colada con arcilla de juntas o lo tapa con fragmentos de barro. Algunos no calientan el antehogar la misma tarde, sino que colocan grandes carbones de leña alrededor de su borde, uno sobre el otro; aquellos que siguen el primer método limpian el antehogar por la mañana y sacan fuera los pequeños trozos de carbón de leña y cenizas, mientras que los que siguen el último método cogen, por la mañana temprano, teas preparadas por el vigilante o guarda nocturno de los talleres y los colocan sobre el carbón de leña.

A las cuatro horas el maestro comienza su trabajo. Primero inserta un pequeño trozo de carbón calentado al rojo en el horno, a través del tubo de boquilla de bronce del fuelle, y sopla el fuego con el fuelle; así, en el espacio de media hora, el antehogar, así como el hogar, se calientan, y más rápidamente si el día anterior se han fundido minerales en el mismo horno, pues si no, se calientan más lentamente. Si el hogar y el antehogar no están calientes antes de que el mineral a fundir se eche dentro, el horno se estropea y los metales se pierden, o si el polvo del cual ambos están hechos está húmedo en verano o congelado en invierno, se resquebrajarán y, con una explosión como un trueno, expulsarán todos los metales y las demás sustancias, con gran peligro para los obreros. Después de que el horno se ha calentado, el maestro echa dentro escorias, y éstas, cuando se han fundido, salen a través del agujero de colada hacia el antehogar. Después cierra el agujero de colada, en seguida, con polvo de carbón vegetal y arcilla para junturas; este tapón lo fija con la mano en un apisonador de madera redondo, que tiene cinco dedos de grosor y dos palmos de alto, con un mango de tres pies de largo. El fundidor extrae las escorias del antehogar con una barra de gancho; si el mineral a fundir es rico en oro o plata, pone en el antehogar un «centumpondio» de plomo, o la mitad si el mineral es pobre, debido a que el primero requiere mucho plomo y el último poco; inmediatamente echa tizones sobre el plomo para que se funda. El maestro ejecuta todas las operaciones correspondientes, de acuerdo con el modo y orden usuales; es decir, primeramente echa en el horno tantos panes fundidos de piritas como se requieran para fundir el mineral; después introduce dos cestos de miembre llenos de mineral con litargirio y plomo de solera y piedras, lo cual se funde fácilmente mediante un fuego de segundo orden; se mezcla y se añade después un cesto de mimbre lleno de carbón vegetal y, finalmente, las escorias. Una vez que el horno se ha llenado con todas estas cosas que acabo de mencionar, el mineral se va fundiendo lentamente; no se pone demasiada cantidad contra la pared trasera del horno para que no se formen galápagos alrededor de las boquillas de los fuelles, impidiendo el tiro y el soplo de los mismos y haciendo que el fuego arda menos.

Esta, ciertamente, es la costumbre de la mayor parte de muchos excelentes fundidores, que saben cómo manejar los cuatro elementos. Ellos combinan los minerales en la proporción adecuada, que son parte de tierra; colocan no más de lo adecuado en los hornos, vierten en ellos la necesaria cantidad de agua, moderan con destreza el aire de los fuelles y echan el mineral en el sitio en que fuego arde más vivamente. El maestro rocía con agua cada parte del horno para humedecer ligeramente el carbón vegetal, de forma que las partes diminutas de mineral puedan adherirse al mismo, porque de no ser así el soplo de los fuelles y la fuerza del fuego lo agitaría y lo llevaría afuera con los humos. Pero como la naturaleza de los minerales que han de fundirse varía, los fundidores tienen que disponer el hogar unas veces alto, otras veces bajo, y colocar el tubo en el que las boquillas están insertadas a veces en un ángulo grande y otras veces en un ángulo más pequeño, de forma que el aire o soplo de los fuelles pueda entrar en el horno de manera suave o fuerte. Para aquellos minerales que se calientan y se funden fácilmente, es necesario un hogar bajo para el trabajo de los fundidores y el tubo se coloca a un ángulo moderado al objeto de producir un golpe de aire suave desde los fuelles. Por el contrario, aquellos minerales que se calientan y funden más lentamente deben tener un hogar alto y el tubo debe colocarse en una inclinación empinada al objeto de poder lanzar un fuerte golpe de aire del fuelle, porque es necesario, para esta clase de mineral, disponer de un horno muy caliente, en el cual las escorias, o panes fundidos de las piritas, o piedras que se funden fácilmente en el fuego, se fundan primeramente, de manera que el mineral no se pose en la solera del horno y obstruya y atasque el agujero de colada, ya que las diminutas partículas metálicas que se han lavado de los minerales suelen hacerlo. Los fuelles grandes tienen boquillas amplias y anchas, ya que si fueran estrechas el copioso y fuerte golpe de aire sería comprimido y soplaría demasiado fuertemente en el horno, con lo que el material fundido se enfriaría y formaría galápagos alrededor de la boquilla, y así vendría a obstruir la abertura del horno, lo cual causaría grandes daños y perjuicios a los dueños de la propiedad. Si los minerales se aglomeran y no se funden, el fundidor, subiéndose a la escala colocada contra el lado del horno, divide la carga con una barra de gancho o puntiaguda, empujándola hacia la boquilla del fuelle, y mediate un movimiento hacia abajo separa el minera y los galápagos que se hayan formado.

Al cabo de un cuarto de hora, cuando el plomo que el ayudante ha colocado en el antehogar está fundido, el maestro abre el agujero de colada del horno con una barra de rosca. Esta barra es de hierro, tiene tres pies y medio de largo, el extremo delantero puntiagudo y un poco curvado y el extremo trasero hueco, de forma que pueda insertarse en él un mango de madera que tiene tres pies de largo y grosor suficiente para que pueda agarrarse con la mano. Las primeras escorias fluyen del horno hacia el antehogar, y en ellas hay piedras mezcladas con metal o con metal adherido a ellas alterado en parte; la escoria contiene también tierra y líquidos solidificados. Después, el material de las piritas fundidas sale fuera y el plomo fundido contenido en el antehogar absorbe el oro y la plata. Cuando todo lo que ha salido ha permanecido durante algún tiempo en el antehogar, al objeto de poder separarlo debidamente, el maestro primeramente o bien quita las escorias con la barra de gancho o bien las levanta con una horquilla de hierro; las escorias, como son muy ligeras, flotan en la parte superior. A continuación saca los panes de las piritas fundidas, las cuales, como tienen un peso medio, están en un lugar también medio y deja en el antehogar la mezcla de oro o plata con el plomo, ya que, como éstos son más pesados, han quedado al fondo. Sin embargo, como hay una diferencia en las escorias, las superiores contienen poco metal; las del centro, un poco más, y las de debajo, mucho. Las coloca separadamente, cada una en un sitio, al objeto de que a cada montón, cuando se vuelva a fundir, pueda añadirse el fundente adecuado y pueda ponerse todo el plomo que sea necesario para el metal de la escoria; cuando la escoria se ha vuelto a fundir, si desprende mucho olor es que existe algo de metal en ella; si no desprende ningún olor es que no contiene nada. El fundidor pone los panes de las piritas fundidas separadamente, ya que estaban más cerca en el antehogar al metal y contienen un poco más que las escorias; de todos estos panes se forma un montón cónico, colocando siempre los mayores en la base. La barra de gancho tiene un gancho en el extremo—de ahí su nombre—; de otro modo puede decirse que es similar a cualesquiera otra barra.

Después de que el maestro cierra el agujero de colada y llena el horno con los mismos materiales que he descrito anteriormente y nuevamente los minerales han sido fundidos, abre el agujero de colada y con una barra de gancho extrae las escorias y los panes fundidos de las piritas, los cuales caen rodando hacia el antehogar. Repite la misma operación hasta que una cierta y definida parte del mineral ha sido fundido y el trabajo del día se ha terminado; si el mineral era rico, el trabajo se acaba en ocho horas; si es un mineral pobre, lleva algo más de tiempo. Pero si el mineral es tan rico que pudiera fundirse en menos de ocho horas, entre tanto, se combina otra operación con la primera y ambas se realizan en el espacio de diez horas. Cuando todo el mineral se ha fundido, echa en el horno un cesto lleno de almártaga o plomo de hogar, de forma que el metal que ha quedado en las excrecencias puede salir con éstas cuando se funden. Cuando, finalmente, ha sacado del antehogar las escorias y los panes fundidos de las piritas, saca tamabién, con un cucharón, el plomo mezclado o aleado con oro y plata y lo vierte en unas gamellas pequeñas de cobre o de hierro de tres palmos de ancho y los necesarios dedos de grosor, pero primeramente revestidas en el interior con arcilla para junturas y secadas por medio de calor para evitar que las sustancias fundidas por calentamiento al rojo puedan romperla. El cucharón de hierro tiene dos palmos de ancho, y en otros aspectos es similar a los demás; tiene un eje de hierro lo suficientemente largo, de forma que el fuego no queme la par-

A, B, C: Tres hornos. En el primero está el fundidor que con un cucharón saca la aleación del antehogar y la vierte en los moldes.—D: Antehogar.—E: Cucharón.—F: Moldes.—G: Apisonador redondo de madera.—H: Barra de colada. En el segundo horno está el fundidor, que abre el orificio de colada con su barra de colada. El ayudante, de pie en los peldaños colocados contra el tercer horno que ha sido roturado, rompe las excrecencias.—I: Peldaños.—K: Espátula.—L: La otra barra de gancho.—M: El capataz de la mina transportando un pan en el cual ha sido metido el pico a la balanza para pesarlo.—N: Otro capataz de mina abre un cajón en el cual se guardan sus cosas

te de madera del mango. Cuando la mezcla ha sido sacada del antehogar, el maestro fundidor y el encargado de la mina pesan los panes.

Después, el maestro rompe toda la boca del horno con una palanca o alzaprima; con otra barra de gancho, el hurgón y el rastrillo de cinco dientes, extrae las excrecencias y el carbón vegetal. La palanca de hierro o alzaprima no es distinta a la otra de forma de gancho, sino solamente más grande y más ancha; el mango del hurgón tiene seis pies de largo y está hecho la mitad de hierro y la mitad de madera. Una vez que el horno se ha enfriado, el maestro procede a desincrustrar las excrecencias adheridas a las paredes con una espátula rectangular de seis dedos de largo, un palmo de ancho, aguzada en el borde delantero y que tiene un mango redondo de cuatro pies de largo siendo la mitad del mismo de hierro y la mitad de madera. Este es el primer método para la fundición de minerales.

Dado que, generalmente, todos ellos se componen de componentes desiguales, algunos de los cuales se funden rápidamente y otros más lentamente, los minerales ricos en oro y plata no pueden ser fundidos tan rápida o tan fácilmente mediante los otros métodos, como podrían serlo utilizando el primer método, por tres importantes motivos. El primer motivo o razón es que tantas veces como el agujero de colada se abre, puede el fundidor observar si el mineral se está fundiendo demasiado rápidamente o demasiado lentamente o si está encendiéndose y ardiendo en fragmentos dispersos y no unidos como en una sola masa; en el primer caso, el mineral se está fundiendo demasiado lentamente y no sin grandes gastos; en el segundo caso el metal se mezcla con la escoria que sale del horno hacia el antehogar, lo que proporciona el gasto de fundirlo nuevamente; en el tercer caso, el metal se consume por la violencia del fuego. Cada uno de estos males tiene un remedio; si el mineral se funde lentamente o no se junta como es debido, es necesario añadir fundentes, los cuales funden el mineral, o, si no se funden rápidamente, disminuir la cantidad.

El segundo motivo es que cada vez que el horno se abre, sale hacia el antehogar, y el fundidor puede probar y ensayar la aleación de oro y plomo o de plata con plomo, que se denomina «estaño». Cuando el agujero de colada se abre por segunda o tercera vez, esta prueba nos viene a demostrar si la mezcla de oro o plata se ha enriquecido o si el plomo está demasiado debilitado y precisa de refuerzo para absorber algo más de oro o plata. Si es más rico, aquella porción de plomo que le ha sido

A, B: Dos hornos.—C: Antehogares.—D: Recipiente de enfriamiento. El fundidor está de pie al lado del primer horno y saca las escorias con una barra de gancho.—E: Barra de gancho.—E: Escorias.—G: El ayudante llevando un balde de agua que vierte sobre las escorias calientes para enfriarlas.—H: Cesto hecho de ramitas de madera entretejidas.—I: Hurgón o agitador.—K: Mineral a fundir. El maestro está en el otro horno y prepara el antehogar apisonando con dos apisonadoras.—M: Travesaño

añadida debe reforzarse; si no se ha enriquecido, se expulsa del antehogar y puede ser sustituido con plomo nuevo.

El tercer motivo es que el agujero de colada del horno está siempre abierto cuando el mineral y las otras cosas van a fundirse; los fundentes, que se funden fácilmente, salen del horno antes que los minerales ricos en oro y plata, ya que éstos son a veces de una clase que ofrece resistencia a la fundición por medio del fuego durante un largo período. Sucede, en este caso, que alguna parte del mineral o bien se consume o se mezcla con las excrecencias y, como resultado de ello, los pequeños terrones de mineral que todavía no se han fundido se encuentran de cuando en cuando en las excrecencias. Por lo tanto, cuando estos minerales se están fundiendo, el agujero de colada del horno debe estar cerrado durante algún tiempo; puesto que los fundentes se funden más rápidamente que el mineral, cuando ya fundidos se mantienen en el horno, ellos funden el mineral que no puede fundirse o mezclarse fácilmente con el plomo. El plomo absorbe el oro o plata, exactamente lo mismo que el estaño o el plomo cuando se funden en el antehogar absorben el otro metal no fundido que ha sido arrojado en él. Pero si la materia fundida se vierte sobre la que no está fundida, se sale por todos los lados y, consiguientemente, no se funde. Se deduce de todo esto que los minerales ricos en oro o plata, cuando se ponen en un horno con su agujero de colada siempre abierto, no pueden, por este motivo, fundirse tan satisfactoriamente como en aquel en que el agujero de colada está cerrado durante un tiempo, de forma que durante este tiempo el mineral puede mezclarse por medio de los fundentes fundidos. Después, cuando el agujero de colada se ha abierto, salen hacia el antehogar y se mezclan allí con el plomo fundido. Este método de fundir los minerales es utilizado en nuestro país y en Bohemia.

Los tres métodos restantes de fundición de minerales son similares entre sí por el hecho de que los agujeros de colada permanecen siempre abiertos, de forma que los metales fundidos pueden salir, derramándose continuamente. Difieren grandemente uno de otro, sin embargo, pues el agujero de colada del primero de esta clase es más profundo y más estrecho que el del tercero y, además, es invisible y está oculto. Fácilmente descarga en el antehogar, el cual tiene un pie y medio de altura más que el suelo del edificio, al objeto de que por debajo de él, al lado izquierdo, pueda hacerse un recipiente o elemento de excavación. Cuando el antehogar está casi lleno de escorias, que proceden del agujero de colada invisible del horno, se le quitan las

A, B: Dos hornos.—C: Recipientes de enfriamiento. El maestro está de pie al lado de un horno y saca las escorias con una horqueta de hierro.—E: Horqueta de hierro.—F: Azada de madera con la cual los panes de las piritas fundidas se sacan.—G: El crisol del antehogar: la mitad interior se ve abierta en el otro horno.—H: La mitad exterior del horno.—I: El ayudante prepara el antehogar, el cual es separado del horno que puede verse.—K: Barra.—L: Apisonador de madera.—M: Escala.—N: Cucharón

escorias de la parte de arriba por medio de una barra de gancho; después, la mezcla o aleación de oro o plata con plomo y las piritas fundidas, al no estar cubiertas, afluyen hacia el recipiente de excavación, y estas últimas se hacen panes; estos panes se rompen y se vuelven a echar en el horno, de forma que todo su metal pueda fundirse. La aleación se vierte en unos pequeños moldes de hierro.

El fundidor, además del plomo y cosas afines, utiliza flujos o fundentes que se combinan con el mineral, como he explicado suficientemente en el libro VII. Los metales que se funden de minerales que se funden pronta y fácilmente en el fuego son provechosos porque se funden en un corto tiempo, mientras que aquellos que son difíciles de fundir no son tan aprovechables porque precisan un tiempo demasiado largo. Cuando los fundentes permanecen en el horno y no se funden, no son adecuados ni convenientes; por este motivo, las excrecencias y las escorias son las más convenientes para su fundición, porque se funden rápidamente. Es necesario disponer de un fundidor laborioso y experimentado, quien, en primer lugar, se ocupa y tiene buen cuidado de no poner en el horno más minerales mezclados con fundentes que los que puedan acomodarse.

El polvo del que está hecha la solera del horno y del adjunto antehogar y el recipiente de inmersión usualmente consta, en su mayor parte, de proporciones iguales de polvo de carbón vegetal y de tierra o de partes iguales de las mismas y de cenizas. Cuando el hogar del horno está preparado, se pone en él una barra, que llegará hasta el antehogar, más alta si el mineral a fundir se funde rápidamente y más baja si se funde con dificultad. Cuando el recipiente de excavación y el antehogar están terminados, la barra se saca del horno de manera que el agujero de colada queda abierto, y a través de él el material fundido sale y fluye continuamente hacia el antehogar, el cual debe estar muy cerca del horno, al objeto de que pueda mantenerse muy caliente y la aleación resulte así más pura. Si el material a fundir no se funde fácilmente, el hogar del horno no debe de estar en posición demasiado inclinada, porque los fundentes derretidos caerían en el antehogar antes de que el mineral se funda, y el metal así permanece en las excrecencias de los lados del horno. El fundidor, desde luego, no debe machacar o apisonar el hogar tanto que se haga demasiado duro ni cometer el error de apisonar la parte inferior de la boca para hacerla más dura, ya que en este caso no podría respirar ni la materia fundida podría salir libremente del horno. El mineral que no se funde rápidamente se

A, B: Dos hornos.—C: Agujeros de colada de los hornos.—D: Antehogares.—E: Sus agujeros de colada.—F: Recipientes de enfriamiento.—G: En un horno está el fundidor, que lleva un cesto de mimbre lleno de carbón vegetal. En el otro horno está un fundidor que con la tercera barra de gancho rompe el material que se ha solidificado en el agujero de colada del horno.—H: Barra de gancho.—I: Montón de carbón vegetal.—K: Carretilla sobre la cual se hace una caja o cesto de mimbre en el cual se mide el carbón.—L: Azadón de hierro

echa todo lo más que se pueda hacia la parte de detrás del horno y hacia la parte en la que horno quema y arde con más violencia, de forma que pueda fundirse más tiempo. De esta manera el fundidor puede dirigirlo dondequiera que desee. Solamente cuando brilla, cuando se enciende cerca de la boquilla del fuelle, significará que todo el mineral que se ha echado en el lado del horno en que están colocadas las boquillas ha quedado fundido. Si el mineral se funde fácilmente, uno o dos cestos de mimbre llenos se echan en la parte delantera del horno, de forma que el fuego, al ser obligado a retroceder, pueda también fundir el mineral y los galápagos que se forman alrededor de las boquillas de los fuelles. Este procedimiento de fundición es muy antiguo en Retia, pero no lo es tanto en Bohemia.

El segundo método para la fundición de minerales se encuentra, en cierto modo, entre el que se realiza en un horno de agujero de colada cerrado intermitentemente y el primero de los métodos realizados en un horno donde el agujero de colada está siempre abierto. De esta manera se funden los minerales de oro y plata, que no son ni muy ricos ni muy pobres, sino mediocres, los cuales se funden fácilmente y son fácilmente también absorbibles por el plomo. Se observó que, de esta menera, una gran cantidad de mineral podía fundirse en una operación sin necesidad de mucho trabajo ni grandes gastos, y podía así también alearse con el plomo. Este horno tiene dos crisoles, uno de los cuales está la mitad dentro del horno y la mitad fuera, de forma que al poner el plomo en este crisol la parte de plomo que está en el horno absorbe los metales de los minerales que se funden fácilmente; el otro crisol es más bajo y la aleación y las piritas fundidas entran en él. Aquellos que utilizan este método de fundición echan la aleación de oro o de plata con plomo desde el crisol superior una o dos veces si es necesario y echan dentro otro plomo o litargirio, y cada uno absorbe el fundente que está más próximo. Este método de función está en uso en Estiria.

El horno, en el tercer método de función de minerales, tiene asimismo el agujero de colada abierto, pero el horno es más alto y más ancho que los anteriores y sus fuelles son más grandes; por estos motivos, se puede echar en él una carga mayor de mineral. Cuando las minas producen una gran abundancia de mineral para el fundidor, éste procede a fundir continuamente en el mismo horno durante tres días y tres noches, siempre y cuando no exista defecto alguno ni en el hogar ni en el antehogar. En esta clase de horno pueden encontrarse casi toda clase de excrecencias. El antehogar del horno no es diferente del antehogar del primer horno de todos, excepto por el hecho de que tiene un agujero de colada. Sin embargo, debido a que grandes cargas de mineral se funden ininterrumpidamente y el material fundido sale, así como las escorias, existe la necesidad de un segundo crisol de antehogar, en el cual el material fundido pase a través de un agujero de colada abierto cuando el primero está lleno. Cuando un fundidor ha pasado doce horas trabajando en esta tarea, otro le sustituye y ocupa su puesto. Los minerales de cobre y plomo y los minerales más pobres de oro y plata se funden siguiendo este método porque no pueden fundirse utilizando los otros tres métodos a causa de los mayores gastos que representa; sin embargo, mediante este sistema, un «centumpondio» de mineral que contenga solamente una o dos dracmas de oro, o solamente la mitad de una onza de plata, pueden fundirse; porque hay una cantidad grande de mineral en cada carga, la fundición es continua y sin fundentes caros, tales como el plomo, la almártaga y plomo de solera. Con este método de fundición debemos utilizar solamente piritas cupríferas, que se funden fácilmente en el fuego; en verdad, los panes fundidos así, si ya no absorben mucho oro o plata, se vuelven a llenar nuevamente con piritas crudas sólo. Si de este mineral pobre, con sólo piritas fundidas, no puede obtenerse material para panes, se añaden otros fundentes que anteriormente no se han fundido. Estos fundentes son: mineral de plomo, piedras fácilmente fundibles con fuego de segundo orden y su arena, caliza, tophus, esquisto blanco y mineral de hierro.

Aunque este método de fundir minerales es basto y pudiera no parecer de gran interés, sin embargo es inteligente y útil, pues gran peso de minerales en los cuales el oro, la plata o el cobre se encuentran en pequeñas cantidades pueden reducirse a panes conteniendo todo el metal. Si al ser fundidos por vez primera están demasiado crudos para que resulten adecuados para la segunda fusión o colada, en la cual el plomo absorbe los metales preciosos que hay en los panes o en la cual el cobre se beneficia, sí pueden resultar convenientes si se tuestan repetidamente, hasta siete u ocho veces, tal como he indicado en el libro anterior. Los fundidores de esta especialidad son tan inteligentes y expertos que al fundir sacan todo el oro y plata que el ensayador, al probar el mineral, ha manifestado que están contenidos en él, porque si durante la primera operación, cuando se hacen los panes, se ha perdido una dracma de oro o una onza de plata, el fundidor la obtiene de las escorias en la segunda fundición. Este método de fundir los minerales es antiguo y muy común para la mayoría de aquellos que utilizan otros métodos.

Aunque los minerales de plomo corrientemente se funden en el tercer horno—cuyo agujero de colada está siempre abierto—, sin embargo hay algunos fundidores, no pocos, que los funden en hornos especiales mediante un sistema que pasaré a explicar brevemente. En Carniola, primeramente queman tales minerales de plomo y después los parten y trituran con mazas redondas y largas. Entre las dos paredes largas de un hogar que está en el interior de un horno hecho de piedra y abovedado, que tiene la resistencia suficiente para no averiarse con el fuego y no se calcina en yeso, colocan madera verde con una capa de madera seca encima; después echan el mineral sobre todo ello, y cuando se pega fuego a la madera el plomo se escurre hacia abajo y corre hacia el hogar inclinado de debajo. Este hogar está hecho de carbón vegetal pulverizado y de tierra y tiene también un crisol grande, la mitad del cual está colocado debajo del horno y la otra mitad fuera de él, y en el cual entra el plomo. El fundidor, después de haber desescoriado las escorias y las demás cosas con una azada, vierte el plomo con un cucharón en moldes, sacando los panes después de que se han enfriado. En la parte de detrás del horno hay un orificio rectangular, de forma que el fuego pueda tener más tiro, y así el fundidor puede dirigirlo hacia el horno si es necesario.

Los sajones que habitan en Gittelde, cuando funden mineral de plomo en un horno parecido a un horno de cocer pan, meten la madera a través de un agujero en la parte trasera del horno, y cuando comienza a arder vivamente el plomo sale del mineral y escurre hacia el antehogar. Cuando éste está lleno, después de efectuada la fusión, el agujero de colada se abre con una barra y de esta manera el plomo, junto con las escorias, corre hacia los recipientes de enfriamiento. Después, los panes de plomo, cuando se han enfriado, se sacan de los moldes.

En Westfalia proceden a amontonar diez cargas de vagón de carbón vegetal en alguna ladera contigua a un lugar plano, y haciendo que la parte superior del montón esté plana, se le echa encima paja con un espesor de tres o cuatro dedos. Encima de todo esto se echa toda la cantidad de plomo puro que el montón pueda soportar; después se le pega fuego al carbón vegetal, y cuando sopla el viento produce el venteado del fuego de forma que el mineral se funde. De esta manera, el plomo, escurriéndose por el montón, fluye hacia la parte lisa, rasa, y forma losetas delgadas y anchas. Se conservan a mano unos cuantos cientos de libras de plomo, las cuales, si las cosas marchan bien, son espar-

A: Horno de Carniola.—B: Pared baja.—C: Madera.—D: Mineral escurriendo plomo.—E: Crisol grande.—F: Moldes.—G: Cucharón.—H: Losetas de plomo.—I: Orificio rectangular en la parte de detrás del horno.—K: Horno sajón.—L: Abertura en la parte de detrás del horno.—M: Madera.—N: Crisol superior.—O: Recipiente de enfriamiento.—P: Método de fundición de Westfalia.—Q: Montones de carbón vegetal.—R: Paja.—S: Losetas anchas.—T: Crisoles.—V: Hogar polaco

cidas sobre el montón. Estas losetas anchas son impuras y se colocan sobre madera seca, la cual, a su vez, se coloca sobre madera verde o fresca colocada sobre un crisol grande, y una vez se le ha prendido fuego a la primera el plomo se funde nuevamente.

Los polacos utilizan un hogar de ladrillos de cuatro pies de alto, inclinado en ambos lados y emplastecido o revestido de arcilla para junturas. En la parte nivelada superior del hogar se amontonan grandes trozos de madera, y sobre ellos se coloca madera pequeña con arcilla entre medio; encima de la parte superior se colocan virutas de madera, y sobre éstas nuevamente se pone mineral de plomo puro cubierto con grandes trozos de madera. Cuando se ha prendido fuego a éstos, el mineral se funde y se escurre hacia la capa inferior de madera, y cuando ésta se ha consumido por efecto del fuego se recoge el metal. Si se necesita, se vuelve a fundir una y otra vez de la misma manera, pero, finalmente, se funde mediante madera colocada sobre el crisol grande, colocando las losetas o planchas de plomo encima de él.

Los concentrados de lavado se funden, junto con las escorias, en un tercer horno, en el cual el agujero de colada está siempre abierto.

Vale la pena construir cámaras de polvo abovedadas encima de los hornos, especialmente sobre aquellos en los cuales los minerales preciosos han de fundirse, al objeto de que la parte más espesa de los humos, en los cuales no faltan los metales, pueda recogerse y salvarse. De esta manera, dos o más hornos están combinados debajo del mismo techo abovedado, el cual está soportado por la pared de los hornos y por cuatro columnas. Debajo, los fundidores de mineral realizan su trabajo. Hay dos aberturas a través de las cuales suben los humos de los hornos hacia la amplia cámara abovedada, y la más ancha es la que recoge más humos; en el centro de esta cámara, debajo del arco, hay una abertura de tres palmos de alto y dos de ancho. Esta recoge los humos de ambos hornos, los cuales han subido desde ambos lados de la cámara abovedada a su arco y han caído nuevamente porque no podían salir; así, pues, pasan a través de la abertura mencionada hacia la chimenea, que los griegos llaman Καπνοδόχη cuyo nombre ha sido tomado del nombre del humo. La chimenea tiene planchas de hierro delgadas sujetas a las paredes, a las cuales las sustancias metálicas más delgadas se adhieren cuando ascienden con los humos. Las sustancias metálicas más gruesas, o cadmías, se adhieren a la cámara abovedada, y a menudo se endurecen, convirtiéndose en estalactitas. En un lado de la cámara hay una ventana, en la que se ponen cristales de forma que pue-

A: Hornos.—B: Techo abovedado.—C: Columnas.—D: Cámara de polvo.—E: Abertura.—F: Chimenea.—G: Ventana.—H: Puerta.—I: Reguero de bajada

da entrar la luz, pero que los humos permanezcan dentro; en el otro lado hay una puerta, que se mantiene completamente cerrada mientras los minerales están fundiéndose en los hornos, de forma que ninguno de los humos pueda escapar. Se abre, al objeto de que el obrero, pasando a través de la misma, pueda entrar en la cámara y quitar el hollín y el «pompholyx» y desincrustrar las cadmías; esta limpieza o deshollinado se hace dos veces al año. El hollín mezclado con el «pompholyx», una vez desincrustado, se tira a través de una larga canaleta o conducto de caída hecha de cuatro tablas unidas en forma de rectángulo para que no salga fuera volando. Sobre el suelo se rocían con agua salada, y nuevamente se someten a fundición con mineral y almártaga o litargirio y vienen a ser de provecho y utilidad para los propietarios. Estas cámaras, que recogen las sustancias metálicas que suben con los humos, son beneficiosas y aprovechables para todos los minerales metalíferos, pero especialmente para las partículas metálicas diminutas recogidas por lavado de minerales triturados, porque éstas normalmente salen volando con el fuego de los hornos.

He explicado los cuatro métodos generales de fundición de minerales; ahora voy a indicar cómo se funden los minerales de cada metal, o cómo se obtiene el metal del mineral. Empezaré por el oro. Su arenilla, los concentrados del lavado o el polvo de oro recogidos de cualquier manera, a menudo se funden, pero deben mezclarse con azogue y lavarse con agua tibia o templada, de forma que puedan eliminarse todas las impurezas. Este método ya lo expliqué en el libro VII. O bien se colocan en el agua fuerte, la cual separa el oro de la plata, ya que también separa sus impurezas. En este método vemos que el oro se hunde, se sumerge en la ampolla de vidrio, y después de que todo el *agua* ha sido eliminada de las partículas, frecuentemente queda un residuo de color dorado en el fondo; este polvo, cuando ha sido humedecido con aceite hecho de heces de vino, se seca y se coloca en un crisol, donde se funde con bórax o con salitre y sal; o bien el mismo polvo fino se echa en la plata fundida, la cual lo absorbe, y de ésta se separa de nuevo por medio del agua fuerte.

Es necesario fundir el mineral de oro o bien en un crisol fuera del horno o dentro del horno; en el primer caso se utiliza una carga pequeña de mineral, en el segundo una carga mayor. El oro crudo, de cualquier color que sea, se tritura con una libra de azufre y una de sol, una tercera parte de una libra de cobre y un cuarto de libra de heces de vino; debe fundirse en un crisol a fuego lento durante unas tres horas, después la aleación se pone en plata derretida que puede fundirse más rápidamente. O bien una libra del mismo oro crudo, triturado, se mezcla con media libra de estibio, igualmente triturado, y se pone en un crisol con media onza de limaduras de cobre y se calienta hasta que se funden; después, una sexta parte de plomo granulado se echa en el mismo crisol. Tan pronto como la mezcla desprende olor, se añaden a ella limaduras de hierro o, si éstas no se tienen a mano, costras de la forja del hierro, ya que rompen la resistencia del estibio. Cuando el fuego se consume, no sólo se ha consumido algo de la resistencia del estibio, sino también algunas partículas de oro, así como de plata, si ésta se ha mezclado con el oro. Cuando el botón se ha sacado del crisol y se ha enfriado, se funde en una copela, primeramente hasta que el antimonio se ha desvanecido y después hasta que el plomo se ha separado de él.

Las piritas trituradas que contienen oro se funden de la misma manera; las piritas y el estibio deben tener igual peso y, ciertamente, el oro puede obtenerse de ellas en un gran número de formas diferentes. Una parte del material triturado se mezcla con seis partes de cobre, una parte de azufre y media parte de sal, y todo ello se coloca en un recipiente u olla para fundir y sobre todo ello se vierte aguardiente destilado calentando orujo líquido en una ampolla. Esta olla o crisol se cubre y remoldea con arcilla para junturas y se coloca en un lugar caliente, de forma que la mezcla humedecida con vino pueda secarse durante el espacio de seis días; después se calienta durante tres horas a fuego suave para que pueda combinar más rápidamente con el plo. mo. Finalmente se pone en una copela y el oro se separa del plomo.

O también, una libra de los concentrados del lavado de piritas, o de otras piedras a las cuales se adhiere el oro, se mezcla con media libra de sal, media libra de orujo, un tercio de libra de raspaduras de cristal, un sexto de libra de escorias de oro o plata y un siclo de cobre. El crisol en el que se coloca todo esto, después de que se ha cubierto con una tapa, se sella con arcilla para junturas y se coloca en una hornaza u horno pequeño que está provisto de pequeños orificios a través de los cuales penetra el aire, y entonces se calienta hasta que se pone rojo y las sustancias introducidas se han ligado; esto debe producirse al cabo de cuatro o cinco horas. Una vez enfriada la aleación, nuevamente se somete a triturado para convertirla en polvo y se añade una libra de litargirio; después se calienta nuevamente en otro crisol hasta que se funde. El botón se saca, se le quitan las escorias y se coloca en una copela, donde el oro se separa del plomo.

O bien a una libra del polvo preparado con tales concentrados metalíferos se le añade una libra de cada uno de los siguientes productos: sal, salitre, alcohol de orujo y trozos de vidrio, y todo ello se calienta hasta que se funde. Después de enfriado y triturado, se lava; después se le añade una libra de plata, un tercio de limaduras de cobre, un sexto de litargirio, y es asimismo calentado nuevamente hasta que se funde. Después de que el botón ha sido limpiado y se le han quitado las escorias, se pone en la copela y el oro y la plata se separan del plomo; el oro se separa de la plata con agua fuerte. O también una libra del polvo preparado con estos concentrados metalíferos, un cuarto de libra de limaduras de cobre y dos libras de ese segundo polvo que funde los minerales se calientan hasta que se funden. La mezcla, después de enfriada, es nuevamente reducida a polvo, tostada y lavada, y de esta manera se obtiene un polvo azul. De esto, de plata y de ese segundo polvo que funde minerales se toma una libra de cada uno, junto con tres libras de plomo y un cuarto de libra de cobre, y todo ello se calienta hasta que se funde; después el botón se somete a tratamiento como antes. O también, una libra del polvo preparado de tales concentrados metalíferos, media libra de salitre y un cuarto de libra de sal se calientan hasta que se funden. La aleación, después de enfriada, se vuelve a triturar hasta convertirla en polvo, una libra del cual es absorbida por cuatro libras de plata derretida. O también, una libra del polvo hecho de esa clase de concentrados, junto con una libra de azufre, una libra y media de sal, un tercio de libra de sal hecha de alcohol de orujo y un tercio de libra de cobre convertido en polvo con azufre se calienta hasta que se funde. Después el plomo es vuelto a fundir y el oro se separa de los otros metales. O también, una libra del polvo de esta clase de concentrados, junto con dos libras de sal, media libra de azufre y una libra de litargirio se calientan, y se saca el oro fundido. Mediante estos y otros métodos similares, los minerales concentrados de oro, tanto si tienen poca cantidad como si son muy ricos, pueden fundirse fuera del horno.

Si hubiera mucho mineral y muy pobre, se funde en el horno, especialmente el mineral que no se tritura convirtiéndolo en polvo, y particularmente cuando las minas produzcan gran abundancia de él. Los concentrados de oro mezclados con litargirio y plomo de solera, a los cuales se les añaden incrustaciones o batiduras de hierro, se funden en el horno cuyo agujero de colada está cerrado intermitentemente, o bien en el primero o segundo hornos, en los cuales el agujero de colada está siempre abierto. De esta manera se obtiene una aleación de oro y plomo que se pone en el horno de copelación. Dos partes de piritas tostadas o cadmías que contienen oro se ponen con una parte de otras no tostadas y se funden juntas en el tercer horno, cuyo agujero de colada está siempre abierto, y se forman panes. Cuando estos panes han sido repetidamente tostados o calcinados, se vuelven a fundir en el horno cuyo agujero de colada está temporalmente abierto, o en uno de los otros dos cuyos agujeros de colada están siempre abiertos. De esta manera el plomo absorbe el oro, ya sea puro o argentífero o cuprífero, y la aleación obtenida se lleva al horno de copelación. Las piritas, o los otros minerales de oro que están mezclados con mucho material que se consume por medio del fuego y sale volando del horno, se funden con mineral del cual se ha fundido el hierro, si se tiene a mano. Seis partes de tales piritas, o de mineral de oro reducido a polvo y pasado por el tamiz, cuatro de piedra de la cual se ha beneficiado el hierro, igualmente trituradas, y tres de cal apagada o muerta, se mezclan y se mojan con agua; a todo esto se le añaden dos partes y media de los panes que contienen algo de cobre, junto con una parte y media de escorias. Un cesto lleno de fragmentos de los panes se arroja dentro del horno, después la mezcla de otras cosas, y después la escoria. A continuación, cuando la parte media del antehogar está llena con el material derretido que baja hacia el horno, primeramente se le quitan las escorias y después los panes de piritas; después la aleación de cobre, oro y plata, que se sedimenta en el fondo, se saca fuera. Los panes se calcinan suavemente y se vuelven a fundir con plomo, y transformados en panes ya, se transportan a otros talleres. La aleación de cobre, oro y plata, y la plata, no se tuestan, no se calcinan, sino que se funden nuevamente en un crisol con una proporción igual de plomo. Los panes resultan también mucho más ricos en cobre y en oro que aquellos de los que hablé. Al objeto de que la aleación de oro y plata resulte más rica, a dieciocho libras de ella se le añaden cuarenta y ocho libras de mineral crudo, tres libras de la piedra de la que se hace el hierro y tres cuartos de libra de los panes de las piritas, y mezclado con plomo, todo se calienta junto en el crisol hasta que se funda. Cuando la escoria y los panes fundidos de las piritas han sido desescoriados, la aleación se lleva a otros hornos.

Ahora seguimos con la plata, de la cual la plata nativa o los terrones de plata cruda obtenidos de las minas no se funden en los hornos, sino en pequeñas gamellas de hierro, de las cuales hablaré en el lugar apropiado; estos terrones se calientan y se echan en la aleación fundida de plata con plomo en el horno de copelar, donde la plata se separa del plomo y se refina. Las hebras diminutas o terrones diminutos de plata que se adhieren a las piedras y rocas, o bien los mismos pequeños terrones mezclados con tierra, o plata no lo suficientemente pura, deben ser fundidos en el horno cuyo agujero de colada está cerrado sólo temporalmente un corto espacio de tiempo, junto con los panes fundidos de piritas, con escorias de plata y con piedras que fácilmente se funden en un fuego de segundo orden.

Al objeto de que las partículas de plata no salgan volando, escapándose de los terrones de mineral, donde se presentan hilos diminutos de plata pura y pequeñas ramitas o varillas de plata nativa, se encierran en una olla o recipiente y se colocan en el mismo horno donde el resto de los minerales de plata se están fundiendo. Algunas personas funden terrones de plata nativa no suficientemente pura, en ollas o crisoles triangulares, cuyas tapas son selladas con arcilla para junturas. No colocan estos recipientes o crisoles en el horno de fundición, sino que los colocan en el horno de ensayo, en el cual el aire penetra a través de pequeños agujeros. A una parte de la plata nativa le añaden tres partes de litargirio en polvo, así como las partes necesarias de plomo de solera, media parte de galena y una pequeña cantidad de sal y de escamas de hierro. La aleación que se sedimenta en el fondo del crisol de las otras sustancias se transporta al horno de copelar y las escorias se vuelven a fundir con las otras escorias de plata. Luego proceden a su trituración bajo los pisones o mazos y lavan las ollas o crisoles a los cuales se adhieren las escorias o la aleación de plomo y plata, y después de recogidos los concentrados proceden a fundirlos junto con las escorias. Este método de fundir plata cruda, si hay poca cantidad de ella, es el mejor, porque no sale la más pequeña porción de plata de la olla o crisol y, por tanto, no se pierde.

Si el mineral de bismuto o el mineral de antimonio o el mineral de plomo contienen plata, se funden con los demás minerales de plata, al igual que la galena y las piritas, si existe poca cantidad de ella. Si hubiera mucha galena, tanto si contiene una grande como una pequeña cantidad de plata, se funde separadamente de los demás; un proceso que pasaré a explicar un poco más adelante.

Debido a que los minerales de cobre y plomo y sus metales

tienen mucho en común con los minerales de plata, es procedente que diga mucho más respecto de ellos, lo mismo ahora que más adelante. También de la misma manera las piritas se funden separadamente si hay muchas. A tres partes de mineral de cobre o de plomo calcinado y una parte de mineral crudo se le añaden concentrados si éstos proceden del lavado del mismo mineral, junto con escorias, y todo ello se pone en el tercer horno, el que tiene siempre el agujero de colada abierto. Los panes se hacen de esta carga, y cuando han sido enfriados con agua son calcinados. De estos panes calcinados, generalmente cuatro partes son mezcladas nuevamente con una parte de piritas crudas y vueltas a fundir en el mismo horno. Se hacen nuevamente los panes de esta carga, y si hay gran cantidad de cobre en estos panes, el cobre se hace inmediatamente después de que se han calcinado y vuelto a fundir; si hay poco cobre en los panes, también se procede a su calcinado, pero se vuelven a fundir con poca escoria blanda. En este método el plomo derretido en el antehogar absorbe la plata. Del material pirítico que afluye a la parte superior del antehogar se hacen panes por tercera vez, y de ellos, cuando han sido calcinados y vueltos a fundir, se hace el cobre. De manera similar, tres partes de excrecencias calcinadas en las que hay plata se mezclan con una parte de piritas crudas, junto con escoria, y esta carga se funde y se forman panes con ello; estos panes después de haber sido calcinados se vuelven a fundir en el mismo horno. Mediante este método, el plomo contenido en el antehogar absorbe la plata, y la aleación de plomo se saca al horno de copelación. El cuarzo crudo y las piedras que se funden fácilmente en un fuego de tercer orden, junto con otros minerales en los cuales hay una pequeña cantidad de plata, deben de mezclarse con piritas crudas calcinadas y calamina, porque los panes de piritas calcinadas y la calamina no pueden fundirse separadamente de manera satisfactoria. De modo similar las tierras que contienen poca plata se mezclan con ambas cosas, pero si las piritas y la calamina no se encuentran a disposición del fundidor, procede a fundir los minerales de plata y tierra con litargirio, plomo de solera, escorias y piedras que se funden fácilmente en el fuego. Los concentrados que proceden del lavado de plata cruda, después de ser sometidos a calcinación, se funden con litargirio mezclada con plomo de solera, o también, después de que han sido humedecidos con agua, se funden con panes hechos de pirita o calamina. Mediante ninguno de estos métodos vuelven a caer en el horno, o se escapan de él, impulsados por el viento de los fuelles y la agitación del fuego. Si los concentrados procedieran de galena, son fundidos con ella después de haber sido calcinados; y si lo fueran de piritas, entonces con las piritas.

El mineral de cobre puro, tanto si tiene su propio color como si tiene un tono de crisocola azulado, o de cobre negro o gris, se funde en un horno en el cual el agujero de colada está cerrado un muy corto espacio de tiempo, o bien está siempre abierto. Si hay gran cantidad de plata en el mineral, se lleva hacia el antehogar, y la mayor parte de la plata es absorbida por el plomo derretido, y la restante se vende con el cobre al propietario de los talleres en los cuales la plata se separa del cobre. Si hay poca cantidad de plata en el mineral, no se pone plomo en el antehogar para que absorba la plata y los propietarios mencionados la compran con el cobre; si no hay plata, el cobre se hace directamente. Si este mineral de cobre contiene algunos minerales que no se funden fácilmente, como piritas o mineral de cinc, o piedra de la cual se funde el hierro, entonces piritas crudas, que se funden fácilmente, se añaden, junto con escorias. De esta carga, cuando se ha fundido, hacen panes; y de estos panes, cuando han sido calcinados todo lo necesario y se han vuelto a fundir, se hace el cobre. Pero si hubiera algo de plata en los panes, para lo cual tuviera que hacer un gasto o utilización de plomo, entonces se lleva primeramente al antehogar, y el plomo derretido absorbe la plata.

Ciertamente, el mineral de cobre de inferior calidad, tanto si tiene color de ceniza como de púrpura, negruzo o en parte azulado, se funde en el primer horno, aquel cuyo agujero de colada está siempre abierto. Este es el método que utilizan en Retia. Para una cantidad de mineral de cobre crudo, como para llenar dieciocho vasijas cada una de las cuales pueda contener casi siete módulos romanos, el primer fundidor—pues hay tres—añade tres carretadas de escorias de plomo, una carretada de pizarras, un quinto de un centumpondio de piedras que se funden fácilmente en el fuego, además una pequeña cantidad de concentrados recogidos de la escoria y acrecencias o barreduras de cobre, todo lo cual procede a fundirlo durante un espacio de tiempo de doce horas, y de lo cual hace un centumpondio de panes primarios y una mitad de un centumpondio de aleación. Una mitad de esto último es cobre y plata y se sedimenta en el fondo del antehogar. En todos los panes hay media libra de plata y algunas veces además media onza; en la mitad de un centumpondio de la aleación hay un «bes» o tres cuartos de plata. De esta forma, todas las semanas, si se trabaja durante seis días, se hacen treinta y seis centumpondios de panes y tres centumpondios de aleación, en los cuales hay a menudo casi veinticuatro libras de plata. El segundo fundidor separa de los panes primarios la mayor parte de la plata, absorbiéndola en el plomo. Para dieciocho centumpondios de panes hechos de mineral de cobre añade doce de plomo de hogar y litargirio, tres centumpondios de piedras de las que se funde el plomo, cinco centumpondios de panes duros ricos en plata y dos centumpondios de panes de licuación exhausta o agotada; además, añade algunas de las escorias resultantes de la fundición del cobre crudo, junto con una pequeña cantidad de concentrados hechos de excrecencias, todo lo cual se funde durante un espacio de tiempo de doce horas, y se hacen dieciocho centumpondios de panes secundarios, y doce centumpondios de aleación de cobre, plomo y plata; en cada centumpondio de esta última hay media libra de plata. Después de que ha sacado los panes con una barra de gancho, vierte la aleación en moldes de hierro o cobre; mediante este método se hacen cuatro panes de aleación, que son transportados a los talleres en los cuales la plata es separada del cobre. Al día siguiente, el mismo fundidor, tomando dieciocho centumpondios de los panes secundarios, añade nuevamente doce centumpondios de plomo de hogar y litargirio, tres centumpondios de piedras de las cuales se funde el plomo, cinco centumpondios de panes duros ricos en plata, junto con escorias de la fundición de los panes primarios y con concentrados lavados de las excrecencias, los cuales corrientemente se hacen en ese momento. Esta carga es igualmente fundida durante el espacio de doce horas y hace hasta trece centumpondios de panes terciarios y once centumpondios de aleación de cobre, plomo y plata, cada centumpondio de los cuales contiene un tercio de libra y media onza de plata. Cuando ha quitado las escorias de los panes terciarios con una barra de gancho, la aleación se vierte en moldes de cobre, y mediante este método se hacen cuatro panes de aleación que, igual que los anteriores, se llevan a los talleres en los cuales la plata se separa del cobre. Siguiendo este método, el segundo fundidor hace panes primarios en días alternos y los panes secundarios en los días intermedios. El tercer fundidor toma once carretadas de los panes terciarios y les añade tres carretadas de panes pobres en plata, junto con la escoria de fundición de los panes secundarios, y los concentrados de las excrecencias que usualmente se hacen en ese momento. De esta carga, cuando se ha fundido, hace veinte centumpondios de panes cuaternarios, que se llaman «panes duros», y también quince centumpondios de «panes duros ricos en plata», cada centumpondio de los cuales contiene un tercio de libra de plata. Estos últimos panes, como ya he dicho antes, el segundo fundidor los añade a los panes primarios y secundarios cuando los vuelve a fundir. De la misma forma, de once carretadas de panes cuaternarios, tres veces calcinados, hace los panes «finales», de los cuales un centumpondio contiene solamente una onza de plata. En esta operación también hace quince centumpondios de «panes duros pobres en plata», en cada centumpondio de los cuales hay un sexto de una libra de plata. Estos panes duros, como ya he dicho antes, el tercer fundidor los añade a los panes terciarios cuando vuelve a fundirlos, mientras que los panes «finales», tres veces calcinados y vueltos a fundir, se transforman en cobre negro.

El cobre crudo, del cual se hace el cobre puro, si contiene poca plata o si no se funde fácilmente, se funde primeramente en el tercer horno, en el que el agujero de colada está siempre abierto, y se hacen panes, que después de haber sido sometidos siete veces a calcinado, son fundidos nuevamente, y de ellos se beneficia el cobre; los panes de cobre se llevan a un horno de otra clase, en el cual son fundidos por tercera vez, porque en los «fondos» de cobre puede haber más plata, mientras que en «las partes de arriba» hay menos, proceso que se explica en el libro XI.

Las piritas, cuando contienen no solamente cobre, sino también plata, se funden de la manera que he descrito cuando he tratado de los minerales de plata. Pero si son pobres en plata y si el cobre que se funde de ellas no puede ser tratado fácilmente, se funden de acuerdo con el método que he explicado últimamente.

Finalmente, los minerales de cobre que contienen bitumen o azufre son calcinados y después sometidos a fundición con piedras que se funden fácilmente en un fuego de segundo orden, y se hacen panes, en la parte superior de los cuales flotan o aparecen escorias. De estos panes, usualmente calcinados siete veces y vueltos a fundir, se obtienen escorias y dos clases de panes; una clase es de cobre y ocupa el fondo del crisol, y éstos se venden a los propietarios de los talleres en los cuales la plata se separa del cobre; la otra clase de panes nuevamente es sometida a fundición con panes primarios. Si el mineral contiene solamente una pequeña cantidad de cobre, es quemado, triturado con los pisones, lavado y cribado, y los concentrados obtenidos de ello son sometidos a fundición; de ésta se hacen panes, de los cuales, cuando se han calcinado, se hace el cobre. Si cualquier clase de tierra, ya sea crisocola azurita o tierra amarilla o negra, conteniendo cobre y plata, se adhiere al mineral, no se lava, sino que se tritura y se funde con piedras que se fundan fácilmente en un fuego de segundo orden.

El mineral de plomo, tanto si es de molibdeno como piritas o piedra de la cual es fundido, se funde corrientemente en un horno especial, del cual ya he hablado anteriormente, pero no menos a menudo en un tercer horno, del cual el agujero de colada está siempre abierto. El hogar y el antehogar están hechos de polvo con una pequeña porción de limaduras o batiduras de hierro; la escoria de hierro constituye el fundente principal para tales minerales, y es considerado por los expertos fundidores como útil y de gran beneficio para el propietario, porque es natural del hierro el atraer al plomo. Si es de molibdeno o de piedra de la cual el plomo es fundido, el plomo corre desde el horno al antehogar, y quitadas las escorias, el plomo se saca fuera con un cucharón. Si se funden las piritas, lo primero que afluye desde el horno al antehogar, como puede verse en Goslar, es una sustancia derretida blanca, perjudicial y nociva para la plata, ya que la consume. Por esta razón, quitadas las escorias que flotan en la parte superior, esta sustancia se saca fuera; o si se endurece, se saca con una barra de gancho; y las paredes del horno exudan la misma sustancia. Después el «estaño» sale del horno hacia el antehogar; esta es una aleación de plomo y plata. De esta aleación de plata y plomo primeramente desincrustan las escorias, no raramente blancas, como algunas piritas, y después desescorian los panes de piritas, si es que los hay. En estos panes usualmente hay algo de cobre; pero, puesto que normalmente hay sólo una cantidad muy pequeña y como el carbón de leña de los bosques no es abundante, no se hace cobre con ellos. De la aleación de plata y plomo vertida en los moldes de hierro hacen igualmente panes; cuando estos panes han sido fundidos en el horno de copelar, la plata se separa del plomo, porque parte del plomo es transformado en litargirio y parte en plomo de hogar, de lo cual en el horno al volver a fundirlo hacen plomo de plateado, ya que en este plomo cada centumpondio contiene solamente una dracma de plata, cuando antes de que la plata fuera separada cada centupondio contenía más o menos tres onzas de plata.

Las piedras negras y otras de las cuales se hace el estaño se funden en su propio modelo y clase de horno, el cual debe ser más estrecho que los otros hornos, ya que debe tener solamente el poco fuego que es necesario para este mineral. Estos hornos son más altos, de forma que la altura pueda compensar la estrechez y que resulten casi de la misma capacidad que los demás hornos. En la parte superior, delante, están cerrados y en el otro lado están abiertos, donde están los escalones, porque no pueden tener los escalones en la parte de delante a causa del antehogar; los fundidores suben por estos peldaños para poner la piedra de estaño en el horno. El hogar del horno no está hecho de carbón vegetal y tierra en polvo, sino que sobre el suelo de los talleres se colocan piedras areniscas que no sean demasiado duras; éstas se colocan en una pendiente ligera y tienen dos pies y tres cuartos de largo, el mismo número de pies de ancho y dos pies de grosor, pues cuanto más gruesas son tanto más duran en el fuego. Alrededor de ellas se construye un horno rectangular de ocho o nueve pies de alto, de piedras areniscas anchas o de aquellas sustancias corrientes que, por naturaleza, están compuestas de diversos materiales. La parte interior del horno está toda uniformemente cubierta con arcilla para juntas. La parte superior del interior tiene dos pies de largo y un pie de ancho, pero debajo no es tan larga y ancha. Encima hay dos paredes formando chimenea, entre las cuales los humos ascienden desde el horno a la cámara de polvo y a través de ésta escapan por una estrecha abertura en el tejado. Las piedras areniscas están colocadas en pendiente en el suelo del horno, de forma que el estaño fundido del mineral pueda fluir a través del agujero de colada del horno hacia el antehogar.

Como no hay necesidad de que los fundidores tengan un fuego violento, no es preciso colocar las boquillas de los fuelles de tubos de hierro o bronce, sino solamente a través de un agujero en la pared del horno. Colocan el fuelle más alto en la parte de detrás, de forma que el soplo de las boquillas pueda dirigirse directamente al agujero de colada del horno. Este no debe estar demasiado fuerte, las boquillas son anchas, pues si el fuego fuera más violento, el estaño no podría fundirse del mineral, pues se consumiría y quedaría convertido en cenizas. Cerca de los escalones hay una piedra hueca, en la que se coloca el mineral que ha de fundirse; tan frecuentemente como el fundidor echa al horno una palada de mineral, utilizando una pala de hierro llena de él, pone encima carbón vegetal que puso primeramente en una tina o barreño a lavar con agua para limpiarlo del cascajo o piedrecitas que se adhieren al mismo, por temor de que pudieran fundirse al mismo tiempo que el mineral y obstruir el agujero de colada impidiendo el paso del estaño desde el horno. El agujero de colada del horno está siempre abierto; enfrente de él hay un antehogar de un poco más de medio pie de profundidad, tres cuartos de dos pies de largo y un pie de ancho; está revestido de arcilla para junturas, y el estaño fluye a él desde el agujero de colada. En un lado del antehogar hay una pared baja, tres cuartos de pie más ancha y un pie más larga que el antehogar, sobre el cual se coloca el polvo de carbón vegetal. En el otro lado, el suelo del edificio está en pendiente, de forma que las escorias puedan separarse del metal caliente y pueda cubrirse, por temor de que parte, al estar muy caliente, pudiera escapar con los humos. Si después de quitar la escoria el polvo no cubre la totalidad del estaño, el fundidor echará un poco más de carbón vegetal de la pared con un rascador. Después de abrir el agujero de colada del antehogar con una barra de colada, a fin de que el estaño pueda afluir al hoyo o marmita de colada, igualmente embadurnado con arcilla para junturas, nuevamente cierra el agujero de colada con arcilla pura o arcilla mezclada con carbón vegetal pulverizado. El fundidor, si es diligente y tiene experiencia, tiene escobas a mano con las cuales barre las paredes de encima del horno; a estas paredes y a la cámara de polvo algunas veces se adhieren piedrecitas diminutas con parte de los humos. Si no está lo suficientemente experimentado en estas materias y ha fundido al mismo tiempo todo el mineral —que, corrientemente, tiene tres tamaños: grande, mediado y muy pequeño—, no resultarán poco desperdicio y pérdidas del estaño del propietario, porque antes de que los tamaños medianos y grandes se hayan fundido, los pequeños o se habrán quemado en el horno o, escapando de él, no solamente se adherirán a las paredes, sino que pasarán también a la cámara de polvo. El propietario de los talleres tiene las barreduras por privilegio del propietario del mineral. Por los mencionados motivos, el fundidor más experimentado las funde separadamente; funde el tamaño más pequeño en un horno más amplio, el tamaño mediano en un horno de tamaño mediano y el tamaño más grande en el horno más estrecho. Cuando funde el tamaño pequeño utiliza un soplo suave del fuelle, con el tamaño mediano utiliza el moderado, con el tamaño grande utiliza un soplo violento, fuerte; cuando funde el primer tamaño necesita un fuego lento, para el segundo un fuego medio y para el tercero un fuego fuerte; sin embargo, utiliza fuego menos fuerte que cuando funde los minerales de oro, plata o cobre. Cuando los obreros han pasado tres días consecutivos y sus noches en esta tarea, como suelen hacen, han acabado sus labores; en este tiempo pueden fundir una gran carga de mineral de tamaño pequeño que se funde rápidamente, pero menos de piedras más grandes, que se funden más lentamente, y una cantidad moderada del tamaño mediano, la cual mantiene un curso intermedio. Aquellos que no funden el mineral de estaño en hornos a veces anchos, a veces medianos o a veces estrechos, al objeto de que no se les ocasionen grandes pérdidas, echan primero el tamaño más pequeño, después el mediano, después el tamaño grande y, finalmente, las que no son totalmente puras, y el soplo del fuelle se modifica según se requiera. Al objeto de que las piedras que se han echado en el horno no se salgan desde el carbón vegetal grande hacia el antehogar antes de que el estaño se haya fundido, el fundidor utiliza carbón vegetal pequeño humedecido con agua; coloca en el horno un poco y un poco de mineral, y después frecuentemente va repitiendo esta sucesión de carbón vegetal y mineral de estaño.

El mineral, recogido del material que durante el verano se lavó en una zanja a través de la cual fue desviada una corriente, y durante el invierno fue cribado en una placa de hierro perforada, se funde en un horno un palmo más ancho que aquel en que se funde el mineral excavado de la tierra. Para la fundición de éste se necesita un soplo más fuerte del fuelle y un fuego más violento que para la fundición de la piedra grande. Cualesquiera que sea la clase de piedra de estaño que se está fundiendo, si el estaño sale primeramente del horno, entonces se obtiene mucho; si salen primero las escorias, entonces sólo poco. Se da la circunstancia que la piedra de estaño está mezclada con las escorias cuando es o menos pura o ferruginosa o no bastante calcinada, y por tanto, imperfecta cuando se pone en el horno, o cuando se ha metido mayor cantidad que la necesaria; entonces, aunque puede ser pura y fundir fácilmente, el mineral o bien sale del horno al mismo tiempo, mezclado con las escorias, o bien se sedimenta tan fuertemente en el fondo del horno que, al quedar necesariamente interrumpida la fusión, el horno se enfría.

El agujero de colada del antehogar está abierto y el estaño es dirigido al recipiente de enfriamiento o repuesto, y conforme van las escorias fluyendo hacia el suelo inclinado del taller, son desincrustadas con un hurgón o botador; tan pronto como el estaño ha salido del antehogar, el agujero de colada se cierra nuevamente con arcilla para junturas, mezclada con carbón vegetal pulverizado. Los carbones encendidos se ponen en el recipiente inclinado de enfriamiento, de forma que el estaño, después de que ha salido, no se enfríe. Si el metal es tan impuro que nada puede hacerse con él, del material que ha salido se hacen panes para ser nuevamente fundidos en el hogar, de lo cual diré algo más un poco más adelante; si el metal es puro, se vierte inmediatamente sobre placas de cobre gruesas, primero haciendo líneas rectas y después transversalmente sobre éstas para hacer una especie de

A: Horno.—B: Su agujero de colada.—C: Antehogar.—D: Su agujero de colada.— F: Escorias.—F: Rascador.—G: Recipiente de enfriamiento.—H: Paredes de la chimenea.—I: Escoba.—K: Placa de cobre.—L: Barras o listones para enrejados.— M: Sello o troquel de hierro.—N: Martillo

enrejado. Cada una de estas barras de enrejado se estampa con un troquel de hierro; si el estaño fue fundido de mineral excavado de las minas, entonces aparece sólo una estampación, a saber, la del magistrado, que es la que usualmente se estampa; pero si está hecho de mineral recogido en la tierra después del lavado, entonces se le estampan dos sellos, uno el del Magistrado y el otro el de una horqueta que utilizan los lavadores. Generalmente, tres barras enrejadas se amalgaman formando una masa con una maza de madera.

Las escorias que se desincrustan son después echadas con una pala de hierro a una pequeña pileta o gamella hecha del tronco vaciado de un árbol y se les quita el carbón mediante sacudidas o agitándolas; cuando se sacan, se parten con una maza de hierro cuadrada y después se vuelven a fundir con las piedras que se funden a continuación. Hay algunos que trituran las escorias tres veces utilizando pisones húmedos y vuelven a fundir las tres veces; si una gran cantidad de ella se fundiera mientras está todavía húmeda, poco estaño se obtendría de ello, porque la escoria, si se funde nuevamente demasiado pronto, sale del horno y va al antehogar. Bajo los pisones húmedos se trituran también la arcilla para junturas y la roca partida con la cual tales hornos están revestidos, y también las excrecencias, que a menudo contienen piedra de estaño fina no fundida o a medio fundir, y también pepitas de estaño. La piedra aún no fundida sale a través de la rejilla hacia una pileta o gamella y se lava de la misma forma que la nueva, mientras que la parcialmente fundida y las pepitas de estaño se sacan de la caja del mortero y se lavan en el tamiz, en el cual no quedan partículas muy pequeñas, y de ahí va a la batea de lona. El hollín que se adhiere a aquella parte de la chimenea que emite el humo contiene a menudo también piedras de estaño muy finas, que escapan del horno con los humos, y así, se lava en la batea, que acabo de mencionar, y en otros regueros. Las pepitas de estaño y las piedras parcialmente fundidas que están en la arcilla para junturas y la roca partida con la cual el horno está revestido, y en los residuos del estaño del antehogar y del recipiente de inmersión se funden juntos con la piedra nueva.

Cuando ha sido fundida durante tres días y tres noches en un horno preparado tal como he indicado anteriormente, algunas pequeñas partículas de la roca de la cual el horno está construido se debilitan por causa del fuego y se desmoronan, y entonces, al ser sacados los fuelles, el horno se abre por detrás y las excrecencias se desmenuzan primeramente con martillos y des-

A: Hornos.—B: Antehogares.—C: Sus agujeros de colada.—D: Recipientes de enfriamiento.—E: Pilares o columnas.—F: Cámara de polvo.—G: Ventana.—H: Chimenea.—I: Tina en la cual se lava el carbón

pués todo el interior del horno se reconstruye con la piedra arenisca y nuevamente se reviste de manera uniforme con arcilla para junturas. La piedra arenisca colocada en el lecho del horno, si se hubiera quedado defectuosa, se quita y se pone otra en su lugar; las piedras demasiado grandes el fundidor las desmenuza y las adapta a su forma con un pico aguzado.

Algunos construyen dos hornos adosados contra la pared exactamente como los que ya he descrito, y encima de ellos construyen un techo abovedado, soportado por la pared y por cuatro pilares o columnas. A través de orificios en el techo abovedado, los humos ascienden a una cámara de polvo similar a la descrita antes, excepto por el hecho de que hay una ventana a cada lado y no tiene puerta. Los fundidores, cuando tienen que limpiar y despejar el polvo fundente, suben por las escalas de los lados de los hornos y trepan por medio de escalas a la cámara de polvo a través de las aberturas del techo abovedado sobre los hornos.

A: Hogares.—B: Recipientes de enfriamiento.—C: Madera.—D: Panes.—E: Cucharón.—F: Placa de cobre.—G: Barras o listones para enrejados.—H: Troqueles de hierro.—I: Maza de madera.—K: Masa de barras de estaño.—L: Pala

Después quitan el polvo fundente de todos los sitios y lo recogen en cestos, que van pasando de uno a otro y vaciándolos. Esta cámara de polvo difiere de la otra descrita anteriormente en el hecho de que las chimeneas, de las cuales hay dos, no son distintas a las de una casa; reciben los humos, los cuales, al no poder salir a través de la parte superior de la cámara, son rechazados y vuelven y sueltan el estaño; así, pues, el estaño queda libre por el fuego y se convierte en ceniza, y las piedras pequeñas que escapan hacia arriba con los humos quedan en la cámara de polvo o también se adhieren a las planchas de cobre de la chimenea.

Si el estaño es tan impuro que se agrieta cuando se le golpea con el martillo, no se pone inmediatamente en forma de barras, como haciendo un enrejado, sino que se forman panes, de los cuales ya he hablado antes, y éstos se someten a refinado, fundiéndolos nuevamente en un hogar. Este hogar es de piedras are-

A: Horno.—B: Fuelles.—C: Disco de hierro.—D: Boquilla.—E: Disco de madera.—F: Orificio de soplo.—G: Mango.—H: Asa.—I: Aros.—K: Masas de estaño

niscas, que se inclinan hacia el centro y un poco hacia el recipiente de enfriamiento; sus junturas están cubiertas de arcilla. Troncos secos se disponen en cada lado, alternadamente, de pie, y a lo largo y más apretados en el centro; sobre esta madera se colocan cinco o seis panes, los cuales pesan en conjunto, aproximadamente, unos seis centumpondios; una vez que se le ha prendido fuego a la madera, el estaño va fluyendo continuamente hacia abajo para entrar en el recipiente de enfriamiento inclinado que está en el suelo. El estaño impuro se hunde en el fondo de este recipiente y el estaño puro flota en la parte de arriba; después, ambos son sacados con un cucharón por el maestro, quien primeramente saca el estaño puro y, vertiéndolo sobre placas gruesas de cobre, forma con barras como un encaje. Después saca el estaño impuro, del cual hace panes; hace la discriminación o selección entre ellos, cuando lo coge con el cucharón y lo vierte, por la facilidad o dificultad con que fluye. Un centumpondio de las barras de encaje se vende por más que un centumpondio de panes, ya que el precio del primero excede del precio del segundo en una moneda de oro. Estas barras de encaje son más ligeras que las otras, y cuando cinco de ellas se golpean y amalgaman con un mazo de madera, se forma una masa que se estampa con un troquel de hierro. Hay algunos que no hacen un recipiente de enfriamiento inclinado en el suelo para que el estaño discurra hacia él, sino en el propio hogar; aparte de esto, el maestro, después de haber sacado el carbón vegetal, coge el estaño con un cucharón y lo vierte sobre la placa de cobre. La escoria o sedimento que se adhiere a la madera y al carbón vegetal, después de que se ha recogido, se vuelve a fundir en el horno.

Algunos de los lusitanos funden el estaño de la piedra de estaño en hornos pequeños. Utilizan fuelles redondos hechos de cuero, en los cuales el extremo anterior es un disco redondo de hierro, y el extremo posterior, un disco de madera; en el orificio del primero está fijada la boquilla; en el centro del último, el orificio de soplado. Encima de esto está el mango o agarradero, el cual abre los fuelles y deja entrar el aire o los comprime y hace salir el aire fuera. Entre los discos hay varios cercos o aros de hierro a los que se sujeta el cuero, haciendo pliegues como los que se ven en los farolillos de papel, que quedan plegados juntos. Puesto que esta clase de fuelles no proporciona un soplo fuerte, porque se abren y se comprimen lentamente, el fundidor no puede, durante todo un día completo, fundir mucho más de la mitad de un centumpondio de estaño.

El mineral de hierro muy bueno se funde en un horno que es casi igual que el horno de copelar. El hogar tiene tres pies y medio de alto y cinco pies de largo y de ancho; en el centro del mismo hay un crisol de un pie de profundidad y un pie y medio de ancho, pero puede ser más profundo o menos profundo, más ancho o más estrecho, si más o menos mineral va a convertirse en hierro. Una determinada cantidad de mineral de hierro se le da al maestro, del cual él puede fundir mucho o poco hierro. El que va a emplear su destreza y su trabajo en este asunto, primeramente echa carbón vegetal en el crisol y echa encima de él una palada llena de mineral de hierro totalmente triturado y mezclado con cal viva. Después, repetidamente, va echando carbón vegetal, rociándolo con mineral, y continúa haciéndolo hasta que, lentamente, ha ido formando un montón; se funde cuando se le ha pegado fuego al carbón vegetal, y se estimula un fuego muy vivo por el soplo de los fuelles, que están experta e inteligentemente acoplados a un tubo. A veces puede terminar este trabajo en ocho horas, algunas veces en diez y algunas otras ocasiones le lleva doce. A fin de que el calor del fuego no le queme el rostro, se cubre totalmente con un capuchón, en el cual, sin embargo, hay orificios a través de los cuales puede ver y respirar. En el lado del hogar hay una barra, que levanta tan a menudo como sea necesario, cuando los fuelles producen un soplo demasiado violento o cuanto añade más mineral y carbón vegetal. También utiliza la barra para eliminar las escorias o para abrir o cerrar las compuertas del conducto separador de mineral, a través de las cuales el agua fluye hacia abajo a la rueda, que hace girar el eje que comprime los fuelles. De esta manera se funde el hierro y se forma una masa que pesa dos o tres centumpondios, siempre y cuando el mineral de hierro sea rico. Cuando se ha hecho esto, el maestro abre el venteador o purgador de escorias con la barra de colada, y cuando ha salido todo deja que la masa de hierro se enfríe. Después, él y su ayudante mueven el hierro con la barra, y después al objeto de separar y arrancar las escorias que hasta entonces se habían adherido a la masa y, para condensarla y aplanarla, la sacan del horno al suelo y allí la baten con mazas de madera que tienen mangos delgados de cinco pies de largo. A continuación es inmediatamente colocado sobre el yunque y lo baten repetidamente mediante el martillo de hierro grande, que es levantado por medio de las levas de un eje accionado por una rueda hidráulica. No mucho tiempo después, se coge con tenazas y se coloca debajo del mismo martillo y se corta con un hierro afilado en cuatro, cinco

A: Hogar.—B: Montón.—C: Agujero de escoria.—D: Masa de hierro.—E: Mazas de madera.—F: Martillo.—G: Yunque

o seis trozos, según si es grande o pequeño. Estos trozos, después de que se han vuelto a calentar en la forja, se vuelven a colocar sobre el yunque; el herrero los forma, modelándolos en barras cuadradas o en rejas de arado o en llantas, pero principalmente en barras. Cuatro, seis u ocho de estas barras pesan un quinto de un centumpondio y de éstas se hacen las varias herramientas. Durante los golpes del martillo, mediante los cuales es modelado por el forjador, un muchacho vierte agua con un cucharón sobre el hierro incandescente, por lo que los golpes hacen un sonido tan profundo y tan intenso que pueden ser oídos a larga distancia de los talleres o explotaciones. Las masas, si se quedan y se sedimentan en el crisol del horno en el cual el hierro es fundido, se convierten en hierro duro, el cual puede solamente ser sometido a martillo con dificultad; de este hierro hacen las cabezas de las zapatas de hierro para los pisones, así como artículos muy duros.

Pero para el mineral de hierro cuprífero, o que cuando se calienta se funde con dificultad, necesitamos disponer de un fuego más violento y más trabajo, porque no solamente debemos separar las partes en las cuales hay metal de aquellas en las que no hay metal y romperlo mediante pisones secos, sino que debemos también calcinarlo, de forma que los otros metales y los líquidos o jugos nocivos puedan eliminarse; debemos lavarlo de forma que las partes más ligeras puedan ser separadas de él. Tales minerales son fundidos en un horno similar al horno antes descrito, pero mucho más ancho y más alto, de forma que pueda contener una gran cantidad de mineral y mucho carbón vegetal, y de esta clase de mineral, una o dos veces fundido, hacen hierro, que es adecuado para volverlo a calentar en la forja, después que se ha aplanado con el martillo grande de hierro y se ha cortado en trozos con el hierro afilado.

Por medio de una gran experiencia y destreza con el fuego y los fundentes, se produce la clase de hierro de la cual se forma hierro inaleable, que los griegos denominan στόμωμα. Del hierro debe seleccionarse el que es fácil de fundir, duro y maleable. Ahora bien, aunque el hierro pueda fundirse de mineral que contiene otros metales, sin embargo, este hierro resulta blando o frágil; este hierro debe romperse en trozos pequeños cuando está caliente y después mezclarse con piedra triturada, que se funde. Después se hace un crisol en el hogar del horno del forjado; se hace de los mismos polvos humedecidos de los cuales se forman los antehogares de delante de los hornos en que los minerales de oro o plata se funden; la anchura de este crisol es de

A: Horno.—B: Escalas.—C: Mineral.—D: Carbón vegetal

A: Forja.—B: Fuelles.—C: Tenazas.—D: Martillo.—E: Corriente de agua fría

aproximadamente un pie y medio, y la profundidad, de un pie. Los fuelles se colocan de forma que el soplo pueda ser llevado a través de la boquilla hacia el centro del crisol. Después, todo el crisol se llena con el mejor carbón vegetal, todo rodeado por fragmentos de roca al objeto de sostener debidamente los trozos de hierro y del carbón vegetal superpuesto. Tan pronto como se le ha pegado fuego a todo el carbón vegetal y el crisol está ardiendo, se lanza un chorro de aire desde el fuelle y el maestro vierte gradualmente toda la cantidad de mezcla de hierro y de fundente que desee. En el centro de esto, cuando está fundido, pone cuatro masas de hierro, cada una de las cuales pesa unas treinta libras, y las calienta durante unas cinco o seis horas en un fuego fuerte, violento; frecuentemente va moviendo el hierro fundido con una barra, de forma que los pequeños poros de cada masa absorban las partículas diminutas, y estas partículas, mediante su propia fuerza y resistencia, consumen y expanden las partículas gruesas de las masas, que se hacen blandas y pastosas. Después, el maestro, asistido de su ayudante, saca una masa con las tenazas y la coloca sobre el yunque, donde es machacada con el martillo, que alternativamente sube y baja por medio de la rueda hidráulica; después, sin ninguna demora, mientras está todavía caliente, lo echa en el agua y lo enfría; cuando está templado, lo coloca nuevamente sobre el yunque y lo rompe con un golpe del mismo martillo. Inmediatamente después de examinar los fragmentos, decide si en parte o en el conjunto el hierro aparece denso y transformado en hierro inaleable; si es así, coge una masa tras otra con las tenazas y, sacándolas fuera, las rompe en trozos. Después procede a calentar nuevamente la mezcla y añade una parte nueva, fresca, para que ocupe el lugar de la que ha sido absorbida por los poros de la masa. Esto viene a restablecer la energía y fortaleza de todo lo que ha quedado, y los trozos de las masas se vuelven a poner en el crisol y se purifican aún más. Cada trozo, después de calentado, se coge con las tenazas, se pone debajo del martillo y se transforma en una barra. Mientras todavía están ardientes, incandescentes, inmediatamente se echan en agua muy fría, que está próxima, y de esta manera, al condensarse de repente, se transforman en puro hierro inaleable, que es mucho más duro y más blanco que el hierro.

Los minerales de los demás metales no se funden en hornos. Los minerales de mercurio y también los de antimonio se funden en ollas, y el bismuto, en artesas o gamellas.

Primeramente hablaré del mercurio. Este se recoge, cuando

se encuentra, en balsas o charcas formadas de las emanaciones de las vetas y filones; se limpia con vinagre y sal y después se vierte en lona o cuero suave, a través de la cual, cuando se exprime, el mercurio fluye hacia una olla o recipiente o gamella. El mineral de mercurio es reducido en vasijas dobles o sencillas. Si se pone en vasijas dobles, la de arriba tiene una forma no muy diferente a la de una ampolla de cristal utilizada por los médicos, pero más estrecha hacia abajo, hacia el fondo, y las más bajitas son cacharros parecidos a aquellos en los cuales los hombres y las mujeres hacen el queso, pero son más grandes que éstos; es necesario meter los potes o cacharros más bajos hasta los bordes en tierra, arena o cenizas. El mineral, partido en pequeños trozos, se pone en los cacharros superiores; éstos, una vez que han sido completamente cerrados y sellados con musgo, se colocan al revés: lo de arriba, abajo, en las aberturas de los potes o cacharros más bajos, donde se unen por medio de ar-

A: Hogar.—B: Palos.—C: Hogar sin fuego en el cual se colocan los potes o pucheros.—D: Rocas.—E: Hileras de pucheros.—F: Pucheros superiores.—G: Potes o pucheros inferiores

cilla para juntas por temor de que el mercurio que hay en ellos pueda escaparse. Algunos hay que, después de que los cacharros han sido enterrados, no temen dejarlos sin cemento, sin revestirlos, y presumen pretendiendo que ellos pueden obtener un peso de mercurio no inferior a aquellos que los cementan; pero, no obstante, el protegerlos con arcilla para junturas constituye la mayor protección contra la exhalación o escape. De esta manera, setecientos pares de vasijas se colocan juntos en la tierra o en un hogar. Deben de estar rodeados por todos los lados con una mezcla consistente en tierra triturada y carbón vegetal, en forma tal que sobresalgan sobre esta mezcla un palmo. En ambos lados del hogar se colocan primeramente rocas, y sobre ellas, palos, sobre los cuales los obreros colocan otros palos transversalmente. Estos palos no tocan los cacharros; no obstante, el fuego calienta el mercurio, que, huyendo del calor, es obligado a descender a través del musgo a los potes inferiores. Si el mineral se está reduciendo en los superiores, se escapa de ellos, dondequiera que exista una salida, hacia los inferiores; pero si, por el contrario, el mineral se pone en los inferiores, el mercurio sube hacia los superiores o hacia los opérculos, cementados en las vasijas superiores.

Estas, por temor a que puedan resultar defectuosas, se moldean con arcilla plástica o greda, ya que si tuvieran defectos el mercurio se escaparía con los humos. Si los humos desprenden un olor muy dulce, ello indica que el mercurio se ha perdido, y puesto que esto afloja los dientes, los fundidores y los otros que están presentes, temerosos del diablo, se vuelven de espaldas y dan la cara al viento, que lleva los humos en dirección contraria; por este motivo, el cobertizo del hogar debe estar abierto en el frente y en los costados y expuesto al viento. Si las vasijas están hechas de cobre fundido, duran mucho más tiempo en el fuego. Este procedimiento para reducir los minerales de mercurio es utilizado por la mayoría de la gente.

De modo similar, el mineral de antimonio, si está libre de otros metales, es reducido en las vasijas o cacharros superiores, los cuales son dos veces mayores que los inferiores. Sin embargo, su tamaño depende de los panes, los cuales no tienen siempre y en todas partes el mismo peso, ya que en algunos sitios se hacen con un peso de seis libras, en otros lugares de diez y en otros sitios de veinte. Cuando el fundidor ha concluido su trabajo, apaga el fuego con agua, quita las tapas de los pucheros, echa tierra mezclada con cenizas alrededor de ellos y sobre ellos, y cuando se han enfriado saca los panes de las vasijas.

A continuación damos otros métodos para reducir el mercurio. Unos potes panzudos, después de colocados en la placa rectangular superior y abierta de un horno, se llenan con el mineral triturado. Cada uno de estos cacharros se cubre con una tapa, que tiene una boquilla negra—denominada comúnmente una *campana*—de forma de badajo, y se procede a su cementación.

A: Postes o pucheros.—B: Opérculos.—C: Boquillas.—D: Recipientes de barro en forma de calabazas

Cada uno de los pequeños recipientes de loza, modelados en forma de calabaza y colocados más abajo, recibe dos de estas boquillas, asimismo cementadas. Una vez se ha colocado madera seca en la parte inferior del horno y después de prenderle fuego, el mineral se calienta hasta que el mercurio ha subido hasta el opérculo que está encima del cacharro; después fluye por la boquilla y es recogido en el recipiente de forma de calabaza hecho de loza.

Otros construyen una cámara hueca abovedada, en la cual el suelo apelmazado es cóncavo hacia la parte del centro. Dentro de las paredes gruesas de la cámara se encuentran los hornos. Las puertas a través de las cuales se mete la madera se encuentran en la parte exterior de la misma pared. Colocan las vasijas o cacharros en los hornos y los llenan con el mineral triturado; después cementan los potes y los hornos por todos los lados con arcilla para junturas, de forma que nada del vapor pueda escapar

A: Cámara cerrada.—B: Puerta.—C: Ventanas pequeñas.—D: Bocas a través de las paredes.—E: Horno en la cámara cerrada.—F: Pucheros

de ellos, y no dejan ninguna entrada a los hornos, excepto a través de sus bocas. Entre el domo y el suelo pavimentado, colocan ramaje de árboles fresco, después cierran las puertas y las ventanillas y lo cubren todo, por todos los lados, con musgo y arcilla para junturas, de forma que nada de mercurio pueda escapar de la cámara. Después de que se le ha prendido fuego a la madera, el mineral se calienta y exuda o expulsa el mercurio; éste, impaciente por el calor y deseando encontrar el frío, se escapa hacia las hojas del ramaje fresco que se ha metido en el horno, que tienen un poder refrigerante. Cuando la operación ha terminado, el fundidor apaga el fuego y, cuando todo está frío, abre la puerta y las ventanas y recoge el mercurio, la mayor parte del cual cae por su propio peso desde las hojas y afluye hacia la parte cóncava del suelo; si no hubiera caído todo de las hojas, se sacuden las ramas hasta hacer que caiga.

El siguiente es el cuarto método para reducir minerales de mercurio. Un pote o cacharro más grande colocado en un trípode se llena de mineral triturado, y sobre el mineral se coloca arena o cenizas en un espesor de dos dedos y se apisona; después, en la boca de este cacharro se inserta la boca de otro pote o cacharro más pequeño y se cementa con arcilla para junturas, por temor de que los vapores puedan escapar. El mineral, calentado por el fuego, exhala el mercurio, el cual, penetrando a través de la arena y las cenizas, viene a refugiarse en la parte superior del pote, donde, condensándose en gotas, vuelve a caer en la arena o las cenizas, de las cuales se recoge el mercurio y se lava.

A: Pote más grande.—B: Pote más pequeño.—C: Trípode.—D: Tina en la cual se lava la arena

El quinto método no es muy diferente del cuarto. En lugar de estos potes o cacharros se colocan otros, asimismo hechos de barro, que tienen el fondo estrecho y la boca ancha. Se llenan casi totalmente de mineral triturado y se cubren con cenizas hasta una profundidad de dos dedos y se apisonan. Estos cacharros se cubren con tapas de un dedo de espesor y se untan todas por la parte exterior con almártaga líquida, y sobre la tapa se colocan piedras pesadas. Estos cacharros se colocan sobre el horno y el mineral se calienta y de modo similar exhala y expulsa el mercurio, el cual, huyendo del calor, se refugia en la tapa; al congelarse allí vuelve a caer sobre las cenizas, de las cuales, cuando se lavan, se recoge el mercurio.

A: Pucheros.—B: Tapaderas.—C: Piedras.—D: Horno

El mercurio puede hacerse mediante cualquiera de estos cinco métodos, y de ellos ninguno ha de despreciarse ni repudiarse; sin embargo, si la mina suministra gran abundancia de mineral, el primer método resulta el más expeditivo y práctico, porque gran cantidad de mineral puede reducirse al mismo tiempo sin grandes gastos.

El mineral de bismuto, exento de toda clase de plata, puede fundirse por diversos métodos. Primeramente se cava un pequeño pozo en la tierra seca; en éste se echa carbón vegetal pulverizado y se apisona en él, y después se seca con carbón vegetal ardiendo. Después, trozos gruesos secos de madera de haya se colocan sobre el pozo, y el mineral de bismuto se echa sobre ellos. Tan pronto como la madera encendida arde, el mineral calentado gotea el bismuto, el cual escurre bajando hacia el pozo, de donde, cuando se ha enfriado, se sacan los panes. Debido a que, circunstancialmente, algunos trozos de madera quemada, o a veces carbón vegetal y también, ocasionalmente, escorias, vienen a caer en el bismuto que se acumula y recoge en el pozo y lo hacen impuro, se vuelve a poner en otra clase de crisol para fundirlo, de forma que puedan obtenerse panes puros. Hay algunos que, teniendo todo esto presente, proceden a hacer una excavación en un lugar inclinado, pendiente, y más abajo ponen un antehogar, hacia el cual el bismuto afluye continuamente y así queda siempre limpio; después lo sacan con cazos o cucharones y lo vierten en barreños de hierro revestidos por dentro con arcilla para junturas y hacen panes con ello. Cubren estos pozos con piedras planas, cuyas junturas deben ir embadurnadas y revestidas de un material hecho de carbón vegetal triturado y polvo mezclado, por temor de que absorban el bismuto derretido. Otro método es el poner el mineral en gamellas o piletas hechas de madera de abeto y colocadas sobre un suelo o terreno inclinado; colocan leña menuda encima, prendiéndole fuego cuando sopla un viento suave, y así el mineral se calienta. De esta manera el bismuto se funde y sale de las gamellas hacia el pozo, mientras que en ellas quedan las escorias o piedras, las cuales tienen un color amarillo, igual que la madera colocada a través del pozo. Estas piedras también se venden.

Otros reducen el mineral en panes de hierro, como describiremos a continuación. Colocan pequeños trozos de madera en forma alternada, a lo largo y transversalmente, sobre ladrillos, a una separación de un pie y medio, y pone fuego sobre él. A continuación ponen pequeñas gamellas de hierro revestidas en su interior con arcilla para junturas y llenas de mineral partido; después, cuando el viento hace arder un fuego violento, fuerte, sobre estas gamellas el bismuto se escurre del mineral, con lo cual, al objeto de que vaya fluyendo, el mineral se agita, se mueve

A: Pozo en el cual se coloca la madera.—B: Antehogar.—C: Cucharón.—D: Molde de hierro.—E: Panes.—F: Puchero o pote vacío revestido con piedras en capas. G: Gamellas.—H: Pozos excavados al pie de las gamellas.—I: Leña colocada sobre las gamellas.—K: Viento

con las tenazas; pero cuando llegan a determinar que todo el bismuto ha sido exudado, ha salido completamente, agarran las gamellas con las tenazas y las sacan y vierten el bismuto en gamellas vacías, y después de darles muchas vueltas hacen panes con él. Otros reducen el mineral, cuando no está mezclado, en un horno similar al horno de hierro. En este caso hacen un pozo y un crisol de tierra triturada mezclada con carbón vegetal pulverizado, y en él ponen el mineral partido o los concentrados del lavado, de los cuales hacen más bismuto. Si meten mineral, lo reducen con carbón vegetal y madera pequeña mezclada, y si son concentrados, utilizan solamente carbón vegetal; soplan ambos materiales con un soplo suave del fuelle. Desde el crisol hay un pequeño tubo, a través del cual el bismuto derretido discurre hacia el recipiente de enfriamiento inclinado, y desde éste se hacen panes.

Otros, sobre un vertedero de las minas, construyen un hogar

A: Madera.—B: Ladrillos.—C: Gamellas.—D: Horno.—E: Crisol.—F: Tubo.—G: Recipiente de enfriamiento

expuesto al viento de un pie de alto y cuatro pies y medio de largo. Se mantiene unido por medio de cuatro tablas o tableros, y el conjunto está revestido de manera muy espesa, hasta la parte de arriba, con arcilla para junturas. Sobre este hogar ponen primeramente unas pequeñas varas o palos secos de madera de abeto; después, sobre esta leña, mineral partido, y luego ponen más madera encima, y cuando sopla el viento proceden a prenderle fuego. De esta manera el bismuto sale, se escurre del mineral y después las cenizas de la madera consumida por el fuego y los carbones de leña se barren y se sacan fuera. Las gotas de bismuto que caen en el hogar se solidifican con el frío y se sacan con las tenazas, echándolas dentro de un cesto. Del bismuto fundido hacen panes en gamellas de hierro.

A: Hogar en el que se funde el mineral.—B: Hogar en el cual caen gotas de bismuto.—C: Tenazas.—D: Cesto.—E: Viento

Otros hacen una caja o recipiente de ocho pies de largo, cuatro pies de ancho y dos pies de alto, que llenan casi totalmente de arena y la cubren con ladrillos, haciendo de esta forma un horno. La caja tiene en el centro un pivote de madera, que gira en un orificio de dos vigas colocadas transversalmente una sobre la otra; estas vigas son duras, pesadas y gruesas, están hundidas en la tierra; ambos extremos están perforados, y a través de estos agujeros se meten cuñas para fijar las vigas y para que la caja pueda volver hacia el viento, sople del lado que sople. En este hogar colocan una rejilla o emparrillado de hierro, del largo y ancho de la caja y tres cuartos de pie de altura; tiene seis pies, y hay tantas barras transversales que casi se tocan las unas a las

A: Caja.—B: Pivote.—C: Vigas transversales de madera.—D: Rejilla.—E: Sus pies.—F: Madera ardiendo.—G: Palo.—H: Gamellas en las que se funde el bismuto.—I: Gamellas para moldes.—K: Panes.—L: Horqueta.—M: Cepillo

otras. En el emparrillado colocan madera de pino, y sobre ella, mineral partido, y sobre esto nuevamente madera de pino. Cuando se le ha prendido fuego, el mineral se funde y el bismuto se escurre hacia abajo; puesto que muy poca madera se ha quemado, éste es el método más provechoso para la fundición de bismuto. El bismuto se escurre, o sea, baja a través de la rejilla hacia el hogar, mientras que todo lo demás queda sobre la rejilla o emparrillado junto con el carbón vegetal. Cuando todo el trabajo se ha terminado, el obrero coge un palo o vara del hogar y da la vuelta a la rejilla y a lo acumulado sobre ella; con un cepillo barre el bismuto y lo recoge en un cesto, y después lo funde en una gamella de hierro y hace panes. Tan pronto como se haya enfriado, da la vuelta a las gamellas, de forma que los panes caigan, ayudándose para este propósito con una horqueta de dos puntas, de las cuales una punta está, a su vez, ahorquillada, e inmediatamente después vuelve a sus trabajos.

FIN DEL LIBRO IX

LIBRO X

He tratado en el libro IX de los métodos de fusión de minerales y obtención de los metales. A continuación expondré cómo se separan los metales preciosos de los metales de menor calidad, o al contrario, los de poca calidad de los preciosos.

A menudo se obtienen de un mineral dos metales juntos, a veces incluso más de dos, porque en la naturaleza hay casi siempre oro en la plata y el cobre; plata en el oro, el cobre, el plomo y el hierro; cobre en el oro, plata, plomo y hierro; plomo en la plata, y por último, hierro en el cobre. Pero comenzaré con el oro.

El oro se separa de la plata, y de la misma manera la plata del oro, tanto si está mezclado por la naturaleza como si se ha hecho una aleación artificial, por medio del agua fuerte o por polvos compuestos de aproximadamente los mismos ingredientes que el agua. Para seguir el orden que me he fijado, hablaré primero de las fórmulas con las que se fabrica el agua fuerte; después, de la manera de mezclar los ingredientes, y por último, del método de separar el oro de la plata y la plata del oro. Casi todas las fórmulas del agua fuerte contienen vitriolo o alumbre, que son por sí mismos, y mucho más cuando se unen al salitre, lo bastante fuertes para separar la plata del oro. En cuanto a los otros ingredientes que añaden, no pueden separarlos ellos solos, por su propia naturaleza o fuerza, pero son muy poderosos combinados unos con otros. Ya que hay muchas fórmulas de composición, trataré de varias de ellas. En la primera, que se usa muy comúnmente, se mezclan una libra de vitriolo y otra de sal y se añaden a un tercio de libra de agua de manantial. La segunda se prepara con dos libras de vitriolo, una de salitre y el peso de agua de manantial o de río que se evapore mientras se reduce el vitriolo a polvo por medio del fuego. La tercera se compone de cuatro libras de vitriolo, dos libras y media de salitre, media libra de alumbre y una libra y media de agua de manantial. La cuarta, de dos libras de vitriolo, otras dos libras de salitre, un cuarto de libra de alumbre y tres cuartos de libra de agua de manantial. La quinta se compone de una libra de salitre, tres libras de alumbre, media libra de polvo de ladrillo y tres cuartos de libra de agua de manantial. La sexta, de cuatro libras de vitriolo, tres libras de salitre, una de alumbre, una libra también de piedras de las que en un horno muy fuerte se licúan con fuego de tercer grado y una libra y media de agua de manantial. La séptima se compone de dos libras de vitriolo, una y media de salitre, media libra de alumbre y una libra de piedras de las que se licúan con el calor del fuego de tercer grado, en cinco sextos de libra de agua de manantial. La octava se prepara con dos libras de vitriolo, dos libras de salitre, una libra y media de alumbre, una libra de las heces o escurrimbres del agua que separa el oro y la plata, y a cada libra de esta mezcla, por separado, se añade un sexto de libra de orina. La novena se compone de dos libras de polvo de ladrillos calcinados, una libra de vitriolo, una de salitre, un puñado de sal y tres cuartos de libra de agua de manantial. Sólo la décima no contiene vitriolo ni alumbre, pero contiene tres libras de salitre, dos de piedras de las que se licúan con fuego de tercer grado, media de verdemontaña, media de estibio, media de limaduras, media de amianto y una libra y un sexto de agua de manantial.

El vitriolo que se emplea en todas estas fórmulas para la preparación del agua fuerte se reduce primero a polvo por el siguiente procedimiento: se echa en un crisol de arcilla recubierto en su interior de almártaga y se calienta hasta que se funde; se revuelve con un alambre de cobre y al enfriarse se reduce a polvo. De la misma manera se reduce a polvo el salitre cuando se ha enfriado después de fundirlo al fuego. El alumbre algunos lo ponen en un plato de hierro y lo calientan y lo muelen en él.

Todas estas fórmulas de agua fuerte acrisolan el oro y lo purifican tanto de gandinga como de polvo, pero algunas son más poderosas. La primera de éstas se prepara con una libra de verdemontaña y tres cuartos de libra de vitriolo; sobre cada libra de esta mezcla se vierte un sexto de libra de agua de manantial o de río, de la cual, ya que se añade del mismo modo en todas las fórmulas que siguen, no volveré a hacer mención. La segunda se prepara con una libra de cada uno de los siguientes ingredientes: oropimente artificial, vitriolo, cal, alumbre, ceniza de la que usan los que tiñen la lana, un cuarto de libra de verdemontaña y media onza de estibio. La tercera se prepara con tres libras de vitriolo, una de salitre, media libra de amianto y media libra de ladrillos calcinados. La cuarta, con una libra de salitre, una de alumbre y media libra de almohatre.

El horno en el que se destila el agua fuerte se hace de ladrillo, cuadrado de dos pies de largo y de ancho y otro tanto y una mitad más de altura. Se cubre de planchas de hierro, sobre barras de hierro; las planchas se enlodan por fuera y en el centro tienen un agujero redondo grande para colocar en él una vasija de barro, en la que se asienta a su vez la ampolla de vidrio; a cada lado del agujero central hay dos más pequeños para el tiro. La parte baja del horno se forra de planchas de hierro, también sobre barras de hierro. En el centro de la pared delantera está la boca del horno, para cargarlo y encenderlo; la boca es de medio pie de ancho y de alto, y redondeada por encima y debajo hay otra abertura para el tiro. En la vasija de barro que se encaja en el agujero superior se pone arena limpia hasta un dedo de altura, y en ella se asienta la ampolla de vidrio, cubierta también de barro hasta donde se hunde en la arena. Esta preparación de la ampolla se hace recubriéndola de barro casi líquido ocho o diez veces, dejándolo secar cada vez y añadiendo cada vez un espesor muy pequeño hasta que al fin la capa de barro es como de un dedo de grosor; esta clase de barro se prepara batiéndolo mucho con una barra de hierro y mezclándolo con crin, fibra de algodón o lana y sal para que no se resquebraje. Los diversos ingredientes que hay que mezclar no deben llenar la ampolla completamente, para que cuando suben al hervir no lleguen al opérculo. Este opérculo es también de vidrio y tapa la ampolla por la parte superior, y para que lo haga herméticamente se fija con un lienzo y se pega con engrudo de harina de trigo, clara de huevo y agua, y sobre este engrudo, una capa de barro sin sal. El brazo de la ampolla o retorta se une con las mismas condiciones a la otra ampolla de vidrio, que recibe el agua destilada. En esta unión se fija una especie de clavo delgado de hierro o de astilla de madera poco más gruesa que una aguja y que puede sacarse cuando el que dirige la destilación juzga que debe dejar que entre algo de aire; esto se hace necesario cuando hay demasiado vapor en la parte superior de la retorta. Los cuatro agujeros para el tiro del aire que se abren en la parte superior del horno, como he dicho, se cubren también con barro.

Cuando todo esto está preparado y en orden y los ingredientes en la retorta, se calientan gradualmente quemando carbón hasta que empiezan a exhalar vapor y se ve que se empaña la retorta y se humedece. Cuando el vapor que se levanta la colorea de rojo y comienzan a condensarse gotas a lo largo del brazo, hay que trabajar con la mayor atención y cuidado. Las gotas no deben condensarse, sino a razón de una cada cinco movimientos del péndulo del reloj o del golpe de su resorte, como máximo, y de una cada diez movimientos del reloj, como mínimo; porque si se hace más rápidamente se rompen las dos ampollas de vidrio, y si se condensan más despacio no se termina la destilación en el tiempo prescrito, es decir, en veinticuatro horas. Para impedir el primer caso se saca del horno parte del carbón con un instrumento de hierro en forma de pinza, y para impedir el segundo se ponen sobre los carbones astillas de roble secas para que las sustancias de la retor-

A: Horno.—B: Orificio redondo.—C: Entradas de aire.—D: Boca del horno.—E: Abertura inferior para el tiro.—F: Crisol de barro.—G: Ampolla.—H: Opérculo.—I: Su brazo.—K: Otras ampollas de vidrio.—L: Cesto donde se suelen poner para que no se rompan

ta se calienten a un fuego más vivo y, si es necesario, se abren los tiros para avivarlo más. Cuando empieza la destilación, la ampolla o vasija de vidrio que la recibe se cubre con un paño de hilo humedecido para repeler el fuerte vapor que se levanta. Cuando los ingredientes de la retorta se han evaporado y el vidrio está blanqueado por su humedad, se calienta a fuego más vivo hasta destilar la última gota. Después se deja enfriar el horno y el agua obtenida se filtra y se vierte a otra ampolla de vidrio más pequeña, en la que se echa una moneda de medio dracma de plata; cuando la plata se disuelve en el agua, ésta de turbia se convierte en clara. Este agua se vuelve a la vasija junto al resto y se deja posar; tan pronto como los residuos se han depositado, se saca el agua de la vasija, presta ya para su uso.

El oro se separa de la plata por el siguiente procedimiento: La aleación, a la que se añade plomo, se calienta primero en un crisol hasta que el plomo se desvanece y hasta que ocho onzas de la aleación no contengan más de cinco dracmas de cobre, o a lo más seis, porque si hay más cobre en la aleación de plata que se separa del oro vuelve a unirse a él. La plata ya fundida con su oro se granula revolviéndola con una varilla ahorquillada en su extremo inferior, o bien se echa en un molde de hierro y cuando se enfría se convierte en hojas muy delgadas. Como el proceso de granular la plata aurífera exige más cuidado y atención que la granulación de ningún otro metal, explicaré el procedimiento brevemente. Se pone primero la aleación en un crisol, que se tapa, y se coloca en otro crisol de arcilla, que en el fondo contiene cenizas. Se meten ambos en el horno y se rodean de carbón, que se enciende con la ayuda del fuelle. Para que los carbones no se paren al soplo del aire, se rodean previamente de piedras o ladrillos. Poco después se pone carbón sobre el crisol hasta cubrirlo con carbones encendidos; vuelven éstos a cubrirse con carbón hasta que el crisol está completamente rodeado y cubierto por todas partes de fuego. Es necesario calentar los crisoles de este modo durante media hora o algo más y prever desde el principio que no falte carbón para que no se enfríe la aleación; para mantener el fuego vivo a fin de que se funda el oro hay que seguir usando los fuelles, metiendo el aire en el horno. Después del tiempo indicado se abre el crisol y se hace rápidamente una prueba para ver si se ha fundido, y si es así se le añaden flujos, pero hay que tapar de nuevo el crisol firmemente para que no se exhale su contenido. Se calienta durante el tiempo que se tardaría en dar quince pasos, y luego se ase con tenazas y se vacía en una vasija alargada llena de agua muy fría, echándolo despacio y desde cierta altura para que los granos no sean grandes; cuanto más ligeros, más pequeños y más irregulares serán mejores, por lo que conviene agitar el agua frecuentemente con una varilla partida en dos o en cuatro, desde el extremo inferior hasta la mitad.

Las hojas se cortan en pedacitos, y éstos o los gránulos de plata se ponen en una ampolla de vidrio y se vierte sobre ellos el agua fuerte desde una altura de un dedo. Se tapa la vasija con tripa o lienzo encerado para que no se pierda el contenido por exhalación de su vapor, y se calienta hasta que se disuelve la plata cuando hierve el agua. El oro queda en el fondo con un color negruzco, y la plata, mezclada con el agua fuerte. Algunos la vierten en un recipiente de cobre y le añaden agua fría, que inmediatamente vuelve la plata a su ser; entonces la toman y la secan, y luego la calientan en un crisol de tierra hasta que se funde y se pasa a un molde de hierro.

El oro que queda en el fondo de la ampolla se lava con agua templada, se filtra, se seca y se calienta en un crisol con un poco de crisocola, que se llama también bórax, y una vez fundido se vierte en un molde de hierro.

Algunos, en la ampolla que contiene el oro y la plata y el agua fuerte que los separa, echan otras dos o tres veces más agua fuerte templada, y en la misma vasija o en un recipiente en el que se vierte todo añaden hojas delgadas de plomo negro y cobre; por este procedimiento, el oro se adhiere al plomo, y la plata, al cobre; y luego, el oro del plomo y la plata del cobre se separan por copelación. Pero ningún método en el que el agua fuerte usada para separar el oro de la plata se pierda o se desperdicie merece nuestra aprobación. Una ampolla o vasija de vidrio con una abolladura como un cono hacia el interior de la base se recubre de barro por el exterior, empleando el procedimiento que hemos explicado antes, y sirve para separar tres libras y media de plata en lingote del oro que contenga. El agua fuerte que los separa se vierte en la ampolla que se asienta sobre arena contenida en una vasija de barro o en una caja para que el fuego la caliente poco a poco. Para que no se pierda el agua, la parte superior de la ampolla se recubre con barro, como antes la inferior, y también el opérculo y la unión del brazo de destilación de esta ampolla con la siguiente, donde se recogen las gotas destiladas; esta segunda vasija va también colocada en una caja con arena. Cuando se calienta, el contenido toma un tinte rojo; cuando éste no sigue aumentando de tono, se saca la retorta de la vasija o la caja en que se asienta y se agita; con esta operación vuelve a aumentar el color rojo. Si se hace esto dos o tres veces antes de añadir más agua fuerte, la operación se concluye antes y con menos gasto de agua fuerte. Cuando se ha terminado de destilar la primera carga, vuelve a ponerse en la retorta igual cantidad de plata que la primera vez, porque si se cargara demasiado de una sola vez se dificultaría la separación del oro. Se pone a continuación la segunda carga de agua fuerte, calentada previamente a la temperatura de la retorta para que ésta no se agriete por el frío, ya que cuando está caliente puede hacer que se agriete incluso con una corriente de aire frío. Después se pone la tercera carga de agua fuerte y, si las circunstancias lo permiten, también la cuarta, es decir, se va añadiendo más agua fuerte hasta que el oro tiene color de ladrillo calcinado. El artífice trabaja con dos aguas, una más fuerte que la otra; usa la más fuerte al principio y luego la menos fuerte, y al final de nuevo la más fuerte. Cuando el oro adquiere un color dorado rojizo se añade agua de manantial y se calienta hasta que hierve. El oro se lava cuatro veces y luego se calienta en el crisol hasta que se funde. El agua con la que se lava se recoge porque contiene algo de plata; se pone en una retorta y las gotas que destilan primero se recogen en una ampolla y las siguientes en otra distinta. Esta última servirá para contrastar el oro; la primera, para lavarlo y también como ingrediente en la fabricación de agua fuerte.

El agua de la primera destilación, la que contiene la plata, se echa en una retorta de base ancha, también recubierta de barro y también cerrada con un opérculo de vidrio, y se hierve de nuevo para recuperar la plata. Si hay tanta agua que al hervir sube hasta el opérculo, se pone en la retorta una lasca o dos

A: Ampollas colocadas sobre los agujeros de la placa.—B: Una ampolla sobre un trípode de hierro.—C: Ampollas colocadas en la arena contenida en una caja y cuyos brazos van de los opérculos a las otras ampollas o vasijas de vidrio.—D: Otras ampollas también colocadas en arena contenida en una caja, los brazos de sus opérculos van a las ampollas o vasijas de vidrio colocadas más abajo.—E: Las vasijas inferiores.—F: Trípode de hierro en que se suele colocar la ampolla.—G: Vasija

de jabón mezclado con polvos de tártaro y se calienta a fuego lento, o bien se agita el contenido con una ramita de avellano terminada en varias puntas, y en ambos casos la ebullición se calma. Cuando aparece el vapor del agua fuerte, ésta da de sí una especie de aceite y el opérculo o retorta superior se enrojece, pero para que no se escapen los vapores de la ampolla ni del opérculo por donde se unen las bocas de ambos están sellados herméticamente todo alrededor. El agua fuerte se sigue hirviendo con fuego fuerte, para el que debe cargarse tanto el horno que los carbones encendidos lleguen a tocar el fondo de las vasijas. La retorta se retira en el momento en que todo el agua fuerte ha pasado a la ampolla y queda en la retorta sólo la plata, seca por el calor del fuego; la plata se saca, se pone en un crisol de tierra y se calienta hasta fundirla. El vidrio fundido se separa con una varilla curva de hierro y de la plata se hacen panes. El vidrio extraído del crisol se tritura hasta convertirlo en polvo; se le añade óxido de plomo, tártaro, escorias de vidrio y salitre y se funde todo en un horno de tierra. El botón que se sedimenta se pasa a la copela y se vuelve a fundir.

Si la plata no se secó suficientemente por el calor del fuego, la contenida en la parte superior de la ampolla aparecerá negra y cuando se funda se consumirá. Cuando se quita el barro que se había puesto alrededor de la ampolla, se pone ésta en el horno y se vuelve a fundir la plata hasta que pierda el color negro.

Si se ha de añadir a la primera agua fuerte, la otra, la que contiene la plata, debe verterse antes de que aparezcan vapores fuertes y de que el agua despida de sí la sustancia aceitosa y el opérculo se ponga rojo, porque el que vierte agua fuerte después de la aparición de los vapores origina una pérdida, debido a que generalmente salta fuera y el vidrio se rompe. Si se rompe la ampolla cuando se está separando el oro de la plata, el agua fuerte se filtra por la arena, el barro o los ladrillos; en este caso, sin pérdida de tiempo, deben sacarse del horno los carbones al rojo vivo y apagarse el fuego cuanto antes. La arena y los ladrillos, después de triturados, deben echarse en un recipiente de cobre, vertiendo agua caliente encima de ellos y apartándolos por espacio de doce horas; una vez que el agua se ha filtrado a través de una tela, se seca ésta al calor del sol o del fuego, porque contiene plata, y se coloca después en un crisol de arcilla, calentándola hasta que se derrita la plata, vertiéndose después en un molde de hierro. El agua filtrada debe verterse en una ampolla y separarse de la plata, de la cual contiene una porción diminuta; la arena debe mezclarse con óxido de plomo, escorias de vidrio, tártaro, salitre y sal, y calentarse en un crisol de tierra. El botón que se deposita en el fondo debe pasarse a una copela, volviendo a derretirse para que el plomo pueda separarse de la plata. El barro, añadiéndole plomo, debe calentarse en un crisol de arcilla y después volverse a fundir en la copela.

También separamos la plata del oro por el mismo método cuando los ensayamos. A tal fin, la aleación se frota primero contra la piedra de toque para saber la proporción de plata que hay en ella; después se añade tanta plata como sea necesario al oro argentífero, en un bes del cual debe haber menos de media onza o media onza y un siclo de cobre. Después de haber añadido el plomo, se derrite en una copela hasta que el plomo y el cobre se han disipado, y después se aplasta la aleación de oro y plata, haciéndose pequeños tubos de las láminas; los tubos se ponen en una ampolla de vidrio, vertiendo agua fuerte sobre ellos dos o tres veces. Después de esto, los tubos son completamente puros, a excepción de solamente un cuarto de un siclo que es plata, ya que solamente esta plata permanece en ocho onzas de oro.

Debido a que se incurre en un considerable gasto al separar los metales por los métodos que he explicado y a que son necesarias muchas noches de vela cuando se hace el agua fuerte, así como a que generalmente hace falta mucho trabajo en todo el procedimiento, se han inventado otros métodos por hombres inteligentes, métodos que resultan menos costosos, menos laboriosos y en los que hay menos pérdida si se trabaja con cuidado para no sufrir errores. Hay tres métodos: el primero, con azufre; el segundo, con estibio, y el tercero, mediante algún compuesto formado por estos u otros ingredientes.

En el primer método se funde la plata que contiene algo de oro, utilizando un crisol, y se convierte en gránulos. Para una libra de gránulos se toma una libra y un siclo de azufre no expuesto al fuego; éste, cuando está triturado, se rocía sobre los gránulos humedecidos, que después se ponen en un nuevo pote de arcilla de la capacidad de cuatro sextarios o en varios si hay muchos gránulos. El pote, una vez lleno, se cubre con una tapadera de tierra y se coloca dentro de un círculo de fuego, colocado a un pie y medio de distancia del pote por todos los lados para que el azufre añadido a la plata no se desvanezca al derretirse. Al volver a abrir el pote, los gránulos coloreados en negro se sacan y, después, treinta y tres libras de estos gránulos se colocan en el crisol de tierra, si tiene tal capacidad. Por cada libra de gránulos de plata, pesados antes de ser rociados con

A: Caldero.—B: Hogar redondo.—C: Crisoles.—D: Tapas de los crisoles.— E: Tapa del caldero.—F: Horno.—G: Vara de hierro

azufre, se pesan también un sexto de libra y un siclo de cobre, si cada libra consiste bien en tres cuartos de una libra de plata y un cuarto de una libra de cobre, bien en tres cuartos de una libra y media onza de plata y un sexto de libra y media onza de cobre. Pero si la plata contiene cinco sextos de una libra de plata y un sexto de una libra de cobre o cinco sextos de una libra y media onza de plata y una onza y media de cobre, entonces se ha pesado un cuarto de libra de gránulos de cobre. Si una libra contiene once doceavos de libra de plata y una onza de cobre u once doceavos y una semionza de plata y una semionza de cobre, entonces se han pesado un cuarto de libra y una semionza y un siclo de gránulos de cobre. Por último, si tan sólo hay plata pura, entonces se añade un tercio de una libra y una semionza de gránulos de cobre. La mitad de estos gránulos de cobre se añaden pronto, después, a los gránulos de plata ennegrecidos. El crisol debe estar herméticamente cubierto y untado por dentro con barro, colocándose en un horno, de cuyo interior se extrae el aire a través de unos respiraderos. Tan pronto como la plata se derrite, se abre el crisol y se coloca en él un cucharón bien lleno de cobre granulado, y también otro cucharón bien lleno de un polvo que está formado por partes iguales de óxido de plomo, plomo granulado, sal y escorias de vidrio; después se cubre de nuevo el crisol con la tapadera. Cuando se han fundido los gránulos de cobre, se ponen más aún, juntamente con el polvo, hasta que se ha puesto todo dentro.

Del crisol se toma un poco del régulo, pero no del trozo de oro que se ha depositado en el fondo, y una dracma de él se pone dentro de cada una de las copelas, que contienen una onza de plomo derretido; es necesario disponer de muchas de estas copelas. De esta forma se hace media dracma de plata. Tan pronto como el plomo y el cobre se han separado de la plata, un tercio de ella se pone en una ampolla de vidrio y se vierte en el interior agua fuerte. Mediante este método se conoce si el azufre ha separado todo el oro o no de la plata. Si se quiere conocer el tamaño del trozo de oro que se ha depositado en el fondo del crisol, se cubre con tiza una varilla de hierro humedecida con agua, y cuando está seca se mete hacia abajo en el crisol y se ve que queda brillante a la altura del trozo de oro, mientras que la parte restante de la varilla se colorea en negro por el régulo, que se adhiere a la varilla si no se saca rápidamente.

Si cuando se ha extraído la varilla se observa que el oro se ha separado satisfactoriamente de la plata, se vierte fuera el régulo; el botón de oro que se ha formado se saca del crisol, y en cualquier lugar limpio se desconcha el régulo de él, si bien generalmente desaparece. El propio trozo de oro se reduce a gránulos, y por cada libra de este oro se pesan un cuarto de libra de azufre triturado y otro cuarto de libra de cobre en gránulos, colocando todo en un crisol de arcilla, no en un pote. Cuando se funde, y para que el oro pueda depositarse más rápidamente en el fondo, se añade el polvo que he mencionado anteriormente.

Aunque se ve cómo centellean en el régulo de cobre y plata las partículas minúsculas de oro, sin embargo, si todo lo que hay en una libra no pesa un solo sestercio, entonces el azufre ha separado satisfactoriamente el oro de la plata; pero si pesa un sestercio o más, entonces el régulo se vuelve al interior del crisol de tierra, no siendo ventajoso añadir azufre, sino solamente un poco de cobre y polvo, mediante cuyo método se hace depositar de nuevo un trozo de oro en el fondo, y este trozo se añade al otro botón.

Cuando se separa oro de sesenta y seis libras de plata, la plata, el cobre y el régulo de azufre pesan ciento treinta y dos libras. Para separar el cobre de la plata necesitamos quinientas libras de plomo más o menos, con las cuales se funde el régulo en el segundo horno. De esta forma se hacen óxido de plomo y plomo de solera, los cuales se vuelven a fundir en el primer horno. Los panes que se hacen de éstos se colocan en el tercer horno, de forma que el plomo pueda separarse del cobre y usarse de nuevo, porque contiene muy poca plata. Los crisoles y sus cubiertas se trituran y se lavan y el sedimento se funde juntamente con óxido de plomo y plomo de solera.

Los que desean separar toda la plata del oro por este método dejan una parte de oro por cada tres de plata, y después reducen la aleación a gránulos. A continuación los colocan en una ampolla y, vertiendo agua fuerte sobre ellos, separan el oro de la plata por el proceso que he explicado en el libro VII.

Si el azufre procedente de la lejía con la cual se hace la sal artificial es fuerte como para que flote un huevo echado en él y se hierve hasta que ya despida vahos, y se derrite cuando se coloca sobre carbones incandescentes, es el azufre apropiado, y si se echa dentro de la plata fundida, separa el oro que hay en ella.

La plata también se separa del oro por medio del estibio. Si en un bes de oro hay siete, o seis, o cinco dobles sextulas de plata, entonces se añaden tres partes de estibio a una parte de oro; pero, con objeto de que el estibio no consuma al oro, se funde con cobre en un crisol de tierra puesto al rojo. Si el oro contiene alguna porción de cobre, entonces hay que añadir un siclo de cobre a ocho onzas de estibio, y si no contiene cobre, entonces media onza, porque el cobre ha de añadirse al estibio con objeto de separar el oro de la plata. El oro se coloca primeramente en un crisol de tierra rojo, y cuando se funde se hincha, añadiéndose un poco de estibio por miedo a que se rebose; en un corto espacio de tiempo, cuando se ha fundido, se hincha de nuevo, y cuando tiene lugar es aconsejable poner dentro todo el resto del estibio y cubrir el crisol con una tapadera, calentando después la mezcla por un tiempo igual al requerido para dar treinta y cinco pasos. Después se vierte al instante en un pote de hierro, ancho por la parte superior y estrecho en el fondo, que previamente se calentó y recubrió con sebo o cera, y se puso sobre un bloque de hierro o de madera. Se sacude violentamente, y mediante esta agitación el trozo de oro se deposita en el fondo, y cuando el pote se ha enfriado se le golpea ligeramente para que se desprenda, fundiéndose de nuevo cuatro veces de la misma forma. Pero cada vez se añade un peso menor de estibio al oro, hasta que, finalmente, sólo se añade dos veces tanto estibio como oro hay o un poco más; después, el trozo de oro se funde en una copela. El estibio se funde de nuevo tres o cuatro veces en un crisol de tierra, y cada vez se deposita un trozo de oro, de forma que hay tres o cuatro trozos de oro fundiéndose todos ellos juntos en una copela

A dos libras y media de tal estibio se añaden dos libras de tártaro y una libra de escorias de vidrio, fundiéndose todo en un crisol de arcilla, donde asimismo se deposita un trozo en el fondo; este trozo se funde en la copela. Finalmente, y estando el estibio con un poco de plomo añadido, se funde en la copela, en la que, una vez que todo el resto se ha disipado por el fuego, solamente permanece la plata. Si el estibio no se funde primero en el crisol de tierra con tártaro y escorias de vidrio, antes de fundirse en la copela, parte de la plata se disipa y es absorbida por la escoria y el polvo de que la copela está hecha.

El crisol en el que oro y la plata se funden con estibio, y también la copela, se colocan en un horno, que es por lo general de la clase en la que el aire se introduce a través de orificios, o, de otro modo, se colocan en una fragua de orfebre.

Igual que el agua fuerte vertida sobre la plata, de la cual el azufre ha separado el oro, nos muestra si se ha separado todo o si todavía hay partículas de oro que permanecen en la plata, así hacen determinados ingredientes si se colocan en el pote o crisol con el oro, del cual se ha separado la plata mediante el estibio, nos muestran si se ha separado toda o no.

Usando cementos, sin estibio, separamos plata o cobre, o ambos, de forma ingeniosa y admirable, del oro. Hay varios cementos. Algunos están formados por media libra de polvo de ladrillo, un cuarto de libra de sal, una onza de salitre, media onza de sal amoníaco y media onza de sal de roca. Los ladrillos o baldosas de los que se hace el polvo han de estar compuestos de arcillas grasas, libres de arena, arenilla y piedras pequeñas, debiendo quemarse moderadamente y ser muy viejos.

Otro cemento se hace de un bes de polvo de ladrillo, un tercio de sal de roca, una onza de salitre y media onza de sal refinada. Otro cemento se hace de un bes de polvo de ladrillo, un cuarto de sal refinada, una onza y media de salitre, una onza de sal amoníaco y media onza de sal de roca. Otro tiene una libra de polvo de ladrillo y media libra de sal de roca, a las cua-

A: Horno con entrada de aire.—B: Fragua de orfebre.—C: Crisoles de barro.— D: Calderos de hierro.—E: Bloque

les se añaden un sexto de libra y un siclo de vitriolo. Otro más se hace de media libra de polvo de ladrillo, un tercio de libra de sal de roca, una onza y media de vitriolo y una onza de salitre. Otro está formado de un bes de polvo de ladrillo, un tercio de sal refinada, un sexto de vitriolo blanco, media onza de moho y asimismo media onza de salitre. Otro se hace de una libra y un tercio de polvo de ladrillo, un bes de sal de roca, un sexto de libra y media onza de sal amoníaco, un sexto y media onza de vitriolo y un sexto de salitre. Otro contiene una libra de polvo de ladrillo, un tercio de sal refinada y una onza y media de vitriolo.

Los ingredientes anteriores son peculiares para cada cemento, pero lo que sigue a continuación es común a todos ellos. Cada uno de los ingredientes se separa primeramente, triturado hasta convertirlo en polvo; los ladrillos se colocan sobre una roca dura o mármol y se trituran con un instrumento de hierro; los otros se trituran en un mortero con una mano de mortero; cada uno se pasa por separado por un tamiz. Después se mezclan todos juntos y se humedecen con vinagre, en el que se ha disuelto un poco de sal amoníaco si el cemento no contiene nada. Pero algunos obreros prefieren, sin embargo, humedecer los gránulos de oro o la lámina de oro.

El cemento debe colocarse, con el oro, en potes nuevos y limpios en los que no se haya vertido agua. En el fondo se nivela el cemento con un instrumento de hierro, y a continuación se colocan los gránulos o láminas de oro unos contra otros, de forma que se puedan tocar; después, de nuevo, se echa un puñado de cemento, o más si los potes son grandes, y se nivela con un instrumento de hierro; los gránulos o láminas se depositan sobre esto en la misma forma, y esto se repite hasta que se ha llenado el pote. Después se cubre con una tapadera y se recubre con luten artificial el lugar donde se unen, colocándose los potes en un horno cuando todo está seco.

El horno tiene tres cámaras, de las que la más baja tiene un pie de altura; en el interior de esta cámara más baja el aire penetra a través de una abertura, y en su interior caen las escorias de la madera quemada, que se soporta por varillas de hierro dispuestas en forma de un enrejado. La cámara del medio tiene dos pies de altura y la madera se impulsa dentro a través de su boca. La madera debe ser de roble, de encina o marojo, ya que de estas clases de madera se hace el fuego lento y duradero que se necesita para esta operación. La cámara superior está abierta en la parte superior, de forma que los potes, para los cuales tiene la profundidad adecuada, puedan colocarse en su interior; el suelo de esta cámara está formado por varillas de hierro tan fuertes que pueden soportar el peso de los potes y el calor del fuego; están suficientemente cerca del fuego para que éste pueda penetrar bien y pueda calentar los potes. Los potes son estrechos en el fondo, de forma que el fuego, penetrando dentro del espacio que hay entre ellos, pueda calentarlos; en la parte superior son anchos, para que puedan tocar y retener el calor del fuego. La parte superior del horno está cerrada con ladrillos no muy gruesos o con badosas y luten, dejándose dos o tres respiraderos, a cuyo través pueden escapar los vahos y llamas.

Los gránulos o láminas de oro y el cemento, colocados en los potes, se calientan con fuego lento, aumentándolo gradualmente durante veinticuatro horas, si el horno se calentó durante dos horas, antes de colocar los potes en él, y si esto no fue hecho, durante veintiséis horas. El fuego debe aumentarse en forma tal que las piezas de oro y el cemento, en el que está la energía para separar la plata y el cobre del oro, no puedan derretirse, porque en tal caso el trabajo y el costo habrían resultado en vano; por consiguiente, debe ser muy fuerte para que los potes permanezcan siempre rojos. Después de pasadas las horas indicadas, debe

A: Horno.—B: Pote.—C: Tapadera.—D: Respiraderos

extraerse toda la madera ardiendo que esté en el horno. Después se sacan los ladrillos refractarios o baldosas desde la parte superior del horno y se sacan también los potes incandescentes utilizando las tenazas. Se quitan las tapaderas y, si hay tiempo, es conveniente dejar que el oro se enfríe por sí mismo, porque en tal caso hay menos pérdida; pero si no se dispone de tiempo para tal operación, las piezas de oro se colocan inmediatamente dentro de un recipiente de bronce o madera que contiene agua y se van enfriando rápidamente y de forma gradual por miedo a que el cemento que absorbe la plata pueda disiparla. Las piezas de oro y el cemento adherido a ellas, cuando se han enfriado por sí mismas o pasándolas varias veces por el agua, se aplanan con un pequeño rodillo para aplastar los trozos y liberar el oro del cemento. Después se tamizan por un tamiz fino, que se coloca sobre un recipiente de bronce; de esta forma, el cemento que contiene plata, cobre o ambos cae dentro del tamiz, pasando a su través al interior del recipiente de bronce, y los gránulos o láminas de oro permanecen en él. El oro se coloca en un recipiente y de nuevo se aplana con el rodillo, de forma que pueda eliminarse el cemento que absorbe la plata y el cobre.

Las partículas de cemento que han caído a través de los orificios del tamiz al interior del recipiente de bronce se lavan en una escudilla, sobre una cuba de madera, sacudiéndose con ambas manos para que las partículas minúsculas de oro que han caído a través del tamiz puedan separarse. Luego éstas se lavan en un recipiente pequeño, con agua templada, y se restriegan con una pieza de madera o una escobilla de retama para que se pueda desprender el cemento humedecido. Después de esto, todo el oro se lava de nuevo con agua templada y se recoge con un cepillo de cerdas, debiendo lavarse en una pila llena de orificios, debajo de la cual se coloca un pequeño recipiente. Por último es necesario poner el oro sobre una placa de hierro, debajo de la cual hay otro recipiente y lavarlo con agua templada. Finalmente, se coloca en una escudilla, y cuando está seco se frotan nuevamente los gránulos o láminas contra una piedra de toque, al mismo tiempo que una aguja, y se considera con todo cuidado si está puro o en aleación. Si no está lo bastante puro, los gránulos o láminas, juntamente con el cemento que atrae a la plata y al cobre, se colocan en capas alternas en la misma forma y se calientan de nuevo; esto se hace tantas veces como sea necesario, pero la última vez se calienta tantas horas como haga falta para depurar el oro.

Hay quien añade otro cemento a los gránulos o láminas. Este cemento debe estar falto de ingredientes de origen metalífero, tales como moho y vitriolo, porque si están en el cemento el oro toma generalmente un poco del metal base, y si no lo hace se mancha o tiñe por su acción. Por esta causa hay quien, con mucha razón, nunca usa cementos que contengan tales cosas, porque el polvo de ladrillo y la sal solos, especialmente la sal de roca, son capaces de extraer toda la plata y el cobre que haya en el oro y atraerlos a sí mismos.

Para los acuñadores no es necesario obtener oro puro, sino

calentarlo solamente hasta obtener la ley que necesitan para las monedas de oro que están acuñando.

El oro se calienta, y cuando se aprecia en él el color necesario amarillo de oro y es totalmente puro, se funde y se hacen barras, en cuyo caso se preparan bien por los acuñadores con crisocola, que se llama por los árabes bórax, o bien con sal de lejía, hecha de las escorias de hiedra o de otras hierbas salinas.

El cemento que ha absorbido plata o cobre, después de haber vertido agua en él, se seca y tritura, y cuando está mezclado con plomo de solera y plomo desprovisto de plata se funde en el horno. La aleación de plata y plomo o de plata, cobre y plomo que fluye se derrite de nuevo en el horno de copelar para que puedan separarse el plomo y el cobre de la plata. Finalmente, la plata se purifica totalmente en el horno de refino, y de esta forma práctica no hay pérdida de plata o solamente de una cantidad insignificante.

Además de esto, hay otros cementos que separan el oro de la plata, compuestos de azufre, estibio y otros ingredientes. Uno de estos compuestos está formado por media onza de vitriolo seco por el calor del fuego y reducido a polvo, un sexto de sal refinada, un tercio de estibio, media libra de azufre preparado (no expuesto al fuego), un siclo de vidrio en polvo, asimismo un siclo de salitre y una dracma de sal amoníaco. El azufre se prepara en la forma siguiente: primeramente se tritura hasta convertirlo a polvo, después se calienta durante seis horas en vinagre fino y, finalmente, se vierte en un recipiente y se lava con agua templada; a continuación, lo que se deposita en el fondo del recipiente se seca. Para refinar la sal se coloca en agua de río y se hierve, evaporándola de nuevo. El segundo compuesto contiene una libra de azufre (no expuesto al fuego) y dos libras de sal refinada. El tercer compuesto está formado por una libra de azufre (no expuesto al fuego), media libra de sal refinada; un cuarto compuesto está formado por una libra de cada uno de los siguientes productos: sal refinada, azufre (no expuesto al fuego) y tártaro y de media libra de crisocola, que los árabes llaman bórax. El quinto compuesto tiene las mismas proporciones de azufre (no expuesto al fuego), sal amoníaco, salitre y moho.

La plata que contiene alguna porción de oro se funde primero con plomo en un horno de tierra y se calientan juntamente hasta que la plata disipa al plomo. Si hay una libra de plata, debe haber seis dracmas de plomo. Después, la plata se rocia con dos onzas de ese compuesto pulverizado y se agita; a continuación se vierte dentro de un crisol de tierra previamente calentado y recubierto con sebo, y después se sacude violentamente. El resto se realiza conforme al proceso que ya he explicado.

El oro puede separarse sin daño, tanto de las copas o vasos de plata como de otros recipientes dorados, mediante un polvo, que está formado de una parte de sal amoníaco y media parte de azufre. La copa dorada u otro artículo se unta de aceite y el polvo se espolvorea encima; se sostiene el artículo cogido en la mano o con tenazas y se lleva al fuego, golpeándolo con fuerza, y mediante este procedimiento el oro cae dentro del agua, en recipientes colocados por debajo, mientras que la copa permanece sin daño.

El oro también se separa de la plata, en objetos dorados, por medio del azogue. Este se coloca dentro de un crisol de tierra, calentándose mediante el fuego, hasta que el dedo no pueda soportar el calor al meterlo en el crisol; los objetos dorados de plata se colocan en él, y cuando el azogue se adhiere a los mismos se sacan y colocan sobre una bandeja, dentro de la cual, cuando se enfrían, cae el oro, juntamente con el azogue. De nuevo se vuelve a colocar el mismo objeto de plata dorada en azogue caliente y se continúa el mismo proceso hasta que por fin no se aprecia oro visible sobre el objeto; después se coloca el objeto en el fuego, y el azogue que se ha adherido a él se disipa. A continuación, el artífice toma un trébol campestre y frota dentro de una fuerte el azogue y el oro que han caído juntos desde el artículo de plata y los pone en un paño hecho de algodón o dentro de un cuero blando; el azogue es estrujado a través de uno o de otro dentro de otra fuente. El otro permanece en el paño o en el cuero, y cuando se recoge se coloca en una pieza de carbón vegetal ahuecada y se calienta hasta que se derrite, formándose un pequeño botón de él. Este botón se calienta con un poco de estibio en un crisol de tierra y se vierte a otro recipiente, por cuyo método el oro se deposita en el fondo y el estibio queda en la parte superior; entonces puede considerarse el trabajo terminado. Finalmente, el botón de oro se coloca en un ladrillo ahuecado, y éste en el fuego, y mediante este método se consigue obtener el oro puro. Mediante los métodos anteriores, el oro se separa de la plata, y también la plata del oro.

Ahora explicaré los métodos utilizados para separar el cobre del oro. La sal que llamamos sal artificial se hace de una libra de vitriolo, una de alumbre, una de salitre y una de azufre no expuesto al fuego y media libra de sal amoníaco; estos ingredientes, cuando están triturados, se calientan con una parte de lejía hecha de las escorias utilizadas en los secaderos de madera, una parte de cal no extinguida y cuatro partes de escorias de haya. Los ingredientes se hierven en la lejía hasta que todo se ha disuelto. A continuación se seca inmediatamente y se conserva en un lugar caliente para que no se convierta en aceite, y después se le añade, después de triturada, una libra de escoria de plomo. Con cada libra de este compuesto pulverizado se rocía gradualmente una onza y media de cobre, dentro de un crisol caliente, y se agita rápidamente y con frecuencia con una varilla de hierro. Cuando se ha enfriado el crisol y se ha roto, se encuentra el botón de oro.

Un segundo método para la separación es el siguiente: se trituran y mezclan dos libras de azufre no expuesto al fuego y cuatro libras de sal refinada; se añaden un sexto de libra y media onza de este polvo a un bes de gránulos hechos de plomo y dos de cobre conteniendo oro; todo ello se calienta juntamente en un crisol de tierra hasta que se funde. Cuando se ha enfriado se saca el botón y se depura de la escoria. De este botón se hacen nuevamente gránulos hasta obtener un tercio de libra, a la que se añade media libra de este polvo del que he hablado, colocándose en capas alternadas en el crisol; conviene cubrir el crisol y cerrarlo herméticamente, calentándolo después a fuego lento hasta que los gránulos se funden. Después, e inmediatamente, se saca el crisol del fuego, y cuando se ha enfriado se extrae el botón. De éste, cuando se ha depurado y derretido de nuevo, se hacen los terceros gránulos, a los cuales, si su peso es de un sexto de libra, se añaden media onza y un siclo del polvo, calentándose en la misma forma y formándose el botón de oro en el fondo del crisol.

El tercer método es en la forma siguiente: de vez en cuando se dejan caer pequeñas piezas de azufre, recubiertas o mezcladas con cera, dentro de seis libras del cobre derretido y consumido; el azufre pesa media onza y un siclo. Después se dejan caer un siclo y medio de salitre pulverizado dentro del mismo cobre consumido; después, de nuevo, media onza y un siclo de azufre envuelto en cera; a continuación, un siclo y medio de escoria de plomo también envuelto en cera o de minio hecho de plomo rojo. Después, e inmediatamente, se saca el cobre, y al botón de oro, que ahora está mezclado solamente con un poco de cobre, se añade estibio hasta duplicar la cantidad del botón; esto se calienta juntamente hasta que el estibio es rechazado; después, el botón, juntamente con plomo en la mitad de peso que el botón, se calientan en una copela. Finalmente, se saca el oro de la copela y se enfría rápidamente, y si hay un color negruzco sobre él se derrite con un poco de crisocola, a la que los árabes llaman bórax; si está demasiado pálido, se derrite con estibio y adquiere su propio color amarillo de oro. Hay quien saca el cobre derretido utilizando un cucharón de hierro y lo vierte en otro crisol, cuya abertura se cierra herméticamente con luten, y lo coloca sobre carbón vegetal incandescente, y cuando ha introducido los polvos de los que he hablado, agita la masa completa y rápidamente con una varilla de hierro, y después separa el oro del cobre; el primero se deposita en el fondo del crisol y el último flota en la parte superior. Después se abre el crisol, utilizando las tenazas puestas al rojo, y el cobre fluye. El oro que permanece se vuelve a calentar con estibio, y cuando éste se ha disipado, el oro se calienta por tercera vez en una copela con una cuarta parte de plomo y después se enfría rápidamente.

El cuarto método consiste en fundir una libra y un tercio de cobre con un sexto de libra de plomo, vertiéndolo en otro crisol untado en el interior con sebo o yeso, y añadir a esto un polvo formado de media onza de azufre preparado, media de moho y media de salitre y de una onza y media de sal cocida. El quinto método consiste en colocar en un crisol una libra de cobre y dos libras de plomo granulado con una onza y media de sal artificial; al principio se calientan a fuego lento, y después en fuego más vivo. El tercer método consiste en calentar juntos un bes de cobre y un sexto de libra de azufre, un sexto de sal y otro sexto de estibio. El séptimo método consiste en calentar juntos un bes de cobre y un sexto cada uno de raspaduras y limaduras de hierro, sal, estibio y escorias de vidrio. El octavo método consiste en calentar juntos una libra de cobre, una libra y media de azufre, media libra de moho y una libra de sal refinada. El noveno método consiste en colocar en una libra de cobre fundido igual cantidad de azufre bien pesado, no expuesto al fuego, y agitarlo rápidamente con una varilla de hierro; el trozo se tritura hasta convertirlo en polvo, vertiendo en este polvo el azogue, éste atrae al oro hacia sí mismo.

Los artículos de cobre dorado se humedecen con agua y se colocan sobre el fuego, y cuando están incandescentes se enfrían rápidamente en agua fría, y el oro se raspa con una varilla de latón. Mediante estos métodos prácticos se consigue separar el oro del cobre.

Tanto si es cobre como si plomo lo que se separa de la plata, valen los métodos que explicaré a continuación. Se realizan en un taller cerca de la fábrica o en la fábrica en la que los minerales de oro y plata se funden. La pared medianera de este taller tiene veintiún pies de largo por quince de alto, y desde ella hay una pared frontal distante quince pies hasta el río; la pared posterior está a diecinueve pies, y ambas paredes tienen treinta y seis pies de largo por catorce de alto; una pared transversal se extiende desde el extremo de la pared frontal hasta el extremo de la pared posterior; después, quince pies más atrás, una segunda pared transversal se construye desde la pared frontal hasta el extremo de la pared media. En el espacio que hay entre las paredes llamadas transversales se montan los pisones, por medio de los cuales se trituran los minerales y los ingredientes necesarios para la fusión. Desde el extremo siguiente de la pared frontal, una tercera pared transversal conduce al otro extremo de la pared media o central y, desde la misma, hasta el extremo de la pared posterior. El espacio que hay entre las paredes transversales segunda y tercera, y entre las paredes largas posterior y central, contiene el horno de copelación, en el que se separa el plomo del oro o de la plata. La pared vertical de la chimenea se construye sobre la pared central, y la pared de la chimenea en pendiente descansa sobre vigas, que se extienden desde la segunda pared transversal hasta la tercera; están colocadas estas vigas en forma tal, que hay una distancia de trece pies desde la pared central larga, y cuatro desde la pared posterior, y tienen dos pies de anchura y grueso. Desde el suelo hasta las vigas del techo hay doce pies, y para que la pared de la chimenea no pueda derrumbarse está sustentada parcialmente mediante muchas varillas de hierro, y parcialmente por unas pocas vigas-tirantes, cubiertas con barro, que se extienden desde las vigas pequeñas de la pared de la chimenea en pendiente hasta las vigas de la pared de la chimenea en vertical. El tejado posterior está colocado en la misma forma que el tejado de la fábrica en que se funde el mineral. En el espacio que hay entre las paredes grandes frontal y central, y entre las paredes transversales segunda y tercera, están los fuelles, la maquinaria para accionarlos hacia abajo y el instrumento para hacerles subir. Un tambor que hay sobre el eje de la rueda hidráulica está provisto de peldaños, los cuales hacen girar al tambor dentado sobre un eje, cuyas levas grandes oprimen las palancas de los fuelles, y también a otro tambor dentado sobre un eje, cuyas levas mueven los topes de los pisones, pero en dirección opuesta. Así, si las levas que oprimen las palancas de los fuelles van de norte a sur, las levas de los pisones van de sur a norte.

El plomo se separa del oro o de la plata en un horno de copelación, cuya estructura consiste en piedras labradas, dos paredes internas —de las cuales una se cruza con la otra transversalmente—, un suelo redondo y una cúpula. Su crisol está hecho de polvo de tierra y escoria; pero primero hablaré de la estructura. Se levanta una pared circular de cuatro pies y tres palmos de altura y de un pie de espesor, y a una altura de dos pies y tres palmos se deja un reborde en el interior, sobre el que descansa el piso de piedra, siendo la pared desde él un palmo menos gruesa. Hay catorce piedras; en el exterior de un pie y un palmo de ancho, siendo el interior más estrecho, porque el círculo interno es más pequeño que el externo; si las piedras son más anchas, se requieren menos, y si son más estrechas, más; las piedras profundizan en la tierra hasta un pie y un palmo. En la parte superior cada una se une a la próxima mediante un armella de hierro, cuyas puntas están embutidas en orificios, vertiéndose plomo fundido dentro de cada orificio. Esta estructura de piedras tiene seis respiraderos cerca del suelo, a una altura de un pie por encima de él; son de dos pies y un palmo, desde el fondo de las piedras; cada uno de estos respiraderos está en dos piedras, y tiene dos palmos de alto y un palmo y tres dedos de ancho. Uno de ellos está en el lado derecho, entre la pared que protege a la pared principal del fuego y el canal a cuyo través fluye el óxido de plomo fuera del crisol del horno; los otros cinco respiraderos están distribuidos todos alrededor, separados por distancias iguales; a través de ellos se escapa la humedad que la tierra despide cuando se calienta, y si no fuera por estas aberturas, el crisol absorbería la humedad y se dañaría. En tal caso se elevaría una protuberancia, como la que levanta un topo desde la tierra, y la escoria flotaría en la parte superior, y el crisol absorbería la aleación de plata y plomo; hay algunos que, debido a esto, hacen la parte posterior de la estructura totalmente abierta. Las dos paredes internas, de las cuales una se cruza con la otra, están construidas de ladrillos, teniendo el grosor de un ladrillo. Hay cuatro respiraderos en ellas, uno en cada parte, que son, aproximadamente, un dedo más altos y anchos que los otros. Dentro de los cuatro compartimentos se echa una carretilla llena de escoria, y sobre ésta se coloca un gran cesto de mimbre lleno de polvo de carbón. Estas paredes se extienden un codo por encima del suelo y, sobre ellas, y encima del borde cortado en las piedras rectangulares, se coloca la piedra de solera; esta solera tiene un palmo y tres dedos de gruesa, y en todos los lados toca a las piedras rectangulares; si hay alguna grieta en ella, se rellena con fragmentos de piedra y ladrillo. La parte frontal de la solera está en pendiente, de forma que pueda hacerse un canal a cuyo través fluya el óxido de plomo. Unas placas de cobre se colocan sobre esta parte de la piedra de solera, de forma que la aleación de plata y plomo, o cualquier otra aleación, puedan calentarse más rápidamente.

El crisol está cubierto por una cúpula que tiene la forma de media esfera. Está formada por bandas de hierro y barras, y por una tapadera. Hay tres bandas, cada una de un palmo de ancho y un dedo de grueso aproximadamente; la más baja está a una distancia de un pie desde la del medio, y ésta a una distancia de dos pies desde la más alta. Por debajo de ellas hay dieciocho barras de hierro, sujetas mediante remaches de hierro; estas barras tienen la misma anchura y grosor que las bandas, y una longitud tal que, curvándose, llegan desde la banda más baja hasta la más alta, esto es, dos pies y tres palmos de largo, mientras que la cúpula solamente tiene un pie y tres palmos de alto. Todas las bandas y barras de la cúpula tienen placas de hierro sujetas sobre el lateral inferior con alambre de hierro. Además, la cúpula tiene cuatro aberturas; la posterior, que está situada en oposición al canal a cuyo través fluye el óxido de plomo, tiene dos pies de ancho en el fondo; hacia la parte superior, debido a que está en suave pendiente, es algo más estrecha, siendo de un pie, tres palmos y un dedo de ancho; en este lugar no hay barra, porque la abertura se extiende desde la banda superior hasta la del medio, pero no hasta la inferior. La segunda abertura está situada por encima del canal, y es de dos pies y medio de ancha en el fondo, y de dos pies y un palmo en la parte superior; tampoco hay barra en este punto; realmente, no sólo la barra no se extiende hasta la banda inferior, sino que la propia banda inferior no se extiende por encima de esta parte, para que el maestro pueda extraer el litargirio del crisol.

Hay además, en la pared que protege la pared principal contra el calor, cerca de donde están situadas las toberas de los fuelles, dos aberturas, que tienen tres palmos de ancho y, aproximadamente, un pie de altura, en medio de las cuales descienden dos varillas, sujetas desde el interior con placas. Cerca de estas aberturas se colocan las toberas de los fuelles, y a través de las aberturas se extienden los tubos en los que se ajustan las toberas de los fuelles. Estos tubos están hechos de placas de hierro enrolladas; tienen dos palmos y tres dedos de largo, y su diámetro interior es de tres dedos y medio; dentro de estos tubos penetran las toberas de los fuelles una distancia de tres dedos, desde sus válvulas. La tapadera de la cúpula está formada por una barra de hierro de dos dedos de ancho, y por tres barras curvadas de

A: Piedras labradas.—B: Piedra de la solera.—C: Respiraderos.—D: Paredes interiores.—E: Cúpula.—F: Crisol.—G: Bandas.—H: Barras.—I: Aberturas de la cúpula.—K: Tapadera de la cúpula.—L: Anillos.—M: Tuberías.—N: Válvulas.—O: Cadenas

hierro que se extienden desde un punto de la banda hasta el punto opuesto; se entrecruzan unas con otras en la parte superior, donde están fijas mediante remaches de hierro. Sobre el lado inferior de las barras hay asimismo placas sujetas por remaches; cada una de las placas tiene pequeños orificios del tamaño de un dedo, de forma que pueda adherirse el barro del que se recubre el interior. La cúpula tiene tres anillos de hierro, acoplados en amplios orificios, hechos en las cabezas de tres espigas de hierro, que sujetan las barras a la banda media, donde se cruzan. Dentro de estos anillos se sujetan los ganchos de las cadenas con las cuales se eleva la cúpula, cuando el maestro prepara el crisol.

Sobre la solera, placas de cobre y piedras del horno, se coloca barro mezclado con paja, hasta un espesor de tres dedos, siendo golpeado con una maza de madera hasta que se reduce a una profundidad de un dedo solamente. La cabeza de la maza es redonda y tiene tres palmos de altura, dos de ancho en el fondo, y está ahusada hacia arriba; su mango tiene tres pies de largo, y en el lugar en que está ajustado dentro de la cabeza de la maza está unido alrededor con una banda de hierro. La parte superior de la mampostería en la que se apoya la cúpula está también cubierta con barro, asimismo mezclado con paja, teniendo el grosor de un palmo. Todo esto, tan pronto como se quede flojo, debe repararse.

El artífice que toma a su cargo el trabajo de separar metales distribuye la operación en dos turnos de dos días. En la primera mañana rocía un poco de escoria dentro del barro de la solera y, cuando ha vertido algo de agua, lo cepilla por encima con una retama. Después introduce escorias tamizadas y las humedece con agua, de forma que puedan moldearse en bolas, como si fuera nieve. Las escorias son aquellas de las que se ha hecho lejía, dejando que el agua se filtrara a su través, porque otras escorias que son grasientas tendrían que haber sido quemadas de nuevo para que contuvieran menos grasa. Cuando ha conseguido que las escorias estén suaves, presionándolas con las manos, hace un *hoyo en el crisol hacia el centro; después lo aprisiona, conforme* he descrito, con una maza. A continuación, con dos pequeñas mazas de madera, sostenidas una en cada mano, forma el canal a cuyo través fluye el óxido de plomo. Las cabezas de estas pequeñas mazas tienen un palmo de ancho, dos dedos de grueso y un pie de alto; el mango de cada una es algo redondeado y tiene un dedo y medio menos de diámetro que la cabeza de una maza, teniendo también tres pies de longitud; la cabeza de la maza, así como el mango, están hechos de una pieza de madera.

Después, con las botas puestas, desciende dentro del crisol y lo pisa en todas direcciones con los pies de forma que quede apisonado y en pendiente. Después de nuevo apisona con una gran maza y, sacándose la bota del pie derecho, traza un círculo con él alrededor del crisol y corta el círculo así trazado, utilizando una hoja de hierro. Esta hoja está curvada en ambos extremos, tiene tres palmos de largo, tres dedos de ancho y mangos de madera de un palmo y dos dedos de largo, por dos dedos de grueso; la placa de hierro está curvada hacia atrás en la parte superior y en los extremos que penetran en los mangos. Hay quien en lugar de la hoja usa una tira de madera, como la corona o llanta de un tamiz; esta tira tiene tres dedos de ancho, y se corta en ambos extremos para que se pueda sostener en las manos. A continua-

A: Maestro apisonando el crisol con una maza. B: Maza mayor.—C: Retama.—D: Mazas menores.—E: Placas de hierro curvadas.—F: Aro de madera.—G: Tamiz. H: Escorias.—I: Pala de hierro.—K: Placa de hierro.—L: Bloque de madera.—M: Roca.—N: Cesta hecha de ramitas tejidas.—O: Barra en forma de gancho.—P: Segunda barra en forma de gancho.—Q: Trapo de hilo.—R: Cubeta.—S: Ante.—T: Manojos de paja.—V: Madera.—H: Tortas de aleación de plomo. — Y: Horquilla. Z: Obrero cubriendo el exterior del horno con luten, donde la cúpula se ajusta sobre el horno. AA: Recipiente de escorias.—BB: Tapadera de la cúpula.—CC: Ayudante vertiendo carbón vegetal dentro del crisol por el orificio que hay en la parte superior de la cúpula.—DD: Instrumento de hierro con el que se amasa el luten. EE: Luten.—FF: Cucharón con el que el maestro o su ayudante toman una muestra.—GG: Espetón con el que se extrae la espuma del plomo impuro.—HH: Cuña de hierro con la que se levanta la masa de plata

ción apisona el canal a cuyo través se descarga el óxido de plomo. Para que las escorias no puedan caer, bloquea la abertura con una piedra que se ajusta en la misma, contra la cual coloca un tablero, y para que éste no se caiga, lo apuntala con un palo. Después vierte dentro un cesto lleno de escorias y las apisona con la maza grande; a continuación, de nuevo una y otra vez vierte dentro escorias y las apisona con la maza. Cuando ha quedado hecho el canal, echa escorias secas sobre todo el crisol, con un tamiz, y lo iguala y frota con sus manos. A continuación echa tres cestos llenos de escorias húmedas sobre el margen, todo alrededor del borde del crisol, y desciende la cúpula. Después, en seguida, trepando sobre el crisol, echa las escorias todo alrededor de él, para que la aleación fundida no pueda fluir fuera. Después, habiendo elevado la tapadera de la cúpula, echa un cesto lleno de carbón vegetal dentro del crisol, juntamente con una pala de hierro llena de carbones incandescentes, y echa también algunos a través de las aberturas que hay en los lados de la cúpula, extendiéndolos con la misma pala. Este trabajo se acaba en el espacio de dos horas.

Se coloca una placa de hierro en el suelo, debajo del canal, y encima se coloca un bloque de madera de tres pies y un palmo de largo, un pie y dos palmos y dos dedos de ancho en la parte posterior y dos palmos y dos dedos de ancho en la parte frontal; sobre el bloque de madera se coloca una piedra y, sobre ella, una placa de hierro similar a la del fondo, y sobre ésta se coloca un cesto lleno de carbón vegetal, y también una pala de hierro llena de carbón vegetal ardiendo. El crisol se calienta en una hora, y después, con la barra en forma de gancho con la que se extrae el óxido de plomo, se agita el resto del carbón alrededor. Este gancho tiene un palmo de largo y tres dedos de ancho, y tiene la forma de un doble triángulo, así como un mango de hierro de cuatro pies de largo, dentro del cual se ajusta otro de madera de seis pies de largo. Hay algunos que usan, en cambio, una sencilla *barra en forma de gancho. Después de haber pasado aproximadamente* una hora, se agita el carbón vegetal de nuevo con la barra, y con la pala se echan dentro del crisol los carbones vegetales ardiendo que están en el canal; después, de nuevo, habiendo pasado una hora, se agitan los carbones vegetales ardiendo con la misma barra. Si no se agitaran, permanecerían algunas negruras en el crisol, y esa parte se dañaría al no estar suficientemente seca. Por consiguiente, el ayudante agita y da vueltas al carbón vegetal que está ardiendo para que se pueda quemar del todo y que el crisol se caliente perfectamente, lo que lleva tres horas; después se deja el crisol quieto durante las dos horas restantes.

Cuando han dado las once, barre las escorias del carbón vegetal con una retama y las arrroja fuera del crisol. Después sube sobre la cúpula y, pasando la mano al interior a través de su abertura y metiendo un viejo trapo de lino en una cubeta de agua mezclada con cenizas, humedece la totalidad del crisol y lo limpia. De esta forma, usa dos cubetas llenas de mezcla, conteniendo cada una cinco sextarios romanos, haciendo esto por temor a que el crisol, cuando se han separado los metales, pueda romperse; a continuación frota el crisol con ante y rellena las grietas. Después coloca en la izquierda del canal dos fragmentos de plomo de solera, dejando uno en la parte superior del otro, de forma que, cuando se derritan parcialmente, permanezcan fijos y formen un obstáculo para que el óxido de plomo no pueda disiparse por efecto del viento procedente de los fuelles, sino que permanezca en su lugar. Sin embargo, es conveniente usar un ladrillo en vez del plomo de solera, porque éste consigue mucho más calor y por consiguiente origina que el óxido de plomo se forme más rápidamente. El crisol en su parte central tiene dos palmos y dos dedos más de profundidad.

Hay algunos que, habiendo preparado así el crisol, lo untan con incienso, triturado hasta ser polvo y disuelto con clara de huevo, empapando una esponja con ello y escurriéndola de nuevo; otros lo untan con un líquido formado por clara de huevo y el doble de sangre o médula de buey. Otros echan cal en el interior del crisol, a través de un tamiz.

Después el maestro de la fábrica pesa el plomo con el que están mezclados el oro, la plata, o ambos, y algunas veces pone cien centumpondios dentro del crisol, pero frecuentemente tan sólo sesenta, o cincuenta, o mucho menos. Después de haberlo pesado, esparce en el crisol tres pequeños manojos de paja por temor de que el plomo, por su peso, rompa la superficie. Después coloca en el canal varios terrones de aleación de plomo y, a través de la abertura que hay en la parte posterior de la cúpula, coloca algunos por los laterales; después, ascendiendo hasta la abertura de la parte superior de la cúpula, coloca en el crisol, alrededor de la cúpula, los terrones que el ayudante le va dando, y después de haber subido de nuevo y pasado las manos a través de la misma abertura, coloca asimismo otros terrones dentro del crisol. En el segundo día, los que quedan, utilizando una horquilla de hierro, los coloca sobre la madera, a través de la abertura superior de la cúpula.

Cuando las tortas se han colocado de esta forma, a través del orificio de la parte superior de la cúpula, echa dentro carbón vegetal, utilizando un cesto tejido de madera de castaño. Después coloca la tapadera sobre la cúpula y el ayudante cubre las juntas con luten. El propio maestro echa medio cesto de carbón vegetal dentro del crisol, a través de la abertura que está próxima a la tubería de la tobera, y prepara los fuelles para que pueda comenzar la segunda operación en la mañana del siguiente día. Se tarda una hora en llevar a cabo tal clase de trabajo, estando todo preparado a las doce. Contando todas estas horas, hacen un total de ocho.

Llegado el momento de la segunda operación, por la mañana, el obrero toma dos paladas de carbón vegetal ardiendo y las echa dentro del crisol a través de la abertura que hay cerca de los tubos de las toberas; después, a través del mismo orificio carga dos pequeños trozos de madera de abeto o de pino de tea, tal como los que se usan generalmente para cocinar el pescado. Después de esto se abren las compuertas del agua para que pueda girar la máquina que hace presión sobre las palancas de los fuelles. En el espacio de una hora se funde la aleación de plomo, y cuando esto se ha hecho, coloca cuatro palos de madera, de doce pies de largo, a través del orificio que hay en la parte posterior de la cúpula, y otros tantos a través del canal; estos palos, para que no puedan dañar al crisol, están bien cargados sobre los extremos y soportados por caballetes; estos caballetes están hechos de una viga de tres pies de largo, dos palmos y dos dedos de ancho y dos palmos de grueso, y tienen dos patas de ensanche en cada extremo. Contra el caballete, enfrente del canal, se coloca una placa de hierro para que el óxido de plomo, cuando se extrae del horno, no vaya a dar en los zapatos del fundidor, dañando sus pies y piernas. Con una pala de hierro, o con una horquilla, se coloca el resto de las tortas, a través de la abertura de la parte posterior de la cúpula, sobre los palos de madera ya mencionados.

La plata virgen, plata agria, plata gris o plata roja, o de cualquier otra clase, cuando se ha aplastado y cortado y calentado en un crisol de hierro, se vierte dentro del plomo fundido, mezclado con plata, para que puedan separarse las impurezas. Conforme he dicho varias veces, este plomo fundido, mezclado con plata, se denomina «stannum».

Cuando se han quemado los palos de madera por su extremo anterior, el capataz, con un martillo, introduce dentro de ellos barras puntiagudas de hierro, de cuatro pies de largo y dos dedos de ancho en el extremo frontal, y más allá de éste, uno y medio dedos de ancho y grueso; con éstas empuja los palos hacia adelante, y las barras descansan entonces sobre los caballetes. Hay otros que cuando separan metales ponen dos de tales palos de madera dentro del crisol a través de la abertura que hay entre los fuelles, otros dos a través de los orificios de la parte posterior y uno a través del canal; pero en este caso se necesita un gran número de palos de madera, esto es, sesenta; en el caso anterior, con cuarenta palos largos bastaría para realizar la operación. Cuando se ha calentado el plomo durante dos horas, se agita con una barra encorvada para que el calor pueda aumentar.

Si es difícil separar el plomo de la plata, el maestro echa cobre y polvo de carbón vegetal dentro de la aleación fundida de plomo y plata. Si la aleación de oro argentífero y plomo, o de plomo y plata, contiene impurezas procedentes del mineral, entonces echa en partes iguales tártaro y vidrio veneciano, o sal amoníaco, o vidrio veneciano y jabón veneciano; o partes des-

A: Horno.—B: Leños.—C: Almartaga o litargirio.—D: Plancha.—E: El capataz cuando tiene hambre come manteca, para que el veneno que exhala el crisol no le dañe, porque es un remedio contra ese veneno

iguales; es decir, dos de tártaro y una de herrumbre de hierro; hay algunos que mezclan un poco de salitre con cada compuesto. A un centumpondio de aleación se añade un bes o una libra y un tercio de polvo, según la mayor o menor impureza. El polvo ciertamente separa las impurezas de la aleación. Después, con una especie de espetón se extrae a través del canal la espuma, mezclada con carbón vegetal, del plomo; éste produce esta espuma cuando se calienta, pero para que se haga poca debe agitarse frecuentemente con la barra.

En un cuarto de hora el crisol absorbe el plomo; cuando penetra dentro del crisol, salta y produce burbujas. Después el maestro saca un poco de plomo, utilizando un cucharón de hierro, y lo ensaya para ver qué proporción de plata hay en la totalidad de la aleación; el cucharón es de cinco dedos de ancho, teniendo la parte de hierro de su mango tres pies de largo, y otros tres la parte de madera. Después, cuando se han calentado, extrae con una barra el óxido de plomo que sale del plomo y cobre, si hay algo de él en la aleación. Por consiguiente, podría llamarse correctamente espuma de plomo más que de plata. La plata no se daña cuando el plomo y el cobre se separan de ella. En realidad, el plomo se hace más puro en el crisol del otro horno, en el que se refina la plata. Antiguamente, conforme relata Plinio, había debajo del canal del crisol otro crisol, y el óxido de plomo fluía hacia abajo desde el más alto al interior del más bajo, sacándole de éste, elevándolo y enrollándolo con un palo, con objeto de que pudiera ser de peso moderado. Por cuya razón primeramente se hacían pequeños tubos, y desde que no se enrollan alrededor de un palo, se hacen barras.

Por si existiera algo de peligro de que la aleación pudiera fluir con el óxido de plomo, el capataz mantiene en la mano una pieza de luten, en forma de un cilindro, y puntiaguda en ambos extremos; sujetándola a una barra encorvada en forma de gancho, para oponerla a la aleación en forma que ésta no pueda fluir.

Ahora, cuando el color comienza a mostrarse en la plata, aparecen puntos brillantes, algunos de ellos casi blancos, y un momento después se ponen completamente blancos. Entonces, el ayudante desciende las compuertas del agua para que, estando cerrado el canalillo, la rueda hidráulica deje de girar y los fuelles se queden quietos. A continuación el maestro vierte varias cubetas de agua sobre la plata para enfriarla; otros vierten cerveza sobre ella para hacerla más blanca, pero esto no tiene importancia, ya que la plata tiene todavía que ser refinada. Después de esto se levanta la torta de plata con la barra de hierro puntiaguda, que tiene tres pies de largo y dos dedos de ancho, y tiene también un mango de madera de cuatro pies de largo fijo en su casquillo. Cuando se ha extraído la torta de plata fuera del crisol, se deposita sobre una piedra y a un lado el plomo de solera y al otro el óxido de plomo, se desconcha con un martillo; después se limpia con un manojo de alambre de latón sumergido en agua. Cuando el plomo se ha separado de la plata, se encuentra más plata frecuentemente que cuando se ensayó; por ejemplo, si antes había tres onzas y otras tantas dracmas en un centumpondio, ahora algunas veces encuentran tres onzas y media. Con frecuencia el plomo de solera que permanece en el crisol tiene un palmo de profundidad; se saca con el resto de las escorias y se tamiza, y el que permanece en el tamiz, ya que es plomo de solera, se añade al plomo de solera.

Las escorias que pasan a través del tamiz tienen el mismo uso

A: Torta.—B: Piedra.—C: Martillo.—D: Alambre de bronce.—E: Cubo de agua. F: Horno del que se ha sacado la torta y que todavía humea.—G: Operario sacando una torta del taller

que al principio, porque, en realidad, de éstas y de huesos pulverizados se hacen las copelas. Finalmente, cuando se ha acumulado en gran cantidad, se saca el «pompholyx» amarillo que se ha adherido a las paredes del horno, y asimismo a aquellos anillos de la cúpula que están cerca de las aberturas.

También se ha de describir el polipasto con el que se eleva la cúpula. Cuando se hace, se monta primero un poste vertical rectangular de doce pies de largo, cada lado del cual mide un pie de anchura. Su piñón inferior gira en un casquillo de bronce, situado en un larguero de roble o soporte; hay dos largueros de éstos colocados transversalmente, de forma que uno encaje en una mortaja en el medio del otro, y éste asimismo ajuste en la mortaja del primero, haciendo así una especie de cruz; estos largueros del soporte tienen tres pies de largo y uno de ancho y grueso. El poste del polipasto es redondo en su extremo superior y está reducido a una profundidad de tres palmos, girando en una banda sujeta en cada extremo a una viga del techo, desde donde sale la pared inclinada de la chimenea. Al poste del polipasto va fijo un bastidor, que está hecho de la siguiente forma: primero, a una altura de un codo desde el suelo, se ensambla una pequeña viga transversal dentro del poste del polipasto de un codo y tres dedos de largo, más las espigas, y dos palmos de anchura y grosor. Después, de nuevo, a una altura de cinco pies por encima, hay otra pequeña viga transversal de igual longitud, anchura y grosor. Después, de nuevo, a una altura de cinco pies por encima, hay otra pequeña viga transversal de igual longitud, anchura y grosor, ensamblada dentro del poste del polipasto. Los otros extremos de estas dos pequeñas vigas transversales están ensamblados en un madero vertical de seis pies y tres palmos de largo y de tres cuartos de ancho y grueso; la mortaja está atravesada por clavijas de madera. Por encima, y a una altura de tres palmos desde la viga transversal más baja, hay dos barras de un pie y un palmo de largo —no incluyendo las espigas—, de un palmo y tres dedos de ancho y un palmo de grueso, que están ensambladas en los otros lados del poste del polipasto. En la misma forma, por debajo de la viga transversal pequeña más alta, hay otras dos barras del mismo tamaño. También en el madero vertical se ensamblan el mismo número de barras de la misma longitud que las precedentes, pero de tres dedos de grueso y un palmo y dos dedos de ancho, estando las dos más bajas por encima de la pequeña viga transversal más baja. Desde el madero vertical, cerca de la pequeña viga transversal más alta, que en su otro extremo está ensamblada dentro del poste del polipasto, hay dos barras formando bastidor. Sobre el exterior de este bastidor se fijan tableros a las vigas transversales, pero las partes frontal y posterior del bastidor tienen puertas, cuyas articulaciones o charnelas están sujetas a los tableros que están fijos a las barras ensambladas a los lados del poste del polipasto.

Después se disponen tableros sobre la pequeña viga transversal inferior y, a una altura de dos palmos por encima de ellos, un pequeño eje cuadrado de hierro, cuyos lados tienen dos dedos de ancho y cuyos extremos son redondos y giran en casquillos de bronce o hierro, estando uno de estos casquillos sujeto al poste del polipasto y el otro en el madero vertical. Alrededor de cada extremo del eje pequeño hay una disco de madera de tres palmos y un dedo de radio y de un palmo de grueso, cubiertos sobre la corona por una banda de hierro; estos dos discos están distantes dos palmos y dos dedos uno de otro, y están unidos con cinco peldaños; estos peldaños tienen dos dedos y medio de grueso y están colocados con una separación de tres dedos. De esta forma se hace un tambor que está a un palmo y un dedo del madero vertical, pero más lejos del poste del polipasto, es decir, un palmo y tres dedos. A una altura de un pie y un palmo por encima de este pequeño eje hay un segundo pequeño eje cuadrado de hierro, cuyo grosor es de tres dedos; éste, como el primero, gira en casquillos de bronce o hierro. A su alrededor hay una rueda dentada, formada por dos discos de un pie y tres palmos de diámetro y un palmo y dos dedos de grueso; sobre la corona de la rueda hay veintitrés dientes, de un palmo de ancho y dos dedos de grueso, que sobresalen un palmo desde la rueda, y están tres dedos separados. Alrededor de este mismo eje, a una distancia de dos palmos y dos dedos hacia el madero vertical, hay otro disco del mismo diámetro que la rueda y de un palmo de grueso; éste gira en un lugar ahuecado, en el madero vertical. Entre este disco y el disco de la rueda dentada se hace otro tambor que también tiene cinco peldaños. Además hay un pequeño eje de madera, aparte del segundo eje citado, que está a una altura de un codo por encima de él, y cuyos soportes son de hierro; los extremos están sujetos alrededor con anillos de hierro, para que los soportes puedan permanecer fijos; estos soportes o chumaceras, como los ejes pequeños de hierro, giran en casquillos de bronce o de hierro. El tercer eje está a una distancia de un codo, aproximadamente, de la viga transversal pequeña superior; tiene, cerca del madero recto, una rueda dentada, de dos pies y medio de diámetro, en cuya corona hay veintisiete dientes; la otra parte de este eje, del lado del poste del polipasto, está cubierta

A: Poste de la viga.—B: Casquillo de encaje.—C: Largueros transversales de soporte de roble.—D: Banda.—E: Viga del techo.—F: Bastidor.—G: Pequeña viga transversal.—H: Madero vertical.—I: Barras a los lados del poste de grúa.—K: Barras a los lados del madero vertical del bastidor.—L: Tambores de peldaños.—M: Ruedas dentadas.—N: Cadena.—O: Polea.—P: Vigas del aguilón de polipasto. Q: Vigas oblicuas que soportan el aguilón del polipasto.—R: Placas de hierro rectangulares.—S: Carro.—T: Cúpula del horno.—V: Anillo.—X: Tres cadenas.—Y: Manivela.—Z: Poste de polipasto del segundo dispositivo.—AA: Aguilón.—BB: Viga oblicua.—CC: Anilla del aguillón.—DD: Segunda anilla.—EE: Palanca.—FF: Tercera anilla.—GG: Gancho.—HH: Cadena de la cúpula.—II: Cadena de la palanca

con placas de hierro para que no se gasten por efecto de la cadena que se enrolla a su alrededor. El eslabón final de la cadena va fijo en una espiga de hierro introducida en el eje pequeño; esta cadena pasa fuera del bastidor y da la vuelta sobre una pequeña polea colocada entre las vigas del aguilón del polipasto.

Por encima del bastidor, y a una altura de un pie y un palmo, está el aguilón o brazo del polipasto. Este consiste en dos vigas de quince pies de largo, tres palmos de ancho y dos de grueso, embutidas en el poste del polipasto, que sobresalen un codo más allá de la parte posterior del mismo poste y están unidas conjuntamente. Más aún, están unidas mediante una espiga de madera que penetra a través de ellas y del poste del polipasto; esta espiga tiene en un extremo una cabeza ancha, y en el otro un agujero, a través del cual se introduce un perno de hierro para que las vigas puedan estar fuertemente unidas dentro del poste del polipasto. Las vigas del aguilón del polipasto están soportadas y reforzadas por medio de vigas oblicuas de seis pies y dos palmos de largo, y asimismo dos palmos de ancho y de grueso; éstas van ensambladas dentro del poste del polipasto, en sus extremos inferiores, y en los extremos superiores la ensambladura va dentro de las vigas del aguilón, en un punto situado a cuatro pies del poste del polipasto, y reforzada con clavos de hierro. En la parte posterior del extremo superior de estas vigas oblicuas, hacia el poste del polipasto, hay una grapa o mordaza de hierro, sujeta en los laterales inferiores de las vigas que forman el aguilón del polipasto, que ayuda a sostenerlas firmemente apretadas. El otro extremo de las vigas del aguilón está ajustado en una placa de hierro rectangular, y entre las placas de ambas vigas van tres placas rectangulares fijas de modo que las vigas del aguilón de polipasto no puedan moverse hacia adelante ni hacia atrás, una respecto de la otra. Los laterales superiores de estas vigas del aguilón de polipasto están recubiertos de placas de hierro en una longitud de seis pies, para que un carro pueda desplazarse por ellas.

El cuerpo de este carro es de madera de olmo o de otra madera dura y mide un codo de largo, un pie de ancho y tres palmos de grueso. A ambos extremos, el lado inferior está cortado en una altura y anchura de un palmo, de modo que pueda moverse hacia adelante o hacia atrás entre las dos vigas del aguilón del polipasto; delante, en el centro, tiene otro corte de dos palmos y dos dedos de ancho para que una polea de bronce con su eje de hierro pueda girar en el hueco. En las cuatro esquinas del carro hay cuatro cajas en las que van las ruedas en el sentido del

A: Bóveda del horno.—B: Solera.—C: Pasillos.—D: Mano de mortero o pisón.—E: Mazo.—F: Artífice haciendo tubos de litargirio según el procedimiento romano. G: Canal.—H: Litargirio.—I: Antecrisol.—K: Palo.—L: Tubos

aguilón del polipasto. Este carro cuando se mueve hacia adelante o hacia detrás produce un ruido parecido a un ladrido, por lo que los mineros suelen llamarlo el perro. Se mueve hacia adelante por medio de una barra acodada y hacia detrás con la ayuda de una cadena. Hay un gancho de hierro cuya anilla rodea un espigón, también de hierro, que va clavado en el lateral derecho del carro, este gancho va sujeto a una especie de maza que está fija en la viga derecha del aguilón del polipasto.

Al final del poste del polipasto hay una polea de bronce cuyo eje de hierro va fijo a las vigas del aguilón. La cadena al salir del bastidor pasa por esta polea y luego, por el agujero del carro, sigue a la polea pequeña de bronce y cuelga desde la parte delantera del aguilón del polipasto. Al final lleva un gancho que pasa por una anilla a la que se unen los eslabones primeros de tres cadenas, cada una de seis pies de longitud; estas cadenas pasan por las tres anillas de hierro que refuerzan los agujeros de las mazas fijas en la banda de hierro de la mitad de la cúpula, de la que ya hablé.

Por tanto, cuando el maestro quiere levantar la cúpula por medio del polipasto, el ayudante coloca sobre el eje de hierro inferior una manivela de hierro que sobresale de la viga un palmo y dos dedos, el final de eje es rectangular, de un dedo y medio de ancho y un dedo de grueso; se acopla en un orificio rectangular de proporciones similares en la manivela. El primer tramo de ésta mide un pie, tres cuartas y dos dedos de largo, dos dedos de ancho y uno de grueso. Su mango es recto y de sección redondeada y de tres cuartas de longitud y un dedo y medio de diámetro. Al final del eje hay un orificio por el que pasa una espiga de hierro que fija la manivela para que no se salga. Como el polipasto tiene cuatro tambores, de los cuales dos son tambores de muescas, y dos ruedas dentadas, se mueve más fácilmente que si tuviera sólo dos, uno de dientes y otro de muescas o de escalones.

Muchos, sin embargo, usan un dispositivo más sencillo; en él los pivotes del poste del polipasto se vuelven del mismo modo, uno en un encaje de hierro y el otro en un anillo. El poste del polipasto soporta el aguilón con la ayuda de una viga oblicua; al extremo del aguilón va un anillo de hierro que enlaza a un segundo anillo. A este segundo se fija firmemente una barra fuerte de madera que hace de palanca. Su extremo superior queda sujeto por un tercer anillo de hierro, del que cuelga un gancho del que se suspende el anillo que reúne los eslabones primeros de las tres cadenas de la cúpula. Al otro extremo de la palanca hay otra cadena; cuando se tira de ella se levanta la barra y, por tanto, la cúpula del horno, y cuando se suelta se baja la cúpula.

En algunos sitios, como en Freiberg en Meissen, la parte superior del horno de copelación es abovedada, casi como la de un horno; es una cámara de cuatro pies de altura y tiene dos o tres aberturas, de las cuales la primera en la parte delantera es de un pie y medio de altura y de un pie de anchura, y por ella se extrae la almártaga; la segunda abertura, y la tercera en el caso de que sean tres, están a los lados y miden un pie y medio de altura y dos y medio de ancho, para que el que prepara el crisol pueda entrar al horno por ellas. La plaza circular es de cemento, tiene dos pasillos de dos pies de altura y uno de ancho para dar salida a los vapores; los pasillos se cruzan en ángulo recto, pues ambos van derechos de un punto de la pared al de enfrente, y así se ven cuatro aberturas que se cubren por encima con piedras anchas, pero de sólo una cuarta de grueso. Sobre ellas y sobre el resto de la

A: Hornaza parecida al horno de fundición.—B: Boca.—C: Barras de hierro.—D: Boca por la que se saca el litargirio.—E: Crisol sin cúpula.—F: Leños gruesos.—G: Fuelle

plaza de cemento se coloca barro de junturas mezclado con paja en un espesor de tres dedos, lo mismo que se colocaban sobre el suelo los platos de cobre y las piedras del horno anterior. Esto, junto con las cenizan que se echan al interior, se aplasta con tacos o aplaneras de madera y con mazas por el maestro o por su ayudante, cuando de rodillas dentro de la hornaza preparan el crisol.

Las hornazas de copelar, en Polonia y Hungría, son también abovedadas y casi como hornos, pero en la parte baja la plaza es entera y no hay aberturas para los vapores, mientras que a un lado del crisol se levanta una pared, desde la cual a la solera del crisol hay una abertura de tiro en vez de los pasillos de la hornaza anterior. Esta abertura va cubierta de barras de hierro que se extienden desde la pared al crisol, a una distancia de dos dedos una de otra. En el crisol, una vez preparado, echan primero paja y después colocan los terrones o panes de aleación de plomo y plata y sobre las barras de la reja colocan leña que cuando se prende calienta el crisol. Funden terrones o panes hasta un total de ochenta y a veces cien centumpondios. Avivan el fuego lento insuflándole aire con los fuelles y echan sobre las barras de hierro toda la leña necesaria para que las llamas lleguen al crisol y separen el plomo de la plata. La almártaga se saca por el otro lado por una boca que tiene el tamaño justo para que pase un hombre por ella al crisol. En Moravia y Carniola, donde raramente benefician más de un bes o cinco sextos de libra de plata, no la separan del plomo ni en una hornaza que parezca un horno ni en crisoles cubiertos de bóveda, sino en un crisol descubierto al aire libre; en él colocan los terrones de aleación y sobre ellos leña seca y sobre ésta palos gruesos de leña verde. Encienden el fuego y lo avivan con los fuelles.

He explicado los métodos de separar el plomo del oro o de la plata; hablaré ahora de los métodos de refinar la plata, puesto que ya he expuesto también el proceso de refinar el oro. La plata se refina en un horno de refino, sobre cuyo hogar se levanta una cámara abovedada cubierta de ladrillos; la altura de la parte delantera es de tres pies. El hogar tiene cinco pies de largo y cuatro de ancho. Las paredes son sin ninguna abertura por los lados y por detrás, pero delante hay una boca sobre otra, y por encima, la chimenea. El hogar tiene un hoyo redondo de un codo de diámetro y dos cuartas de profundidad, en el que se echan cenizas cernidas y en ellas se pone una vasija de barro de madera que quede rodeada de cenizas por todos sitios y hasta la misma altura del borde de la vasija. Esta se llena con polvo hecho de partes

A: Pistador con dientes.—B: Pistador sin dientes.—C: Plato o bandeja con cenizas.—D: Crisoles preparados y colocados en estantes.—E: Crisoles vacíos.—F: Madera.—G: Sierra

iguales de huesos molidos y ceniza del crisol en el que se separa la plata del oro; otros mezclan ladrillo machacado con esta ceniza, porque se trata de conseguir que el polvo no atraiga nada de plata. Cuando se ha preparado el polvo y se ha humedecido con agua, se echa un poco en la vasija de barro y se aplasta con una mano de mortero de madera. Esta es redonda, de un pie de longitud y una cuarta y un dedo de anchura, y tiene seis dientes, cada uno de un dedo de grueso y separados entre sí a una distancia también de un dedo; estos seis dientes o protuberancias forman un círculo, y en el centro hay un séptimo diente, que es redondo y de la misma altura que los otros, pero de un dedo y medio de grueso; la mano de mortero se afila o adelgaza hacia arriba, de modo que en la empuñadura mide tres dedos de diámetro o sección. Algunos usan un pistador redondo sin dientes. Después de emplearlo, se humedece de nuevo un poco de polvo, que se

A: Cuchillo recto con mangos de madera.—B: Cuchillo curvo o media luna también con mangos de madera.—C: Cuchillo curvo sin mangos de madera.—D: Cedazo.—E: Bolas de madera.—F: Puerta de hierro que el maestro baja para refinar la plata para que el calor del fuego no le perjudique la vista.—G: Pie de hierro en el que se coloca la madera cuando se prepara el horno para refinar plata.—H: La parte que pasa por el anillo de otra pieza de hierro empotrada en el muro del horno.—I: Crisoles en los que se han puesto carbones encendidos

añade a la vasija y se vuelve a pisar o machacar; esta operación se repite hasta que ésta está completamente llena; entonces el maestro lo corta con una media luna de dos filos y con la punta y el otro extremo curvos ambos hacia el mismo lado, de modo que tiene una parte central de la hoja que mide un palmo y un dedo y, además, los extremos curvados. La hoja es de un dedo y medio de ancho, y el largo de los extremos curvos, un palmo; esta parte no tiene filos y termina en empuñaduras o mangos de madera. El maestro, manejándola con una mano, corta el polvo machacado, vaciándolo de modo que quede un espesor de tres dedos en la vasija; luego cierne polvo de hueso seco sobre el hueco por un cedazo muy fino de cerda. A continuación se pone en el crisol que se está fabricando una bola de madera muy dura de seis dedos de diámetro y se hace que ruede moviéndolo con ambas manos para igualar y terminar el interior; realmente, a veces lo mueven con una sola mano. Los crisoles de refino son de varias capacidades: algunos servirán para menos de quince libras de plata; otros, para veinte, treinta, cuarenta y hasta cincuenta. Una vez preparados como hemos dicho, se dejan secar al sol o en un cobertizo templado; cuanto más secos y más viejos sean serán mejores. Cuando se usan para refinar la plata, se calientan colocando carbones encendidos dentro. Otros usan, en vez de estos crisoles de barro, el aro de hierro, pero el crisol es preferible, porque aunque se deteriore el polvo la plata queda en él, mientras que el anillo, como no tiene fondo, no impide que se pierda o se derrame si algo va mal durante la operación; además, es más

A: Parrilla.—B: Bloque de bronce.—C: Bloque o tajo de madera.—D: Panes de plata.—E: Martillo.—F: Bloque de madera con la acanaladura en el centro.—G: Bacía con agujeros para enfriar los panes de plata.—H: Disco de madera unido a un instrumento de hierro.—I: Madera de pino.—K: Barra de hierro.—L: Instrumento hueco en su extremo. El instrumento de extremo curvado aparece en el siguiente grabado.—M: Instrumento con extremo doblado.—N: Instrumento en forma de lengüetas

fácil de colocar en el fuego el crisol que el aro de hierro. Para que el crisol no se rompa y perjudique a la plata, algunos los rodean con una banda de hierro.

Para poder romperlos más fácilmente, los panes de plata se colocan sobre una reja o parrilla y se calientan quemando carbón debajo. El refinador tiene un bloque de bronce de dos palmos y dos dedos de longitud y anchura, con una acanaladura en el centro, que coloca sobre otro bloque o tronco de madera dura. Después, con un martillo, golpea los panes de plata calientes colocados sobre el bloque de bronce y los rompe. La cabeza del martillo es de un pie y dos dedos de largo y un palmo de ancho. Otros usan para este propósito sólo el tronco de madera con la acanaladura o tajo en su parte superior. Los fragmentos de los terrones de plata todavía calientes se cogen con las tenazas y se echan en una bacía grande con agujeros en el fondo y se derrama agua por encima; cuando se enfrían, el refinador los coloca cuidadosamente en el crisol, puesto en el horno como hemos dicho; los coloca en pirámide, de modo que sobresalgan dos palmos por encima del borde del crisol, calzándolos con pedacitos de carbón para que no se caigan; luego coloca carbones encendidos sobre el crisol y en seguida añade dos cestos más de carbón. A continuación hace entrar aire por medio de los fuelles. El fuelle del horno de refino es doble, de cuatro pies y dos palmos de longitud y dos pies y dos palmos de anchura en la parte posterior; las demás piezas son como las descritas en el libro VII. La tobera va inserta en un tubo de bronce de un pie de largo; la abertura de este tubo es de un dedo de diámetro en la parte de delante, es completamente redondo y en la parte posterior tiene dos palmos de ancho. El maestro, como necesita para refinar la plata un fuego muy fuerte y, por tanto, un soplo de los fuelles vigoroso, los coloca muy inclinados para que cuando se haya fundido la plata puedan soplar sobre el centro del crisol. Cuando la plata hace burbujas, baja las toberas con la ayuda de un mango de madera que se moja en agua y que va unido a un hierro con la punta doblada hacia arriba. La plata se funde cuando se ha calentado el crisol durante una hora aproximadamente; cuando se ha fundido, el maestro refinador quita los carbones encendidos del crisol y coloca, en cambio, sobre él dos teas grandes de pino, de un pie y tres palmos de longitud y un palmo y dos dedos de ancho, un palmo de grueso en la parte superior y tres dedos en la parte inferior. Las coloca juntas y vuelve a echar sobre ambas los carbones encendidos, porque para el refino de la plata se sigue necesitando un fuego muy vivo. Se refina en dos o tres horas, según el grado de pureza que tuviera, y si era impura se purifica echando granos de plomo y de cobre al mismo tiempo en el crisol. Para que el refinador pueda mantener el fuego durante la operación, se cierra una puerta de hierro que mide tres pies de largo y un pie y tres palmos de altura; esta puerta se sostiene por ambos lados con planchas de hierro, y cuando la operación ha terminado se vuelve a subir con la ayuda de un pala de hierro, hasta que el borde inferior de la puerta se apoya en el gancho que la sostiene sobre el arco de la boca, y así se mantiene abierta. Cuando la plata está ya casi refinada, lo que se calcula por el tiempo, el refinador mete en el horno una

A: Instrumento curvado en su extremo.—B: Cucharón.—C: Agujero del cucharón. D: Barra puntiaguda.—E: Horquilla.—F: Torta de plata colocada sobre el instrumento en forma de lengüetas.—G: Tina de agua.—H: Bloque de madera con un pan sobre él.—I: Martillo.—K: Plata colocada de nuevo sobre el instrumento en lengüetas.—L: Otra tina llena de agua.—M: Alambres de bronce.—N: Trípode.— O: Otro bloque.—C: Cincel.—Q: Crisol del horno.—R: Crisol todavía humeante

barra de hierro de tres pies y medio de largo y un dedo de grueso, terminada en una punta redonda. Las gotitas de plata que se adhieren a la barra las pone sobre el bloque de bronce y las aplana con el martillo y decide, a la vista de su color, si está suficientemente refinada o no. Si está completamente pura, el color es muy blanco, y en un bes hay sólo un dracma de impurezas. Algunos aplanan la plata con un instrumento de hierro hueco. De cada bes de plata se consume un siclo o, si era muy impura, hasta tres dramas o media onza.

El refinador apaga el fuego y remueve la plata fundida con un instrumento de hierro de nueve pies de largo, un dedo de grueso y torcido en la punta, primero hacia la derecha y luego hacia atrás, formando un círculo cuyo diámetro interior es de un palmo. Algunos usan otro instrumento, cuya punta se dobla directamente hacia arriba. Otro instrumento de forma de tenazas sirve para, apretándolo con las manos, coger los tizones y colocarlos sobre el crisol o apartarlos; estas tenazas son de dos pies de largo, un dedo y medio de ancho y la tercera parte de un dedo de grueso.

Cuando se ve que la plata se ha purificado completamente, el artífice quita los carbones del crisol con una pala. En seguida echa agua en un cucharón de cobre con mango de madera de cuatro pies de largo y que tiene un orificio a la mitad de la distancia entre el fondo y el borde, por el que pasaría un cañamón. Llena este cucharón de agua tres veces, y las tres lo vacía por el agujero sobre la plata y la va templando despacio; si echara mucha agua de una vez sobre la plata, se levantaría como estallando y saltando y heriría a los que se hallaran cerca. El artífice tiene una barra de hierro de tres pies de largo, con mango de madera de otros tres pies, y con la punta de esta barra mueve el crisol. Lo mueve también con otra barra de hierro terminada en gancho de dos dedos de anchura y un palmo de largo en el gancho y de tres pies de largo de barra y otros tres de mango de madera. Luego saca el crisol del horno con una pala o una horquilla y lo vuelca, de modo que la plata cae al suelo en forma de media esfera; luego, recogiendo el pan semiesférico con una pala, lo echa en una tina de agua, donde se enfría; no sin hacer un gran ruido. O bien levanta el pan del suelo con la horquilla y lo coloca sobre las tenazas cruzadas sobre los bordes de la tina de agua; cuando se ha enfriado lo vuelve a tomar y lo pone en el tronco o cepa de árbol de madera dura y lo golpea con el martillo para limpiarle el polvo del crisol que se le haya adherido. A continuación lo pone sobre las tenazas cruzadas sobre la tina y lo limpia con alambre de bronce mojado en el agua y repite los golpes de martillo y la limpieza con los alambres de bronce hasta que queda limpia la plata. Luego la coloca sobre un trípode de hierro de un palmo y dos dedos de alto y de un dedo y medio de ancho y dos palmos de base; bajo el trípode pone carbones encendidos para secar la plata que está húmeda. Por último, el prefecto o inspector del

A: Mufla.—B: Ventanitas de la mufla.—C: Codo.—D: Ladrillos.—E: Puerta de hierro.—F: Postigo o abertura.—G: Fuelles.—H: Cincel martillo.—I: Anillo de hierro que usan algunos en vez del crisol.—K: Pistadero con el que se pistan las cenizas en el aro de hierro

Rey o el Príncipe, o el propietario, pone la plata sobre el tronco de madera y con un cincel de grabador corta dos trozos, uno de la parte de arriba y otro de la inferior. Estos dos trozos se prueban en el fuego para comprobar si la plata ha quedado completamente pura o no y determinar su ley y a qué precio debe venderse. Finalmente, se graba sobre ella el sello del Rey, o del Príncipe, o del propietario, y, junto a él, la ley o proporción de plata pura que tiene.

Algunos refinan la plata en crisoles colocados en muflas de hierro o de barro. Usan un horno, en cuyo hogar colocan el crisol con los fragmentos de plata y lo cubren con la mufla; ésta tiene ventanitas o aberturas alrededor y un puente o teja delante. Para fundir la plata se ponen ladrillos a los lados de la mufla, y sobre ellos y sobre la teja del puente, carbones encendidos. El horno tiene una puerta de hierro, cubierta por el interior con barro de junturas para protegerla. Cuando se cierra, conserva el calor del fuego, pero tiene un portillo o postigo para que los artífices puedan ver el interior del horno y sepan si deben usar los fuelles para reavivar el fuego. Aunque se emplea más tiempo para refinar la plata con este método que con el anterior, sin embargo éste es más útil, porque se pierde menos, ya que un fuego más lento consume menos partículas que un fuego muy fuerte, avivado continuamente por el soplo de los fuelles. Si por ser muy grande el pan, al sacarlo del horno no se puede manejar sino con dificultad, se corta en dos o tres trozos, todavía caliente, con una cuña o un cincel y martillo, porque si se cortara después de enfriarse saltarían pedacitos y alguno se perdería.

FIN DEL LIBRO X

LIBRO XI

Diferentes métodos de separación del oro de la plata y de la plata del oro fueron discutidos en el libro anterior, como también la separación del cobre y asimismo del plomo del oro, lo mismo que de la plata y, por último, los métodos de refino de los dos metales preciosos. Ahora voy a referirme a los métodos mediante los cuales la plata se separa del cobre y asimismo del hierro.

La fábrica necesaria para uso de quienes separan la plata del cobre se construye de esta manera. Primeramente se levantan cuatro paredes, de las cuales la primera, que es paralela a la orilla de una corriente, y la segunda tienen doscientos sesenta y cuatro pies de longitud. La segunda, no obstante, acaba a ciento cincuenta y un pies y, después de una interrupción de una longitud de veinticuatro pies, continúa de nuevo hasta que alcanza la misma longitud que la primera. La tercera pared tiene ciento veinte pies de largo, comenzando en un lugar frente al sesenta y sieteavo pie de las otras paredes y terminando en el ciento ochenta y seisavo pie de ellas. La cuarta pared tiene ciento cincuenta y un pies de longitud. La altura de cada una de estas paredes, e igualmente la de las otras dos y la de las paredes transversales, de las que hablaré más adelante, es diez pies, y su espesor, dos pies y otros tantos palmos. Solamente la segunda pared larga tiene quince pies de alto, porque en ella se han de asentar los hornos. La primera pared larga está a una distancia de quince pies de la segunda y la tercera dista el mismo número de pies de la cuarta, pero la segunda dista treinta y nueve pies de la tercera. En cuanto a las paredes transversales, la primera está construida de forma que va desde el principio de la primera pared larga al principio de la segunda pared larga, la segunda pared transversal va desde el principio de la segunda pared larga hasta el principio de la cuarta pared larga, porque la tercera pared larga no llega tan lejos. A partir del principio de la tercera pared larga se construyen dos paredes—la una que llega hasta el sesenta y sieteavo pie de la segunda pared larga y la otra hasta el mismo punto de la cuarta pared larga. La quinta pared transversal está construida a una distancia de diez pies de la cuarta pared transversl hacia la segunda pared transversal; tiene veinte pies de largo y empieza a partir de la cuarta pared larga. La sexta pared transversl empieza también a partir de la cuarta pared larga, en un punto distante treinta pies de la cuarta pared transversal, y se extiende por toda la espalda de la tercera pared larga. La séptima pared transversal empieza a partir de la segunda pared larga, donde esta primera acaba, hasta la tercera pared larga, y la octava pared transversal, desde la espalda de la tercera pared larga, se extiende hasta el extremo de la cuarta pared larga. La quinta pared larga va desde la séptima pared transversal, comenzando en un lugar a diecinueve pies de la segunda pared larga, tiene ciento nueve pies de longitud, y en un lugar situado a veinticuatro pies en el sentido de su longitud comienza la novena pared transversal, que llega hasta el tercer extremo de la segunda pared larga, donde ésta, a su vez, comienza. La décima pared transversal va desde el final de la quinta pared larga hasta el extremo más alejado de la segunda pared larga, y desde allí, la undécima pared transversal va hasta el extremo más alejado de la primera pared larga. Detrás de la quinta pared larga, y a una distancia de cinco pies en dirección a la tercera pared larga, se halla la sexta pared larga, que nace a partir de la séptima pared transversal; su longitud es de treinta y cinco pies, y de su extremo más alejado arranca la duodécima pared transversal, que llega hasta la tercera pared larga, y desde ella, la decimotercera pared transversal va hasta la quinta pared larga. La decimocuarta pared transversal divide en partes iguales el espacio que queda entre la séptima pared transversal y la duodécima.

La longitud, altura, espesor y posición de las paredes son las que ya se han indicado. Las arcadas, puertas y huecos se hacen al mismo tiempo que las paredes. El tamaño de éstas y la forma en que se han hecho se comprenderá mucho mejor más adelante Ahora me voy a referir a las campanas de los hornos y a las cubiertas. El primer lado de la campana se apoya en la segunda pared larga y es similar en todos los aspectos a las campanas cuya estructura expliqué en el libro IX, cuando describía los talleres en cuyos hornos se funden las menas del oro, la plata y el cobre. Desde este lado de la campana, un tejado de tejas cocidas se extiende hasta la primera pared larga, y esta parte de la fábrica contiene los fuelles, la maquinaria para comprimirlos y los instrumentos para inflarlos. En el segundo espacio, medio, que está situado entre la segunda y la tercera paredes transversales, se levanta sobre el cimiento de una roca una columna o poste vertical de ocho pies de alto y dos de espesor, distante trece pies de la segunda pared larga. En este poste vertical y en la segunda pared transversal, que tiene en ese punto un vano cuadrado de dos pies de alto y de ancho, se halla situada una viga de treinta y cuatro pies y un palmo de largo. Otra viga, de la misma longitud, espesor y anchura, está fija en el mismo poste vertical y en la tercera pared transversal. Las cabezas de estas dos vigas, en el

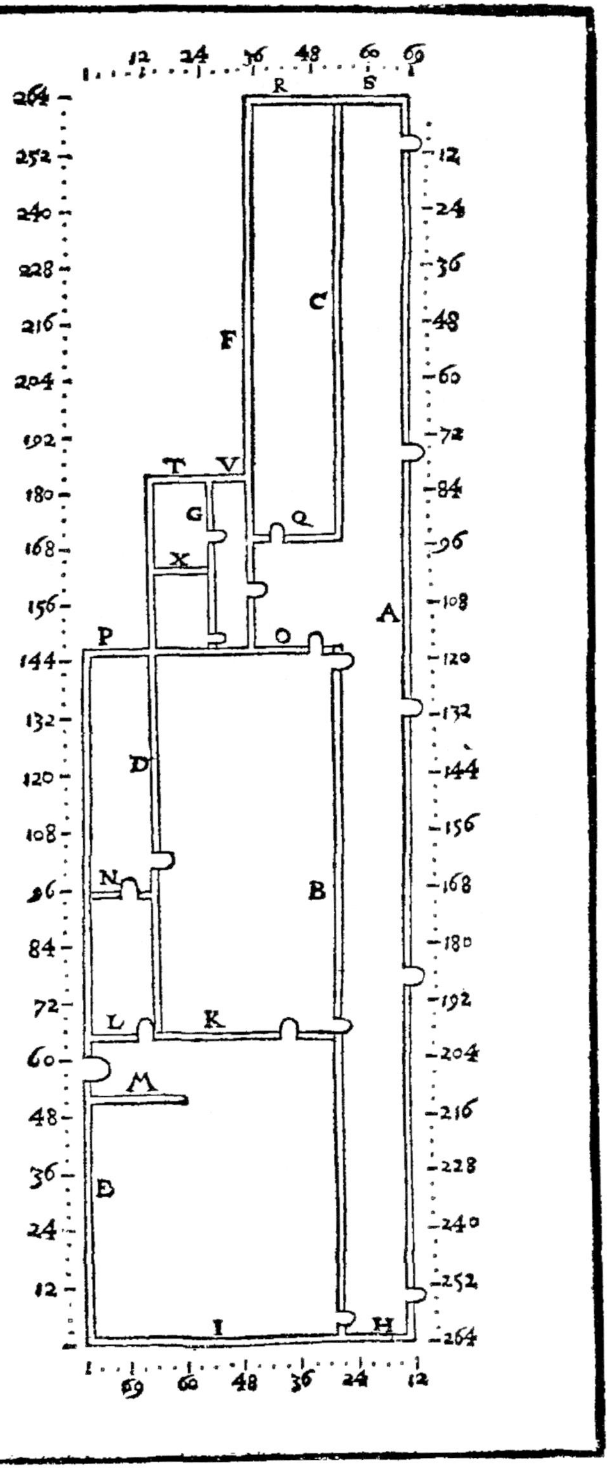

Seis paredes largas. A: La primera.—B: La primera parte de la segunda.—C: La parte más alejada de la segunda.—D: La tercera.—E: La cuarta.—F: La quinta.—G: La sexta.—Catorce paredes transversales: H: La primera.—I: La segunda.—K: La tercera.—L: La cuarta.—M: La quinta.—N: La sexta.—O: La séptima.—P: La octava.—Q: La novena.—R: La décima. S: La undécima.—T: La La duodécima V: La decimotercera.—X: La decimocuarta.

punto en que se encuentran, se unen por medio de unas grapas de hierro. De forma análoga, se levanta otro poste a una distancia de diez pies del primero, en la dirección de la cuarta pared, y sobre él, y en las mismas paredes, van tendidas dos vigas de modo similar al que acabo de describir. Sobre estas dos vigas y sobre la cuarta pared larga se hallan fijadas diecisiete vigas transversales de cuarenta y tres pies y tres palmos de longitud, un pie de anchura y tres palmos de espesor; la primera de ellas está tendida sobre la segunda pared transversal, y la última, a lo largo de la tercera y la cuarta paredes transversales; el resto está colocado en la espacio que queda entre ellas. Estas vigas transversales están a una distancia entre sí de tres pies.

En los extremos de estas vigas transversales, mirando hacia la segunda pared larga, están amortajados los extremos del mismo número de pares de cuchillos de armadura, que llegan a dos maderos que se mantienen verticales en la segunda pared larga, y de esta manera se forma el lado inclinado de la campana, de forma similar a la descrita en el libro IX. Para impedir que caiga hacia la pared vertical de la campana, se hallan dispuestas unas varillas de hierro que lo aseguran, pero solamente unas cuantas, porque las cuatro chimeneas de ladrillo que tienen que construirse en ese espacio ayudan a soportarlo. Doce pies más atrás van amortajados igualmente en las vigas transversales, que van sobre las dos vigas longitudinales y la cuarta pared larga, los extremos inferiores de otros tantos pares de cuchillos de armadura, cuyos extremos superiores están amortajados en los extremos superiores de igual número de pares similares, cuyos extremos inferiores están amortajados en los extremos de las vigas en la cuarta pared larga. Desde la primera serie de pares de cuchillos de armadura hasta la segunda hay una distancia de doce pies, con el fin de que pueda colocarse cómodamente un canalón de desagüe en el espacio intermedio. Entre las dos series de pares se hallan también otras dos series de pares cuyos extremos inferiores están asimismo amortajados en las vigas que van tendidas sobre las dos vigas longitudinales y la cuarta pared larga, y distan entre sí un codo. Los extremos superiores de los de quince pies de longitud descansan en la espalda de las pares de la primera serie; los extremos de los otros, que tienen dieciocho pies de largo, descansan sobre la espalda de los pares de la segunda serie, que son más largos; de esta manera, en medio de los pares, existe una subestructura. Encima de cada viga transversal alterna, colocada sobre las dos vigas longitudinales y la cuarta pared larga, se levanta un poste vertical, que para que tenga la suficiente firmeza está reforzado con un madero inclinado. Sobre estos postes va tendida una viga larga, sobre la que descansa una serie de pares intermedios. De modo similar, la otra serie de pares intermedios se apoya sobre una viga larga, que está colocada sobre otros postes. Aparte de esto, dos pies por encima de cada viga transversal, que está colocada sobre las dos vigas longitudinales y la cuarta pared larga, se halla un tirante, que va de la primera serie de pares intermedios a la segunda; sobre los tirantes se halla un canalón, vaciado en un tronco de árbol. Después, desde la parte de atrás de cada uno de los pares intermedios de la primera serie, parte una viga de seis pies de largo, que llega casi al canalón; al extremo inferior de esta viga va unido un trozo de madera de dos pies de largo; esto se repite en cada par de la primera serie de pares intermedios. De forma análoga, desde la parte de atrás de cada uno de los pares intermedios de la segunda serie parte una vigueta de siete pies de largo, que llega casi hasta el canalón; al extremo inferior de la vigueta va igualmente unido un pequeño trozo de madera; esto se repite en cada par de la segunda serie de pares intermedios. Después, en la parte superior, a la primera y segunda serie de pares principales van unidas unas tablas largas, sobre las cuales se fijan las tejas cocidas, y de la misma manera, en la parte media, van unidas a la primera y segunda serie de pares intermedios, y en la parte inferior a las viguetas que parten desde cada par de la primera y segunda serie de pares intermedios y llegan casi al canalón, y, finalmente, a las tablillas unidas a los pequeños trozos de madera se les fijan unas ripias de madera de pino, que se extienden por el canalón, de forma que en caso de fuerte aguacero o de nieve derretida el agua no pueda penetrar en el edificio. Las subestructuras del interior, que soportan la segunda serie de pares, y las del lado opuesto, que soportan la tercera, por no ser insólitas no precisan explicación.

En la parte de la fábrica que se apoya contra la segunda pared larga se hallan los hornos, en los que se funden los panes o tortas de licuación agotados que han sido ya «secados» y pueden recuperar una vez más el aspecto y el color del cobre, puesto que realmente son de cobre. El resto de la nave está ocupado por un pasillo que conduce de la puerta a los hornos y por otros dos hornos, en uno de los cuales se calientan los panes de cobre, y en el otro, los panes de licuación agotados se «secan» con el calor del fuego.

Igualmente, en la nave, entre la tercera y la séptima paredes transversales, se levantan dos postes cimentados en la roca;

los dos tienen ocho pies de alto y dos de ancho y de espesor Uno está a una distancia de trece pies de la segunda pared larga, y el otro, a la misma distancia de la tercera pared larga; hay una distancia de trece pies entre ellos. Sobre estos dos postes y sobre la tercera pared transversal van tendidas dos vigas longitudinales de cuarenta y un pies y un palmo de longitud y dos pies de anchura y de espesor. Otras dos vigas de la misma longitud, anchura y espesor van tendidas sobre los postes verticales y sobre la séptima pared transversal, y las cabezas de las dos vigas largas, en el punto en que se encuentran, se unen con unas grapas de hierro. Sobre estas vigas longitudinales van colocadas también veintiuna vigas transversales de trece pies de longitud, un pie de ancho y tres palmos de espesor, de las cuales la primera está colocada sobre la tercera pared transversal, y la última, sobre la séptima pared transversal; el resto está situado en el espacio que queda entre estas dos, y están a una separación entre sí de tres pies. En los extremos de las vigas transversales que miran a la segunda pared larga están amortajados los extremos del mismo número de pares de cuchillos de armadura, que se levantan hacia los postes verticales que están situados encima de la segunda pared larga, y de esta manera se forma la segunda pared lateral inclinada de la campana. En los extremos de las vigas transversales que miran a la tercera pared larga van amortajados los extremos del mismo número de pares, que se levantan hacia los pares del primer lado inclinado de la segunda campana, y de esta manera se forma el otro lado inclinado de la segunda campana. Pero para impedir que éste caiga sobre el lado inclinado opuesto de la campana y que éste, a su vez, caiga sobre el opuesto vertical, se disponen muchas varillas de hierro, que van desde algunos de los pares hasta los opuestos a ellos, y también se previene esto en parte por medio de unos cuantos tirantes que se extienden desde la parte posterior de los pares hasta la parte posterior de los que quedan detrás de ellos. Estos tirantes tienen dos palmos de espesor y de anchura y están dotados de unos orificios que los atraviesan en cada extremo; cada uno de los pares está rodeado de unas bandas estrechas de hierror de tres dedos de anchura y medio dedo de espesor, que juntas sostienen los extremos de los tirantes a los que me he referido, y para que las juntas queden firmes, se hace pasar un clavo de hierro, que atraviesa la placa por ambos lados, a través de los orificios de los extremos de las vigas. Como un peso contraequilibra el otro, los pares de las campanas opuestas no pueden caer. Los tirantes y los postes intermedios que tienen que soportar los canalones y el tejado están hechos, en todos los respectos, conforme antes he mencionado, con la única excepción de que la segunda serie de pares intermedios no son más largos que la primera serie de pares intermedios, y que las viguetas que, partiendo de la parte posterior de cada par de la segunda serie de pares intermedios llegan casi al canalón, no son más largas que las viguetas que, partiendo de la parte posterior de cada par de la segunda serie de pares intermedios, llegan casi al canalón. En esta parte del edificio, contra la segunda pared larga, hay unos hornos en los que se alea cobre con plomo y donde se refunden las escorias. Contra la tercera pared larga están los hornos en los que se licúan plata y plomo del cobre. El interior está también ocupado con dos cabrias, una de las cuales deposita en el suelo los panes de cobre sacados de las cajas de moldeo; la otra los recoge del suelo y los introduce en el segundo horno.

En la tercera y en la cuarta paredes largas se hallan dispuestas veintiuna vigas de dieciocho pies y tres palmas de largo. En sus mortajas, dos pies por detrás de la tercera pared larga, van encajados los extremos del mismo número de pares que se levantan frente a los pares de la otra pared inclinada de la campana del segundo horno, y de esta manera se forma la tercera pared inclinada, exactamente similar a las otras. Los extremos de otros tantos pares van amortajados en estas vigas, donde se fijan a la cuarta pared larga; estos pares se levantan en sentido oblicuo y descansan contra las espaldas de los precedentes y soportan el tejado, que está constituido en su totalidad por tejas cocidas y tiene las subestructuras usuales. En esta parte del edificio hay dos naves, en la primera de las cuales se almacenan los panes de cobre y en la otra los de plomo.

En el espacio entre la novena y la décima paredes transversales y la segunda y la quinta paredes largas se levanta sobre el cimiento de la roca un poste de doce pies de alto y dos pies de anchura y de espesor; dista trece pies de la segunda pared larga y seis de la quinta pared larga. Sobre este poste y sobre la novena pared transversal va tendida una viga de treinta y tres pies y tres palmos de longitud y dos palmos de anchura y espesor. Otra viga de iguales longitud, anchura y espesor va tendida sobre el mismo poste y sobre la décima pared transversal, y los extremos de estas dos vigas, en el punto en que se encuentran, se unen por medio de unas grapas de hierro. En estas vigas y en la quinta pared larga van situadas diez vigas transversales, de ocho pies y tres palmos de longitud, la primera de las cuales está colocada en la novena pared transversal, y la última, en la décima; las restantes, en el espacio entre ellas; distan entre sí otros tres pies. En los extremos de las vigas transversales que miran a la segunda pared larga van amortajados los extremos del mismo número de pares inclinados hacia los postes que se mantienen verticalmente sobre la segunda pared larga. Esta es la forma en la que el lado inclinado de la campana del horno está construido, exactamente igual que los otros; en la parte superior, donde se emiten los humos, está a dos pies de separación del lado vertical. Los extremos del mismo número de pares están amortajados en las vigas transversales, donde se hallan situadas en la quinta pared larga; cada uno de ellos está dispuesto en sentido oblicuo y descansa sobre la parte posterior de uno de la serie precedente; soportan el tejado, construido con tejas cocidas. En esta parte del edificio, contra la segunda pared larga, hay cuatro hornos, en los que el plomo se separa de la plata, junto con las cabrias, por medio de las cuales se levantan las cúpulas de los crisoles.

En la parte de la fábrica que queda entre la primera pared larga y la interrupción de la segunda pared larga se halla el mazo con el que los panes de cobre se trituran y los cuatro mazos con los que se desmenuzan las excreciones que se caen de las paredes del horno y se reducen a polvo, y, análogamente, los ladrillos sobre los que los panes de cobre de licuación agotados se dejan para que se «sequen». Esta nave tiene el techo convencional, e igualmente lo tiene el espacio entre la séptima pared transversal y las duocécima y decimotercera paredes transversales.

En los lados de estas naves se hallan la quinta, la sexta y la tercera paredes largas. Esta parte está dividida en dos: en la primera se hallan los pequeños hornos en los que el artífice ensaya los metales, y la ceniza de huesos, junto con los demás polvos, se guardan aquí; en la otra nave se prepara el polvo del que están hechos los hogares y los crisoles de los hornos. Fuera de la fábrica, a la espalda de la cuarta pared larga, cerca de la puerta, a la izquierda conforme se entra, está el hogar en el que de masas grandes de plomo se funden otras más pequeñas, que pueden pesarse con más facilidad; porque las masas de plomo, lo mismo que los panes de cobre, tienen que prepararse primero de forma que puedan pesarse, y que pueda fundirse y alearse en los hornos un peso definido. Para empezar, el hogar en el que las masas de plomo se licúan tiene seis pies de largo y cinco de ancho; está protegido a ambos lados por piedras parcialmente hundidas en tierra, pero de un palmo más de altura que el hogar, y su interior está forrado con brasca. Tiene una inclinación

A: Hogar.—B: Piedras de la solera.—C: Paredes que protegen la cuarta pared larga de los daños del fuego.—D: Caldero de enfriamiento.—E: Masas de plomo.—F: Trole.—G: Ruedas del trole.—: Tenazas.—K: Leña.—L: Moldes.—M: Cuchara.—N: Pico.—O: Tortas o panes

dirigida hacia la parte media y hacia el frente, para que el plomo fundido pueda fluir y penetrar en el caldero de enfriamiento. En la parte posterior del hogar hay una pared que protege la cuarta pared larga contra los daños que podría producir el calor; esta pared, que está construida con ladrillos y brasca, tiene cuatro pies de altura, tres palmos de espesor y cinco pies de largo en la parte inferior, y en la parte superior tres pies y dos palmos de longitud; por tanto, se va estrechando gradualmente, y en la parte superior van colocados siete ladrillos, de los cuales los intermedios están en posición vertical, y los de los extremos inclinados; todos ellos están recubiertos con brasca. Delante del hogar hay un caldero de enfriamiento, cuya fosa tiene un pie de profundidad y un pie y tres palmos de ancho en la parte de arriba, y se va estrechando gradualmente. Cuando se van a fundir las masas de plomo, el operario lo primero que hace es colocar la leña en el hogar, de forma que un extremo de cada leño mire a la pared y el otro extremo al caldero de enfriamiento. Luego, con la ayuda de otro operario, empuja la masa de plomo hacia delante con los espeques hasta cargarla en un carro, y la lleva así hasta la cabria. Esta está formada por unos tablones unidos entre sí, tiene dos pies y medio de anchura y cinco pies de longitud, y dos pequeños ejes de hierro, alrededor de los cuales y en cada extremo giran unas pequeñas ruedas de hierro de dos palmos de diámetro y otros tantos dedos de ancho. El carro tiene una argolla, unida a la cual va una cuerda, con la que se arrastra hasta la cabria. Esta es exactamente igual a las de la segunda parte de la fábrica, a excepción de que el aguilón no es tan largo. Las tenazas con cuyas mordazas se cogen las masas de plomo tienen dos pies y un palmo y dos dedos de largo; ambas mordazas, al ser golpeadas con un martillo, chocan contra la masa y penetran en ella. La parte superior de las dos asas de las tenazas está curvada hacia atrás, una hacia la derecha y otra hacia la izquierda, y cada asa está enganchada a uno de los eslabones inferiores de dos cortas cadenas, que tienen tres eslabones de longitud. Los eslabones superiores están enganchados en una anilla redonda y grande, a la que se fija el gancho de una cadena que baja de la polea del aguilón de la cabria. Cuando se gira la manivela de la cabria, eleva la masa y éste la lleva al horno y la deposita sobre la leña. El operario va manipulando así una masa tras otra, depositándolas de modo similar sobre la leña del hogar; usualmente se depositan sobre la leña y se funden a un tiempo masas con un peso total de aproximadamente ciento sesenta centumpondios. Luego un operario echa carbón vegetal sobre las masas, y quedan preparadas por la noche. Si se teme que llueva, lo tapa con una cubierta, que puede moverse de un lado a otro; por detrás, esta cubierta tiene dos patas, para que la lluvia que recoja pueda fluir hacia abajo por la pendiente hasta el suelo abierto. A primeras horas de la mañana del día siguiente echa ascuas sobre el carbón con una pala y por este método las masas de plomo se funden, añadiendo de cuando en cuando car-

A: Bloque de madera.—B: Postes verticales.—C: Vigas transversales.—D: Cabeza del mazo.—E: Diente del mazo.—F: Orificio del vástago del mazo.—G: Barra de hierro.—H: Masas de plomo.—I: Silla de bronce.—K: Eje.—L: Brazos del eje.—M: Pequeño eje de hierro.—N: Tubo de bronce

bón vegetal. El plomo, tan pronto como empieza a fluir al caldero de enfriamiento, es achicado con una pala de hierro, vertiéndose en unos moldes de cobre del tipo generalmente en uso en las refinerías. Si no se enfría inmediatamente, el maestro vierte agua sobre él, y luego clava el pico en él y lo saca. El extremo puntiagudo del pico tiene tres palmos de largo y su extremo romo tiene dos dedos de largo. Es necesario recubrir los moldes con una capa de brasca, para que al volcarlos y golpearlos con el extremo romo ancho del pico las tortas de plomo se desprendan fácilmente. Si los moldes no se han recubierto de brasca, se corre el riesgo de que se fundan con el plomo y éste no se desprenda. Algunos cogen un leño con la mano izquierda y con su extremo inferior más grueso golpean el molde, mientras que con la mano derecha clavan la punta del pico en la torta de plomo y tiran así de ella. Inmediamente el operario vierte de nuevo plomo en los moldes vacíos, y continúa así hasta que acaba de fundir el plomo. Cuando todo el plomo se ha fundido, se produce algo similar al litargirio; pero no es de extrañar que esto ocurra, ya que antiguamente se acostumbraba producirlo en Puteoli, de plomo, cuando se fundía con un fuego muy vivo en un horno de copelación. Después estas tortas de plomo se transportan al almacén de plomo.

Las tortas de cobre, colocadas en carretillas, se transportan hasta la tercera parte del edificio, donde cada una se coloca sobre una silla en horquilla, y se rompe al impacto de sucesivos golpes dados con la maza guarnecida de hierro. Esta máquina se hace así: se pone en el suelo un bloque de roble de cinco pies de largo y tres de ancho y de grueso; se corta en su mitad en un largo de dos pies y dos palmos, un ancho de dos pies y una profundidad de tres palmos y dos dedos, y se abre en la parte del frente; su parte más alta queda detrás, y la más ancha queda plana en el bloque. En la parte media se coloca una silla en horquilla de bronce. Su base tiene un palmo y dos dedos de ancho, y se coloca entre dos masas de plomo, quedando así semienterrado a una profundidad de un palmo por ambos lados. Toda la silla tiene tres palmos y dos dedos de anchura, un pie de longitud y dos palmos de espesor. Sobre cada extremo del bloque se levanta un poste, de un codo de ancho y de espesor, cuyo extremo superior tiene una muesca y está mortajado en las vigas del edificio. A una altura de cuatro pies y dos dedos por encima del bloque van unidas a los postes dos vigas transversales, cada una de las cuales tiene tres palmos de ancho y de espesor; sus extremos están mortajados en los postes verticales, y llevan unos orificios que las traspasan; en cada uno de estos orificios encaja una cuña de hierro con dos extremos en la parte anterior y que penetran en el poste de forma que uno de los extremos de cada uno apunta hacia arriba y el otro hacia abajo; el otro extremo de cada horquilla está perforado y en los orificios se inserta e introduce una ancha cuña de hierro, con la que sostienen en posición las vigas transversales. Estas vigas transversales tienen en el medio una abertura cuadrada de tres palmos y medio y un dedo de ancho en cada dimensión, a través de la cual pasa el mazo guarnecido de hierro. A una altura de tres pies y dos palmos por encima de estas vigas transversales hay también dos vigas de la misma clase, que tienen también una abertura cuadrada y sostienen el mismo mazo. Este mazo es cuadrado, de once pies de altura y tres palmos de ancho y de espesor; su zapata de hierro tiene un pie y un palmo de largo; su cabeza tiene dos palmos de largo y de ancho, un palmo y dos dedos de espesor en la parte superior y en la inferior el mismo número, porque se estrecha gradualmente. Pero la cola tiene tres palmos de largo; en el arranque de la cabeza tiene dos palmos de ancho y de grueso, y luego se va estrechando. La parte superior está encerrada en el vástago del mazo, y está perforada para introducir un perno de hierro en ella; está rodeado de tres bandajes de hierro rectangulares: el inferior, de un palmo de ancho, está entre la zapata de hierro y la cabeza del mazo; el bandaje intermedio, de tres dedos de ancho, le sigue y rodea la cabeza del mazo, y dos pies por encima está el superior, que tiene el mismo número de dedos de ancho. A una distancia de dos pies y otros tantos dedos por encima de la parte inferior de la zapata de hierro hay un diente rectangular, que sobresale del mazo un pie y un palmo; tiene dos palmos de espesor y a seis dedos del mazo se estrecha dos dedos. A una altura de tres palmos hacia arriba desde el diente hay un orificio redondo en el medio del vástago del mazo, en el que puede introducirse una barra redonda de hierro de dos pies de largo y un dedo y medio de diámetro; en este extremo hueco va fija una manivela de madera de dos palmos y el mismo número de dedos de largo. La barra se apoya sobre la viga transversal inferior, y sostiene el mazo cuando no se utiliza. El eje que levanta el mazo tiene en cada lado dos brazos que distan dos palmos y tres dedos entre sí y que sobresalen un pie, un palmo y dos dedos del eje; unos pernos que penetran a su través lo encajan firmemente; los brazos tienen cada uno un palmo y dos dedos de ancho y de grueso y sus cabezas redondas, en una distancia de un pie hacia abajo a cada lado, están cubiertas con unas placas de hierro del mismo ancho que los brazos y están sujetas con unos clavos de hierro. La cabeza de cada brazo tiene un orificio redondo, en el que se introduce un pasador de hierro, que pasa a través de un tubo de bronce; este pequeño eje tiene en un extremo una cabeza ancha, y en el otro una perforación a través de la que pasa un clavo de hierro, para que el pequeño eje no se salga de los brazos. El tubo de bronce tiene dos palmos de largo y uno de diámetro; el pequeño eje de hierro penetra a través de su interior redondo, que tiene dos dedos de diámetro. El tubo de bronce no solamente gira alrededor del pequeño eje de hierro, sino que también gira con él; por lo tanto, cuando el eje gira, el pequeño eje y el tubo de bronce a su vez suben el diente y el mazo. Cuando el pequeño eje de hierro y el tubo de bronce se han salido de los brazos, el diente del mazo no sube, y pueden levantarse otros mazos sin aquél. Además, un tambor de muescas hechas alrededor del eje de una noria mueve el eje de un tambor dentado, que comprime los fuelles en la cuarta parte adyacente del taller; pero gira en dirección contraria, porque el eje del tambor que levanta los mazos gira hacia el norte, mientras que el que comprime los fuelles gira hacia el sur.

Las tortas que son demasiado gruesas para romperse con facilidad con los mazazos del pisón de zapata de hierro, como son generalmente las que fraguan en la solera del horno, se llevan a la primera parte del edificio; allí se calientan en un horno, que está a una distancia de veintiocho pies de la segunda pared larga y a doce pies de la segunda pared transversal. Los tres lados de este horno están construidos con piedras rectangulares, sobre las que se han puesto ladrillos; la pared del horno posterior tiene tres pies y un palmo de alto, y la parte posterior de las paredes laterales tiene las mismas dimensiones; las paredes laterales están en declive, y en la parte en que el horno está abierto, en su parte anterior, solamente tienen dos pies y tres palmos de alto; todas las paredes tienen un pie y un palmo de espesor. Sobre estas paredes se levantan unas columnas o postes verticales de no menor espesor, para que puedan soportar el fuerte peso que se les impone que van cubiertos de brasca; estos postes soportan la chimenea en declive y penetran a través del tejado. Además, no solamente los cabrios de la chimenea, sino también los pares de cuchillos de armadura, están cubiertos de una espesa capa de brasca. El hogar del horno tiene seis pies de largo a cada lado, está en pendiente y está pavimentado con ladrillos. Las tortas de cobre se colocan en el horno y se calientan de la siguiente manera. Ante todo, se colocan en el horno en hileras, con otras tantas piedras del tamaño de un huevo entre una y otra, de forma que el calor del fuego pueda penetrar a través de los espacios que quedan entre ellas; las tortas que están en el fondo del crisol se ponen sobre medio ladrillo por la misma razón. Pero para que la última hilera, que queda contra la boca del horno, no se caiga, se colocan contra dicha boca unas placas de hierro, o las tortas de cobre que se hayan sacado primero del crisol al hacer el cobre, y contra ellas se ponen las tortas de licuación agotadas o piedras. Luego se echa carbón vegetal sobre las tortas, y después ascuas; al principio las tortas se calientan con un fuego suave y después se añade más carbón hasta que tenga a veces una profundidad de tres cuartas de pie. Ciertamente, se precisa un fuego más vivo para calentar las tortas duras de cobre que para las frágiles. Cuando las tortas se han calentado suficientemente, lo que usualmente ocurre en el espacio de unas dos horas, las tortas de licuación agotadas o las piedras y la placa de hierro se retiran de la boca del horno. Luego las tortas calientes se sacan hilera tras hilera con un espetón de dos púas, como el que utilizan los que «secan» las tortas de licuación agotadas. Después se coloca la primera torta sobre las tortas de licuación agotadas y se bate por dos operarios con martillos hasta que se rompe; cuanto más calientes estén las tortas,

A: Pared posterior.—B: Paredes laterales.—C: Paredes perpendiculares.—D: Chimenea.—T: Tortas preparadas.—F: Placas de hierro.—G: Rocas.—H: Espetón de dos púas.—I: Martillos

más pronto se romperán; cuando menos calientes, más tardan, porque de vez en cuando se doblan adoptando la configuración de las vasijas de cobre. Cuando la primera torta se ha roto, se pone la segunda sobre los fragmentos y se bate hasta que se rompe en pedazos, y el resto de las tortas se va rompiendo de la misma manera en su debido orden. La cabeza del mazo tiene tres palmos de largo y uno de ancho, y está afilada por ambos extremos, y su mango es de madera, de tres pies de largo. Cuando se han roto con el martillo pilón, si están fríos, o con los mazos si están calientes, los fragmentos de cobre o las tortas se llevan al almacén de cobre.

El capataz de los talleres, de acuerdo con las diferentes proporciones de plata de cada centumpondio de cobre, lo alea con plomo, sin lo cual no podría separar la plata del cobre. Si hubiera una cantidad moderada de plata en el cobre, hace una aleación cuádruple; por ejemplo, si en los tres cuartos de un centumpondio de cobre hay menos de las siguientes proporciones: media libra de plata, o media libra y un siclo, o media libra y media onza, o media libra, media onza y un siclo, se añade plomo rico —esto es, plomo del que todavía no se ha separado la plata— en una cantidad de medio centumpondio o un centumpondio entero, o uno y medio, de forma que pueda haber en la aleación cobre-plomo alguna de las proporciones de plata que acabo de mencionar, ésta es la primera aleación. A esta «primera» aleación se añade el mismo peso de plomo desplatado o litargirio en la cantidad requerida para hacer de todas ellas una sola torta de licuación que contenga aproximadamente dos centumpondios de plomo; pero como usualmente de ciento treinta libras de litargirio solamente se hacen cien libras de plomo, se añade como suplemento una mayor proporción de litargirio que de plomo desplatado. Como se colocan al mismo tiempo cuatro tortas de esta clase en el horno en el que se licúan la plata y el plomo a partir del cobre, en todas las tortas habrá tres centumpondios de cobre y ocho de plomo. Cuando se ha licuado el plomo del cobre, pesa seis centumpondios, en cada uno de los cuales hay un cuarto de libra y casi un siclo de plata. Solamente siete onzas de plata permanecen en las tortas de licuación agotadas y en esa aleación de cobre y plomo que denominamos «espinas de licuación»; llamada así no tanto por sus puntas agudas como por su baja calidad. Si en tres cuartas partes de un centumpondio de cobre hay menos de siete onzas y media o un bes de plata, habrá que añadir mucho plomo rico para incorporar en la aleación de cobre y plomo una de las proporciones de plata que ya he mencionado. Esta es la «segunda aleación». A ésta también hay que añadirle tanto peso de plomo desplatado, o de litargirio, como sea posible para obtener de tal aleación una torta de licuación que contenga dos y cuarto centumpondios de plomo, en cuyo caso en cuatro de estas tortas habrá tres centumpondios de cobre y nueve de plomo. El plomo que se licúa de estas tortas pesa siete centumpondios y en cada uno de ellos hay un cuarto de libra y poco más de un siclo de plata. Alrededor de siete onzas de plata quedan en las tortas de licuación agotadas y en las espinas de licuación, si se nos permite usar para esto el antiguo término «spinae» y conferírselo a una nueva sustancia. Si en los tres cuartos de centumpondio de cobre hay menos de tres cuartos de libra de plata o tres cuartos y media onza, habrá que añadir el plomo rico necesario para producir una de las proporciones de plata de la aleación de cobre y plomo antes mencionada. Esta es la «tercera» aleación. A ésta se añade una cantidad tal de plomo desplatado o de litargirio que una torta de licuación hecha de ella contenga en total dos centumpondios y tres cuartos de plomo. De esta manera, cuatro de tales tortas contendrán tres centumpondios de cobre y once centumpondios de plomo. El plomo que licúan estas tortas, cuando se funden en el horno, pesa aproximadamente nueve centumpondios, y en cada uno de ellos hay un cuarto de libra y más de un siclo de plata; y siete onzas de plata quedan en las tortas de licuación agotadas y en las espinas de licuación. No obstante, si en tres cuartos de centumpondio de cobre hay menos de diez doceavos de libra o diez doceavos de libra y media onza de plata, se añadirá la proporción de plomo rico con la que se produzca en la aleación de cobre y plomo una de las proporciones de plata que antes he mencionado; esta es la «cuarta aleación». A ésta se añade un peso tal de plomo desplatado o de litargirio, que una torta de licuación hecha de ella contenga tres centumpondios de plomo, y en cuatro tortas de esta clase haya tres centumpondios de cobre y doce de plomo. El plomo que se licúa de ellas pesa aproximadamente diez centumpondios, en cada uno de los cuales hay un cuarto de libra y más de media onza de plata, o siete onzas; un bes o siete onzas y media de plata quedan en las tortas de licuación agotadas y en las espinas de licuación.

Contra la segunda pared larga y en la segunda parte de la fábrica, cuya superficie es de ochenta pies de largo por treinta y nueve pies de ancho, hay cuatro hornos en los que se alea cobre con plomo, y seis hornos en los que se refunden las escorias. El interior de la primera clase de horno tiene un pie y tres palmos de ancho y dos pies y tres dedos de largo, y el del segundo tiene un pie y un palmo de ancho y un pie, tres palmos y un dedo de largo. Las paredes laterales de estos hornos tienen la misma altura que los hornos en los que se funden las menas de oro o plata. Como toda la nave está dividida en dos partes por unos postes verticales, la primera parte tiene que tener, primero, dos hornos en los que se refunden las escorias; segundo, dos hornos en los que se alea cobre y plomo, y tercero, un horno en el que se refunden las escorias. La parte posterior de la nave tiene en primer lugar un horno en el que se refunden las escorias; a continuación, dos hornos en los que se alea cobre con plomo, y en tercer lugar, dos hornos en los que se refunden las escorias. Cada uno de estos hornos está a una separación del siguiente de seis pies; a la derecha del primero queda un espacio de tres pies y dos palmos, y a la izquierda del último de siete pies. Cada pareja de hornos tiene una puerta común, de seis pies de alto y un codo de ancho, pero el primero y el décimo hornos tienen cada uno su propia puerta. Cada uno de los hornos está situado de forma que le queda un arco en la pared posterior, y en la parte anterior tiene un antecrisol o prehogar, empotrado en el suelo, y revestido de un compuesto en polvo y apisionado y comprimido para que constituya un crisol. Debajo de cada horno hay un recipiente oculto, para la humedad, al que se ha hecho una ventilación que sale a través de la pared posterior hacia la derecha, y que permite el escape del vapor. Finalmente, en la parte anterior derecha se halla el molde de cobre en el que se vierte la aleación cobre-plomo del antecrisol, para que las tortas de licuación sean de igual peso. Este molde de cobre tiene un dedo de espesor, y su interior tiene dos pies de diámetro y seis dedos de profundidad. Detrás de la segunda pared larga hay diez pares de fuelles, dos máquinas para comprimirlos y veinte instrumentos para su insuflación. La forma en que esto se hace se ha descrito en el libro IX.

El fundidor, cuando alea cobre con plomo, con las manos arroja en el horno caliente, primero, los fragmentos grandes de cobre, después un cesto de carbón vegetal, y luego los fragmentos pequeños de cobre. Cuando se ha fundido el cobre y empieza a fluir por el agujero hecho en el antecrisol, echa litargirio en el horno y, para que no se escape parte de él, echa primero carbón encima de él y, por último, plomo. Tan pronto como ha echado en el horno el cobre y el plomo, de los que se hace la primera torta de licuación, echa de nuevo un cesto de carbón y luego echa encima fragmentos de cobre, de los que se hace la segunda torta. Después, con un espetón espuma la escoria del cobre y plomo, conforme fluyen al antecrisol. Este espetón es un palo al que se le ha fijado una barra de hierro; el palo es de madera de saúco o de sauce, de diez dedos de largo, seis de ancho y uno y medio de grueso; la barra de hierro tiene tres pies de largo, y el asa que lleva insertada tiene dos pies y medio de longitud. Mientras purga la aleación y la vierte con una cuchara en el molde de cobre, se funden los fragmentos de cobre, de los que hará la segunda torta. Tan pronto como ésta empieza a fluir, echa de nuevo litargirio, y cuando ha puesto más carbón, añade el plomo. Repite esta operación hasta hacer treinta tortas de licuación, en cuya labor tarde nueve horas, o a lo sumo diez; si tiene que hacer más de treinta tortas, se le paga otro turno cuando ha hecho otras treinta.

A: Horno donde se refunden las escorias.—B: Horno donde se alea el cobre con el plomo.—C: Puerta.—D: Antecrisol empotrado en el suelo.—E: Moldes de cobre.—F: Espetón.—G: Gancho.—H: Barra hendida.—I: Brazo de la cabria.—K: Gancho de la cadena

Al mismo tiempo que vierte la aleación de cobre y plomo en el molde de cobre, vierte también lentamente agua en la parte de arriba del molde. Luego, con un palo hendido, coge un gancho y pone la parte recta en la torta fundida. El gancho tiene un dedo y medio de espesor; la parte recta tiene dos palmos de largo y dos dedos de ancho y de grueso. Después vierte más agua sobre las tortas. Cuando están frías, pone una anilla de hierro en el gancho de la cadena que cuelga de la polea del brazo de la cabria; el diámetro interior de esta anilla es de seis dedos y tiene aproximadamente un dedo y medio de espesor; la anilla se acopla después en el gancho cuya parte recta está en la torta, y así se saca del molde la torta y se coloca en su sitio.

El cobre y el plomo así fundidos producen poca escoria y mucho litargirio. El litargirio no se adhiere, sino que cae en trozos como caen los residuos de malta con la que se hace la cerveza. A las paredes se adhiere «pompholyx» en cenizas blancas y a los lados del horno «spodos».

De esta práctica manera se alea el plomo con el cobre en el que sólo hay una módica porción de plata. No obstante, si hubiera mucha plata en él, como por ejemplo dos libras, o dos libras y un bes, en el centumpondio —que pesa ciento treinta y tres libras y un tercio, o ciento cuarenta y seis libras y un bes— el capataz del taller añadirá a un centumpondio de tal cobre tres de plomo, en cada uno de los cuales hay un tercio de libra de plata, o un tercio de libra y media onza. De esta manera se hacen tres tortas de licuación, que contienen juntas tres centumpondios de cobre y nueve de plomo. El plomo, cuando se ha licuado del cobre, pesa siete centumpondios, y en cada uno —si el centumpondio de cobre contiene dos libras de plata y el plomo contiene un tercio de libra— habrá una libra y un sexto y más de media onza de plata, mientras que en las tortas de licuación agotadas y en las espinas de licuación quedará un tercio de libra. Si un centumpondio de cobre contiene dos libras y un bes de plata, y el plomo un tercio de libra y media onza, en cada torta de licuación habrá una libra y media y medio onza, y un poco más de un siclo de plata. En las tortas de licuación agotadas queda un tercio de libra y media onza de plata.

Si solamente hubiera en el cobre una proporción diminuta de plata, no podrá separarse fácilmente hasta que se haya refundido en otros hornos, de modo que en los «posos» quede más plata y en los topes o «nata» menos. Este horno, abovedado con ladrillos sin cocer, es similar al horno en el que el plomo se separa de la plata, que ya se ha descrito en el libro anterior, y también al horno de copelación. El crisol se hace con cenizas, de la misma manera que en el último; en la parte anterior del horno, tres pies por encima del suelo, está la boca por la que fluye el cobre refundido al antecrisol y a la fosa de enfriamiento. A la izquierda de la boca hay una abertura, a través de la que puede echarse madera de haya al horno para alimentar el fuego. Si en un centumpondio de cobre había un sexto de libra y media onza de plata, o un cuarto de libra, o un cuarto de libra y media onza,

A: Horno.—B: Antecrisol.—C: Caldero de enfriamiento.—D: Tortas o panes

se refunden al mismo tiempo treinta y ocho centumpondios en este horno, hasta que quede en cada centumpondio de «posos» de cobre un tercio de libra y media onza de plata. Por ejemplo, si en cada centumpondio de cobre, aún no refundido, hay un cuarto de libra y media onza de plata, los treinta y ocho centumpondios que se funden juntos deben contener un total de once libras y una onza de plata. Como de quince centumpondios de cobre refundido había un total de cuatro libras y un tercio y media onza de plata, quedan solamente dos libras y un tercio. Así, en los «posos» queda un total de ocho libras y tres cuartos de plata, en un total de veintitrés centumpondios. Por tanto, cada centumpondio contiene un tercio de libra y una semionza, un dracma y la vigesimotercera parte de un dracma de plata; de tal cobre es conveniente separar la plata. Para que el maestro pueda tener más certeza del número de centumpondios de cobre que hay en los «posos», pesa las «natas» que se han sacado; las «natas» se echan en la fosa de enfriamiento y se hacen tortas. Se emplean catorce horas en la labor de separar el cobre. Los «posos», al añadirles un cierto peso de plomo, aleación de la que pronto hablaré, se funden en el horno de fundición o alto horno; después se hacen tortas de licuación y la plata se separa a continuación del cobre. Las «natas» se mezclan después en el horno de fundición, se refunden en el horno de refino, para que se haga el cobre rojo; las «natas» de éste se funden de nuevo en el horno de función, y luego en el horno de refino, y después de esto será cobre de caldero. Pero cuando se refunde el cobre, amarillo o rojo o de caldero, en el horno de refinación, se ponen cuarenta centumpondios y se hacen por lo menos veinte, y a lo *sumo treinta y cinco centumpondios.* Alrededor de veintidós de tortas de licuación agotadas y diez de cobre amarillo y ocho de rojo, se colocan simultáneamente en este último horno y se funden, con el fin de que puedan convertirse en cobre refinado. Los «posos» de cobre se alean de tres modos distintos con plomo. Primero se toman cinco octavos de centumpondio de cobre y dos y tres cuartos de plomo; y como con esto se hace una torta de licuación, con dos centumpondios y medio de cobre y once centumpondios de plomo se hacen cuatro tortas de licuación. Como en cada centumpondio de cobre hay un tercio de libra de plata, en todo el cobre debe haber diez doceavos de libra de plata; se le añaden cuatro centumpondios de plomo refundido de las «escorias», de los que cada centumpondio contiene un siclo y un dracma de plata, cuyo peso forma un total de una onza y media de plata. Se añaden también siete centumpondios de plomo desplatado, en cada uno de los cuales hay un dracma de plata; por tanto en las cuatro tortas de aleación de cobre y plomo hay un total de una libra, un siclo y un dracma de plata. En cada simple centumpondio de plomo, después de que se ha licuado del cobre, hay una onza y un dracma de plata, a cuya aleación llamamos plomo argentífero «pobre», porque contiene muy poca plata. Pero como cinco tortas de esta clase se colocan juntas en el horno, se obtienen usualmente unos nueve centumpondios y tres cuartos de plomo argentífero pobre, en cada uno de los cuales hay una onza y un dracma de plata, o sea, un total de diez onzas menos cuatro dracmas. De las espinas de licuación quedan tres centumpondios, en cada uno de los cuales hay tres siclos de plata, y quedan cuatro centumpondios de tortas de licuación agotada, cada uno de los cuales contiene media onza o cuatro dracmas y medio. Como en un centumpondio de «posos» de cobre hay un tercio de libra y media onza de plata, en cinco de estas tortas debe haber más de una onza y media, y medio dracma de plata.

Así, también de otros dos centumpondios y medio de «posos» de cobre, junto con once de plomo, se hacen cuatro tortas de licuación. Si en cada centumpondio de cobre hay un tercio de libra de plata, en el total de metal bajo habrá cinco sextos de libra de metal precioso. A esto se añaden nueve centumpondios de plomo argentífero, cada uno de cuyos centumpondios contiene una onza y media y un siclo de plata; o sea, un total de una libra y cuarto y media onza y un siclo de plata. Igualmente añaden dos centumpondios de plomo argentífero pobre, en cada uno de los cuales hay una onza y un dracma de plata. Por tanto, las cuatro tortas de licuación contienen dos libras y un tercio de plata. Cada centumpondio de plomo, cuando se ha licuado a partir del cobre, contiene un sexto de libra y media onza y un dracma de plata. Esta aleación suele llamarse plata-plomo rica; se lleva al horno de copelación, en el que el plomo se separa de la plata. Con esto he mencionado de cuántas maneras se alea cobre conteniendo varias proporciones de plata con plomo y cómo se funden juntos en el horno y fluyen a la paila de fundición.

Ahora voy a referirme al método en el que se licúa el plomo a partir del cobre simultáneamente con la plata. Las tortas de licuación se levantan del suelo con el dispositivo de elevación o cabria y se colocan sobre las placas de cobre de los hornos. El gancho de la cadena que cuelga del aguilón de la cabria se introduce en una anilla de las tenazas, una de cuyas mordazas tiene un diente; una anilla encaja en cada una de las asas de las tenazas, y estas dos anillas encajan en una tercera, en la que el gancho de la cadena está insertado. El diente de una de las mordazas de las tenazas, al ser golpeado con un martillo, se introduce en el orificio de la torta, en el punto en el que penetró el extremo recto del gancho al sacarla del molde de cobre; la otra mordaza de las tenazas, que no tiene diente, comprime la torta para que el diente no se salga; las tenazas tienen un pie y medio de largo, cada anilla tiene un dedo y medio de espesor, y el interior tiene un palmo y dos dedos de diámetro. Las cabrias con las que se sacan las tortas de las paílas de cobre y se depositan en el suelo, y se levantan de nuevo de allí para ser transportadas a los hornos, son dos, una situada en el espacio intermedio entre la tercera pared transversal y los dos postes verticales y la otra en el espacio intermedio entre los mismos postes y la séptima pared transversal. El poste rectangular de cada cabria tiene dos pies de ancho y de espesor, y está a dieciocho pies a partir de la

A: Cabria.—B: Tambor con estrías.—C: Tambor con dientes.—D: Trole y sus ruedas.—E: Bastidor triangular.—F: Tortas o panes.—G: Cadena de la cabria.—H: Gancho de la cabria.—I: Anilla.—K: Tenazas

tercera pared larga y diecinueve a partir de la segunda pared larga. Hay dos tambores en la estructura de cada cabria; uno de éstos tiene estrías y el otro dientes. El aguilón de cada cabria se extiende dieciecisiete pies, tres palmos y otros tantos dedos desde el poste. El carro de cada cabria tiene dos pies y otros tantos palmos de largo, un pie y dos dedos de ancho y un palmo y dos dedos de grueso; pero en el punto en que pasa entre las vigas del aguilón de la cabria tiene tres dedos de ancho y un palmo de grueso; tiene cinco entalladuras, en las que giran cinco ruedas de latón, cuatro de las cuales son pequeñas y la quinta mucho mayor que las restantes. Las entalladuras en las que giran las ruedas pequeñas tienen dos palmos de largo y otros tantos de ancho; estas ruedas tienen un palmo de ancho y un palmo y dos dedos de diámetro; cuatro de las entalladuras están cerca de las cuatro esquinas del carro; la quinta entalladura está entre las dos anteriores, y está dos palmos detrás del frente. Su polea es más grande que las restantes y gira en su propia entalladura; tiene tres palmos de diámetro y un palmo de ancho, y está acanalada en su circunferencia, para que corra por ella la cadena de hierro. El carro tiene dos pequeños ejes; en el de la parte anterior van acopladas tres de las ruedas y en el de la parte posterior las otras dos; dos de las ruedas giran sobre una de las vigas del aguilón de la cabria y otros dos sobre la otra; la quinta rueda, que es mayor que las otras, gira entre las dos vigas mencionadas. Los operarios que no disponen de cabrias ponen las tortas sobre el bastidor triangular, al que van fijos unos listones de hierro, para que tenga mayor resistencia y dure más; el bastidor tiene tres cadenas de hierro, que van sujetas a una anilla de hierro en la parte de arriba; dos operarios pasan un palo a través de la anilla y lo montan sobre sus hombros, y así llevan la torta al horno en que se separa la plata del cobre.

Desde las proximidades de los hornos en los que se mezcla el cobre con el plomo y se refunden las «escorias» hasta la tercera pared larga hay diez hornos, en los que la plata mezclada con plomo se separa del cobre. Si este espacio tiene ochenta pies y dos palmos de largo y la tercera pared larga tiene en el centro una puerta de tres pies y dos palmos de ancho, los espacios que quedan a cada lado de la puerta tendrán treinta y ocho pies y dos palmos; y si cada uno de los hornos ocupa cuatro pies y un palmo, el intervalo entre cada horno y el siguiente debe tener un pie y tres palmos; así, el ancho de los cinco hornos y de los cuatro espacios intermedios será el de veintiocho pies y un palmo. Por tanto, quedan diez pies y un palmo, cuya dimensión se divide para que haya cinco pies y dos dedos entre el primer horno y la pared transversal y otros tantos pies y dedos entre el quinto horno y la puerta; similarmente, en la otra parte del espacio, desde la puerta hasta el sexto horno, debe haber cinco pies y dos dedos, y desde el décimo horno hasta la séptima pared transversal, análogamente, cinco pies y dos dedos. La puerta tiene seis pies y dos palmos de alto; a través de ella el capataz de la fábrica y los operarios entran en el almacén en el que se guarda la aleación de plata y plomo.

Cada horno tiene una solera, un hogar, una pared posterior, dos laterales y un frente, y un antehogar. El lecho consiste en dos piedras de solera, cuatro piedras rectangulares y dos placas de cobre; las piedras de solera tienen cinco pies y un palmo de largo, un codo de ancho y un pie y un palmo de grueso, y están hundidas en el suelo, de forma que emergen de él un palmo y dos dedos; distan entre sí unos tres palmos, aunque la distancia es menor en la parte posterior que en la anterior. Cada piedra rectangular tiene dos pies y otros tantos palmos de largo, un codo de ancho y un codo de grueso en el borde exterior, y un pie y un palmo de grueso en el borde interior que mira al hogar, de modo que forman un declive, para que haya una pendiente con las placas de cobre que se colocan sobre ellas. Dos de estas piedras rectangulares están colocadas sobre una piedra de solera; en el borde superior tiene cada una un orificio y en estos orificios van colocadas unas bridas de hierro, por donde se vierte el plomo; están situadas de tal forma sobre las piedras de solera, que sobresalen un palmo por los lados y en la parte anterior las piedras de solera sobresalen también un palmo; si no se dispone de piedras rectangulares, se ponen ladrillos en su lugar. Las placas de cobre tienen cuatro pies, dos palmos y otros tantos dedos de largo, un codo de ancho y un palmo de espesor; cada borde tiene una protuberancia, una en el extremo anterior y otra en el posterior; éstas tienen un palmo y tres dedos de largo, un palmo de ancho y otro de grueso. Las placas están colocadas de tal modo sobre las piedras rectangulares que sus extremos posteriores están a tres dedos de la tercera pared larga; las piedras sobresalen por detrás de la placa el mismo número de dedos que por delante, y un palmo y tres dedos por los lados. Cuando se unen las placas, la ranura que queda entre las protuberancias tiene un palmo y tres dedos de ancho y cuatro pies de largo, y a través de ella fluye la aleación plata-plomo que se licúa de las tortas. Cuando las placas están oxidadas, bien por la acción del fuego o por la de la plata-plomo que a menudo se adhiere a ellas en forma de estalactitas, y se desescaman, se cambian, colocándose la derecha a la izquierda, y la izquierda, por el contrario, a la derecha; pero el lado izquierdo de las placas, que al efectuarse la fusión del cobre se pone en contacto con el cobre, debe quedar horizontal; de modo que cuando se han cam-

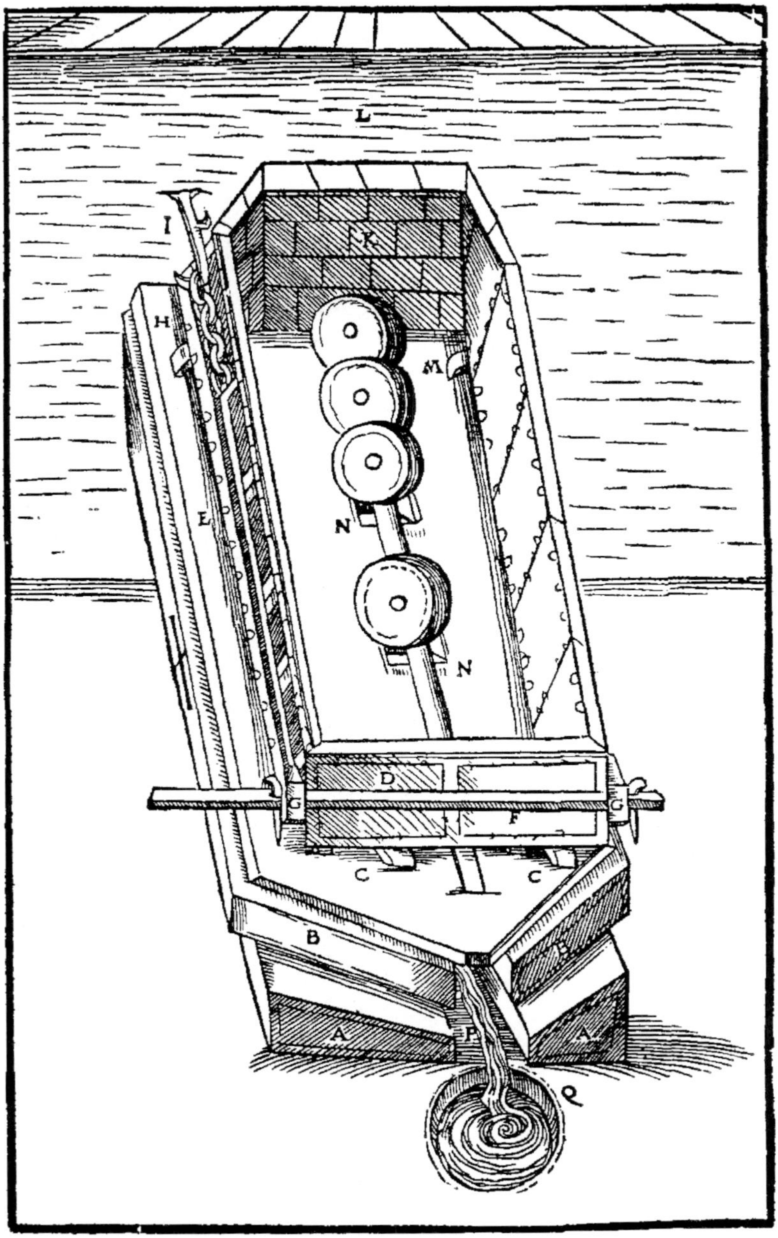

A: Piedras de la base.—B: Piedras rectangulares.—C: Placas de cobre.—D: Panel anterior.—E: Paneles laterales.—F: Barra.—G: Extremo anterior de las varillas de hierro largas.—H: Cadena corta.—I: Varilla enganchada.—K: Pared que protege la tercera pared larga contra los daños del fuego.—L: Tercera pared larga.—M: Pies de los paneles.—N: Bloques de hierro.—O: Tortas.—P: Hogar.—Q: Antecrisol empotrado en el suelo

biado las placas, los salientes que quedan entonces en la parte de abajo levantan la placa de las piedras y tienen que cortarse parcialmente, para que no constituyan un impedimento para el trabajo; y en su lugar se coloca un trozo de hierro de tres palmos de largo, un dedo de espesor en ambos extremos y un palmo de grueso en el centro, y de una longitud de un palmo y tres dedos.

El paso que queda debajo de las placas entre las piedras rectangulares tiene un pie de ancho en la parte de atrás y un pie y un palmo de ancho en la parte de delante, porque gradualmente se ensancha. El hogar, que queda entre las piedras de solera, está cubierto con un lecho de plomo de hogar, sacado del crisol en el que el plomo se separa de la plata. El extremo posterior es el más alto, y debe tener una altura tal que llegue a seis dedos de las placas, desde donde desciende en pendiente uniformemente hasta el extremo anterior, de modo que la aleación de plomo argentífero que licúa de las tortas pueda fluir al antecrisol. La pared construida contra la tercera pared larga, para protección contra el fuego, está construida con ladrillos unidos con brasca, y se levanta perpendicularmente sobre las placas de cobre; esta pared tiene dos pies, un palmo y dos dedos de alto, dos palmos de espesor, y tres pies, un palmo y tres dedos de ancho en la parte inferior, porque llega a través de las dos; en la parte superior tiene tres pies de ancho, porque sube oblicuamente por cada lado. A cada lado de esta pared, a una altura de un palmo y dos dedos por encima de la parte de arriba, se inserta en un orificio que hay en la tercera pared larga un gancho formado en una varilla de hierro, y que se sujeta con plomo fundido; la varilla sobresale dos palmos de la pared, y tiene dos dedos de ancho y un dedo de grueso; tiene dos ganchos, uno en uno de los lados, el otro en el extremo. Estos dos ganchos se vuelven hacia la pared, y los dos tienen un dedo de grueso, y están introducidos en los últimos, o adyacentes, eslabones de una corta cadena de hierro. Esta cadena consta de cuatro eslabones, cada uno de los cuales tiene un palmo y un dedo de largo y medio dedo de espesor; el primer eslabón está acoplado en el primer orificio de una varilla de hierro larga, y uno u otro de los tres eslabones restantes acopla en el gancho de la varilla que hemos dicho. Las dos varillas largas tienen tres pies y otros tantos palmos y dedos de largo, dos dedos de ancho y un dedo de grueso; los dos extremos de estas dos varillas tienen orificios, el posterior de los cuales es redondo y de un dedo de diámetro, y en él se acopla el primer eslabón de la cadena, como antes he dicho;

el orificio del extremo anterior tiene dos dedos y medio de largo y un dedo y medio de ancho. Este extremo de cada varilla tiene tres dedos de ancho, mientras que en el resto de su longitud tiene solamente dos dedos, y en la parte posterior tiene dos dedos y medio. Por el orificio anterior de cada varilla se pasa una barra de hierro que tiene tres pies y dos palmos de largo, dos dedos de ancho y un dedo de espesor; en el extremo de esta barra hay cinco orificios cuadrados de dos tercios de dedo de cuadro; cada orificio dista del otro medio dedo, estando el primero a una distancia de aproximadamente un dedo del extremo. Por uno de estos orificios el refinador hace pasar un pasador de hierro; si desea hacer el horno más estrecho, lo pasa por el último orificio; si lo desean ensanchar, lo pasa por el primer orificio; si desea contraerlo moderadamente, lo pasa por uno de los orificios del medio. Por lo tanto, y por la misma razón, el gancho se introduce a veces en el último eslabón de la cadena, y a veces por el tercero o por el segundo. El horno se ensancha cuando se ponen en él muchas tortas, y se contrae cuando solamente hay pocas, pero meter más de cinco ni se intenta, ni es posible; realmente, las paredes se contraen a causa de las tortas finas. La barra tiene una protuberancia que sobresale un dedo de cada lado en la parte de atrás, del mismo ancho y espesor que ella. Estas protuberancias sobresalen para que la barra no se deslice por el orificio de la varilla de la derecha, en la que permanece fija cuando, junto con las varillas, no hace presión contra las paredes del horno.

En el horno hay tres paneles: dos en los lados, uno en la parte anterior y otro en la posterior. Los de los lados tienen tres pies y otros tantos palmos y dos dedos de largo, y dos pies de alto; el anterior tiene dos pies y un palmo y tres dedos de largo y, como los laterales, dos pies de alto. Cada uno consta de barras de hierro, de patas y de placas de hierro. Los de los lados tienen siete barras, de las cuales la inferior y la superior tienen la misma longitud que los paneles; el primero sostiene las barras verticales; el último está colocado sobre ellas; las verticales son cinco, y tienen la misma altura que los paneles; las intermedias están introducidas en unos orificios que hay en las barras superior e inferior; las exteriores están hechas de la misma barra que las inferior y superior. Tienen dos dedos de ancho y uno de espesor. El panel anterior tiene cinco barras; la inferior sostiene barras verticales similares, pero solamente hay tres de ellas; la barra superior está colocada sobre ellas. Cada uno de estos paneles tiene dos pies o patas, fijos en cada extremo de la

A: Horno en el que se realiza la operación de licuación.—B: Horno en el que no se realiza.—C: Antecrisol empotrado en el suelo.—D: Moldes.—E: Tortas.—F: Espinas de licuación

barra inferior, y tienen dos palmos de largo, uno de ancho y un dedo de espesor. Las placas de hierro van sujetas al lado interior de las barras con alambre de hierro y están cubiertas de brasca para que duren más y no les afecte adversamente el fuego. Hay además unos bloques de hierro de tres palmos de largo, uno de ancho y un dedo y medio de espesor; la superficie superior de estos bloques está algo ahuecada, para que las tortas puedan sostenerse en ellos; estos bloques de hierro están sumergidos en una vasija en la que hay arcilla mezclada con agua, y se usan sólo para las tortas de aleación de cobre y plomo hechas en los hornos. Hay más plata en éstas que en las hechas con las espinas de licuación, o excreciones de horno, o «escorias» refundidas. Debajo de cada torta se colocan dos bloques de hierro para que, al subirla, el fuego tenga más fuerza al hacer contacto con ella; uno se pone en la placa-solera derecha y el otro en la izquierda. Finalmente, fuera del hogar se encuentra el antecrisol, que tiene un pie de ancho y tres palmos de profundidad; cuando se desgasta, se repara solamente con brasca, que retiene fácilmente la aleación de plomo.

Si se colocan cuatro tortas de licuación en las placas de cada horno, los bloques de hierro se ponen debajo de ellas; pero si las tortas se han hecho de posos de cobre o de espinas de licuación, o de las acreciones o de las escorias, de las que he hablado ya antes parcialmente y que más adelante describiré nuevamente, serán cinco, y como no son grandes ni fuertes, no se colocan debajo los bloques. Se ponen trozos de carbón vegetal de seis dedos de largo entre las tortas, para que no caigan las unas contra las otras, y para que la última no caiga contra la pared que protege contra el fuego la tercera pared larga. En el medio, es decir, en los espacios vacíos intermedios, se ponen igualmente trozos largos y anchos de carbón vegetal. Después, cuando se han colocado los paneles y se ha cerrado la barra, el horno queda lleno de carbón menudo y se echa un cesto lleno de carbón en el antecrisol, y sobre éste se echan también ascuas; poco después el carbón encendido, que se levanta con una pala, se extiende por todas las partes del horno para que arda todo el carbón que hay en él, y el carbón que quede en el antecrisol se echa dentro de la reguera de colada de forma que también pueda calentarse. Si no se hace así, la aleación plata-cobre licuada de las tortas se helará con el frío de la reguera y no fluirá al antecrisol.

Transcurrido un cuarto de hora, las tortas empiezan a rezumar aleación de plata y plomo, que fluye por las aberturas entre las placas de cobre y a través del pasaje. Cuando se han quemado trozos grandes de carbón, si las tortas se apoyan contra la pared, hay que colocarlas verticalmente de nuevo con una barra en forma de gancho, pero si se apoyan contra la barra anterior quedan apuntaladas con el carbón; además, si algunas tortas se contraen más que las otras, se añadirá carbón a las primeras y no a las otras. La plata rezuma en forma de gotas junto con el plomo, porque ambos se funden más rápidamente que el cobre. Las espinas de licuación no fluyen, sino que permanecen en el pasaje, y deben moverse frecuentemente con un gancho para que la aleación plata-plomo se licúe y separe de ellas y fluya hasta la fosa de recepción; lo que queda se funde de nuevo en el horno de fundición, mientras que lo que fluye al antecrisol se lleva inmediatamente con el resto de los productos hasta el horno de copelación, donde el plomo se separa de la plata. La barra en forma de gancho tiene un asa de hierro de dos pies de largo, en donde va colocada una de madera de cuatro pies de largo. La aleación plata-plomo que fluye al antecrisol es vertida por un refinador con una pala de bronce en ocho moldes de cobre, que tienen dos palmos y tres dedos de diámetro; éstos han sido untados previamente con brasca para que las tortas de plata-plomo puedan desprenderse más fácilmente cuando se los vuelque. Si falla el suministro de moldes por fluir demasiado rápidamente la aleación plata-plomo al antecrisol, se verterá agua sobre ellos para que las tortas se enfríen y puedan sacarse más rápidamente; así, los mismos moldes podrán usarse de nuevo inmediatamente; si el refinador no se enfrenta con esta necesidad, recubrirá los moldes vacíos con una capa de brasca. La pala o cuchara es exactamente igual a la que se utiliza para verter los metales que se funden en el horno alto. Cuando toda la aleación plata-plomo haya fluido por el pasaje hasta el antecrisol y se haya vertido en los moldes de cobre, las espinas se harán pasar por el pasaje hasta el antecrisol con un espetón; después se rastrillan hasta el suelo desde el antecrisol, se arrojan con una pala en una carretilla y, una vez se ha formado un montón, se funden de nuevo. La pala del espetón tiene dos palmos y otros tantos dedos de largo, dos palmos y un dedo de ancho, y unido a su parte posterior tiene un mango de hierro de tres pies de largo; en el mango de hierro va introducido otro de madera de otros tantos pies de largo.

Las tortas residuales, después de licuada la plata-plomo del cobre, se llaman tortas de licuación agotadas, porque cuando se han fundido así parece que están secas. Colocando un espeque debajo de las tortas, éstas se levantan, se agarran con las tenazas y se colocan en la carretilla; luego se llevan hasta el horno en el que se secan. El espeque es en cierto modo similar a los generalmente empleados para quitar las excreciones que se adhieren a las paredes del horno de fundición. Las tenazas tienen dos pies y medio de largo. Con el espeque se sueltan las excreciones de las placas de cobre de las que cuelgan, y con el mismo instrumento se desprenden los bloques de hierro de las tortas de licuación agotadas a las que se adhieren. El refinador ha realizado su tarea del día cuando ha licuado la aleación plata-plomo de dieciséis tortas grandes y de veinte pequeñas; si ha fundido más, se le pagan aparte al precio de los trabajos extraordinarios.

Por el método anterior se separa del cobre la plata, o el plomo mezclado con plata, que llamamos *stannun*. La mezcla plata-plomo se lleva al horno de copelación, en donde se separa el plomo de la plata; de estos métodos solamente voy a mencionar uno, porque en el libro anterior ya los expliqué con detalle. Entre nosotros, hace algunos años sólo se licuaban en los hornos de copelación cuarenta y cuatro centumpondios de plata-plomo y uno de cobre, pero actualmente se funden cuarenta y seis centumpondios de plata-plomo y uno y medio de cobre; en otros sitios, usualmente se funden ciento veinte centumpondios de aleación plata-plomo y seis de cobre, de los que se consiguen aproximadamente ciento diez centumpondios más o menos de litargirio y treinta de plomo de solera. Pero en todos estos métodos, la plata que hay en el cobre se mezcla con la plata restante, y el propio cobre, con el plomo, se cambia parte en litargirio y parte en plomo de solera. La aleación plata-plomo no se funde, se saca del crisol con un gancho.

La tarea de secar se distribuye en cuatro operaciones, que se realizan en cuatro días. El primer día —igual que en los restantes— el maestro empieza a las cuatro de la mañana, y con su ayudante desprende las excreciones de las tortas de licuación agotadas. Llevan las tortas al horno y ponen las excreciones sobre el montón de espinas de licuación. La cabeza del martillo con el que desprenden las excreciones tiene tres palmos y otros tantos dedos de longitud; su borde cortante tiene un palmo de ancho; el extremo romo tiene tres dedos de espesor; el mango de madera tiene cuatro pies de largo.

El maestro echa tierra pulverizada en una pequeña vasija, la rocía con agua y hace una mezcla; luego vierte esta mezcla sobre todo el hogar y esparce encima polvo de carbón hasta obtener un espesor de un dedo. Si olvida hacer esto, el cobre al

A: Tortas o panes.—B: Martillo

fraguar en los pasajes se adherirá a las placas de cobre, de las que se desprenderá con dificultad; o se adherirá a los ladrillos, si el hogar está recubierto de ellos, y cuando trate de desprender el cobre, corre el riesgo de romperlos. El segundo día, a la misma hora, el maestro dispone los ladrillos en diez hileras; de esta manera, forma dos canales o regueras. Las dos primeras hileras de ladrillos están entre la primera y la segunda aberturas de la parte derecha del horno; las tres siguientes hileras están entre la segunda y la tercera aberturas; las tres hileras siguientes están entre la tercera y la cuarta aberturas, y las dos últimas hileras, entre la cuarta y la quinta aberturas. Estos ladrillos tienen un pie y un palmo de longitud y dos palmos y un dedo de ancho, y un palmo y dos dedos de grueso; en cada hilera hay siete de estos ladrillos, de modo que son setenta en total. En las tres primeras hileras de ladrillos se colocan tortas de licuación agotadas y una capa de cinco dedos de espesor de carbón vegetal; luego, de forma similar, se colocan más tortas de licuación agotadas sobre los otros ladrillos, y se echa carbón sobre ellos; de esta manera, se colocan setenta centumpondios de tortas en el hogar del horno. Pero para secar la mitad de este peso, o poco más, serán suficientes cuatro hileras de ladrillos. Los que secan tortas de licuación agotadas hechas de posos de cobre, ponen noventa o cien centumpondios en el horno al mismo tiempo Dejan un sitio en la parte anterior del horno para las tortas de la parte de encima sacadas del antecrisol donde se hace el cobre, siendo éstas más adecuadas para soportar las tortas de licuación agotadas que las placas de hierro; efectivamente, si las primeras tortas rezuman cobre con el calor, éste puede recogerse y llevarse de nuevo con las espinas de licuación al primer horno, pero el hierro fundido no tiene utilidad para nosotros en este aspecto. Cuando las tortas de esta clase se han colocado frente a las tortas de licuación agotadas, el operario introduce la barra de hierro en los orificios del interior de la pared, que están a una altura de tres palmos y dos dedos por encima del hogar; el orificio de la izquierda penetra a través de la pared, de modo que la barra puede moverse longitudinalmente. Esta barra es redonda, de ocho pies de largo y dos dedos de diámetro, y en su parte derecha tiene un mango de hierro, que está aproximadamente a un pie del extremo derecho; la abertura de éste tiene un palmo de ancho, dos dedos de alto y un dedo de espesor. La barra sujeta las tortas de licuación agotadas de al lado para que no se caigan. Cuando se termina la operación de «secado», un operario saca esta barra con un garfio que introduce en el mango, como más adelante explicaré.

Para que se comprendan las cosas de las que he hablado, y respecto a las cuales voy a seguir hablando ahora, es necesario que dé alguna información previa con relación al horno y a cómo tiene que hacerse. Está a nueve pies de distancia de la cuarta pared larga, y a la misma distancia de la pared que queda entre la segunda y la cuarta paredes transversales. Consta de paredes, arco, chimenea, pared interior y hogar; las dos paredes están en los lados, y tienen once pies, tres palmos y dos dedos de largo, y en los puntos en que soportan la chimenea tienen ocho pies y un palmo de alto. Frente al arco tienen solamente siete pies de alto; tienen dos pies y tres palmos y dos dedos de espesor, y están construidas con piedra o con ladrillo; la distancia que media entre ellas es de ocho pies, un palmo y dos dedos. Hay dos arcos, porque el espacio de detrás, entre las paredes, es también arqueado desde el suelo, para que pueda soportar la chimenea; los cimientos de estos arcos son las paredes del hor-

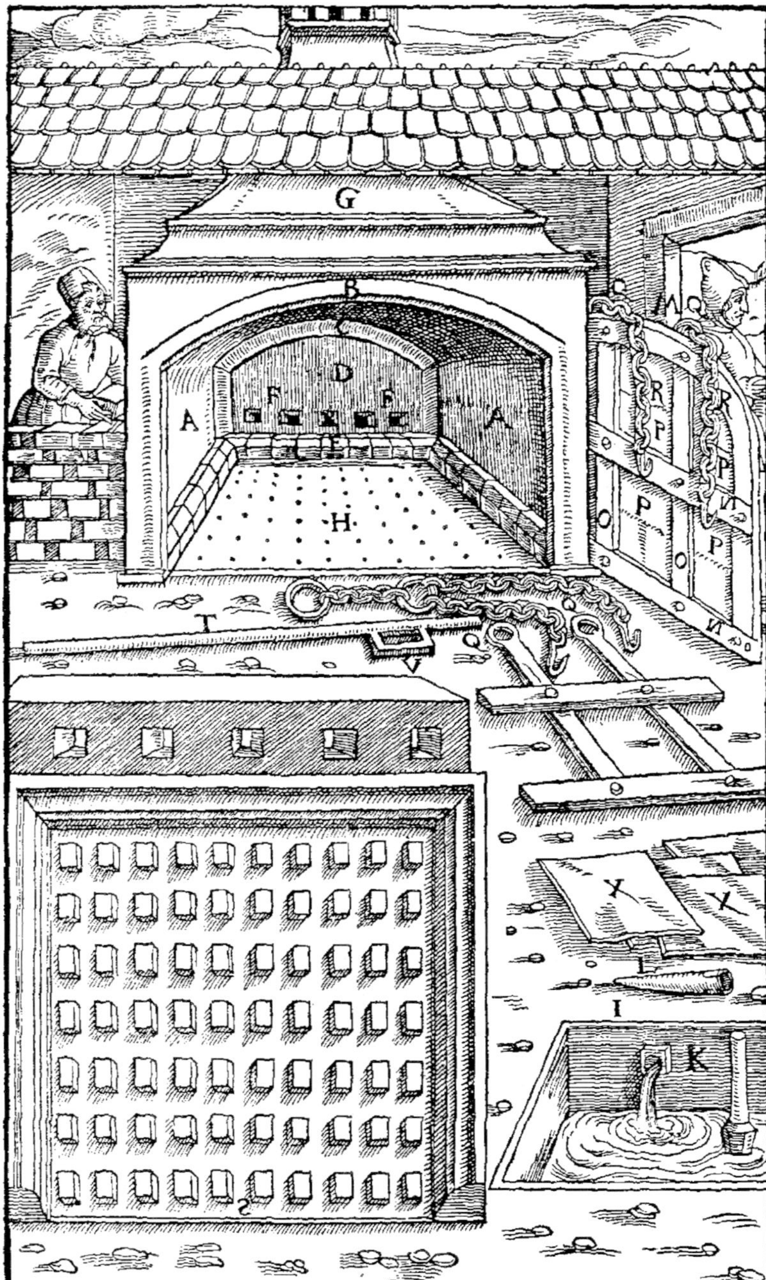

A: Paredes laterales.—B: Arco frontal.—C: Arco posterior.—D: Pared en el arco posterior.—E: Pared interior.—F: Orificios de ventilación.—G: Chimenea.—H: Hogar.—I: Tanque.—K: Tubo.—L: Tapón.—M: Puerta de hierro.—N: Barras transversales.—O: Barras verticales.—P: Placas.—Q: Anillas de las barras.—R: Cadenas.—S: Hileras de ladrillos.—T: Barra.—V: Asa de la barra.—X: Placas de fondo, de cobre

no; la luz del arco es de la misma longitud que el espacio que queda entre las paredes; el capitel del arco tiene cinco pies, un palmo y dos dedos de alto. En el arco posterior hay una pared hecha de ladrillos unidos con cal; esta pared, a una altura de un pie y tres palmos del suelo, tiene cinco orificios de ventilación, que tienen dos palmos y un dedo de alto y un palmo y un dedo de ancho, de los cuales el primero está cerca de la pared interior derecha y el último cerca de la pared interior izquierda, estando los tres restantes en el espacio intermedio; estas ventilaciones penetran a través del interior de la pared que está en el arco. Pueden colocarse medios ladrillos sobre los orificios de ventilación, para que no entre demasiado aire en el horno, y pueden quitarse en ocasiones, para que el operario encargado de secar las tortas de licuación agotadas pueda inspeccionar los pasajes, como se les llama, para ver si las tortas se están secando debidamente. El arco anterior está a una distancia de tres pies y dos palmos del posterior; este arco tiene el mismo espesor que el posterior, pero su luz es seis pies más ancha; el interior del arco en sí tiene la misma altura que las paredes. Se construye una chimenea sobre los arcos y las paredes, y se hace de ladrillos unidos con cal; tiene treinta y seis pies de alto y penetra a través del tejado. La pared interior se construye contra el arco posterior y las dos paredes laterales, de las que sobresale un pie; tiene tres pies y el mismo número de palmos de alto, tres palmos de espesor, y está hecha de ladrillos unidos con brasca, y se unta abundantemente con brasca, en declive para llegar a una altura de un pie. Esta pared es una especie de escudo, pues protege las paredes exteriores contra el calor del fuego, que podría dañarlas; estas últimas no pueden rehacerse fácilmente, mientras que la primera puede repararse con poco trabajo.

El hogar está hecho con brasca, y está cubierto con placas de cobre, como las de los hornos en los que se licúa la plata a partir del cobre, aunque no tienen protuberancias, o puede cubrirse en su lugar con ladrillos, si los propietarios no quieren correr con el coste de las placas de cobre. La parte más ancha del hogar se hace en declive, de tal forma que la parte posterior llegue a la altura de los cinco orificios de ventilación, y el extremo anterior del hogar es tan bajo que la espalda del arco anterio está cuatro pies, tres palmos y otros tantos dedos por encima de él, y la parte anterior cinco pies, tres palmos y otros tantos dedos. El hogar, detrás de los hornos, está pavimentado con ladrillos en una distancia de seis pies. Cerca del horno, contra la cuarta pared larga, hay un tanque de trece pies y un palmo de largo, cuatro pies de ancho y un pie y tres palmos de profundidad. Está forrado en todos sus lados con unas planchas, para que caiga en él la tierra; por uno de sus lados el agua fluye a través de regueros y por el otro, si se quita el tapón, empapa la tierra; en este tanque de agua se echan las tortas de cobre de las que se han separado la plata y el plomo. La parte delantera del arco anterior del horno debe cerrarse parcialmente con una puerta de hierro; la base de esta puerta tiene seis pies y dos dedos de ancho; la parte superior es algo redondeada, y en el punto más alto, que es el punto medio, tiene tres pies y dos palmos de altura. Está construida con barras de hierro, con placas sujetas a ellas con alambre de hierro; hay siete barras —tres transversales y cuatro verticales—, cada una de las cuales tiene dos dedos de ancha y medio de espesor. La barra transversal inferior tiene seis pies y dos palmos de largo; la intermedia tiene la misma longitud; la superior está curvada y es más alta en el centro y, por tanto, más larga que las otras dos. Las barras verticales distan dos pies entre sí; las exteriores tienen dos pies y otros tantos palmos de altura; pero las centrales tienen tres pies y dos palmos. Sobresalen de la barra curva transversal superior y tienen unos orificios en los que se introducen los ganchos de unas pequeñas cadenas de dos pies de longitud; los eslabones más altos de estas cadenas enganchan en el anillo de una tercera cadena que, cuando se extiende, llega a uno de los extremos de una viga que tiene un corte. La cadena da una vuelta alrededor de la viga y cuelga de nuevo; el gancho del otro extremo se sujeta en uno de los eslabones. Esta viga tiene once pies de largo, un palmo y dos dedos de ancho; un palmo de espesor, y gira sobre un eje de hierro fijo a un tablón vecino; el extremo posterior de la viga tiene un pasador de hierro, que tiene tres palmos y un dedo de largo, y que penetra a través de ella y se une a un tablón, sobresaliendo de él un palmo y dos dedos por un lado y tres dedos por el otro. En este punto el pasador está perforado, para que pueda fijarse a él un anillo y lo sujete, para que no se salga de la viga; ese extremo tiene apenas un dedo de espesor, mientras que el otro extremo redondo es de espesor superior a un dedo. Cuando se cierra la puerta, el pasador queda debajo del tablón y sujeta la puerta para que no caiga; el pasador impide igualmente que caiga por el extremo el bandaje de hierro rectangular que circunda el extremo de la viga y en el que va introducida la anilla de un gancho. El eslabón inferior de una cadena de hierro, que tiene seis pies de longitud, está introducido en la anilla de una grapa metida en la pared derecha del horno y firmemente sujeta al llenarla de plomo derretido. El gancho suspendido de la parte superior de la anilla tiene que introducirse en uno de estos eslabones superiores al levantar la puerta; cuando se deja caer la puerta, el gancho se sale del eslabón y se introduce en uno de los eslabones superiores.

El tercer día el maestro realiza la operación principal. Primero echa un cesto lleno de carbón vegetal al suelo delante del hogar, y lo enciende añadiendo ascuas, y tras haber echado ascuas también sobre las tortas colocadas dentro, las esparce por igual con una pala de hierro. La hoja de la pala tiene tres palmos y un dedo de largo y tres palmos de ancho; su mango de hierro tiene dos palmos de largo, y el de madera diez pies de largo, para que pueda llegar hasta la pared posterior del horno. Las tortas de licuación agotadas se ponen incandescentes en hora y media, si el cobre fuera bueno y duro, o en dos horas, si fuera frágil y blando. El operario añade carbón cuando estima que es necesario, echándolo en el horno a través de las aberturas que quedan

A: La puerta bajada.—B: Barra.—C: Tortas de licuación agotadas.—D: Ladrillos. E: Tenazas

a ambos lados entre las paredes laterales y la puerta cerrada. Esta abertura tiene un pie y un palmo de ancho. Baja la puerta y cuando las escorias empiezan a fluir abre las regueras con una barra; esto debe suceder cuando hayan transcurrido cinco horas; la puerta se deja bajada sobre la parte superior abierta del arco en una distancia de dos pies y otros tantos dedos, para que el maestro pueda hacer frente a la violencia del calor. Cuando las tortas se contraen, no debe añadirse carbón, para que no se fundan. Si las tortas hechas de cobre pobre y frágil se secan con otras tortas hechas de cobre bueno y duro, muy a menudo el cobre fragua de tal forma en las regueras que no puede penetrar una barra a través de ellas. Esta barra es de hierro, de seis pies y dos palmos de largo, y a ella va adosada un mango de madera de cinco pies de largo. El refinador extrae las escorias con un espetón por la parte derecha del hogar. La pala del espetón es de chapa de hierro de un pie y un palmo de ancho, que se estrecha gradualmente hacia el mango; la pala u hoja tiene dos pal-

A: La puerta subida.—B: Barra en gancho.—C: Rastrillo de dos púas.—D: Tenazas.—E: Recipiente

mos de alto, su espiga de hierro o mango tiene dos pies de largo, y el de madera que lleva introducido en el anterior tiene diez pies de largo.

Cuando las tortas de licuación agotadas se han secado, el maestro sube la puerta de la forma que ya he descrito y con un largo gancho de hierro introducido en el espeque de la barra lo pasa a través del orificio de la pared izquierda desde el orificio de la pared derecha; después lo empuja hacia atrás y lo vuelve a meter. El maestro saca entonces las tortas de licuación agotadas que le quedan más cerca con el gancho de hierro; después saca las tortas de los ladrillos. Este gancho tiene dos palmos de alto, otros tantos dedos de ancho y uno de espesor; su mango o empuñadura de hierro tiene dos pies de largo, y el mango de madera, once pies de largo. Hay también un rastrillo de dos púas con el que las tortas secas se sacan por el lado izquierdo, de modo que puedan ser agarradas con las tenazas; las púas del rastrillo son en punta y tienen dos palmos de largo, otros tantos dedos de ancho y un dedo de espesor; la parte de hierro del mango es de un pie de largo, y la parte de madera, de nueve pies de largo. Las tortas secas sacadas del hogar por el maestro y sus ayudantes se agarran con otras tenazas y se arrojan a un recipiente rectangular, que está casi lleno de agua. Estas tenazas tienen dos pies y tres palmos de largo; los dos mangos son redondos y de más de un dedo de espesor, y los extremos se curvan en un palmo y dos dedos; las dos mordazas tienen un dedo y medio de ancho de frente y están afiladas; en la parte de atrás tienen un dedo de espesor, y van disminuyendo de espesor gradualmente, y cuando están cerradas, el interior tiene dos palmos y otros tantos dedos de ancho.

Las tortas secas que rezuman cobre en forma de gotas no se sumergen inmediatamente en el recipiente, porque si así se hiciera se partirían en fragmentos y producirían un estrépito parecido a un trueno. Las tortas se sacan después del recipiente con las tenazas y se colocan sobre las dos planchas transversales sobre las que están los operarios; cuanto antes se saquen, más fácil será desprender el cobre, que se ha puesto del color de la ceniza. Finalmente, el maestro, con una laya, levanta un poco los ladrillos del hogar mientras están aún calientes. La hoja de la laya tiene un palmo y dos dedos de largo, el borde inferior está afilado y tiene un palmo y un dedo de ancho; el extremo superior tiene un palmo de ancho; su mango es redondo, la parte de hierro tiene dos pies de largo, y la de madera, siete pies y medio de largo.

El cuarto día el maestro saca las espinas de licuación que han fraguado en las regueras; éstas son mucho más ricas en plata que las que se hacen al licuar la mezcla plata-plomo a partir del cobre en el horno de licuación. Las tortas secas rezuman poco cobre, pero casi toda su mezcla restante plata-plomo y las espinas lo contienen, porque, efectivamente, en un centumpondio de cobre seco debe quedar solamente media onza de plata, y a veces quedan solamente tres dracmas. Algunos fundidores desprenden el metal adherido a los ladrillos con un martillo para que pueda fundirse de nuevo; otros, sin embargo, trituran los ladrillos con los mazos trituradores y los lavan, y el cobre y el plomo así recogido lo funden otra vez. El maestro, una vez ha retirado estas excreciones y las ha puesto en su sitio, termina su tarea.

Los ayudantes sacan las tortas secas del recipiente al día siguiente, las ponen sobre un bloque de roble y primero las golpean con unos mazos romos para que el cobre de color ceniza se des-

A: Recipiente de enfriamiento.—B: Bastidor.—C: Tenazas.—D: Tortas «secas» sacadas del recipiente.—E: Bloque o yunque.—F: Martillo romo.—G: Martillo puntiagudo

prenda de ellas, y luego limpian con unos picos puntiagudos los orificios de las tortas que contienen la misma clase de cobre. La cabeza del mazo romo tiene tres palmos y un dedo de largo; un extremo de la cabeza es redondo y de dos dedos de longitud y de espesor; el otro extremo tiene forma de cincel y tiene dos dedos y medio de largo. El mazo puntiagudo tiene la misma longitud que el redondo, pero un extremo es puntiagudo y el otro cuadrado, y gradualmente va disminuyendo de espesor hasta terminar en punta.

La naturaleza del cobre es tal que cuando está seco se pone de color ceniza, y como el cobre contiene plata, se funde de nuevo en los hornos de fundición.

He descrito suficientemente el método por el que se secan las tortas de licuación agotadas; ahora voy a referirme al método mediante el cual se convierten en cobre después de secas. Estas tortas, para que puedan recuperar el aspecto de cobre que en cierta medida han perdido, se funden en cuatro hornos, que se hallan situados contra la segunda pared en la parte del taller que queda entre la segunda y la tercera paredes transversales. Este espacio tienen sesenta y tres pies y dos palmos de largo, y como cada uno de estos hornos ocupa trece pies, el espacio que queda a la derecha del primer horno y a la izquierda del cuarto tiene tres pies y tres palmos de ancho, y la distancia entre el segundo horno y el tercero es de seis pies. En medio de cada uno de estos espacios hay una puerta, de un pie y medio de ancho y seis pies de alto, y la intermedia es común al maestro de cada uno de los hornos. Cada horno tiene su propia chimenea, que se eleva entre las dos paredes largas antes mencionadas, y está soportada por dos arcos y un tabique divisorio. El tabique divisorio está entre los dos hornos, y tiene cinco pies de largo, diez pies de alto y dos pies de grueso; frente a él hay un pilar que pertenece en común a los arcos frontales del horno de cada lado, que tiene dos pies y otros tantos palmos de espesor, tres pies y medio de ancho. El arco frontal, partiendo de este pilar común llega a otro pilar, que es común a su vez al arco lateral del mismo horno; este arco de la derecha se extiende desde la segunda pared larga hasta el mismo pilar, que tiene dos pies y otros tantos palmos de ancho y de espesor en la base. El interior del arco frontal tiene nueve pies y un palmo de ancho y ocho pies de alto en su punto más elevado; el interior del arco que está a la derecha tiene cinco pies y un palmo de ancho e igual altura que el otro, y ambos arcos están construidos con la misma altura que el tabique divisorio. Adosadas a estos arcos y tabique divisorio están las paredes de la chimenea; éstas van en pendiente hacia arriba, y así se contraen, de modo que en la parte superior, donde se emiten los humos, la abertura tiene ocho pies de longitud, un pie y tres palmas de ancho. La cuarta pared de la chimenea se levanta verticalmente sobre la segunda pared larga. Como el tabique divisorio es común a los dos hornos, su superestructura es común a las dos chimeneas. De esta manera se construye la chimenea. En su frente, cada horno tiene seis pies y dos palmos de largo y tres pies y dos palmos de ancho y un codo de alto; la espalda de cada horno está contra la segunda pared larga, estando abierto el frente. El primer horno está abierto y hace pendiente en la parte derecha, de modo que puedan sacarse las escorias; la parte izquierda está contra el tabique divisorio y tiene una pequeña pared construida con ladrillos cementada con brasca; esta pequeña pared protege el tabique divisorio contra los daños que causaría el fuego. Por el contrario, el segundo horno tiene abierto el lado izquierdo, y el lado derecho lo tiene contra el tabique divisorio, donde también tiene una pequeña pared que protege el tabique divisorio contra el fuego. El frente de cada horno está hecho con piedras rectangulares; el interior está lleno de tierra. Luego, en cada uno de los hornos, en su parte posterior, contra la segunda pared larga, hay una abertura a través de un arco de la parte de atrás, por donde pasan los tubos de cobre. Cada horno tiene una fosa redonda de dos pies y otros tantos palmos de ancho, y situada a tres pies de distancia del tabique divisorio. Finalmente, debajo de la fosa del horno, a una profundidad de un codo, está el receptáculo oculto para la humedad, similar a los otros, cuya ventilación penetra a través de la segunda pared larga y va en pendiente hacia arriba hasta la derecha del primer horno y hasta la izquierda del segundo. Si se tiene que hacer cobre al día siguiente, el maestro corta el crisol con una espátula, cuya hoja tiene tres dedos de ancho y otros tantos palmos de largo, teniendo su mango de hierro dos pies de largo y un dedo y medio de diámetro; el mango de madera en que va introducido es redondo, de cinco pies de largo y dos dedos de diámetro. Luego, con otra espátula de corte, aparta el crisol; la hoja de la espátula tiene un palmo de ancho y dos palmos de largo; su mango, en parte de hierro y en parte de madera, es igual en todos los aspectos al primero. Después arroja arcilla pulverizada y carbón en el crisol, vierte agua sobre el polvo y lo barre con una escoba. Luego, inmediatamente, echa en el crisol unos polvos, hechos con dos carretadas de polvo de carbón cribado, otras tantas carretadas de arcilla pulverizada igualmente cribada y seis cestos llenos de arena de río que se ha hecho pasar antes por una fina criba. Este polvo, como el usado por los fundidores, se rocía con agua y se humedece antes de ponerlo en el crisol para que pueda modelarse con las manos, dándole forma como se hace con las bolas de nieve. Una vez humedecido, lo amasa y lo suaviza con sus manos, y cuando ha hecho esto,

A: Hogar del horno.—B: Chimenea.—C: Poste o pilar central.—D: Otros pilares. El tabique divisorio está detrás del pilar central y no se ve.—E: Arcos.—F: Pequeñas paredes que protegen contra el fuego el tabique divisorio.—G: Crisoles.—H: Segunda pared larga.—I: Puerta.—K: Espátula.—L: Otra espátula.—M: Escoba con palo.—N: Trituradores.—O: Martillo de madera.—P: Placa.—Q: Piedras. R: Varilla de hierro

lo golpea con dos manos de majar, cada una de las cuales tiene un codo de largo; cada mano de éstas tiene una cabeza redonda en cada extremo, pero una de ellas tiene un palmo de diámetro y la otra tres dedos; las dos son más finas en el medio para que puedan cogerse por allí con la mano. Después, de nuevo echa polvos humedecidos en el crisol y de nuevo lo moldea con las manos y lo amasa con los puños y con las manos de majar; luego, empujando hacia arriba y presionando con los dedos, granea el borde del crisol. Después de graneado el crisol, pulveriza en él polvo de carbón y golpea otra vez con los mismos majadores, primero con las cabezas estrechas y después con las anchas. Luego golpea el crisol con un mazo de madera de dos pies de largo, cuyas dos cabezas son redondas y de tres dedos de diámetro; su mango de madera tiene dos palmos de largo y un dedo y medio de diámetro. Finalmente, echa en el crisol tantas cenizas cribadas puras como puede abarcar con ambas manos y vierte agua encima y, cogiendo un trapo de hilo viejo, esparce por el crisol las cenizas húmedas. El crisol es redondo y en pendiente. Si se va a hacer con tortas secas de la mejor calidad, se hace de dos pies de ancho y uno de profundidad, pero si es para otras tortas, se hace de un codo de ancho y dos palmos de profundidad. El maestro tiene también una barra plana de hierro curvada en ambos extremos, de dos palmos de largo y otros dos dedos de ancho, y con ella corta los bordes del crisol si son más altos de lo necesario. El tubo de cobre es inclinado y sobresale tres dedos de la pared y lleva el extremo superior y ambos lados untados de brasca espesa para que no se queme; pero la parte de abajo del tubo lleva una capa de brasca delgada porque esta parte llega casi hasta el borde del crisol, y cuando éste está lleno de cobre derretido lo toca. La pared que queda encima del tubo está recubierta con brasca para que no se deteriore. Lo mismo se hace en el otro lado de una placa de hierro, que tiene un pie y tres palmos de longitud y un pie de altura; se mantiene sobre unas piedras cerca del crisol en la parte en que el hogar hace pendiente, para que la escoria pueda correr por debajo. Algunos no ponen las placas sobre piedras, sino que cortan de las placas, de su parte de abajo, un pequeño trozo de tres dedos de largo y tres dedos de ancho; para que la placa no caiga, va soportada por una varilla de hierro fija a la pared a una altura de dos palmos y otros tantos dedos, y que sobresale de la pared tres palmos.

Luego, con una pala de hierro, cuyo mango de madera tiene seis pies de largo, echa carbón en el crisol o le añade carbón, encendido por medio de unas cuantas ascuas. Sobre las ascuas de carbón pone tortas secas, que si son de cobre de primera calidad pesarán todas juntas tres centumpondios o tres centumpondios y medio; pero si son de cobre de segunda calidad, sólo dos centumpondios y medio, y si son de tercera calidad, dos centumpondios; pero si son de cobre de calidad superior, hasta seis centumpondios, y en este caso el crisol tendría que hacerse más ancho y más profundo. La torta seca más pequeña se coloca a una distancia de dos palmos del tubo; el resto, a mayor distancia, y cuando las inferiores se funden, las superiores caen y quedan cerca del tubo; si no caen, tienen que empujarse con una pala. La hoja de la pala tiene un pie de largo y tres palmos y dos dedos de ancho; la parte de hierro del mango tiene dos palmos de largo; la parte de madera, nueve pies. Alrededor de las tortas secas se colocan grandes trozos largos de carbón y en el tubo se ponen trozos de tamaño mediano. Cuando todo esto se ha dispuesto de esta manera, el fuego tiene que excitarse más violentamente soplando con los fuelles. Cuando el cobre se está fundiendo y el carbón despide llamas, el maestro lo remueve con una barra de hierro por el centro para que reciba aire y que la llama pueda salir al exterior. Esta barra, que es puntiaguda, tiene dos pies y medio de largo, y su mango de madera tiene cuatro pies de largo. Cuando las tortas están parcialmente fundidas, el maestro, pasando a través de la puerta, inspecciona el crisol a

A: Barra puntiaguda.—B: Capa fina de cobre.—C: Yunque.—D: Martillo

través del tubo de bronce, y si estima que se están adhiriendo demasiadas escorias a la boca del tubo y esto impide el paso del aire de los fuelles, introduce la barra de hierro puntiaguda en forma de gancho en el tubo a través de la boquilla del fuelle y, girándola alrededor de la boca del tubo, quita las excreciones. El gancho de esta barra tiene dos dedos de alto; la parte de hierro del mango es de tres pies de longitud; la parte de madera del mismo tiene el mismo número de palmos de largo. Luego es el momento de introducir la barra por debajo de la placa de hierro para que las escorias puedan salir. Cuando las tortas, todas fundidas, han fluido al crisol, toma una muestra de cobre con la tercera barra redonda, que está totalmente construida de hierro y que tiene tres pies de largo, un dedo de espesor y tiene una punta de acero para que sus poros absorban el cobre. Cuando ha comprimido los fuelles, introduce esta barra tan rápidamente como le es posible en el horno a través del tubo, entre las dos boquillas, y toma muestras dos, tres o cuatro veces, hasta que estima que el cobre está perfectamenet refinado. Si el cobre es bueno y se adhiere fácilmente a la barra, con dos muestras basta; si no es bueno, toma tantas como sea necesario. Es necesario fundir en el crisol hasta que el cobre que se adhiere a la barra tenga un color parecido al del latón, y si la parte superior, lo mismo que la inferior, de la fina capa de cobre puede romperse con facilidad, significa que el cobre está perfectamente fundido; para probarlo, pone la punta de la barra sobre un pequeño yunque de hierro y desprende la fina capa de cobre con un martillo.

Si el cobre no es tan bueno, el maestro extrae las escorias dos veces, o tres veces si fuera necesario—la primera vez cuando se han fundido algunas de las tortas; la segunda, cuando se han fundido todas; la tercera, cuando el cobre lleva calentándose cierto tiempo. Si el cobre fuera de buena calidad, las escorias no se extraerán antes de terminar la operación, pero en el momento en que se van a desprender, comprime la barra contra los dos fuelles y pone sobre ambos un palo de un codo de largo y un palmo de ancho, con un corte hasta la mitad en la parte de arriba para que pueda pasar por debajo del pasador de hierro fijo a la parte de atrás en la madera perforada. Esto lo hace igualmente cuando el cobre se ha fundido por completo. Luego, el ayudante quita la placa de hierro con las tenazas; estas tenazas tienen cuatro pies y tres palmos de largo, sus mordazas tienen aproximadamente un pie de longitud y su parte recta mide dos palmos y tres dedos, y la curvada, un palmo y un dedo. El mismo ayudante, con la pala de hierro, arroja y amontona los trozos más grandes de carbón en la parte del hogar que queda contra la pequeña pared que protege la otra pared contra los daños que pudiera producir el fuego, y en parte los extingue echando sobre ellos agua. El maestro, con una vara de avellano metida en el horno, lo remueve dos veces. Después, extrae las escorias con un espetón, que consta de una pala de hierro, ancha y aguda, y de madera de aliso; la hoja tiene un dedo y medio de ancho y tres pies de largo; el mango de madera insertado en su parte hueca tiene el mismo número de pies de largo, y la madera de aliso en la que se sujeta la hoja debe tener la forma de un rombo; debe tener tres palmos y un dedo de largo y un palmo y dos dedos de ancho y un palmo de espesor. Después coge una escoba y barre el polvo del carbón y los pequeños trozos de carbón en todo el crisol para que el cobre no se enfríe antes de que termine de fluir; luego, con un tercer espetón, quita las escorias que puedan estar adheridas al borde del crisol. La hoja de este espetón tiene dos palmos de largo y un palmo y un dedo de ancho; la parte de hierro del mango tiene un pie y tres palmos de largo, y la parte de madera, seis pies. Después saca de nuevo del crisol las escorias, que el ayudante no enfría vertiendo agua sobre ellas, como se enfrían usualmente las demás escorias, sino que las rocía con un poco de agua, dejándolas enfriar. Si el cobre se ampolla, aplasta las ampollas con el espetón. Después vierte agua sobre la pared y los tubos para que llegue templada al crisol, pues el cobre, si se le vierte agua fría por encima estando aún caliente, salpica. Si cayera dentro una piedra, o un trozo de brasca o de madera, o un carbón mojado, el crisol vomitaría todo el cobre, produciendo un fuerte ruido, semejante al del trueno, y dañaría todo lo que tocara y lo incendiaría. A continuación pone un listón curvado que tiene una entalladura sobre la parte anterior del crisol; este listón tiene dos pies de largo, un palmo y dos dedos de ancho y un dedo de espesor. Luego, el cobre contenido en el crisol se divide en tortas con una barra en forma de cuña; ésta tiene tres pies de largo, dos dedos de ancho y tiene el extremo acerado en una distancia de dos dedos; su mango de madera tiene tres pies de longitud. Encaja esta barra en la entalladura del listón e, introduciéndola en el cobre, la mueve longitudinalmente, y de este modo el agua fluye al espacio vaciado en el cobre y separa la torta del resto de la masa. Si el cobre no se ha fundido perfectamente, las tortas serán demasiado gruesas y no saldrán fácilmente del crisol. El ayudante coge cada torta con las tenazas y la echa en la cuba llena de agua; la primera la deja a un lado para que el maestro la pueda

A: Crisol.—B: Tablón.—C: Barra en forma de cuña.—D: Tortas de cobre conseguidas al separarlas con la barra en forma de cuña.—E: Tenazas.—F: Cuba

refundir inmediatamente, porque como lleva adheridas algunas escorias no es tan perfecta como las siguientes; en realidad, si el cobre no es de buena calidad, aparta las dos primeras. Luego vierte otra vez agua sobre la pared y los tubos, separa la segunda torta, que el ayudante sumerge también en el agua, y la pone en el suelo, junto con las otras que separó de la misma manera, y las va apilando. Estas tortas, si el cobre era de buena calidad, deben ser unas trece o más; si no era de buena calidad, serán menos. Si el cobre era de buena calidad, esta parte de la operación, que realmente se distribuye en cuatro partes, la realiza el maestro en dos horas; si era de calidad mediocre, en dos horas y media; si era de mala calidad, en tres horas. Las tortas secas se refunden primero en el primer crisol y después en el segundo. El ayudante, lo más rápidamente posible, debe enfriar todas las tortas en agua, después de haberlas cortado del segundo crisol. Después, con las tenazas, vuelve a colocar en su sitio la placa de hierro que estaba delante del horno y echa carbón de nuevo en el crisol con una pala. Mientras tanto, el maestro, continuando con su trabajo, saca el palo de madera de las barras de los fuelles para que, refundiéndose las tortas, se pueda realizar la tercera parte del proceso; esta debe hacerse con todo cuidado, ya que si por casualidad cae una partícula de cualquier utensilio de hierro en el crisol o si la arroja alguna persona de mala intención, el cobre no se hará hasta que se haya consumido el hierro, por lo que se tendría que invertir doble de tiempo. Finalmente, el ayudante extingue todos los carbones encendidos y desprende la brasca de la boca del tubo de cobre con un martillo; un extremo de este martillo es puntiagudo y el otro romo, y tiene un mango de madera de cinco pies de longitud. Como existe el riesgo de que el cobre salpique si la cadmía que se adhiere a las paredes y a la campana que se levanta sobre ellas cayera en el crisol, la elimina entre tanto. Cada semana saca las flores de cobre de la cuba, después de haber vaciado el agua, porque éstas se desprenden de las tortas cuando se sumergen allí para enfriarlas.

Los fuelles utilizados por el maestro fundidor difieren en tamaño de los otros, porque los bastidores tienen siete pies y medio de longitud; la parte posterior tiene tres pies de ancho; la anterior, donde la cabeza se une a los pies, dos palmos y otros tantos dedos. La cabeza tiene un codo y un dedo de largo; la parte posterior de la misma tiene un codo y un palmo de ancho, y luego se estrecha gradualmente. Las boquillas de los fuelles están unidas por medio de una cadena de hierro, controlada por una gruesa barra, uno de cuyos extremos penetra en el suelo contra la espalda de la pared larga, y el otro pasa por debajo de la viga que esté tendida sobre las vigas perforadas más avanzadas. Estas boquillas están colocadas de tal forma en un tubo de cobre que están a una distancia de un palmo de la boca del tubo; la boca debe tener tres dedos de diámetro para que el aire salga violentamente expelido a través de esta estrecha abertura.

Ahora quedan las espinas de licuación, el cobre de color ceniza, las escorias y la cadmía. Las tortas de licuación se hacen de las espinas de la manera siguiente: Hay tres cuartas partes de centumpondio de espinas, que tienen su origen en las tortas de aleación de cobre y plomo al licuar la mezcla de plomo y plata, y otros tres cuartos de centumpondio de las espinas derivadas de las tortas hechas una vez refundidas las espinas por el mismo método, a las que se añade un centumpondio de plomo desplatado y medio centumpondio de plomo de hogar. Si hay mucho litargirio en los talleres, sustituye al plomo desplatado. Un centumpondio y medio de litargirio y plomo de hogar se añade al mismo peso de espinas primarias a medio centumpondio de espinas que tienen su origen en las tortas de licuación compuestas por las espinas refundidas dos veces por el mismo método (espinas terciarias) y a una cuarta parte de centumpondio de las espinas producidas al secar las tortas de licuación agotadas. Por los dos métodos se hace una sola torta de licuación de tres centumpondios. De esta manera, el fundidor hace todos los días quince tortas de licuación más o menos; tiene gran cuidado de que las sustancias metálicas de las que está hecha la primera torta de licuación fluyan correctamente y en el orden debido al antecrisol, antes del material de que se tiene que hacer la torta siguiente. Cinco de estas tortas de licuación se ponen simultáneamente en el horno en el que se licúa la mezcla de plata y plomo a partir del cobre; pesan casi catorce centumpondios, y las escorias producidas por las mismas pensan usualmente, aproximadamente, un centumpondio. En el total de las tortas de licuación hay usualmente un libra y casi dos onzas de plata, y en la mezcla plata-plomo que rezuma de cada una de estas tortas y pesa siete centumpondios y medio hay una onza y media de plata. En cada uno de los tres centumpondios de espinas de licuación hay casi una onza de plata, y en los dos centumpondios y cuarto de tortas de licuación agotadas hay en total una onza y media; sin embargo, estas cantidades difieren mucho con cada variedad de espinas, porque en las producidas en las tortas de licuación primarias hechas de cobre y plomo al licuar la mezcla de plata-plomo a partir del cobre y en las producidas al secar las tortas de licuación agotadas hay casi dos onzas de plata; en las otras no llega a una onza. Hay otras espinas además de éstas, de las cuales hablaré algo más adelante.

Los habitantes de los montes Cárpatos, que hacen tortas de licuación de los posos del cobre que quedan después de que la parte superior del cobre se ha separado de la inferior, en un horno similar a una estufa, producen espinas cuando se licúa a partir del cobre una mezcla pobre o mediocre de plata-plomo. Estas, junto con las hechas de tortas de espinas refundidas o hechas con litargirio refundido, se colocan en un montón; pero las hechas de tortas fundidas de plomo de hogar se ponen en un montón separado del primero y, lo mismo, las producidas al secar las tortas de licuación agotadas se ponen aparte; de estas espinas se hacen tortas de licuación. Del primer montón toman una cuarta parte de centumpondio; del segundo, la misma cantidad, y del tercero, un centumpondio—a los que se añaden espinas, un centumpondio y medio de litargirio y medio centumpondio de plomo de hogar, y de esto, que se funde en el horno alto, se hace una torta de licuación; cada operario hace veinte de estas tortas al día. Pero de esto ya he dicho suficiente por ahora; volvamos a lo nuestro.

El cobre color ceniza, que se quita, como ya he indicado, de las tortas secas, se empleaba hace algunos años para mezclarlo con las espinas producidas al licuar la aleación de cobre y plomo que contenían en sí, igual que las primeras, dos onzas de plata; pero ahora se mezcla con los concentrados lavados de las excreciones y de los otros materiales. Los habitantes de los Cárpatos funden esta clase de cobre en hornos en los que refunden las escorias que fluyen al refinar el cobre; pero como éste se funde pronto y sale del horno, se precisan dos operarios para la labor de fundir, uno de los cuales funde propiamente, mientras que el otro saca las tortas gruesas del antecrisol. Estas tortas están secas, y de las tortas secas vueve a hacerse cobre.

Las escorias se funden continuamente, día y noche, tanto si se han extraído de los metales aleados con un espetón como si hubieran estado adheridas al antecrisol en un espesor de un dedo y se hubiera reducido de tamaño y se hubiera raspado con una espátula. De esta manera se hacen dos o tres tortas de licuación, y después, sea mucha o poca la escoria desnatada de la aleación fundida de cobre y plomo, se refunde. Estas tortas de licuación deben pesar hasta tres centumpondios, en cada uno de los cuales hay media onza de plata. Se meten al mismo tiempo cinco tortas en el horno en el que se licúa plomo argentífero, y de ellas se hace un plomo que contiene media onza de plata por centumpondio. Las tortas de licuación agotadas se ponen sobre las otras tortas de licuación agotadas de más baja calidad, y de las dos clases se hace cobre amarillo. Las espinas de baja calidad así obtenidas se refunden con unas pocas escorias de más baja calidad, después de haber sido pulverizadas con concentrados de excreciones de horno y otros materiales, y de esta manera se hacen seis o siete tortas de licuación, cada una de las cuales pesa unos dos centumpondios. Cinco de ellas se ponen al mismo tiempo en el horno en el que se licúa la mezcla de plata y plomo a partir del cobre; éstas rezuman en forma de gotas tres centumpondios de plomo, cada uno de los cuales contiene media onza de plata. Las espinas de peor calidad así producidas deben refundirse solamente con un poco de escoria. El cobre aleado con plomo, que fluye por el horno hasta penetrar en el antecrisol, se vierte con una pala en unos moldes oblongos de cobre; estas tortas se secan con tortas de licuación agotadas de baja calidad. Las espinas que producen se añaden a las espinas de baja calidad y se forman con ellas unas tortas conforme al método que he descrito. De las tortas secas hacen cobre, del cual añaden una pequeña porción a las tortas secas mejores al hacer cobre con ellas, a fin de que mezclando cobre de baja calidad con bueno puedan venderse sin pérdida. Las escorias, si son utilizables, se refunden una segunda y una tercera vez; las tortas hechas de ellas se secan y de las las tortas secas hacen cobre, que se mezcla con el cobre de buena calidad. Las escorias extraídas por el maestro que hace el cobre de tortas se criban, y las que caen a través de la criba en una vasija colocada debajo se lavan; las que quedan en la criba se vacían en una carretilla y se llevan a los hornos de fundición en ella y se refunden junto con otras escorias, sobre las que se pulverizan los concentrados de lavados de escorias o excreciones de horno hechas entonces. El cobre que sale del horno y penetra en el antecrisol se vierte igualmente con una cuchara en unos moldes de cobre oblongos; de esta manera se hacen nueve o diez tortas, que se secan junto con tortas de licuación agotadas de mala calidad, y de estas tortas secas se hace cobre amarillo.

Lo que llamo ahora cadmía se hace de escorias que el maestro que hace cobre de tortas secas saca junto con otras escorias de baja calidad refundidas; porque, realmente, si las tortas de cobre hechas de tales escorias se rompen, los fragmentos se llaman cadmías; de la cadmía y del cobre amarillo se hace el cobre

A: Horno.—B: Prehogar.—C: Moldes

de caldero de dos modos. Cada dos partes de cadmía se mezclan con una de cobre amarillo en los hornos de fundición y se funden, o, por el contrario, se emplean dos partes de cobre amarillo con una de cadmía para que la cadmía y el cobre amarillo se mezclen bien, y el cobre que fluye del horno y penetra en el anantecrisol se vierte con una pala en unos moldes de cobre oblongos previamente calentados. Estos moldes se pulverizan con polvo de carbón antes de verter en ellos el cobre caldario, y el mismo polvo se esparce sobre el cobre cuando está vertido por temor a que la cadmía y el cobre amarillo se congelen antes de estar bien mezclados. Con un trozo de madera el ayudante limpia de polvo cada torta cuando se vuelca el molde. Luego la arroja en la cuba que contiene agua caliente, porque el cobre de caldero es más fino si se sumerge en agua caliente. Pero como he mencionado muy a menudo los moldes oblongos de cobre, voy a referirme ahora un poco a ellos; son de un pie y un palmo de longitud, su interior tiene tres palmos y un dedo de ancho en la parte superior y son redondeados en el centro.

Los concentrados son de dos clases: preciosos y de baja calidad. Los primeros se obtienen de las excreciones del horno de fundición cuando se hacen tortas de licuación a partir de cobre y plomo o a partir de espinas de licuación preciosas, o de escorias de la mejor calidad, o de concentrados del mejor grado, o de barreduras de ladrillos de los hornos en los que se secan las tortas de licuación agotadas; estos materiales se trituran y lavan como he explicado en el libro VIII. Los concentrados de baja calidad se hacen de las excreciones formadas cuando se funden tortas a partir de espinas de baja calidad o a partir de la peor calidad de escorias. El fundidor que hace tortas de licuación de los concentrados preciosos les añade tres carretillas de litargirio y cuatro de plomo de hogar y una de color ceniza, de todo lo cual funde nueve o diez tortas de licuación, de las cuales se meten cinco de cada vez en el horno, en el que se licúa mezcla plata-plomo a partir de cobre; un centumpondio de cobre que rezuma de estas tortas en forma de gotas contiene una onza de plata. Las espinas de licuación se apartan y se mezclan en un cesto con las espinas preciosas para volver a fundirlas. Las tortas de licuación agotadas se secan en el mismo tiempo que otras buenas tortas de licuación.

Las espinas que se extraen del cobre, cuando se separa de la plata en el horno de copelación y el plomo de solera que queda en el crisol en el centro de los hornos, junto con el material que ha resultado defectuoso y ha absorbido plata-plomo, se funde junto con una pequeña cantidad de escorias en los hornos de fundición. El plomo, o más bien la aleación plata-plomo que fluye hacia el prehogar o antecrisol, se saca a moldes de cobre como los que usan los refinadores; un centumpondio de este plomo contiene cuatro onzas de plata o, si el crisol es defectuoso, incluso más. Una pequeña parte de este material se añade al cobre y al plomo cuando se hacen tortas de licuación de ellos; si se añadiera más, la aleación sería mucho más rica de lo que debe ser, por lo que el capataz competente mezcla estas espinas con otras espinas preciosas. El plomo de solera que queda en el centro del crisol y el material que ha absorbido plomo mezclado con plata se mezcla con el plomo de solera que queda en el crisol del horno de copelación, y todavía algunas tortas, enriquecidas de esta manera, pueden devolverse a los hornos, de copelar junto con el resto de las tortas de plata mezclada con plomo que ha hecho el refinador.

En los montes Cárpatos, cuando tienen mucho cobre en partículas de plomo, ya de escorias o recuperado del horno en el que se secan las tortas de licuación agotadas o almártaga, hacen de ellos varias aleaciones. La primera consiste en dos centumpondios de plomo de espinas, almártaga y espinas de solera y medio centumpondio de plomo de barreduras del horno en el que se secan las tortas de licuación agotadas y el mismo peso de cobre menudo, y de ellos hacen tortas de licuación; la tarea del fundidor termina cuando ha hecho cuarenta tortas de esta aleación. La segunda consiste en dos centumpondios de almártaga o litargirio y uno y cuarto de plomo desplatado o plomo de escorias y medio centumpondio de plomo de espinas y otro medio de cobre menudo. La tercera aleación consiste en tres centumpondios de almártaga y medio de plomo desplatado, medio de plomo hecho de espinas y medio de cobre menudo; de todas estas aleaciones se hacen tortas de licuación; la tarea de los fundidores terminará cuando hayan hecho treinta tortas.

El proceso de fabricación de las tortas de las que separan el plomo con plata lo he explicado en el libro IX.

La plata se separa del hierro del siguiente modo: Se echan en un crisol de tierra igual proporción de limaduras de hierro y de estibio; el crisol tapado y sellado se coloca en un horno en el que se insufla aire. Cuando se haya fundido y vuelto a enfriar, se rompe el crisol, el botón que ha dejado en el fondo cuando se saca se reduce a polvo y se añade el mismo peso de plomo, se mezcla y se funde en un segundo crisol; por último, este botón se coloca en una copela y el plomo se separa de la plata.

Hay muchos métodos muy diversos por los que separar un metal de otros, y en cuanto a los métodos de hacer aleaciones, los he explicado en parte en el libro VIII de *De natura fossilium* y en parte los explicaré en otro lugar. Ahora continuaré con lo que falta para mi propósito.

FIN DEL LIBRO XI

He tratado ya de los métodos de separar la plata del cobre. Debo tratar ahora de los jugos solidificados o de la obtención de los sólidos disueltos en líquidos, y aunque hay que considerarlos como distintos de los metales, sin embargo ya expliqué en el Libro II las razones por las que no puede separárselos completamente.

Los jugos solidificados son: o preparados a partir del agua, en que la naturaleza o un artificio los han infundido, o jugos líquidos en sí mismos, o minerales fundidos. Los pueblos inteligentes, observando que las aguas de ciertos lagos estaban por sí mismas llenas de jugos, que se hacían más densos al evaporarse en parte por el calor del sol, hasta convertirse en jugos solidificados, se industriaron para conducir el agua hacia otros sitios y hacerla pasar a estanques de poco fondo, de modo que el calor del sol la condensara. Posteriormente, al observar que de este modo podían obtenerse jugos solidificados sólo en verano, y además no en todos los sitios, sino sólo en regiones cálidas o templadas, en las que apenas llueve en verano, hicieron hervir el agua en vasijas sobre el fuego hasta obtener de este modo la condensación. Así, en cualquier época del año y en cualquier región, hasta en las más frías, se pudieron obtener los jugos solidificados a partir de sus soluciones naturales. Más tarde, al observarse que algunas piedras sometidas al fuego rezumaban jugos, las escaldaron en recipientes para obtener también jugos solidificados por este procedimiento. Merece la pena aprender las proporciones y los métodos con que pueden obtenerse.

Empezaré, por tanto, con la sal, que se obtiene del agua salada por la naturaleza y por la industria del hombre o de una solución o de lejías también salinas. El agua naturalmente salada se condensa y se convierte en sal en las salinas gracias al calor del sol y en un recipiente cualquiera valiéndose del calor del fuego. El agua salada artificialmente también puede volver a convertirse en sal calentándola. Deben hacerse tantas salinas como permitan las circunstancias del lugar, pero no más de las que puedan usarse, y esto, en último término, se determinará por la cantidad de sal que pueda venderse. La profundidad de los estanques debe ser moderada y el fondo nivelado para que el calor del sol evapore el agua de la sal. Las salinas deben estar recubiertas de una costra de sal para que no embeban el agua. El método de hacer entrar el agua del mar en las salinas es muy antiguo y se usa todavía en muchos sitios. No menos antiguo, pero menos usado, es el método de echar agua de pozos en las salinas, lo que se hizo ya en Babilonia, según Plinio, y en Capadocia, donde se usó no sólo agua de pozo, sino también de manantial. En todos los países cálidos se hace entrar el agua salada del mar a las salinas, donde se convierte en sal gracias al calor del sol. Mientras, el agua salada se calienta al sol en las salinas si ocurren frecuentes precipitaciones de lluvia o se retrasa o impide la condensación. Si llueve, aunque no muy a menudo, la sal adquiere un sabor extraño y hay que volver a llenar las salinas con nueva agua del mar.

La sal a partir del agua del mar se obtiene de la siguiente manera: Cerca del sitio de la orilla donde haya una ensenada tranquila y donde se extienda el suelo algo por debajo del nivel del mar, amplio y llano, se hacen tres, cuatro, cinco o seis zanjas de seis pies de anchura, doce de profundidad y seiscientos de longitud o más si el terreno llano lo permite; debe haber doscientos pies de distancia de una a otra, y entre ellas se abren tres zanjas transversales. A continuación se excavan las salinas propiamente dichas, de forma que cuando el agua sube de nivel en la ensenada entra en las zanjas y por ellas en las salinas, que se hacen muy numerosas, en toda la extensión llana, entre las zanjas. Las salinas son estanques de poca profundidad; con la misma tierra que se saca al excavarlas se abancala el terreno alrededor de modo que entre ellas hay muretes de tierra de un pie de altura que ayudan a retener al agua. Las zanjas tienen aberturas por las que entra el agua en las primeras salinas, y de éstas fluye a las otras. Debe haber un poco de desnivel para que el agua pase de unas a otras y puedan todas llenarse. Cuando se han construido teniendo todas esas cosas en cuenta, se levanta la compuerta que abre la comunicación de la ensenada y se llenan todas las zanjas. Luego se abren las compuertas del primer estanque o salina y las demás y se llenan todas; cuando este agua salada se condensa, quedan todos los estanques encostrados de sal, y así revestidos vuelven a llenarse por la zanja de entrada más próxima a cada uno otra vez con agua de la bahía y se dejan hasta que la delgada capa de agua se convierte por el calor del sol en vapor y se disipa y el líquido que queda es considerablemente más espeso. Entonces se abren las compuertas, que lo dejan pasar a los estanques segundos, y después de haber estado en ellos cierto tiempo se abren las compuertas que dan paso a la tercera fila de estanques, donde se condensa por completo y se convierte en sal. Después de sacar la sal vuelven a llenarse los depósitos una y otra vez. La sal se saca con rastrillos y se amontona con palas.

A: Mar.—B: Ensenada.—C: Compuerta.—D: Muretes.—E: Salinas.—F: Rastrillo.—G: Pala

El agua salada o salmuera se trata también hirviéndola en calderos en cobertizos que se construyen cerca de los pozos donde se obtiene. Cada cobertizo recibe el nombre de un animal o un objeto, que se pinta en una tabla clavada en la pared. Los muros de estos cobertizos suelen ser de adobe revestido de barro, aunque a veces también son de piedra. Estas últimas construcciones tienen a veces hasta dieciséis pies de altura, y como el tejado se levanta veinticuatro pies más, los muros de los extremos llegan a cuarenta pies, y lo mismo los tabiques interiores. El tejado es de chapas anchas de cuatro pies de largo, un pie de ancho y dos dedos de espesor, sujetas a tablones largos y estrechos que van sobre las vigas que se unen en la parte superior y descienden por una y otra vertiente. El interior de esta cubierta se emplastece con barro mzclado con paja de un dedo de espesor. También la parte exterior se emplastece con un espesor de un pie y medio para que el cobertizo no corra riesgo de fuego, sea resistente a la lluvia y capaz de retener el calor necesario para secar los terrones de sal. Cada una se divide en tres partes: en la primera se almacena la leña y la paja; en la parte central, separada de la primera por un tabique, está el hogar para el fuego sobre el que se coloca la caldera; a la derecha de éste hay un depósito donde *se vacía el agua salada que traen los aguadores al cobertizo; a la* izquierda hay un banco alto, donde pueden colocarse treinta bloques de sal. En el tercer cuarto, que está en la parte posterior de la casa, se hace un montón de arcilla o de ceniza de ocho pies de altura sobre el suelo, que es la misma altura del banco. El maestro y sus ayudantes cuando sacan los terrones de sal del caldero, los suben por la derecha del caldero, no por escalones, sino por la rampa que hemos dicho. En la parte posterior hay dos ventanas, y en el tejado hay otra abertura por la que sale el humo. Este, que se escapa de la parte anterior y posterior del horno, llega hasta la ventana del techo por una campana que lo recoge. La campana es de tablas proyectadas una sobre otra y soportada por dos vigas del techo. Frente al fuego, la pared interior tiene una puerta de ocho pies de altura y cuatro de ancho. El aire que entra por esta abertura hace tiro y lleva el humo hacia la habitación posterior. La puerta de la fachada principal tiene la misma altura y anchura. Ambas son lo bastante grandes para dar entrada a las cargas de leña y paja y al agua y para sacar los terrones de sal; ambas deben cerrarse cuando sopla el viento para que no entorpezca la labor de hervir el agua, y con el mismo fin deben ponerse paneles de cristal que impidan la entrada del aire pero dejen pasar la luz en las ventanas de las paredes.

A: Cobertizo.—B: Animales pintados.—C: Primera pieza.—D: Pieza central.—E: Tercera pieza.—F: Dos ventanucos en el muro.—G: Tercera ventana o abertura en el tejado.—H: Pozo.—I: Otra disposición del pozo.—K: Herrada.—L: Palo con el que soportan la herrada los aguadores.—M: Bastones ahorquillados con los que los aguadores descansan el palo cuando se cansan

La mayor parte de los hornos se construyen de sal de piedra y arcilla mezclada de sal y humedecida con salmuera, porque el fuego endurece mucho estos materiales. Se hacen de ocho pies y medio de largo y siete pies y tres cuartos de ancho, y si se va a quemar en ellos leña, de seis pies de altura. Una barra de hierro de unos cuatro pies de largo se ensarta en un agujero de un pie de hierro que se levanta en la base, al centro de la boca del horno. La boca tiene tres pies de ancho y tiene una puerta que se abre hacia dentro; por ella se alimenta el fuego.

Las calderas o cubetas son rectangulares, de ocho pies de largo, siete de ancho y uno y medio de altura y hechas de chapa de hierro o de plomo de tres pies de largo y del mismo ancho menos dos dedos. Estas chapas no son gruesas, de modo que el agua se caliente antes y pueda hervir y evaporarse pronto. Para que no pierdan agua se remachan las uniones de las planchas y se embadurnan con hígado y sangre de buey mezclados con ceniza. A cada lado del horno se hincan en el suelo dos postes encuadrados de tres pies de altura y medio pie de anchura y de espesor, separados uno de otro sólo un pie y medio. Los cuatro sobresalen un pie y medio sobre la altura de la caldera. Después de asentar la caldera sobre las paredes del horno, se ponen sobre los postes dos vigas de la misma anchura y espesor de ellos, pero de cuatro pies de largo, y se esclopean en los postes para fijarlas. Sobre estas dos vigas, que ataraviesan el horno, descansan tres barras de tres pies de largo, tres dedos de ancho y dos dedos de espesor, separadas un pie una de la otra. De cada una de ellas cuelgan tres ganchos o garabatos de hierro, dos por fuera de las vigas y otro en el centro de la barra; estos hierros son de un pie de largo y tienen gancho a ambos extremos, uno hacia la derecha y otro hacia la izquierda. El gancho inferior encaja en una argolla fija en la base de la caldera. Hay además dos barras más largas de seis pies de longitud, una cuarta de anchura y tres dedos de espesor, que pasan bajo la viga delantera y descansan sobre la viga del fondo. En el extremo posterior de cada una de estas barras hay otro gancho de dos pies y tres dedos de largo que en el extremo inferior se dobla de modo que sirve de soporte a la caldera. La parte posterior de la caldera no descansa sobre la pared del fondo del horno, sino que queda dos tercios de pie por detrás del fondo o parte posterior del horno, de modo que la llama y el humo tengan escape. Esta pared posterior del horno tiene medio pie de grosor y es medio pie más alta que la caldera, y es no sólo la pared del horno, sino la misma pared que separa el tercer cuarto de éste del horno, dentro de la casa. Es una pared hecha de adobe y ceni-

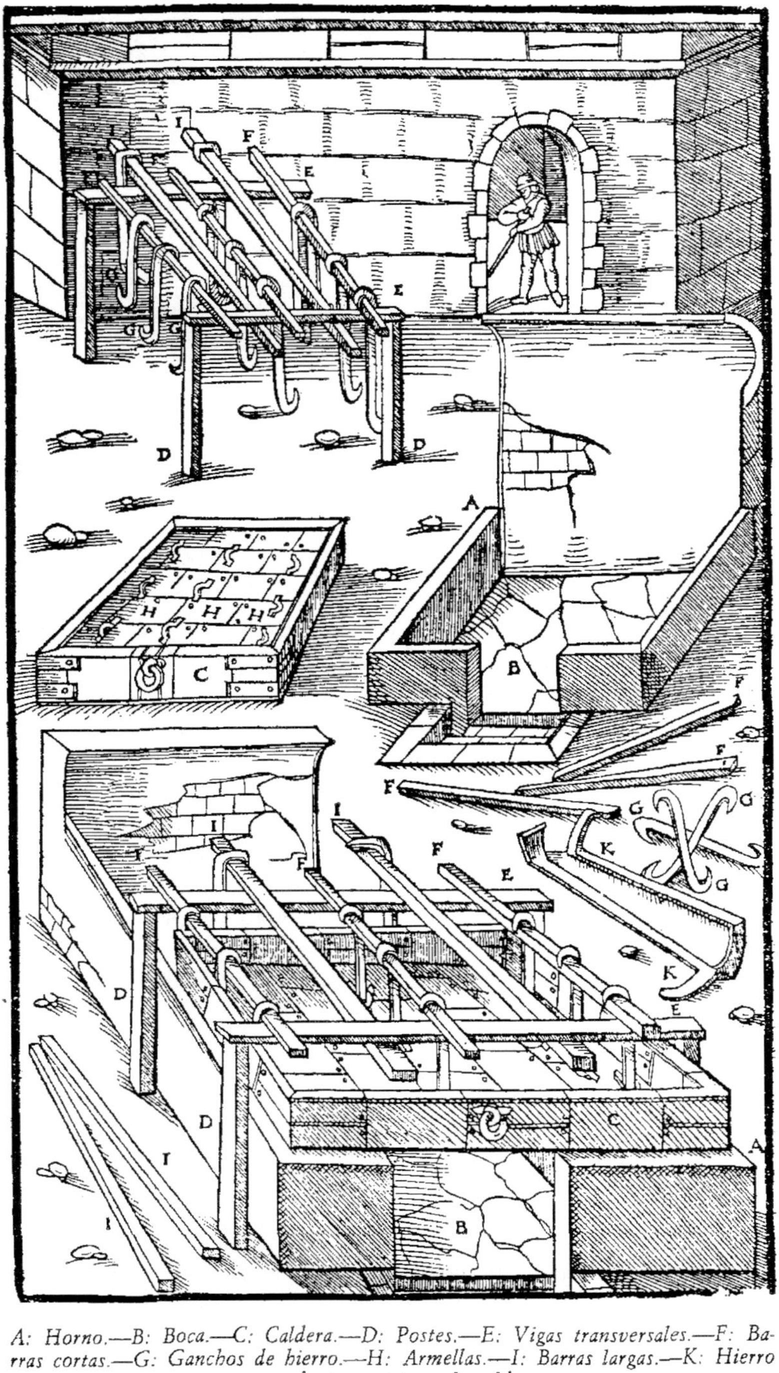

A: Horno.—B: Boca.—C: Caldera.—D: Postes.—E: Vigas transversales.—F: Barras cortas.—G: Ganchos de hierro.—H: Armellas.—I: Barras largas.—K: Hierro curvado para sostener la caldera

za, no como las otras del horno, que son de sal gema. La caldera se apoya en la parte anterior y las dos partes delanteras del horno se enmasillan con ceniza y barro para que no escapen las llamas. Al echar un cubo de salmuera a la caldera, si el agua corre hasta las cuatro esquinas, es que está bien asentada.

El cubo de madera contiene diez sextarios y la herrada o balde ocho cubos.

La salmuera extraída del pozo se echa en las herradas y los aguadores las cargan, como ya he dicho, hasta los cobertizos y la vierten en las tinas, aunque en los sitios donde el agua contiene mucha sal se echa directamente a la caldera. El agua menos salina se echa en una tina más pequeña con un cucharón hecho con una sola pieza de madera. En la tina se echa sal de piedra para que el agua se sale y de allí se pasa por un reguero a la caldera. De treinta y siete cubos de salmuera, el maestro, o su oficial en Halle en Sajonia, hacen dos moldes cónicos o pirámides de sal. Cada maestro tiene un ayudante, que a veces es su mujer, y además un muchacho para cargar el horno. El maestro, como en el taller hace calor, lleva sólo un calzón y un gorro. En el momento que echa el primer cubo de salmuera al cubo, el muchacho enciende el horno. Si el fuego es de gavillas de leña, la sal resulta más blanca, pero si se quema paja suele ser negruzca, porque las chispas que suben por la campana con el humo, vuelven a caer en el agua y la ennegrecen.

Para acelerar la condensación de la salmuera, cuando el maestro ha echado dos cántaros y dos cubos, añade la cantidad equivalente a medio cuartillo de sangre de toro o de ternera o de cabra, o la mezcla con el noveno cubo de salmuera para que se disuelva y se distribuya por toda la caldera; en otros sitios la sangre se disuelve en cerveza. Cuando el agua hierve se espuma con una paleta; si se está trabajando con sal de piedra se echa la espuma a la abertura del horno por donde sale el humo para que se endurezcan sus paredes encostrándose con la sal; si no se ha empleado sal de piedra, la espuma se tira al suelo. Desde el principio hasta que se empieza a espumar transcurre media hora; después continúa la ebullición otro cuarto de hora y el agua empieza ya a condensarse en sal. Cuando comienza a espesarse por el calor, el maestro o su ayudante no dejan de moverlo con las paletas de madera y de este modo lo dejan hervir una hora más. Después le añaden otro cuartillo de cerveza. Para que el aire no enfríe la caldera, se tapa por delante con una tabla de un pie y medio de largo y un pie de ancho, y los lados con tablas de tres pies y tres cuartos de largo. Para que la tabla delantera quede más segura,

A: Cucharón de madera.—B: Herrada.—C: Estanque.—D: Maestro.—E: Ayudante.—F: Mujer.—G: Pala de madera.—H: Tablas.—I: Cestos.—K: Azada.—L: Rastrillo.—M: Paja.—N: Escudilla.—O: Cubo con la sangre.—P: Jarro con cerveza

se encaja en la caldera, y las laterales se apoyan en ella y en las vigas transversales. Cuando se levantan las tablas, el ayudante coloca dos cestos de dos pies de altura y otros tantos de ancho por su parte superior, y de una cuarta de anchura en la base, sobre las vigas transversales, y el maestro echa en ellos la sal con una pala, en lo que emplea media hora; después vuelven a poner las tablas y dejan que siga hirviendo la salmuera tres cuartos de hora y vuelven a sacar sal a los cestos, y cuando éstos están llenos la van echando en montones.

En los distintos sitios se da forma distinta a la sal. En los cestos toma forma de cono, pero también se echa en otros moldes, por ejemplo, en forma de tabletas. Las tabletas o las pirámides se almacenan en la parte alta de la tercera pieza de la casa, o en el banco o estante, para que sigan secándose en el aire caliente. De este modo el maestro o su ayudante continúan hirviendo la salmuera y metiendo la sal en los moldes, alternandos las dos cosas sin descanso, de día y de noche, excepto en los días de fiesta. No hay caldera que resista el fuego más de medio año. El maestro la lava una vez a la semana y la restriega por debajo con paja; las calderas nuevas se lavan hasta tres veces por semana, las dos primeras semanas, y luego dos veces; se quitan así las incrustaciones del fondo, pues si se dejaran, habría que hacer la sal más lentamente y sobre un fuego mayor, lo que consumiría más salmuera y quemaría las planchas de la caldera antes. Si las planchas se resquebrajan, se rellenan con cemento. La sal que se hace las dos primeras semanas no es tan buena, pues se suele manchar del óxido del fondo, porque no están todavía las planchas encostradas de sal.

Aunque la sal fabricada por este procedimiento se hace sólo de la salmuera de pozos y manantiales, se puede usar también este método con agua de río, de lago o del mar, y también con aguas saladas artificialmente. Así en sitios donde se extrae la sal gema, los trozos pequeños o con impurezas se echan en agua dulce que luego se hierve para condensarla en sal. Y en algunos sitios se hierve agua del mar con agua dulce y se fabrica sal en conos y en otras formas.

Algunos fabrican sal por otro procedimiento del agua salada de manantiales calientes, que sale a la superficie hirviendo. Ponen tinajas de barro en un pozo del manantial y echan en ellas agua del mismo manantial a cazos o cucharones, llenando la tinaja hasta la mitad. El calor permanente del agua del manantial evapora el agua de la tinaja, igual que el calor del fuego el agua de las calderas. Cuando empieza a espesarse, lo que sucede cuan-

A: Estanque.—B: Vasijas.—C: Cucharón.—D: Bandejas.—E: Tenazas

do se ha reducido a la tercera parte o menos, se sacan las tinajas con la ayuda de tenazas y se vierte el contenido en recipientes pequeños planos y rectangulares de hierro que se colocan también en el agua del manantial. El interior de estas bandejas suele medir tres pies de largo, dos de ancho y tres dedos de hondo, y van asentadas sobre cuatro patas, de modo que el agua circula a su alrededor, pero no entra en ellas. Como el agua fluye continuamente del pozo o remanso por canalillos de desagüe y el manantial sigue enviando agua hirviente, el agua de las bandejas sigue condensándose hasta convertirse en sal. Esta se recoge con paletas o espátulas y se vuelve a repetir el proceso.

Si el agua contiene otros jugos, que es lo corriente en el caso de los manantiales, no debe fabricarse sal con ella.

Otros hierven la salmuera, y especialmente el agua del mar,

A: Calderos.—B: Trípode.—C: Cucharón grande

en grandes potes de hierro; esta sal es negruzca, porque suelen quemar paja bajo los potes. Algunos hierven en estos potes la salmuera en la que se conserva el pescado. La sal que obtienen sabe y huele a pescado.

Los que fabrican sal echando salmuera al fuego, ponen la leña en zanjas de doce pies de largo, siete de ancho y dos y medio de profundidad, para que el agua que se vierta en ellas no se salga. Siempre que se puede obtener sal de piedra, se reviste con ella el interior de la zanja para que no se mezcle tierra con el agua y para que ésta no se filtre. Como el carbón se vuelve sal al mismo tiempo que el líquido salino, los españoles creen, como dice Plinio, que la misma leña se vuelve sal. La mejor leña es la de encina, porque su pura ceniza se convierte en sal. En otros sitios se estima la madera de avellano más que ninguna otra. Pero de una o de otra madera que sea la leña, esta sal no es de mucha calidad, es negruzca y no es pura, y este método de fabricación tiene pocos adeptos, lo mismo en Alemania que en España.

Las soluciones de las que se obtiene sal se hacen de tierras salinas o de tierras ricas en sal y salitrosas. La lejía se hace de cenizas de cañas y juncos. La solución de tierras salinas da solamente sal; de la solución de tierras salinas y salitrosas, de la que hablaré más adelante, se obtiene sal y salitre, y de las cenizas se deriva la lejía, de la que se obtiene su propia sal. Las cenizas, igual que la tierra, deben ponerse primero en una tina grande; después, sobre las unas y la otra se añade agua dulce y se mezclan meneándolas con una pala durante doce horas para conseguir que se disuelva la sal. Después se destapa la tina y se deja salir la solución de sal o de lejía a un depósito del que se recoge con cazos a tinas más pequeñas; por último, se lleva a calderas de hierro o de plomo, donde se hierve hasta que, al evaporarse el agua, los jugos quedan condensados en sal. Estos son los varios métodos para la fabricación de sal.

El nitro se suele obtener de aguas nitrosas, o de soluciones,

A: Estanque.—B: Tina a la que llega el agua salina.—C: Cucharón.—D: Cubo pequeño con mango acoplado

A: Tina grande.—B: Tapón.—C: Tinaja.—D: Cucharón grande.—E: Tina pequeña.—F: Caldera

o de lejía. Igual que el agua del mar en las salinas se evapora por el calor del sol y se convierte en sal, así el agua nitrosa del Nilo, evaporándose con el calor del sol en las nitrerías, se convierte en nitro. Igual que el mar, al adentrarse en la tierra, en el mismo Egipto se convierte en las salinas en sal; el Nilo, cuando se desborda en los días de inundación, llena las nitrerías donde se convierte en nitro.

La solución de la que se hace el nitro se obtiene de agua dulce filtrado por tierra nitrosas, de la misma manera que la lejía se hace del agua dulce filtrada por cenizas de encina o de roble. Ambas soluciones se sacan de las tinas donde se preparan y se echan en calderas de cobre rectangulares donde se hierven hasta que se condensan en nitro.

El nitro nativo, igual que el fabricado, se mezcla en tinas con

A: Río Nilo.—B: Salitreras, tal como imagino que son

orines y se hierve en las mismas calderas; luego se vuelve a las tinas, en las que se colocan alambres de cobre y adhiriéndose a ellos se endurece y se convierte en crisocola, que los moros llaman bórax. En la antigüedad el nitro se componía con verdemontaña y tierra de Chipre en morteros, como escribe Plinio. Cierta crisocola se hace de alumbre de roca y de almohatre.

El salitre se hace de una tierra ligeramente grasa que, si se tiene un poco de tiempo en la boca, tiene un sabor acre y salado. Esta tierra se pone en capas de una cuarta de profundidad, alternadas con capas de polvo en una cuba. El polvo es de dos partes de cal viva y tres partes de ceniza de encina o de roble, de alcornoque, o melojo, o de otra madera parecida. Se llenan las tinas con capas alternas hasta tres cuartos de pie del borde superior y se añade agua hasta llenarlas. Al pasar el agua por las capas así dispuestas, va disolviendo el salitre; después, quitando el tapón de la parte baja de la tina, se saca la solución y se mete luego en tinas más pequeñas. Si probándola sabe muy salada y al mismo tiempo acre, se da por buena, pero si no, se tiene que volver a filtrar por las mismas capas anteriores o por otras iguales. Por la misma tierra se pueden filtrar dos o tres aguas y todas se cargan de salitre, pero las soluciones así obtenidas no deben mezclarse unas con otras, excepto que todas tengan el mismo gusto, lo que sucede raras veces, o nunca. La primera solución se echa en la primera tina, la siguiente en la segunda, la tercera en la tercera. La segunda y la tercera se usan en vez de agua sola al filtrar por primera vez por capas nuevas; así se hace una primera de la segunda y la tercera juntas. En el momento que hay bastante de esta solución se vierte en la caldera rectangular de cobre y se reduce a la mitad haciéndola hervir; entonces se traslada a una tina tapada en la que la tierra que contiene se va posando; cuando se ha aclarado la solución, se vuelve a la caldera y se vuelve a hervir nuevamente. Cuando hierve y forma espuma, para que no se salga y para purificarla más se le añaden tres o cuatro libras de lejía, hechas de tres partes de ceniza de encina o roble y una de cal viva. Pero en el agua, antes de añadirlas, se disuelve piedra alumbrosa en la proporción de cinco libras por cada ciento veinte de agua. Poco después la solución se vuelve clara y azulada. Se sigue hirviendo hasta que casi toda el agua, que es muy ligera, se evapora y después de saca con cucharones de hierro la mayor parte de la sal que se ha ido quedando en el fondo de la caldera. Luego se traslada la solución concentrada a una tina en la que se colocan palos entrecruzados a los que se adhiere al enfriarse, y por mucha que sea, en tres o cuatro días se condensa en salitre. Por

A: Tina en que se mezcla la sosa.—B: Caldera.—C: Tina en que se condensa la crisocola.—D: Alambres de cobre.—E: Mortero

último, la solución que no se ha convertido en salitre se saca y se pone de lado o se vuelve a hervir. El salitre cortado y lavado con su propia agua se pone en tablas a secar. El rendimiento en salitre será mayor o menor según la concentración que hubiera adquirido la solución; cuando se obtiene el salitre de lejía sola, resulta algo más claro y más puro.

El más puro y más transparente, porque es el más limpio de sal, se hace cuando se extrae durante la condensación, según el método siguiente: Se echan en la caldera el mismo número de ánforas de la solución que de congios de lejía, de la que ya he hablado, y en la misma caldera se echa tanto salitre del ya obtenido como admitan la solución y la lejía. Cuando empieza a hervir y a formase espuma, se traslada a una tina en la que hay arena limpia de río envuelta en una tela. Poco después se quita el tapón de la tina y se deja salir la mezcla colada por la arena a otro recipiente. Luego se reduce hirviéndola en la misma caldera o en otra hasta que se evapora la mayor parte, pero en cuanto al hervir se forma espuma, se le añade un poco de lejía. Por último, se deja en una tina con palos a los que se adhiere, solidificándose en dos días si es poco, o en tres si es más cantidad, o a lo sumo en cuatro días. Si no solidifica, se hierve de nuevo en la caldera hasta reducirla a la mitad y se vuelve a la tina, repitiendo el proceso tantas veces como sean necesarias.

Otros refinan el salitre por otro procedimiento. Llenan un caldero de cobre y, tapándolo con tapadera también de cobre, lo ponen sobre carbones encendidos, donde se calienta hasta fundirse. La tapa no debe quedar adherida, sino que tendrá asa para poder levantarla y ver si el salitre se ha fundido ya. Cuando se ha derretido, se añade azufre en polvo y éste en el caldero se inflama, con lo que la espesa grasa que flota sobre el salitre se quema

A: Caldera.—B: Tina grande en la que se echa la arena.—C: Tapón.—D: Tina para la mezcla.—E: Tina con el enrejado de madera

y al consumirse queda el salitre puro. Algo más tarde se quita el caldero del fuego y cuando se enfría se saca de él el salitre puro, que parece mármol blanco, y queda en el fondo el residuo de tierra.

Las tierras de las que se hizo la solución, con ramas de encina o de otra madera parecida, se dejan al aire libre y se riegan con agua salitrosa, y así, al cabo de cinco o seis años, vuelven a ser buenas para hacer otras soluciones.

El salitre puro que se ha criado muchos años en la tierra y el que sale en las paredes de piedra de las bodegas y los sitios oscuros se mezcla con la primera solución y se evapora por ebullición.

Hasta aquí he descrito los métodos de fabricar salitre, que no son menos variados ni menos laboriosos que los de obtener sal. Me propongo describir ahora los procedimientos para obtener alumbre, que son también varios y complejos, porque se hacen hirviendo agua alumbrosa hasta que se condensa en alumbre o preparando soluciones que se hacen de tierras o de rocas o de otros minerales.

Se empieza por obtener la tierra alumbrosa en cantidad como de trescientas carretillas y se echa en dos estanques donde se hace llegar el agua; si la tierra contiene vitriolo, hay que diluirlo con orines. Los obreros tienen que remover la tierra varias veces al día, con palos largos y gruesos, para que el agua y los orines se mezclen con ella. Luego se abren los desagües de los estanques y se saca la solución a gamellones hechos en un tronco vaciado, o de dos troncos. Si hay abundancia de la tierra empleada en la localidad, no debe echarse a estanques en cuanto se extrae, sino amontonarse al aire libre; cuanto más tiempo lleve expuesta al aire y a la lluvia, mejores resultados se obtienen de ella. Cuando lleva varios meses así expuesta al aire, generalmente se forman vetas de mejor calidad que el resto; se echa entonces en seis o más estanques de nueve pies de largo y ancho y cinco de profundidad y se hace llegar hasta ellos agua de una solución anterior. Cuando el agua ha absorbido el alumbre, se abren los estanques y la solución sale a un depósito redondo de cuarenta pies de ancho y tres de profundidad. Entonces se saca la tierra a otros estanques donde se vuelve a hacer llegar agua y vuelven a añadirse orines y a removerse con palos. Luego se deja correr la solución al mismo depósito redondo. Unos días más tarde se vacía el depósito por un reguero de descarga en calderos rectangulares, donde se tiene hasta que se evapora la mayor parte del agua. El sedimento de tierras que queda en el fondo de los calderos contiene materiales grasientos y alumbre, generalmente en pequeñas incrustaciones, y en ellas, a menudo, un polvo muy blanco y muy ligero, que es el asbesto. La solución queda como llena de harina. Otros echan la solución a medio condensar en una tina para que se clarifique y luego la vuelven a la caldera y vuelven a hervirla. En cualquiera de los dos casos, al llegar a este punto, se echa en una tina de madera empotrada metida en el suelo, donde se enfría. Una vez fría, se echa en tinas con enrejados de maderas dentro, a los que se adhiere el alumbre al condensarse, y se obtienen así los pequeños cubos blancos y transparentes de esta sustancia, que se ponen a secar a cubierto.

Si el mineral de alumbre contiene vitriolo, se puede disolver en agua sin mezclar orines, pero habrá que añadir éstos en la solución clarificada antes de hervirla por segunda ver. Esta operación separa el vitriolo del alumbre porque éste va al fondo de la caldera, mientras que el vitriolo queda en la superficie; a continuación hay que echarlos en recipientes más pequeños, y separados y luego a las tinas donde se condensan o cristalizan. Pero si no se separan en la segunda cocción, en la caldera, habrá que echar la solución en recipientes mayores y cerrados donde el vitriolo se separa, y se condensan así separados. Después se cortan y se ponen a secar, ya listos para venderse. La solución que no llega a cuajarse se echa otra vez a las calderas para hervirla de nuevo. La tierra que queda en los estanques cuando se saca la solución se saca, se amontona y se deja al aire, donde cada día que pasa se hace más alumbrosa, lo mismo que sucedía con la tierra salitrosa; por lo tanto, pasado algún tiempo vuelve a echarse a los estanques para que vuelva a disolverse en agua.

La piedra alumbre se tuesta primero en un horno parecido a los hornos de cal. El hogar se construye de la misma piedra, con cubierta abovedada sobre él. Se calienta con el fuego hasta ponerse al rojo y que las piedras exhalen sus vapores de azufre, lo que según la naturaleza de las piedras empleadas sucede al cabo de diez, once, doce o más horas. Lo que debe vigilarse sobre todo es que no se caliente la roca demasiado, o demasiado poco, porque no se ablandará cuando se riegue con agua, sino que seguirá demasiado dura o se convertirá en cenizas; en ambos casos apenas se obtendrá alumbre, porque la fuerza del mineral se habrá destruído en vano. Cuando se enfría el mineral, se saca y se lleva a un espacio cubierto, donde se pone en pilas de cincuenta pies de largo, ocho pies de ancho y cuatro de altura; durante cuarenta días se riegan las pilas con agua con la ayuda de palas o cucharones grandes. En primavera se riegan por la mañana y por la tarde, y en verano también a mediodía. Después de los cuarenta

A: Estanque.—B: Palos para remover.—C: Espita.—D: Gamella.—E: Depósito.—F: Reguero de descarga.—G: Caldera de plomo.—H: Tinajas de madera empotradas.—I: Tinas con el enrejado de maderas

días, las piedras empiezan a romperse, como la cal apagada, y aparece un material nuevo parecido al futuro alumbre, que es blando y parecido también a las médulas líquidas que se encuentran a veces en la roca. Es blanco si la piedra era blanca antes de la calcinación, y rosado si tenía color rojo mezclado con el blanco. Del primero se obtiene alumbre blanco y del segundo alumbre rosa. Se hace un horno redondo cuya parte baja, para que resista la fuerza del calor, ha de ser de piedras que no se fundan y se rompan al fuego. Se construye de forma de cesto, con paredes de dos pies de altura, todo de la misma piedra. En estas paredes se apoya una gran caldera redonda de chapas de cobre, con el fondo cóncavo y de ocho pies de diámetro. En el sitio que queda debajo se coloca la leña para encender el fuego. Alrededor se levanta la pared del horno, que reviste la forma de cono de la caldera y tiene siete pies de diámetro donde comienza y diez en el borde superior. La altura es de ocho pies. El interior se limpia con aceite y se recubre de cemento para que resista el agua hirviendo. El cemento se hace de cal viva, que se apaga con vino, limaduras de hierro y conchas marinas molidas y mezcladas con clara de huevo y aceite. Los bordes de la caldera se rematan con un aro de madera de un pie de grueso y medio pie de altura, en el que los obreros apoyan las palas de madera con las que limpian el agua de tierra y de terrones de mineral no disueltos que quedan en el fondo. Así preparada la caldera, se llena de agua con un reguero y se calienta con fuego muy vivo hasta que hierve la mezcla. Entonces se echan poco a poco ocho carretillas de mineral calcinado y humedecido, y, mientras se echan, cuatro hombres, con palas que llegan al fondo, los revuelven y los mezclan con el agua y sacan los trozos no disueltos. De este modo se echa el mineral en tres o cuatro veces a intervalos de dos o tres horas aproximadamente; en estos intervalos el agua, que se enfría al echar el mineral, vuelve a hervir. Cuando el agua está bastante purificada y a punto para comenzar, se saca con cazos o cucharones grandes y por un reguero de descarga se echa en treinta artesas o gamellones de roble, de encina o de melojo. Las medidas internas de estos recipientes son seis pies de largo, cinco de hondo y cuatro de ancho. En ellos el agua se convierte en alumbre, en primavera en cuatro días y en verano en seis. El agua que no llega a condensarse o convertirse en alumbre se saca destapando los desagües de los gamellones de roble y en cubos se vuelve a la caldera o se guarda para que el maestro disponga cuándo se debe utilizar, porque ese agua no está totalmente desprovista de alumbre y se considera mejor que el agua fresca para la mezcla. El alumbre se corta con un cuchillo o un cincel. Será de calidad según la fuerza del mineral empleado y blanco o rosa de acuerdo con el color del mismo. La tierra que queda en el fondo del gamellón, como residuo de tres o cuatro dedos de espesor, se vuelve a la caldera y vuelve a cocerse con más mineral. Por último, el alumbre cortado se lava y se seca y puede ya venderse.

El alumbre se fabrica también a partir de piritas o minerales duros o con otros minerales o mezclas alumbrosas. Primero se calcinan en hornos cerrados, se exponen luego al aire varios meses para ablandarlos y por último se disuelven en tinas.

Luego se echa la solución en calderos rectangulares de plomo y se cuece hasta que se condensa y da alumbre. Las piritas y otras piedras que no tienen sólo mezcla de alumbre, sino que contienen también vitriolo, que es con mucho el caso más frecuente, se tratan del modo ya descrito antes, y, en fin, si las piritas o los otros minerales son además metálicos, se secan y se extrae de ellos el oro, la plata o el cobre en los hornos apropiados.

El vitriolo se puede obtener por cuatro métodos distintos, dos de ellos a partir de agua vitriólica, un tercero a partir de una solución de minerales vitriólicos, y el cuarto con tierra o mineral que se mezclan con vitriolo.

El agua vitriólica se recoge en estanques; si no se puede recoger en ellos directamente desde el manantial, se acarrea o se trae en cubos. En países cálidos, o en verano, se echa en hoyos de poca profundidad hechos al aire libre o se saca de pozos con la ayuda de bombas y se conduce por canales a los hoyos o zanjas, donde se condensa al calor del sol. En las regiones frías o en invierno, el agua vitriólica se echa, con otra parte igual de agua dulce, en calderas rectangulares de plomo, y después, cuando se enfría, se pasa a cubas o depósitos que Plinio compara a viveros de peces. En éstos se colocan maderas ligeras cruzadas sobre el borde superior, donde se fijan, y de ellas se cuelgan cuerdas con piedras para que caigan aplomadas; el contenido en vitriolo de las soluciones ya condensadas se adhiere a las piedras y se cuaja en ellas en dados transparentes o pepitas de vitriolo formando racimos como de uvas.

Por el tercer procedimiento, el vitriolo se obtiene de la melantería y de piedras vitriólicas, aunque el vitriolo que se obtiene de éstas es más impuro. Los minerales extraídos se echan a los estanques, donde se disuelven con agua; después, para recobrar las piritas de las que se suele obtener cobre, y que forman un sedimento en el fondo del estanque, se pasa la solución a otras tinas de nueve pies de ancho y tres pies de profundidad. Las impurezas

A: Horno.—B: Reducto cerrado.—C: Piedra alumbre.—D: Cucharón grande.—E: Caldera.—F: Reguero de descarga.—G: Gamellas

A: Socavón.—B: Cuba.—C: Estanque

que flotan se sacan con una escoba de raíces y las otras se dejan sedimentar en estas tinas. Cuando se ha clarificado, se pasa la so lución a un caldero de plomo de ocho pies de largo, tres de ancho y otros tres de profundidad. En este caldero se hierve hasta que se espesa y se hace viscosa; entonces, por un reguero, se pasa a otra caldera también de plomo y del mismo tamaño. Cuando se enfría se saca por doce regueros pequeños, por los que descarga en otras tantas cubas de madera de cuatro pies y medio de fondo y tres pies de ancho; sobre ellos se colocan barras cruzadas y agujereadas, a una distancia de cuatro a seis dedos una de la otra, y en los agujeros se meten listones que llegan al fondo de la cuba y que llevan otras estaquillas o cuñas atravesadas en espiga. El vitriolo se adhiere a esta madera y en el espacio de pocos días se cuaja en dados que se recogen y se llevan a un cuarto con suelo de madera inclinado, de modo que el agua que todavía pierde se

A: Caldera.—B: Estanque.—C: Barras cruzadas.—D: Cuerdas.—E: Piedras

recoge por un desagüe en una tina. Este agua vuelve a hervirse, como también la que queda en las doce cubas, porque el haberse quedado demasiado delgada y líquida es la razón de que no haya cuajado en vitriolo.

El cuarto procedimiento para la fabricación del vitriolo es a partir de tierras vitriólicas. Estas se transportan primero y se amontonan al aire libre para que queden cinco o seis meses expuestas a las lluvias de primavera o de otoño, al calor del verano o al frío y las escarchas del invierno. Deben voltearse varias veces con palas, para que lo de debajo salga arriba, y así se airee y se enfríe; de este modo se atempera y se suelta, y de dura se convierte en blanda. Se cubre, construyendo un tejadillo, o se lleva a otro sitio, para que quede bajo techado, y se deja seis o siete meses más. A partir de este momento se toma ya la parte que se necesite para echarla en un depósito lleno hasta la mitad de agua y que mide cien pies de largo, veinticuatro de ancho y ocho de profundidad. Este estanque o depósito está hecho de madera y tiene una compuerta en la parte inferior para que al abrirla se puedan sacar los sedimentos de la tierra vitriólica; tiene también, a un pie de altura sobre el fondo, tres o cuatro desagües pequeños que cuando están tapados contienen el agua y cuando se destapan la dejan fluir. Así, se mezcla la tierra con el agua, removiéndola hasta que la parte terrosa cae al fondo y el agua absorbe los jugos de la tierra. Se abren entonces los desagües y la solución sale a otro depósito inferior que tiene la misma longitud que el anterior, pero sólo doce pies de anchura y cuatro de profundidad. Si la solución no contiene bastante vitriolo, vuelve a mezclarse con tierra, pero si contiene bastante, pero no ha sacado todo el que tenía la tierra, conviene echar más agua a ésta. Cuando se clarifica la solución, se echa a la caldera rectangular de plomo y se hierve hasta que se evapora el agua. Luego se colocan tantas barras delgadas de hierro como requiera la clase de solución y se vuelve a hervir hasta que esté lo bastante condensada

A: Tina de madera.—B: Barras cruzadas.—C: Listonado del estanque.—D: Suelo en desnivel.—E: Tinaja colocada bajo el desnivel

A: Caldera.—B: Moldes.—C: Panes

para cuajarse en vitriolo al enfriar. Por último, se echa en cubas o tinas o en cualquier otro recipiente, en los cuales, en tres o cuatro días, se convierte en vitriolo todo lo que tiene bastante poder para ello; la solución que no llega a cuajar, o se vuelve a la caldera para hervirla otra vez o se aparta para emplearla al disolver más tierras, porque es mucho mejor que si se emplea agua sólo. El vitriolo solidificado se corta y se vuelve a la caldera para licuarlo de nuevo; una vez líquido, se echa en moldes para poder darle forma. Si la solución que se saca en primer lugar no se condensa satisfactoriamente, se vuelve a la caldera dos o tres veces y cada vez se vuelve a condensar en los moldes; de este modo se obtiene vitriolo puro, de un aspecto bellísimo.

Las piritas vitriólicas, que son minerales mezclados, se calcinan como los minerales alumbrosos; se disuelven en agua, y la solución se hace hervir en calderas de plomo hasta que se condensa en vitriolo. Tanto el alumbre como el vitriolo se hacen a menudo de estas piedras, y no es extraño, pues ambos jugos son semejantes y difieren sólo en una cosa, en que el primero es menos terroso que el segundo. Las piritas que contengan metal tienen luego que ser fundidas en el horno alto. Del mismo modo de otros minerales votriólicos y metalíferos se obtiene también primero el vitriolo y luego el metal. Y en realidad donde abundan los minerales vitriólicos, los mineros parten maderos pequeños por el centro y los cortan del largo equivalente a la anchura de las galerías o los socavones, en los que los colocan atravesados en el suelo; para que queden donde los ponen los colocan en el lado cortado hacia abajo y el lado redondo hacia arriba, de modo que se tocan junto al suelo, pero no por arriba; en ese espacio intermedio van echando piritas, y lo mismo por encima, hasta que queda un paso liso e igualado. Los socavones gotean agua, las piritas se empapan y el alumbre y el vitriolo se escapan de ellas; si dejan de gotear, se endurecen, y entonces se recogen, junto con las piritas todavía no disueltas por el agua, y se sacan de los socavones, se echan en tinas o estanques y se les echa agua hirviente por encima, el vitriolo se desprende y las piritas se disuelven. La solución, color verde, se cambia a otras tinas o depósitos, para clarificarla y purificarla; se hierve luego en las calderas de plomo hasta que espesa; después se echa en tinas de madera, en las que se condensa, adhiriéndose a palos de madera o cañas, o varas delgadas, convertida en vitriolo verde.

El azufre se obtiene de aguas, de minerales o de mezclas sulfúreas. Las aguas sulfúreas se echan en calderas de plomo y se hierven hasta que se condensan en azufre. De éste, calentándolo con limaduras de hierro y guardado en potes, cubiertos con barro mezclado con azufre, se fabrica otro azufre, que llamamos *caballino.*

Los menas, que contienen azufre y tierra y apenas ningún otro mineral, se funden en potes de barro bajos y redondos. Los hornos, en los que se colocan dos de estos potes, se dividen en tres partes: la parte baja, que tiene un pie de altura y una abertura en la parte anterior para el tiro; esta parte está cubierta de chapas de hierro perforadas por los bordes, donde van insertas barras de hierro horizontales, sobre las que se pone el fuego. La parte media del horno, que tiene un pie y medio de altura y una boca en la parte de delante para cargar la leña, y la parte alta, formada por barras sobre las que se asientan los potes. Esta parte alta tiene dos pies de altura, que es la misma altura de los potes; éstos tienen un dedo de espesor, y bajo la abertura superior, una larga espita. Para que puedan taparse

A: Vasijas con brazo largo encorvado o retortas.—B: Vasijas.—C: Tapas

bien, a cada uno se le hace su tapa de barro del tamaño correspondiente. Por cada dos de estos potes debe haber más abajo uno del mismo tamaño y forma, aunque sin espita, pero con tres aberturas, dos de las cuales, por debajo de la boca superior, reciben las espitas de los potes anteriores; la tercera está en el lado opuesto y a un nivel inferior, y sirve para que salga el azufre. En cada horno se ponen dos potes con espita o brazo; el horno se tapa con planchas de hierro, con las juntas recubiertas de brasca de dos dedos de espesor, quedando así enteramente cerrado, excepto por dos o tres agujeros de tiro, por los que sobresalen los potes. Fuera del horno, a un lado, se coloca el pote sin espita, dentro del cual entran las espitas de los dos colocados en el horno. Debe estar encajado en su sitio, para que no se mueva. Cuando se ha colocado el mineral de azufre en los potes y éstos en el horno, se tapan cuidadosamente y se cimentan las tapas con brasca o con barro para junturas, para que el azufre no se exhale, y con el mismo fin se tapa también el pote inferior, cimentándolo también con brasca. A continuación se enciende el fuego y se calienta el mineral hasta que exhala el azufre, que a través de la espita pasa al pote inferior, y allí se condensa y cae al fondo como cera fundida. De allí sale por el orificio de salida que he dicho antes, y el operario lo moldea en panes o barras o sobre unas tablillas de madera. Luego se ocupa de sacar los carbones encendidos del horno y apagar el fuego, y cuando se enfría abre los dos potes y vacía los residuos; éstos, si el mineral era sólo de azufre y tierra, parecen cenizas apagadas de un fuego extinguido; pero si el mineral tenía azufre, tierra y roca, o azufre y roca solamente, parecerá tierra muy seca o piedras completamente calcinadas. Luego se vuelven a llenar los potes de mineral, y a comenzar de nuevo el proceso.

Las mezclas sulfúreas, tanto si son sólo de roca y azufre como si se componen de roca, azufre y metal, se pueden calentar en potes parecidos, pero con los fondos perforados. Antes de construir el horno, contra la segunda pared del taller se hacen dos tabiques laterales de siete pies de altura, tres de largo y uno y medio de espesor; a una distancia de veintisiete pies uno del otro. Entre ambos se levantan siete paredes bajas o poyos de ladrillo, sólo de dos pies y dos dedos de altura, y como los dos tabiques, de tres pies de largo y uno de espesor. Estos poyos están a distancias iguales, por consiguiente, a dos pies y medio uno de otro; sobre ellos se fijan barras de hierro que sostienen chapas de tres pies de largo y de ancho y de un dedo de espesor, de modo que soporten no sólo el peso de los potes, sino también la fuerza y el calor del fuego. Cada chapa tiene en el centro un agujero redondo de un dedo y medio de anchura; no debe haber más de ocho de ellos, y sobre cada uno se coloca un pote. Estos son los potes con el fondo perforado, y debajo de ellos se coloca el mismo número de potes enteros; en los superiores se coloca la mezcla y se tapan; los inferiores contienen agua y se dejan abiertos. Se coloca la leña alrededor de los potes superiores y se enciende el fuego; al calentarse la mezcla comienza a gotear azufre rojo, amarillo o verde, que cae en los potes colocados debajo, donde se enfría inmediatamente en el agua. Si la mezcla contenía metal se reserva para la fundición, y si no, se desecha. El azufre de tales mezclas puede extraerse mejor si se colocan los potes en un horno con cúpula, como los que describí cuando traté de la fundición en el libro VIII, pero que en vez de solera tiene una reja bajo la cual se colocan los potes con agua, del mismo modo que hemos dicho.

A: Pared larga.—B: Paredes altas.—C: Paredes bajas.—D: Placas.—E: Vasijas encimeras.—F: Vasijas inferiores

Otros entierran un pote en el suelo y colocan encima otro con el fondo agujereado, ponen en éste las piritas o el mineral de cadmio o cualesquiera otras piedras sulfúreas, cerrándolo de manera que no pueda escaparse el azufre. Calentándolo con un fuego muy vivo, el azufre cae al pote inferior, donde se enfría.

El bitumen se prepara a partir de aguas bituminosas, de bitumen líquido, y de otras sustancias y mezclas bituminosas. El agua bituminosa y salada, de Babilonia, según describe Plinio, se llevaba de los pozos a las salinas, y calentada por el gran calor del sol se condensaba parte en bitumen líquido y parte en sal. El primero siendo más ligero, quedaba encima, mientras la sal, por ser más pesada, quedaba debajo. Cuando hay mucho bitumen líquido flotando en un arroyo o en un manantial, se saca con cubos o con otros recipientes, pero si hay poco, se recoge con plumas de ganso, con telas usadas y ralas o con cañas o con otras cosas a las que se adhiere fácilmente; se hierve en

A: Vasija inferior.—B: Vasija encimera.—C: Tapadera

grandes calderos de bronce o de hierro y se condensa. Este bitumen tiene usos diversos, y según a lo que se destine, algunos le mezclan resina, otros grasa de carro, para templar su viscosidad, porque por mucho que se caliente en los calderos no puede endurecerse. Las mezclas bituminosas se tratan también como las sulfúreas, en potes con los fondos agujereados; el bitumen así preparado es muy estimado.

Como todos los jugos solidificados y todas las tierras mezcladas con agua abundante se depositan en los lechos de los arroyos y ríos, las piedras de las corrientes están recubiertas por estas sustancias, sin haber requerido el calor del sol o del fuego para solidificarse. Cuando los estudiosos han meditado sobre estos hechos naturales han descubierto métodos por los que se pueden obtener jugos solidificados y tierras raras. Las aguas que los contienen, sean de manantial o de arroyos o ríos, se recogen en muchos depósitos de madera, ordenados consecutivamente, y así depositan en ellos sus jugos o tierras. Raspan-

A: Manantial bituminoso.—B: Cubo.—C: Pote.—D: Tapa

do los recipientes por los que discurre el agua una vez al año se beneficia la crisocola en los Cárpatos y el ocre en los montes de Harz.

Falta sólo, para terminar mi propósito, el vidrio, cuya fabricación debe tratarse aquí porque es posible gracias al calor del fuego, y a la intervención sutil de algunos juegos solidificados sobre la arena fina o gruesa. Porque es transparente, como lo son algunos de los jugos solidificados, las gemas y algunas piedras, y porque puede fundirse como algunas piedras y como los metales. Hablaré primero de los materiales con los que se fabrica el vidrio; después, de los métodos de fabricación.

Se fabrica de piedras fusibles y jugos solidificados o de otras sustancias parecidas y naturalmente relacionadas con éstas. Las piedras que se funden, si son blancas y traslúcidas, son mejores que las otras, por lo que los cristales son los más excelentes materiales para fabricar vidrio. De cristales molidos se hacía en la India el más excelente y transparente cristal, con el que ningún otro se podía comparar, como cuenta Plinio. En segundo lugar están las piedras que, aun no siendo tan duras como los cristales, son igualmente blancas y transparentes. En tercer lugar, las piedras blancas, no transparentes. En primer lugar es necesario calentar las piedras; luego, someterlas al mortero para romperlas y convertirlas en arena gruesa, y a continuación se pasa ésta por un tamiz. Si se encuentra esta clase de arena, gruesa o fina, cerca de la desembocadura de un río puede ahorrarse mucho trabajo de calcinación y quebrantamiento de las piedras. En cuanto a los jugos solidificados necesarios está en primer lugar el nitro; en segundo, la sal de roca, blanca y traslúcida; en tercer lugar, las sales hechas de lejías de cenizas, de

A: Boca del socavón.—B: Reguero.—C: Tanques.—D: Regueros pequeños

almizcleña y de otras plantas. Una parte de arena fina o gruesa hecha de piedras que se pueden fundir debe mezclarse con dos partes de nitro o de sal de roca, o de sales de hierbas, y añadirse partículas muy pequeñas de piedra imán. Es cierto que en nuestros tiempos, como en los antiguos, existe la creencia en el extraño poder del imán para atraer y orientar al vidrio líquido, como atrae y orienta al hierro, y en que atrayéndolo lo purifica y lo convierte de verde o amarillento en blanco, y en que después de esto el fuego consume al imán. Cuando no se dispone de los jugos que hemos indicado como los mejores, dos partes de cenizas de roble o de encina o carrasca, o marojo, o, si no se pueden obtener éstas, de haya o de pino, se mezclan con una parte de arena fina o gruesa, y se añade una pequeña cantidad de sal, hecha de agua salada de manantial o del mar y unas partículas de piedra imán; pero de esta forma se obtiene un cristal menos blanco y menos traslúcido. Las cenizas deben ser de árboles viejos, cuyos troncos se vacían o se ahuecan a la altura de seis pies, para encender el fuego en el hueco hasta que todo el árbol se convierte en cenizas. Esto se hace en invierno, cuando la nieve cubre los campos, o en verano, cuando no llueve, porque las lluvias, que son más propias de las otras estaciones, mezclan las cenizas con tierra y las impurifican; por esta razón, en esas épocas del año para obtener las cenizas se corta el árbol se trocea y se quema bajo techado, obteniéndose así las cenizas.

Algunos fabricantes de cristal usan tres hornos; otros, dos; otros, sólo uno. Los que se sirven de tres, en el primero funden el material, lo vuelven a fundir en el segundo y en el tercero enfrían el vidrio brillante, y ya en forma de vasijas o de otros objetos. De los tres, el primer horno debe ser de cúpula. En la parte superior, que mide seis pies de largo, cuatro de ancho y dos de alto, se calientan los materiales de la fabricación, con un fuego muy vivo de madera seca, hasta que se funden y se convierten en una masa vítrea. Si no están bastante purificados o limpios de escoria, se sacan, se enfrían y se rompen en pedazos y luego se calientan éstos en potes dentro del mismo horno.

El segundo horno es redondo, de diez pies de diámetro y ocho de altura, y por la parte exterior, para que sea más fuerte, está rodeado de cinco arcos de un pie y medio de espesor. Este horno tiene también dos compartimentos, de los que el inferior es abovedado y de paredes de un pie y medio de grueso; este compartimento inferior tiene una boca estrecha en la parte anterior, por la que se puede cargar el hogar que queda en el mis-

A: Cámara baja del primer horno.—B: Cámara superior.—C: Masa de vidrio

mo suelo, en el centro de la bóveda tiene una abertura, que da a la cámara superior, de modo que las llamas pueden penetrar en esta parte del horno. En las paredes de esta parte superior, entre los arcos, hay ocho bocas, tan amplias que los potes grandes y redondos pueden meterse por ellas al horno, alrededor de la abertura del centro. Estos potes son de dos dedos de grueso, su altura es de dos pies y el diámetro de su circunferencia mayor, de un pie y medio, mientras que en la boca y en el fondo miden un pie de diámetro. En la parte de detrás el horno tiene una boca de un palmo de ancho y de alto, por la que pasa el calor a un tercer horno, adosado a esta parte posterior.

Este tercer horno es rectangular, de ocho pies de largo y seis pies de ancho; tiene también dos cámaras, de las cuales la primera tiene una boca en la parte anterior, de modo que se pueda poner la leña en el hogar, que está en el suelo. A cada lado de esta boca en la pared de la cámara inferior hay un hueco para varios receptáculos de tierra cocida, de unos cuatro pies de largo, dos de alto y uno y medio de ancho. La parte superior del horno tiene dos bocas, una a la derecha y otra a la izquierda, de suficiente altura y anchura para que puedan ser convenientemente colocados en ellos otros receptáculos de barro; éstos, de tres pies de largo y uno y medio de ancho y con la parte superior redondeada; en éstos se colocan las piezas de vidrio, que se han soplado, para que se enfríen a una temperatura media; si se enfriaran más bruscamente se romperían. Cuando se saca el vidrio de la cámara alta del horno se pone inmediatamente en estos receptáculos.

Algunos de los que usan dos hornos, en parte funden los materiales en el primero, y en el segundo no sólo vuelven a fundirlos, sino que ponen en él también las piezas ya sopladas. Otros funden las dos veces la materia prima en el segundo horno. Así, los primeros no tienen tercer horno y los segundos no tienen primero. Pero esta clase de segundo horno difiere del

A: Arcos del segundo horno.—B: Boca de la cámara inferior.—C: Aberturas de la cámara superior.—D: Vasijas panzudas.—E: Boca del tercer horno.—F: Nichos para los recipientes.—G: Aberturas de la cámara superior.—H: Recipientes oblongos

A: Cámara baja de otro horno segundo.—B: Cámara central.—C: Cámara alta.— D: Boca.—E: Abertura redonda.—F: Abertura rectangular

otro segundo horno, porque es redondo, pero su interior es de ocho pies de diámetro y doce de altura, y consta de tres cámaras, de las cuales la más baja es semejante a la baja del otro segundo horno. En la pared de la cámara central hay seis bocas en arco, en las que se colocan los potes para calentarlos. En el centro de la bóveda de esta cámara hay una abertura cuadrada de un palmo de ancho y de largo. Por esta abertura penetra el calor en la cámara alta, en la cual la parte posterior tiene una abertura para colocar los receptáculos oblongos de tierra, en los que se colocan las piezas de vidrio para que se enfríen lentamente. Por este lado, el suelo del taller está levantado, o bien se coloca allí un banco para que los operarios puedan colocar las piezas fabricadas.

Los que no tienen primer horno, por la noche, cuando han terminado el trabajo del día, colocan el material en los potes para que el calor pueda fundir el vidrio durante la noche. Dos muchachos mantienen el fuego, turnándose día y noche, alimentándolo con leña seca. Los que no tienen más que un horno usan el segundo, con tres cámaras. Por la noche colocan los materiales a fundir en los crisoles y por la mañana sacan el vidrio ya fundido y fabrican las piezas, que enfrían y colocan como las anteriores.

El segundo horno tiene dos o tres cámaras, la primera hecha de ladrillos no calcinados, secados al sol, pero hechos de una clase de arcilla que no se funde fácilmente ni se rompe por el fuego; esta arcilla se limpia de piedrecitas, pero se amasa con palitos; los ladrillos se cimentan con la misma clase de arcilla de la que están hechos en vez de con cal. La misma arcilla sirve también para los potes y los otros receptáculos que se usan en la fabricación del vidrio, pero secados a la sombra. Falta por explicar la fabricación de los objetos de vidrio.

Cuando se ha conseguido la masa vítrea en el primer horno de la manera que he expuesto, se rompe, y los ayudantes calientan el segundo horno para volver a fundir los fragmentos. Mientras hacen esto, los potes se calientan a fuego lento en el primer horno, para evaporarles la humedad, y luego, a fuego más vivo, de modo que se enrojecen. Entonces los vidrieros abren la boca del horno y sacan los potes con tenazas, si no se han roto, resquebrajados por el fuego, y los colocan rápidamente en el segundo horno, llenándolos de los fragmentos de la masa vítrea calentada. Luego cierran todas las aberturas con brasca o barro para junturas y con ladrillos, excepto que en cada una dejan dos ventanucos abiertos; por uno de ellos vigilan el vidrio

A: Tubo para soplar.—B: Abertura pequeña.—C: Marco.—D: Tenaza.—E: Moldes para dar forma al vidrio

del pote correspondiente y lo levantan con el tubo de soplarlo; en el otro tienen otro tubo de soplar para que no se enfríe. Sea de latón, de bronce o de hiero, el tubo de soplar debe tener tres pies de longitud. Frente al ventanuco de cada vidriero se ha colocado una pequeña repisa de mármol, en la que descansa la arcilla apilada y la pantalla de hierro. La arcilla sostiene el tubo de soplar cuando se introduce en el horno, mientras que la pantalla protege los ojos del operario. Una vez todo preparado y a punto, los vidrieros llevan a cabo su trabajo. La segunda fundición ha de ser con leña muy seca que no emita humo, sino sólo llama. Cuanto más tiempo se tenga al fuego, más puro y más transparente será el vidrio, con menos manchas y burbujas y, por tanto, más apto para el trabajo de los vidrieros. Por lo cual, los que funden el material sólo durante una noche, para convertirlo inmediatamente en piezas de vidrio soplado, hacen éstas menos puras y transparentes que los que hacen primero una masa vítrea homogénea, y luego la rompen y la vuelven a fundir un día y una noche completos. Y éstos, a su vez, la hacen menos pura y transparente que los que la funden por segunda vez durante dos días y dos noches, porque la excelencia del cristal no consiste sólo en el material del que se hace, sino también en el proceso de fundición. Los vidrieros prueban a menudo el cristal fundido, metiendo en él sus tubos; en el momento en que observan que los fragmentos se han vuelto a fundir y se han purificado suficientemente, cada uno, con el tubo que tiene en el pote, lo remueve lentamente y lo levanta adherido al tubo en forma de bola, aglutinado y cuajado como una materia plástica. Un vidriero toma precisamente la cantidad que necesita para fabricar la pieza que se propone hacer; luego la apoya contra el reborde de mármol y la redondea una y otra vez hasta que se consolida. Cuando sopla por el tubo, lo hace como lo haría para hinchar una burbuja; sopla las veces que considera necesarias, separándoselo de la boca para volver a tomar aliento, para que las llamas no le suban hasta los labios si aspira en el tubo. Después, volteándolo en círculo alrededor de su cabeza, hace un vaso largo, o lo moldea en un molde de cobre, donde lo revuelve, aplastándolo contra las paredes del molde. Luego, calentándolo otra vez, soplándolo y empujándolo, lo ensancha en forma de vasija o de vaso abierto, o de cualquier forma que imagine o desee. Por último vuelve a apoyarlo en el mármol para alisar el fondo, lo corta del tubo con una tijera y, si es necesario, le añade un pie o asas. Si es su deseo, lo dora o lo colorea con diversos colores y luego lo coloca en el receptáculo oblongo de tierra, que está en el tercer horno o en la cámara alta del segundo, para que se enfríe. Cuando el receptáculo está lleno de piezas así fabricadas, y que se van enfriando poco a poco, pasa una plancha por debajo de él y lo traslada.

Los vidrieros fabrican artículos muy variados: copas, cubiletes, jarros, frascos, platos, fuentes, paneles de vidrio, animales, árboles y barcos de vidrio, obras excelentes y maravillosas que yo he visto cuando pasé dos años enteros en Venecia hace tiempo. Se vendían especialmente en la feria de la Ascensión, en Murano, donde están los principales artífices vidrieros. He vuelto a verlos en varias ocasiones, la última cuando por motivos especiales, visité a Andrea Naugerio en su casa de esa ciudad y conversé con él y con Francisco Asulano.

FIN DEL LIBRO XII